钎焊连接技术

王星星　原志鹏　何　鹏　彭　进　凌自成　焦红波　**编著**

机 械 工 业 出 版 社

本书主要内容包括钎焊基本原理、钎料、钎剂、钎焊接头设计及服役可靠性、钎焊工艺及安全防护、钎焊方法及设备、常见有色金属材料的钎焊、钢的钎焊、高温合金及难熔金属的钎焊、异种材料的钎焊、钎焊缺陷及检验、钎焊应用实例。本书内容全面、系统、新颖、应用性强，对钎焊技术理解、推广与应用有较高的参考价值。

本书可供高性能制造、异种材料连接、焊接材料、钎焊等领域的工程技术人员参考，也可作为材料成形及控制工程、金属材料工程、焊接技术与工程、冶金工程等专业本科生及机械工程、材料加工工程专业研究生的教材。

图书在版编目（CIP）数据

钎焊连接技术／王星星等编著. -- 北京：机械工
业出版社，2025.4. -- ISBN 978-7-111-78211-7

Ⅰ．TG454

中国国家版本馆 CIP 数据核字第 2025WH6768 号

机械工业出版社（北京市百万庄大街 22 号　邮政编码 100037）

策划编辑：吕德齐　　　　　　　责任编辑：吕德齐　杨　璇
责任校对：张爱妮　张亚楠　　　封面设计：马若濛
责任印制：张　博

固安县铭成印刷有限公司印刷

2025 年 7 月第 1 版第 1 次印刷

184mm×260mm・18 印张・441 千字

标准书号：ISBN 978-7-111-78211-7

定价：99.00 元

电话服务　　　　　　　　　　网络服务

客服电话：010-88361066　　机　工　官　网：www.cmpbook.com

　　　　　010-88379833　　机　工　官　博：weibo.com/cmp1952

　　　　　010-68326294　　金　书　网：www.golden-book.com

封底无防伪标均为盗版　机工教育服务网：www.cmpedu.com

前　言

制造业是强国之基、立国之本，材料是制造业的基础。钎焊是"工业万能胶"，是制造业中材料连接的重要方法之一，是精密复合构件连接的核心工艺，在航空航天部件、大型矿山装备、重载机电装备、超大负荷钻探装备、复杂集成线路制造等领域得到广泛应用。

本书对钎焊基本原理、钎焊方法、钎焊材料、钎焊接头设计、钎焊安全防护、钎焊设备、有色金属的钎焊、异种材料的钎焊、钎焊缺陷等进行了较为系统的研究，系统总结了在上述领域的最新研究成果。

本书由华北水利水电大学王星星教授、材料结构精密焊接与连接全国重点实验室何鹏教授和河南省高效特种绿色焊接国际联合实验室原志鹏博士、凌自成博士、彭进博士以及华北水利水电大学焦红波老师共同编著。其中，王星星、何鹏共同完成了书稿第 1 章的内容，王星星独立完成了书稿第 2～第 9 章的内容，原志鹏、凌自成、彭进共同完成了书稿第 10 和第 11 章的内容，原志鹏、焦红波共同完成了书稿第 12 章的内容。高性能新型焊接材料全国重点实验室龙伟民研究员对本书内容进行了全面、系统的审定。

本书具有以下特点。

1）系统、全面。系统总结了钎焊材料、钎焊接头设计、钎焊方法、钎焊工艺、钎焊基本原理，是一本较为系统、全面、翔实的钎焊领域图书。

2）前沿、新颖。对常见有色金属材料及钢的钎焊、高温合金及难熔金属的钎焊、异种材料的钎焊等领域的前沿知识进行了梳理、归纳、总结，有助于焊接冶金工作者了解相关领域的最新研究进展。

3）有高度、有深度。理论联系实践，突出工程实例与钎焊理论知识有机结合，通俗易懂、深入浅出，既有理论高度，又有实践深度。

本书的研究内容对于异种材料连接、焊接冶金、焊接材料、钎焊、材料热力学等领域的理论研究和工程应用具有重要的实际意义，可为有关企业、科研院所、高校及相关领域的科研人员、教师、研究生等提供有实用价值的参考信息。

在本书撰写及相关内容的试验研究、成果转化过程中，得到了高性能新型焊接材料全国重点实验室龙伟民研究员、大连理工大学材料科学与工程学院董红刚教授以及金华市双环钎焊材料有限公司蒋俊懿董事长的大力支持与无私奉献。同时，河南省高效特种绿色焊接国际联合实验室李帅博士、倪增磊博士、谢旭博士、施建军博士、崔大田博士以及硕士生常嘉硕、李阳、田家豪、蒋元龙、张光明、王远航、曲青博、陈本乐、楚浩强、卢一凡、张珂源等在全文校对、试样检测和文稿修订方面给予了帮助。在此，对他们一并表示由衷的感谢！

本书的出版，得到了国家自然科学基金项目（52475347）、科技部国家外国专家项目（G2023026003L）、中国博士后科学基金面上资助项目（2023M740475）、中原英才计划（育才系列）中原科技创新领军人才（254000510047）、河南省高校科技创新人才支持计划（22HASTIT026）、河南省重点研发专项（251111222600）的资助，特此表示衷心感谢！

当今钎焊连接技术，特别是先进钎料研制、性能优化以及工程应用方面的研究，与其他学科一样，发展日新月异。尽管我们已竭尽所能，将团队所知、所学、所熟悉的研究内容和新成果展现出来，但很难与国内外钎焊工艺、钎焊材料最新技术发展完全保持同步。因此本书不可避免地存在不足之处，衷心希望广大读者批评、指正。

王星星　何　鹏

目　录

V

第1章

钎焊基本原理

1.1 钎焊方法的原理和特点

钎焊是指采用熔点比母材（被钎焊材料）熔点低的填充料（称为钎料或焊料），在低于母材熔化温度、高于钎料液相线的温度下，利用液态钎料在母材表面润湿、铺展及在间隙中填缝，液态钎料和固态母材相互溶解与扩散实现零件间可靠连接的焊接方法。

钎焊与熔焊的不同是，钎焊时钎料熔化为液态而母材保持为固态，液态钎料在母材的间隙中或表面上润湿、毛细流动、填充、铺展、与母材相互作用（溶解、扩散或产生金属间化合物），冷却凝固形成牢固的接头，从而将母材连接在一起。例如，钎焊纯铝（熔点660℃）采用 Al-Si 共晶钎料（熔点577℃），钎焊温度取 590~630℃，钎缝中发生溶解与扩散反应。钎焊时焊件常被整体加热（如炉中钎焊）或钎缝周围大面积均匀加热，因此焊件的相对变形量以及钎焊接头的残余应力都比熔焊小得多，易于保证焊件的精密尺寸。

一般来说，钎料的选择范围较宽，为防止母材组织和特性的改变，可选用液相线温度较低的钎料进行钎焊；熔焊则没有这种选择的余地。只要钎焊工艺选择得当，可使钎焊接头做到无须加工而能"天衣无缝"；这是熔焊难以做到的。此外，只要适当改变钎焊条件，还可以多条钎缝或大批量焊件同时或连续钎焊。由于钎焊反应只在母材数微米至数十微米以下界面进行，一般不牵涉母材深层的结构，因此特别有利于异种金属之间，甚至金属与非金属、非金属与非金属之间的连接；这也是熔焊方法做不到的。钎焊还有一个优点，即钎缝可做热扩散处理而加强钎缝的强度。当钎料的组元与母材存在一定的固溶度时，延长保温时间可使钎缝的某些组元向母材深层扩散，最终能使钎缝在显微镜下"消失"。

钎焊方法的弱点主要是钎料与母材的成分和性质多数情况下不可能非常接近，有时相去甚远，例如用重金属钎料钎焊铝，难免产生接头与母材间不同程度的电化学腐蚀。此外，钎料的选择和界面反应的特点都存在一定的局限，在钎焊大多数材料时，钎焊接头与母材不能达到等强度，只好用增加搭接面积来解决问题。

根据国际标准，将使用液相线温度在 450℃ 以上的钎料进行的钎焊称为硬钎焊，使用液相线温度在 450℃ 以下的钎料进行的钎焊则称为软钎焊。有些文献中更加细分成高温钎焊、中温钎焊、低温钎焊。例如在铝钎焊时，将 500~630℃ 的铝钎焊称为高温铝钎焊；300~

500℃的铝钎焊称为中温铝钎焊；而低于300℃的铝钎焊称为低温铝钎焊。铜及其他金属合金的钎焊有时也有类似情况出现，但温度划分范围不尽相同。这种细分的出现是由于各个温度范围内使用钎料、钎剂、钎焊方法的类型往往相似，而不同的温度范围则常相差较大。一个突出的例子是在300℃以下的低温钎焊，可以普遍使用有机钎剂，而在此温度以上则很难。至于经典意义的高温钎焊则是指钎焊温度高于900℃在真空或保护气体中（不用钎剂）的钎焊。

1.2 钎料的润湿和铺展

钎焊生产主要包括钎焊前准备、焊件装配和固定、钎焊、焊后清理及质量检验等工序。钎焊工序是形成优质钎焊接头的决定性工序。钎焊接头是在一定的条件下液态钎料自行流入固态母材之间的间隙，并依靠毛细作用保持在间隙内，经冷却后钎料凝固形成的。高质量的钎焊接头，只有在液态钎料能充分流入并致密地填满全部间隙，又与母材有很好相互作用的前提下才可能获得。因此钎焊包含两个过程：一是钎料填满间隙的过程；二是钎料与母材相互作用的过程。但是并非任何熔化的钎料都能顺利填入间隙中，即填缝必须具备一定的条件。液态钎料对固态母材的润湿、铺展以及间隙的毛细作用是熔化钎料填缝的基本条件，而且液态钎料要与母材发生润湿，必须要清除金属表面的杂质及氧化膜。

1.2.1 钎料的润湿性

1. 固体金属的表面结构

固体纯金属的表面结构，如图1-1所示，最外层表面有一层0.2~0.3nm的气体吸附层。随着金属性质的不同，吸附气体的种类和厚度有一定差别，一般主要吸附的是水蒸气、氧、二氧化碳和硫化氢等气体。在气体吸附层之下有一层3~4nm的氧化膜层，一般情况下这一层并不是单纯的氧化物，而常常是由氧化物的水合物、氢氧化物和碱式碳酸盐等成分组成：有的呈低结晶态，这种形态的膜结构比较致密，能保护基体金属免于进一步氧化，如γ-Al_2O_3、Cu_2O（红色）等；有的则较为疏松多孔，如Fe_2O_3、CuO等。在氧化膜层之下是一层1~10μm

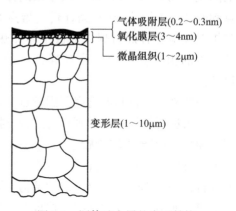

图1-1 固体纯金属的表面结构

的变形层，这一层是金属在成形加工（如压力加工）时所形成的晶粒变形结构。在氧化膜层与变形层主体之间还有1~2μm厚的微晶组织。

对于合金来说，其表面结构要复杂得多。通常表面能较低的亲氧的组元在固态情况下也会扩散并富集于表面，形成复杂多元的表面氧化膜。随着存储期的延长，这层膜还会进一步增厚。

在实际钎焊过程中，所涉及的母材表面都会有前述的表面结构。为使钎焊过程得以顺利进行，要根据氧化膜的基本性质，采用还原性酸（如HCl、HF、稀硫酸、有机酸）、氧化性酸（如HNO_3）或碱（如NaOH、KOH）等来去除。经过酸洗或碱洗的表面仍不是理想表面或清洁表面，它在钎焊前还可能氧化，并形成一层较薄的氧化膜。钎焊过程通常就是在这样的表面上进行的。

2. 润湿的分类

从热力学的角度来看，润湿是指液体与固体接触后造成体系（固体+液体）自由能降低的过程。润湿大体上可分为三类，即附着润湿、浸渍润湿和铺展润湿。

（1）附着润湿　附着润湿是指固体与液体接触后，将液-气相界面和固-气相界面变为固-液相界面的过程，如图 1-2a 所示。在此过程中系统的表面自由能将发生变化，设固-气、液-气和固-液三相界面的比表面自由能分别为 G_{sg}、G_{lg} 和 G_{sl}，则上述过程的自由能变化为

$$\Delta G_a = G_{sl} - (G_{sg} + G_{lg}) \tag{1-1}$$

这一过程的逆过程将需要外界对系统做功 W_a，即

$$W_a = -\Delta G_a = G_{sg} + G_{lg} - G_{sl} \tag{1-2}$$

式中　W_a——附着功，表征固-液相界面的结合程度。

附着功越大，附着润湿越强。对于钎焊过程来说，如果钎料是预先放置在钎焊间隙中的，在钎料熔化并润湿母材时，情况与附着润湿是相近的。

（2）浸渍润湿　浸渍润湿是指固体浸入液体的过程。在此过程中固-气相界面被固-液相界面所取代，而液相表面没有变化，如图 1-2b 所示。浸渍面积为单位值时，自由能变化为

$$\Delta G_i = G_{sl} - G_{sg} \tag{1-3}$$

要实现其逆过程则需要外界对系统做功 W_i，即

$$W_i = -\Delta G_i = G_{sg} - G_{sl} \tag{1-4}$$

式中　W_i——浸渍功，它反映液体在固体表面上取代气体的能力。

在浸渍钎焊过程中（如盐浴钎焊、金属浴钎焊）所发生的现象即为浸渍润湿。

（3）铺展润湿　铺展润湿是液滴在固体表面上铺开的过程，即以固-液相界面和新的液-气相界面来取代固-气相界面和原来的液-气相界面的过程，如图 1-2c 所示。当铺展面积为单位值时，自由能变化为

$$\Delta G_s = G_{sl} + \Delta G_{lg} - G_{sg} \tag{1-5}$$

式中　ΔG_{lg}——过程前后液-气相界面自由能的变化，实际是液-气相界面面积的变化。

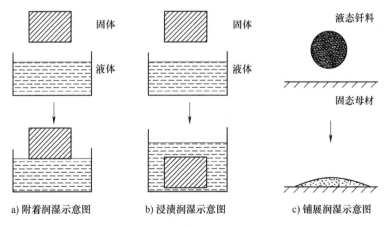

a) 附着润湿示意图　　　b) 浸渍润湿示意图　　　c) 铺展润湿示意图

图 1-2　各类润湿示意图

3. 杨氏方程

要使液态钎料填满钎焊间隙，其前提条件是液态钎料必须能良好地润湿母材。由物理化学知识可知，将某液滴置于固体表面，如果液滴和固体界面的变化能使液-固体系自由能降低，则液滴将沿固体表面流动并铺开，如图1-3所示。

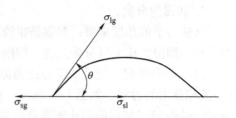

图1-3　铺展润湿时张力平衡示意图

在图1-3中，θ称为润湿角，σ_{sg}、σ_{lg}和σ_{sl}分别表示固-气、液-气和固-液相界面间的界面张力。液滴在固体表面铺展后的最终形状可由杨氏（Young）方程（或称为润湿平衡方程）描述，即

$$\sigma_{sg} = \sigma_{sl} + \sigma_{lg}\cos\theta \tag{1-6}$$

可以推导出润湿角与各界面张力的关系，即

$$\cos\theta = (\sigma_{sg} - \sigma_{sl})/\sigma_{lg} \tag{1-7}$$

润湿角的大小表征了体系润湿与铺展能力的强弱。由式（1-7）可知，润湿角θ的大小与各界面张力的数值有关。θ大于还是小于90°取决于σ_{sg}与σ_{sl}数值的大小。如果$\sigma_{sg} > \sigma_{sl}$，则$\cos\theta > 0$，即0° < θ < 90°，此时认为液体能润湿固体，θ越小，则液体对固体的润湿效果越好，其极限情况是$\theta = 0$°，即液体能完全润湿固体，如水滴在清洁的玻璃表面可完全铺开；如果$\sigma_{sg} < \sigma_{sl}$，则$\cos\theta < 0$，即90° < θ < 180°，这种情况称为液体不润湿固体，其极限情况是$\theta = 180$°，即完全不润湿，如在玻璃表面滴一滴水银，水银将会形成一个球体在玻璃板上滚动。钎焊时液态钎料在母材上的润湿角应小于20°。

1.2.2　钎料的毛细流动（填缝过程）

钎焊时，对液态钎料的要求主要不是沿固态母材表面的自由铺展，而是填满全部钎焊间隙。通常钎焊间隙很小，如同毛细管，钎料是依靠毛细作用在钎焊间隙内流动的，因此钎料能否填满间隙取决于它的毛细流动特性。

液体在固体间隙中的毛细流动特性表现为如下的现象：当把间隙很小的两平行板插入液体中时，液体在平行板的间隙内会自动上升到高于液面的一定高度，但也可能下降到低于液面的一定高度，如图1-4所示。液体在两平行板的间隙中上升或下降的高度为

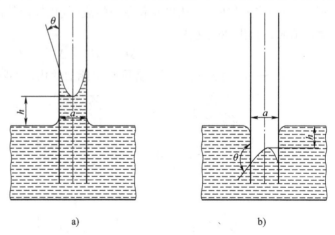

a)　　　　　　　　　　b)

图1-4　在两平行板间液体的毛细作用

$$h = \frac{2\sigma_{lg}\cos\theta}{a\rho g} = \frac{2(\sigma_{sg} - \sigma_{sl})}{a\rho g} \tag{1-8}$$

式中　a——平行板的间隙，钎焊时即为钎焊间隙；

ρ——液体的密度；

g——重力加速度。

当 $h>0$ 时，表示液体在间隙中上升；当 $h<0$ 时，表示液体在间隙中下降。

1）当 $\theta <90°$、$\cos\theta >0$ 时，$h>0$，液体沿间隙上升；当 $\theta >90°$、$\cos\theta <0$ 时，则 $h<0$，液体沿间隙下降。因此钎料填充间隙的好坏取决于它对母材的润湿性。显然，钎焊时只有在液态钎料能充分润湿母材的条件下，钎料才能填满钎缝。

2）液体沿间隙上升或下降的高度 h 与间隙大小 a 成反比。钎料在铜或黄铜板间隙的上升高度与间隙的关系如图 1-5 所示。从上升高度来看，是以小间隙为佳，因此钎焊时为使液态钎料能填满间隙，必须在接头设计和装配时保证小的间隙。

如果钎料是预先安置在钎焊间隙内的，如图 1-6a 所示，润湿性和毛细作用仍有重要意义。当润湿性良好时，钎料填满间隙并在钎缝四周形成圆润的钎角，如图 1-6b 所示；如果润湿性不好，钎缝填充不良，外部不能形成良好的钎角，液态钎料甚至会流出间隙，聚集成球状钎料珠，如图 1-6c 所示。

液态钎料在毛细作用下的流动速度 v 可表示为

$$v = \frac{\sigma_{\mathrm{lg}}a\cos\theta}{4\eta h} \tag{1-9}$$

式中　η——液体的黏度。

从式（1-9）可以看出：首先，润湿角越小，即 $\cos\theta$ 越大，流动速度就越大，所以从迅速填满间隙考虑，也以钎料润湿性好为佳；其次，液体的黏度越大，流动速度越慢；最后，流速 v 又与 h 成反比，即液体在间隙内刚上升时流动快，随 h 增大而逐渐变慢，因此为了使钎料能填满全部间隙，应有足够的钎焊加热保温时间。

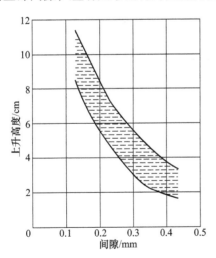

图 1-5　钎料在铜或黄铜板间隙的
上升高度与间隙的关系

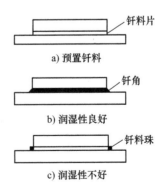

图 1-6　钎料预先安置在
间隙内的润湿情况

上述规律是在液体与固体间没有相互作用的条件下得到的。实际上，在钎焊过程中，液态钎料与固态母材或多或少地存在相互扩散，致使液态钎料的成分、密度、黏度和熔点等发生变化，从而使毛细填缝现象复杂化。甚至出现这种情况：在母材表面铺展得很好的液态钎料不能流入间隙，这往往是由于钎料在毛细间隙外时就已被母材饱和而失去了流动能力。

1.2.3 影响钎料润湿性的因素

由杨氏方程可以看出，任何可使固-气相界面张力 σ_{sg} 增大，或使固-液相界面张力 σ_{sl} 以及液-气相界面张力 σ_{lg} 减小的因素都可使润湿角 θ 减小，从而改善钎料对母材的润湿性。减小 σ_{lg} 意味着液体内部原子对表面原子的吸引力减弱，液体原子有趋于表面并使表面积增大的趋势，从而促进润湿；σ_{sl} 减小意味着固体原子对液体原子的吸引力增加，使液体原子被拉向固-液相界面，因此也促进润湿。

表 1-1～表 1-3 分别列出了一些液态金属的 σ_{lg}、固态金属的力 σ_{sg} 和金属体系的界面张力的数据。除液态金属的 σ_{lg} 数据比较齐备外，后两项数据为数很少。至于钎料（通常均为多元合金的），上述各项数据更为稀少，因此无法借助式（1-7）指导生产实践。

表 1-1　一些液态金属的 σ_{lg}

金属	σ_{lg}/(N/m)	金属	σ_{lg}/(N/m)	金属	σ_{lg}/(N/m)	金属	σ_{lg}/(N/m)
银（Ag）	0.93	铬（Cr）	1.59	锰（Mn）	1.75	锑（Sb）	0.38
铝（Al）	0.91	铜（Cu）	1.35	钼（Mo）	2.10	硅（Si）	0.86
金（Au）	1.13	铁（Fe）	1.84	钠（Na）	0.19	锡（Sn）	0.55
钡（Ba）	0.33	钙（Ga）	0.70	铌（Nb）	2.15	钽（Ta）	2.40
铍（Be）	1.15	锗（Ge）	0.60	钕（Nd）	0.68	钛（Ti）	1.40
铋（Bi）	0.39	铪（Hf）	1.46	镍（Ni）	1.81	钒（V）	1.75
镉（Cd）	0.56	铟（In）	0.56	铅（Pb）	0.48	钨（W）	2.30
铈（Ce）	0.68	锂（Li）	0.40	钯（Pd）	1.60	锌（Zn）	0.81
钴（Co）	1.87	镁（Mg）	0.57	铑（Rh）	2.10	锆（Zr）	1.40

表 1-2　一些固态金属的 σ_{sg}

金属	温度/℃	σ_{sg}/(N/m)	金属	温度/℃	σ_{sg}/(N/m)
铁（Fe）	20	4.0	铝（Al）	20	1.91
	1400	2.1	钨（W）	20	6.81
铜（Cu）	1050	1.43	锌（Zn）	20	0.86

表 1-3　一些金属体系的界面张力

金属体系	温度/℃	σ_{sg}/(N/m)	σ_{lg}/(N/m)	σ_{sl}/(N/m)
Al-Sn	350	1.01	0.60	0.28
	600	1.01	0.56	0.25
Cu-Ag	850	1.67	0.94	0.28
Fe-Cu	1100	1.99	1.12	0.44
Fe-Ag	1125	1.99	0.91	>3.40
Cu-Pb	800	1.67	0.41	0.52

在实际钎焊时，影响钎料润湿性的因素主要有以下几个方面。

1. 钎料和母材成分的影响

一般来说，如果构成钎料和母材的各元素之间可以发生相互作用，形成固溶体、共晶体或金属间化合物，就会表现出良好的润湿性，反之，润湿性就差。Ag、Bi、Cd、Pb 等元素与 Fe 之间基本不存在明显的相互作用，因此这些元素在铁表面上表现为明显的不润湿，如 Fe-Ag 系，1125℃时液态银与固态铁之间的界面张力 $\sigma_{sl} > 3.40N/m$，比固态铁的 σ_{sg}（1.99N/m）大（见表 1-3），致使 $\cos\theta$ 为负值，$\theta > 90°$，故不润湿。就物理概念来讲，银和铁在固、液态下均不相互作用，说明铁对银原子的吸引力极小，不足以将银液内的原子拉到银液表面，因此无法扩大其表面积，润湿性差。Cu-Ag 和 Cu-Sn 等体系，元素间存在较明显的相互作用，因而其润湿效果良好，如液态银与固态铜的界面张力很小，为 0.28N/m（见表 1-3），因此银对铜的润湿性良好。铜和铅之间无相互作用，因此铅在铜表面上表现为不润湿，但当向铅中加入锡后，由于锡和铜之间存在相互作用，因此可以发生润湿，并且随着锡含量的增加，润湿性也相应提高。

显然，只有钎料与母材之间发生相互作用，熔化状态的钎料才会在母材表面润湿铺展。但当熔化状态的钎料与母材之间发生过度或过快的相互作用，如快速生成大量金属间化合物或快速溶入母材，反而会阻碍熔化的钎料在母材表面向前流动和铺展。

有试验结果表明，260℃时熔化状态的纯锡与铜作用仅 0.5s 左右，就会在铜/锡界面上生成大量的 Cu_6Sn_5 金属间化合物，同时铜快速溶入锡中并扩散形成共晶物相，这种快速反应"抓住"和"消耗"熔化状态的锡，使其难以向前流动和铺展。另一种类型的例子是熔化状态的锌在铝上和熔化状态的铜在镍上的反应，从 Al-Zn 和 Cu-Ni 二元相图（见图 1-7）可以看出，Zn 在 Al 中有很大的固溶度，Cu 与 Ni 无限互溶，钎焊时，熔化的钎料迅速向母材的晶间和晶粒中渗透形成固溶体而难以在母材表面流动和铺展，犹如一碗水倾倒在干燥的沙地上，水迅速向沙内渗透而难以向四面铺展。

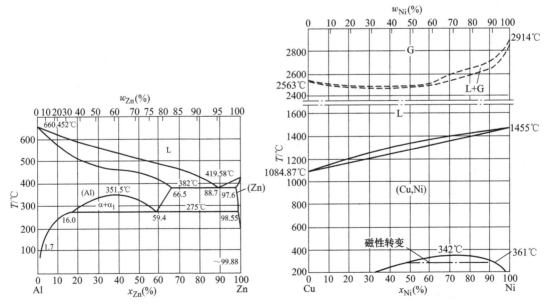

图 1-7 Al-Zn 和 Cu-Ni 二元相图

此外，钎料中添加表面活性物质时，可明显减小液态钎料的表面张力，改善钎料对母材的润湿性。加入表面活性物质，液态钎料中表面张力小的组分将聚集在液体表面层呈现正吸附，使液体表面张力显著减小。表面活性物质的这种有益作用已在实际钎焊中得到应用。表1-4列出了一些钎料中应用表面活性物质的实例。

表1-4　一些钎料中应用表面活性物质的实例

钎料	表面活性物质		母材	钎料	表面活性物质		母材
	元素	含量（质量分数，%）			元素	含量（质量分数，%）	
Cu	P	0.04~0.08	钢	Ag	Ba	1	钢
Cu	Ag	<0.6	钢	Ag	Li	1	钢
Sn	Ni	0.1	铜	Ag-28.5Cu	Si	<0.5	钢，钨
Ag	Cu，P	<0.02	钢	Cu-37Zn	Si	<0.5	钢
Ag	Pd	1~5	钢	Al-11.3Si	Sb，Ba，Br，Bi	0.1~2	铝

2. 钎焊温度的影响

液体的表面张力随着钎焊温度的升高而降低，因此升高钎焊温度有助于提高钎料的润湿性。钎料的润湿性随钎焊温度升高而改善的原因，除了液态钎料本身的表面张力 σ_{lg} 减小外，液态钎料与母材间的界面张力 σ_{sl} 减小也有较大作用，这两个因素都有助于提高钎料的润湿性。

总之，钎焊温度越高，液态钎料对母材的润湿性越好，在母材表面的铺展面积也越大。但并非钎焊温度越高越好，钎焊温度过高，钎料铺展能力过强，会造成钎料流失，即钎料流散到不需要钎焊的部位，而不易填满钎缝。同时钎焊温度过高还可能造成母材晶粒长大、过热、过烧及钎料溶蚀母材等问题。因此必须综合考虑钎焊温度的影响，在实际钎焊过程中，通常钎焊温度比钎料液相线温度高 30~80℃。

3. 金属表面氧化物的影响

在常规条件下，多数金属表面都存在一层氧化膜。当被焊母材表面存在氧化膜时，液态钎料往往凝聚成球，不在母材表面润湿铺展，其原因是氧化物的表面张力 σ_{sg} 比金属本身的表面张力低很多，如 Fe_2O、CuO、Al_2O_3 的表面张力分别为 0.35N/m、0.76N/m 和 0.56N/m，对比表1-2 中固态金属的表面张力，可见这种差别。$\sigma_{sg} > \sigma_{sl}$ 是液态钎料润湿母材的基本条件，见式（1-7）。覆盖着氧化膜的母材表面相比无氧化膜的洁净表面，表面张力 σ_{sg} 显著减小，致使 $\sigma_{sg} < \sigma_{sl}$，因此钎料不润湿母材。

另外，氧化物的熔点一般都比较高，在钎焊温度下为固态。因此当钎料表面存在氧化膜时，熔化的钎料被自身的氧化膜包覆，此时与母材接触的是固态的钎料氧化膜，液态钎料受固态氧化膜的制约成为不规则球态，不润湿母材，也不在母材表面铺展。

所以在钎焊前及钎焊过程中须采取适当的措施去除母材和钎料表面的氧化膜，改善钎料对母材的润湿性。

4. 钎剂的影响

钎剂对液态钎料润湿性的影响主要表现在两个方面：钎剂可以有效地清除钎料和母材表

面的氧化膜，从而改善润湿性；当母材和液态钎料表面覆盖了一层液态钎剂后，该体系的界面张力发生了变化。

体系的平衡方程由杨氏方程描述，即只要满足 $\sigma_{lf} < \sigma_{lg}$ 或 $\sigma_{sf} > \sigma_{sg}$（$\sigma_{lf}$ 为钎剂与钎料间的界面张力，σ_{sf} 为母材与钎剂间的界面张力），就可以增强钎料对母材的润湿性。钎剂除了能清除母材表面氧化物使 σ_{sf} 增大外，还可减小液态钎料与钎剂的界面张力 σ_{lf}，改善钎料的润湿性。

5. 母材表面粗糙度的影响

母材表面粗糙度也会影响液态钎料在其表面的润湿性。曾有人做过如下试验：把纯铜和3A21 铝合金圆片分成四等份，分别采用抛光、钢丝刷刷、砂布打磨和化学清洗四种方法清理这四等份表面。然后在纯铜片和 3A21 铝合金圆片的中心分别放置相同体积的 S-Sn60Pb 和 Sn80Zn20 钎料，分别加热到各自的钎焊温度，保温 5min，冷却至室温后测量钎料的铺展面积。结果表明，纯铜片上，S-Sn60Pb 钎料在钢丝刷刷过的区域铺展面积最大，在抛光区域铺展面积最小；而在 3A21 铝合金圆片上，Sn80Zn20 钎料在不同方法处理的区域铺展面积几乎相同。分别采用酸洗、喷砂和抛光方法清理不锈钢表面，然后放置 BPd20AgMn 钎料，加热到 1095℃，冷却后测量钎料的铺展面积，发现钎料在酸洗过的表面上铺展面积最大，在抛光表面上铺展面积最小，如图 1-8 所示。

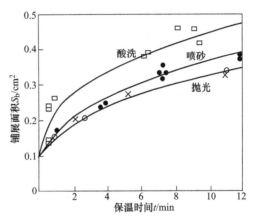

图 1-8　表面处理方法对 BPd20AgMn 钎料在不锈钢表面上铺展面积的影响（1095℃）

以上试验现象说明，当钎料与母材的相互作用弱时（如 S-Sn60Pb 钎料与纯铜母材，BPd20AgMn 钎料与不锈钢母材），母材表面粗糙度对钎料的润湿性有明显的影响，这是因为较粗糙的母材表面布满纵横交错的细槽，对液态钎料起到特殊的毛细作用，从而促进钎料在母材表面的铺展，改善润湿性。但当钎料与母材的相互作用较强时（如 Sn80Zn20 钎料与3A21 铝合金母材），较粗糙的母材表面所存在的细槽会迅速被液态钎料溶解而不复存在，因此母材表面粗糙度的影响就不明显了。

1.3　钎料与母材的相互作用

液态钎料在毛细填缝的同时与母材发生相互作用，这种相互作用的推动力是钎料与母材间的浓度梯度（严格地说应是化学位梯度）。这里可以将这种作用分为两类：一是固态母材向液态钎料的溶解；二是钎料组分向固态母材的扩散。这些相互作用的结果会对钎焊接头的性能产生很大的影响，因此有必要研究其规律性。

1.3.1　固态母材向液态钎料的溶解

钎焊时，固态母材向液态钎料的溶解过程是普遍存在的。一般来说，母材向钎料的适量溶解，可使钎料成分合金化，有利于提高钎焊接头的性能。但是母材的过度溶解会使液态钎料的熔点和黏度提高，流动性变差，导致不能填满钎焊间隙而形成未钎透缺陷，同时还可能使母材表面出现溶蚀缺陷。

在钎焊过程中，影响固态母材在液态钎料中溶解量的因素主要有以下几方面。

1. 母材与钎料成分的影响

不同成分的母材在不同成分的液态钎料中的溶解情况是不同的，这主要取决于母材组分在液态钎料中的极限溶解度和极限固溶度。如果钎料与母材在固、液态下都不相互作用，则不发生母材向液态钎料中溶解，如 Ag-Fe、Pb-Cu 系不发生 Fe 向 Ag、Cu 向 Pb 中的溶解。如果母材 A 和钎料 B 在固态下无互溶，在液态下完全互溶，形成如图 1-9 所示的简单共晶相图。在温度 T 下钎焊时，A 在 B 中的溶解量取决于 A 在 B 中的极限溶解度（线段 L），极限溶解度越大，溶解量就越多。共晶点 E 的位置对 A 的溶解量也有很大影响。E 点越靠近 A，则液相线 DE 越倾斜，L_1 线段越长，A 的溶解量越少。如果用共晶成分的 A-B 合金钎料钎焊 A，则

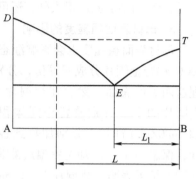

图 1-9 简单共晶相图

在钎焊温度 T 下，A 在共晶钎料中的溶解量取决于 $L-L_1$ 的长度，且共晶点越靠近 A，$L-L_1$ 线段越短，A 的溶解量也越小。因此为了减少母材的溶解，可在钎料中加入母材金属的组分。例如：用 Al-Si 钎料钎焊铝时，钎料中 Al 含量越高，母材 Al 向钎料中的溶解量越少；又如在 Sn-Pb 钎料中加入少量的 Cu 或 Ag，可以减弱母材中 Cu 或 Ag 向钎料中的溶解。

2. 钎焊温度的影响

固态母材向液态钎料中溶解速度与温度之间的关系如图 1-10 所示，其中图 1-10a 所示为母材与钎料形成固溶体或简单共晶体的情况。随着钎焊温度的升高，固态母材向液态钎料中溶解的速度增大，单位时间内的溶解量增多。如果钎焊时在钎料/母材界面形成金属间化合物层，则溶解速度与温度呈现如图 1-10b 所示的关系。总体趋势为随温度升高，溶解速度增大，但在某一温度范围内，溶解速度减小。例如：Cu 在 Sn 中的溶解速度（见图 1-11），温度低于 340℃时，随着温度升高，溶解速度增大；在 340~410℃温度范围内，随着温度升高，溶解速度减小。此温度范围内，在钎料/母材界面处开始形成金属间化合物。金属间化合物层的出现，阻碍了母材向液态钎料的扩散，使溶解速度减小。当温度超过 410℃时，界

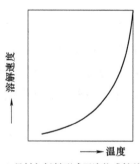

a) 母材与钎料形成固溶体或简单共晶体

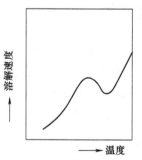

b) 母材与钎料形成金属间化合物

图 1-10 固态母材向液态钎料中溶解速度
与温度之间的关系

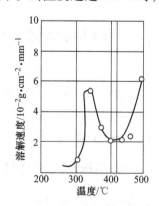

图 1-11 Cu 在 Sn 中的溶解
速度曲线

面处形成的金属间化合物层已具有一定的厚度，此时的溶解为金属间化合物层向液态钎料中溶解，其溶解速度又随温度的升高而增大。为了防止母材溶解过多，钎焊温度不能过高。

3. 钎焊保温时间的影响

固态母材在液态钎料中扩散较快，比钎料组分在固态母材中的扩散速度大得多。扩散深度 x 与保温时间 t 的关系为

$$x = \sqrt{2D_T t} \tag{1-10}$$

式中　D_T——温度 T 时的扩散系数。

固态金属在液相中的扩散系数约在 $10^{-5}\ cm^2/s$ 数量级，而它们在固体中的扩散系数为 $10^{-8} \sim 10^{-9}\ cm^2/s$ 数量级。

一般来说，在达到极限溶解度之前，溶解量随保温时间的增加而增加，基本符合抛物线规律，即溶解量与时间的平方根成正比。

4. 钎料量的影响

钎料量的增加会导致溶解量的增加，如在熔融钎料中进行浸渍钎焊时，由于钎料量多，容易发生溶蚀。而在毛细钎焊时，钎焊间隙内的钎料量很少，母材的溶解很快达到饱和状态，但在钎角处聚集钎料较多，容易产生溶蚀。

上述分析表明，固态母材向液态钎料中的溶解与钎料/母材的成分组合、钎焊参数密切相关，因此合理选择钎料和钎焊参数将有助于控制固态母材的溶解。

1.3.2　钎料组分向固态母材的扩散

钎焊时，在母材向液态钎料溶解的同时，由于液态钎料填满钎焊间隙，钎料组分与母材组分的差别或浓度的差别，也必然出现钎料组分向母材的扩散。扩散量的大小主要与浓度梯度、扩散系数、扩散面积、温度和保温时间等因素有关。钎料组分向母材的扩散有晶内扩散（体积扩散）和晶界扩散（晶间渗入）两种。晶内扩散的产物为固溶体，对钎焊接头性能没有不良影响。晶界扩散的产物为低熔点共晶体，性能较脆，对接头性能有不良影响。

根据扩散定律，钎焊时钎料组分向母材中的扩散量为

$$d_m = -DS\frac{dC}{dx}dt \tag{1-11}$$

式中　d_m——钎料组分的扩散量；

　　　D——扩散系数；

　　　S——扩散面积；

　dC/dx——在扩散方向上扩散组分的浓度梯度；

　　　dt——扩散时间。

由式（1-11）可见，钎料组分向固态母材中的扩散量随浓度梯度、扩散系数、扩散面积的增大和扩散时间的延长而增加。扩散一般都是从高浓度向低浓度方向进行，当钎料中某组分的含量比母材高时，由于存在浓度梯度，就会发生该组分向母材的扩散。扩散系数受一些因素的影响：扩散系数同晶体结构有关，元素在体心立方点阵中的扩散系数比在面心立方点阵中的扩散系数大，这是由于体心立方点阵的致密度较小，扩散原子有较大的活动性。扩散原子直径对扩散系数有影响，原子直径越小，扩散系数越大，例如采用以单一 B 元素作为降熔元素的镍基钎料钎焊高温合金时，由于 B 原子半径小，扩散快，接头组织较采用其他

大半径原子元素（如 Si）作为降熔元素的钎料的接头更易均匀化；第三元素的存在对元素的扩散系数也有影响，例如钎焊高温合金时，当母材和钎料中含有较多的 W、Mo、Re、N 等元素时，会大幅度降低其他元素的扩散速度，使接头组织很难达到完全均匀化；温度对扩散系数的影响最大，温度升高将使扩散系数增大，因此可通过高温扩散处理改善钎焊接头组织，提高接头性能。

图 1-12 所示为一个钎焊时钎料组分向固态母材扩散的实例。为了实现强 Ti/Cu 钎焊，这里采用了 Ag-28Cu-2Ti 活性钎料。Nb 中间层保持完整，成功地阻碍了 Ti 基板和钎料之间的相互作用（图 1-12a）。在 Ti/Nb 界面处，可以观察到扩散层（图 1-12b）。相应的 EDS 线扫描结果表明，扩散层是 Ti-Nb 固溶体。因为 Ti 和 Nb 的轮廓都呈现出连续变化（图 1-12c、d），Nb/钎缝界面很容易区分，没有任何缺陷或明显的反应产物。这意味着熔融钎料对 Nb 中间层的溶解相当有限。因此可以得出结论，接头界面微观结构受 Ti/Nb 界面处的晶内扩散控制。

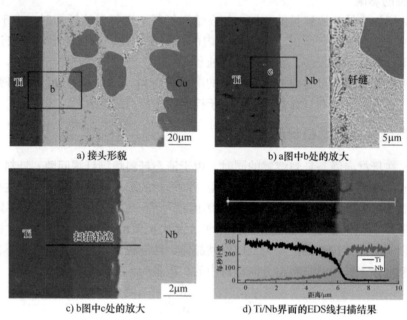

a) 接头形貌　　　　　　　　b) a 图中 b 处的放大

c) b 图中 c 处的放大　　　　d) Ti/Nb 界面的 EDS 线扫描结果

图 1-12　钎料组分向固态母材扩散的实例

1.4　钎焊接头的金属学形态

钎焊接头是异种材料之间的冶金结合，由于钎料与母材之间的相互作用而在结合面处会产生各种各样的现象，给接头组织带来各种各样的变化，并对接头的性能产生很大的影响。

钎焊接头基本上由三个区域组成，如图 1-13 所示：母材上靠近界面的扩散区、钎缝界面区和钎缝中心区。扩散区组织是钎料组分向母材扩散形成的。钎缝界面区组织是母材向钎料溶解、冷却后形成的，它可能是固溶体或金属间化合物。钎缝中心区由于母材的溶解和钎料组分的扩散以及结晶时的偏析形成，其组织也不同于钎料的原始组织，钎焊间隙大时，该区组织同钎料原始组织较接近；钎焊间隙小时，则两者差别可能很大。这三个区域之间的边界有时并不是直线状分隔，如图 1-14 所示。它主要与钎料类型和钎焊参数有关。

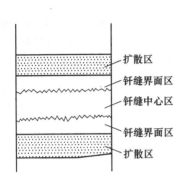

图 1-13　钎焊接头的三个区域示意图

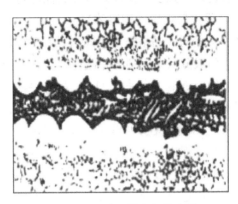

图 1-14　三个区域之间的边界

钎缝界面区组织与其结晶过程密切相关。根据一般的结晶原理，结晶过程取决于两个因素：液相单位容积内晶核的形成速度以及它的生长速度。晶核可以是合金的质点，也可以是外来的质点。在液相内有合金固态质点或合金的某个相存在时，就会使晶核形成的自由能减小。钎焊时，与钎缝液态金属接触的母材界面就是现成的晶核。根据结晶条件的不同，钎缝界面区形成的组织类型主要有共晶体钎缝组织、晶界扩散组织和有金属间化合物生成的钎缝组织。

1.4.1　钎缝组织

1. 共晶体钎缝组织（共晶体）

钎缝金属随着凝固过程的进行从母材晶粒表面向液态金属继续生长，这种结晶称为交互结晶。当钎焊纯金属和单相合金时，如果所用的钎料与母材基体相同，本身也是单相合金，只是含一些合金元素，钎焊后钎缝就会出现交互结晶。例如，用黄铜为钎料钎焊铜时就可看到黄铜晶粒在铜晶粒的基础上连续生成，形成共同晶粒的现象，如图 1-15 所示。如果母材是纯金属和单相合金，钎料与母材的基体相同，但本身是双相和多相组织，则并不总是出现交互结晶，在一定条件下可以出现局部的交互结晶。

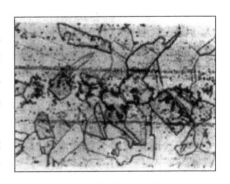

图 1-15　用黄铜钎焊铜时的接头组织

在某些情况下，即使母材和钎料不是同基，钎料本身也不是单相组织，但钎缝也会出现交互结晶。例如，用 BNi71CrSi 钎料钎焊不锈钢，在钎焊间隙相当小的情况下，钎缝就出现交互结晶，钎缝和母材完全形成共同晶粒。出现这种组织的原因：首先，不锈钢是铁基，钎料属镍基，铁和镍均属体心立方点阵，它们的晶格常数又非常接近，这就为交互结晶创造了条件；其次，虽然 BNi71CrSi 钎料本身是多相组织，由 α 固溶体、Ni_2Si 相等组成，但在钎焊过程中钎缝中的硅向母材扩散，其浓度下降到极限浓度以下，成为单一的镍铬固溶体，凝固后在钎缝内就形成完全的交互结晶。

一般来说，在相图上钎料与母材能形成固溶体，钎焊后在界面区就可能出现固溶体，其组织具有良好的强度和塑性，对接头性能是有利的。

2. 晶界扩散组织（固溶体）

结晶系相同（晶格类型相同）、原子半径相近的元素间大多能以任意比例固溶，这类金属间的界面成分从一侧到另一侧连续变化。当钎料与母材为同类合金时，在界面区常常形成固溶体组织。例如，当采用 Al-11.7Si 钎料钎焊 Al 合金时，钎料本身虽是共晶体，但界面区却可以得到固溶体组织。这是因为在钎焊过程中发生 Al 的溶解，使得与母材相接触的钎料层中 Al 含量增加。在 600 ℃钎焊时，Al 的质量分数 90%左右，冷却凝固时，先从母材表面处开始结晶，而最先结晶出来的是 α 固溶体，最后是共晶体，因此可以看出界面处为一层参差不齐地向钎料方向生长的 Si 在 Al 中的固溶体组织。在钎缝中心区仍会保留原始钎料的共晶组织，但也会出现少量的固溶体相。

一般来说，晶体结构和原子状态越类似，原子半径和原子价越接近，固溶体的比例就越大。正离子半径大的元素容易固溶原子半径小的元素。如果钎料和母材在相图上可形成固溶体时，则钎焊后的界面区极可能出现固溶体。固溶体组织与母材相比，不存不连续性微观组织，这对钎焊接头是非常有利的。

3. 金属间化合物钎缝组织

钎料中一个组元如果含量较大又能与母材生成金属间化合物，则在钎缝中会出现这些化合物的特征。如果这些金属间化合物是固液异分的，在钎焊条件下常常会呈笋状生长，如用纯锡或锡含量较高的锡合金钎料钎焊铜、银、铁、钴、镍时，均可看到这种生长方式。这种化合物是由一个固相组元（如母材）与液相（钎料）反应生成的，钎焊短时间内生成的化合物都不是纯相，这就减少了作为纯化合物相的属性。此外，这种化合物的笋状生长方式使它像钉子一样嵌入钎缝，更增加了钎缝的强度。

钎料中一个主要组元与母材生成固液同分化合物时，这个化合物往往以层状或连片地生长。这些固液同分化合物通常较脆，又呈层状，会降低钎焊接头强度。这就使在选择钎料时，需要特别注意避免生成这类层状化合物，除非这些化合物能溶入母材，形成组分很宽的固溶体。

因此当钎料能与母材形成化合物时，为了减薄化合物层和防止界面区形成层状化合物，一般可采取以下措施。

1）在钎料中加入既不与母材又不与钎料形成化合物的组分。例如，用锡铅钎料代替锡钎焊铜时，Cu_6Sn_5 化合物层减薄，当铅含量达到 70%（质量分数）以上时，界面区不出现化合物层。使化合物层消失的铅含量与钎焊温度和保温时间有关。

2）在钎料中加入能与钎料形成化合物，但不与母材形成化合物的组分，也能使界面上化合物的生成速度显著降低。例如，用锡钎焊铜时，在锡中加入质量分数为 1%～1.5%的银可使界面化合物层厚度大幅度减薄。

对于合金钎料也存在类似的规律。例如，用铜锌钎料钎焊钢时，为了防止锌的蒸发，在钎料中加入质量分数为 0.5%左右的硅，硅与母材在钎缝界面形成化合物层，使接头塑性下降，如果在钎料中再加入质量分数为 2%的镍，由于硅对镍的亲和力大于它对铁的亲和力，因而钎缝界面上不出现化合物层。

为了减小钎焊时钎料的熔化范围，通常尽可能选择熔化温度合适、成分接近共晶点或连续固溶体最低熔点成分的合金当作钎料。例如：用 Ni-Cr 或 Ni-Cr-Si 共晶体；用 Cu-Mn、Ni-Mn 连续固溶体最低熔点成分钎料钎焊不锈钢和高温合金；有时也常用纯金属当钎料，例如用纯铜钎焊碳钢等。

为了改善钎料的各种性能，也会在其中添加一些其他微量元素。如果熔态钎料和母材之间的反应性很弱，钎焊后的钎缝常会存在和钎料本身相同的结构。如果熔态钎料和母材有共同的主组元或液相有较大的互溶度，则根据温度的高低和钎焊时间的长短会出现共晶或亚共晶的钎缝。

4. 钎缝的不致密性缺陷

钎缝的不致密性缺陷是指钎缝中的夹气、夹渣和未钎透等缺陷。这些缺陷一般处于钎缝的内部，但经机械加工后会暴露于钎缝表面，并给焊件的密封性、导电性和耐蚀性等带来不利的影响。

钎缝中各种不致密性缺陷的产生与钎焊过程中熔化钎料及钎剂的填缝过程有很大的关系。在通常的平行间隙的情况下，液态钎料和钎剂并不是均匀一致地流入间隙的，而是以不同的速度和不规则的路线流入间隙，这是产生不致密性缺陷的根本原因。

当钎料（或钎剂）熔化后从平行间隙的一侧向间隙中填充时，在流动前沿和间隙的侧面边缘处都将出现弯曲液面，因而造成在钎缝边缘处的附加压力比内部大，这使得钎料（或钎剂）沿钎缝外围的流动速度比内部的填缝速度大，因而可能造成钎料对间隙内部的气体或钎剂的大包围现象，如图 1-16 所示。一旦形成大包围后，所夹住的气体或钎剂残渣就很难从很窄的平行间隙中排除，使钎缝中形成大块的夹气和夹渣缺陷。

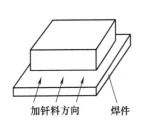
加钎料方向　焊件

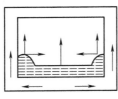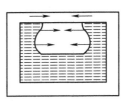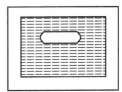

图 1-16　钎缝中大包围现象形成示意图

除了大包围会产生不致密性缺陷外，更常见的是由小包围产生的不致密性缺陷。从理论上来说，如果钎焊间隙均匀，且间隙内部金属的表面状态一致，则液态钎料或钎剂在间隙内部的流动速度应是基本相同的。然而实际上由于间隙内部金属的表面不可能绝对平齐，清洁度也有差异，加上液态钎料（或钎剂）与母材的物理化学作用等因素的影响，常常造成钎料在间隙内紊乱地流动，流动前沿形似乱云，结果造成小包围现象，如图 1-17 所示。如果小包围所围住的是气体，则形成夹气缺陷；如果围住的是钎剂，则形成夹渣缺陷；如果因钎料量不足而未能填满间隙，则形成未钎透缺陷。此外，如果钎剂在加热过程中分解出气体，或是母材或钎料中某些高蒸气压元素的蒸发，及溶解在液态钎料中的气体在钎料凝固时析出，当这些气体在钎料凝固前来不及全部排出钎缝时，就会形成气孔缺陷。

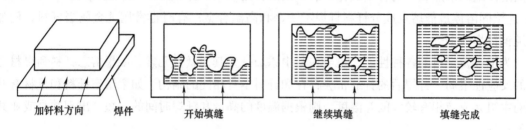

图 1-17　实际填缝过程及小包围现象形成示意图

由以上不致密性缺陷产生的原因分析可知，在一般钎焊过程中，要完全消灭这些缺陷是很困难的，但应采取相应的措施来尽可能减少缺陷的产生。例如，适当增大钎焊间隙有助于减少由于小包围现象而形成的缺陷。

1.4.2　影响钎焊过程的因素

影响钎焊过程的因素有接头设计，钎料、钎剂的选择，以及为了获得所要求特性而采取的钎焊参数。这些因素主要影响钎焊接头的外观成形和微观结构，实际上决定了钎焊接头的特性。

1. 接头设计

接头设计的变化对钎焊接头特性的影响充分表现在钎焊间隙对钎焊接头强度的影响。小的钎焊间隙，接头强度相当高，钎缝的强度甚至超过母材的强度。接头强度比钎料自身强度高许多的原因是薄的钎料层的截面收缩被抑制，因此钎料层处于非常高的三向应力状态，这将增加它的强度值。随着钎焊间隙的增大，抑制收缩的能力减弱或消失，接头强度接近于钎料的自身强度。

2. 钎料

钎料是复杂的合金，它的熔化在一个温度范围内。例如，Ag-Cu 合金，除共晶成分 72% Ag-28%Cu 外，其他如 50% Ag-50% Cu 合金的熔化在一个温度范围内发生，即温度升至 780℃时钎料开始熔化，只有当温度超过 850℃时钎料才能全部熔化。因此在 780～850℃温度范围内，有一个液体与固体共存的区域，其润湿性和流动性与完全液体的合金在某种意义上截然不同。当钎料金属处于部分熔化状态时，流动性降低。在混合状态下，润湿性和扩散行为导致低熔点相具有从固体成分中分离的趋势。

这种不充分或不均匀填充钎缝的现象会导致缺陷的产生。除了与钎料熔化特点有关外，钎焊过程中合金化出现在液体钎料和母材之间，钎料的润湿性和流动性明显受到合金化的影响。合金化取决于钎料的熔化温度、母材被影响的程度以及新相形成的趋势。改变钎料成分，可以改变它的熔化特点，在母材表面钎料元素的扩散也会改变母材的有效成分。影响母材合金化程度的因素有钎料元素在母材中的溶解度、时间和温度、固态扩散的动力学、母材的晶粒尺寸以及它的成分。母材与钎料的相互作用影响着其润湿性和接头的力学性能。

3. 残余应力

当必须将两种不同的母材（如碳钢和奥氏体钢、奥氏体钢和陶瓷）钎焊连接在一起时，因为两种材料热膨胀系数的差别，在最终焊件中会形成很大的残余应力。从钎焊温度冷却时，由于接头中一个焊件收缩速度与另一个焊件不同，会产生残余应力。当被连接材料的热膨胀系数存在很大差别时，这些残余应力足以在材料上引起局部变形或裂纹，或者引起焊件的变形。残余应力可以通过规范钎焊温度和冷却方式来控制，促进应力松弛。

1.5 钎焊时的去膜方法

在大气中，金属表面总是覆盖一层厚度不等的表面氧化膜。液态钎料要与母材发生润湿，必须要清除这层表面氧化膜。通常在钎焊前应清除焊件及钎料的表面氧化膜，用化学清洗的方法（用酸或碱溶解）或机械清理的方法（用砂布打磨、钢丝刷刷或机械抛光等）能够有效去除金属的表面氧化膜，但如果干净表面与周围气体反应速度很快，则新的表面氧化膜又会立即生成，如铝、镁等活泼金属。铜的反应速度较低，清理后可保持较长时间的赤裸表面。此外，钎焊时的加热过程还会加速焊件及钎料表面的氧化。

金属表面氧化膜的去除是钎焊过程的一个重要环节，对于不同的钎焊方法和钎料/母材体系，其氧化膜去除机制是不完全相同的，不可能用一个统一的模式解释去膜过程。本节将简要叙述钎焊过程中几种不同的去膜方法。另外，钎焊实际上是去膜→溶解→渗透→润湿→铺展→凝固的复杂过程，不一定能明确地划分出各个阶段，不应将"去膜"看成一个独立的阶段，而应看成是"只有母材表面氧化膜先去光了，才会开始下一个过程"。

1.5.1 钎剂去膜

钎剂去膜的机制有溶解、剥落、松动、被流动的钎料推开等。对于不同的母材，上述机制可能有所侧重，有的是两种并重，有的甚至是四种作用兼而有之，使钎焊过程得以完成。

在较高温度下钎焊合金时，钎剂的主要成分是氧化硼（B_2O_3，又称为硼酸酐），熔融态氧化硼对过渡金属的氧化物有很大的溶解度。在钎焊铜合金时，氧化膜与氧化硼或硼砂产生下列反应，即

$$CuO + 2H_3BO_3 \Longrightarrow Cu(BO_2)_2 + 3H_2O$$
$$CuO + B_2O_3 \Longrightarrow Cu(BO_2)_2$$
$$CuO + Na_2B_4O_7 \Longrightarrow Cu(BO_2)_2 + Na_2B_2O_4$$

生成物溶于过量的氧化硼中。这是典型的溶解作用去除氧化膜的机制。黄铜表面的 ZnO 和铁合金表面的 Fe_2O_3 均以类似的方式生成 $Zn(BO_2)_2$ 和 $2Fe_2O_3 \cdot 2B_2O_3$，并溶于过量的 B_2O_3 中而去除。

多数合金表面氧化膜的去除不是简单的溶解机制，在一些含 Cr、Ti、W、M 的合金钢或耐热钢钎焊时，尽管在 B_2O_3 中加入氟化物增强钎剂的活性也不足以去除氧化膜。在钎焊高铬合金时，甚至在钎剂中加入 Al-Cu-Mg 合金以增强活性，在高温下通过下列置换反应使铬氧化膜破坏去除，即

$$Cr_2O_3 + 2Al \Longrightarrow Al_2O_3 + 2Cr$$

$$Cr_2O_3 + 3Mg \Longrightarrow 3MgO + 2Cr$$

铝及铝合金氧化膜在以氯化物为主的钎剂中的去除基本上是一个松动、破碎、被流动的钎料推开的过程。将氧化铝膜放入碱金属氯化物+重金属氯化物+碱金属氟化物的混合熔盐（即铝钎焊用氯化物钎剂）中，氧化铝膜会迅速消失。

钎焊时，在钎剂的作用下，往往在几秒至几十秒内便完成去膜。除非氧化膜在钎剂中以极快的速度溶解（如高温下 Cu 在 B_2O_3 中的溶解），表面氧化膜通常不会是单纯的一种溶解作用，因此实际钎焊中钎剂的去膜作用是一个综合的过程。

1.5.2 自钎剂钎料去膜

自钎剂钎料含有一定量的能起还原作用的挥发性组元，其与母材表面氧化物作用后生成的产物熔点低于钎焊温度，而且还原产物的黏度小，能被液态钎料推开，从而实现去膜，并使液态钎料铺展。例如，用 Cu-P 钎料钎焊铜，锌基钎料钎焊铝合金，Ag-Cu-Li 钎料钎焊不锈钢等。

1.5.3 其他去膜方法

1. 气体介质去膜

钎焊时使用的气体介质主要有三类：中性气体、真空及活性气体。

（1）中性气体 钎焊中使用的中性气体主要是氩气，有时也使用氮气。氩气是惰性气体，在钎焊过程中与母材及其表面的氧化膜均不发生作用。氮气虽与有些金属能相互作用，但与金属氧化物却无相互作用。因此在中性气体中钎焊时，气体介质能保护金属不被氧化，但对金属表面的氧化膜并没有直接去除的能力。然而一般金属在中性气体保护下钎焊时，其表面氧化膜却能得到清除。

对于中性气体介质中氧化膜的去除机理，尚缺乏深入系统的研究。有种观点认为是依靠中性气体提供的低氧分压和高温条件导致氧化物分解而去除的。钎焊时采用中性气体大幅度降低了钎焊区的氧分压，对于某些金属氧化物来说，在钎焊温度下，此时的氧分压足以使其分解。但是对于大多数金属氧化物，在通常的钎焊温度下，即使采用纯度很高的中性气体，仍不能满足其自行分解所要求的氧分压条件，然而这时的温度和氧分压条件会使母材表面的氧化膜处于不稳定状态，或发生不完全分解，有利于其他去膜过程的进行。

（2）真空 真空条件下氧化膜的去除机制，与上述中性气体中的去膜类似，可能存在以下几种形式：真空中的低氧分压和高温使氧化物分解而去除；由于氧化膜与金属基体之间热膨胀系数的差异，使母材表面氧化膜在加热时发生破裂，液态钎料由裂纹渗入而润湿母材；氧化膜向母材内部溶解；母材中的合金元素将表面氧化膜还原；液态钎料的吸附作用使氧化膜的强度下降，使其破碎弥散并向钎料中溶解。此外，在真空中加热时，金属氧化物还可能通过挥发而去除。事实上，真空钎焊不存在统一的去膜机制，上述各种去膜过程并不互相排斥，而是互相补充的。

（3）活性气体 钎焊时使用的活性气体主要是各种还原性气体及气体混合物。在钎焊过程中，这些还原性气体及气体混合物，除能防止母材和钎料氧化及保证钎焊区低氧分压外，还直接与氧化膜进行还原反应，氧化膜的去除主要依靠还原反应。钎焊时使用的还原性气体主要是氢气和一氧化碳，其中氢气还原性强，使用更广泛。

2. 机械去膜

在钎焊某些金属或合金时，可利用机械刮擦作用破除母材表面的氧化膜。采用机械去膜的钎焊方法称为刮擦钎焊。机械去膜可借助于刮刀、锉刀、钢丝刷、烙铁等坚硬物体刮擦液态钎料层下的母材表面，也可直接利用钎料棒端头刮擦加热到钎焊温度的母材表面，在破除氧化膜的同时钎料端头受热熔化。机械去膜时，只有去膜工具刮擦到的部位表面氧化膜才会被破除，刮不到的部位表面氧化膜依然存在，因此不能实现液态钎料的毛细填缝。机械去膜一般只用于直接钎焊不要求填缝的角接接头和在钎焊面上涂覆钎料层。在低温钎焊某些金属（如铝及铝合金）时，由于缺少适用的钎剂和气体介质，机械去膜方法是最简单而有效的。

3. 超声波去膜

超声波是频率高于 20kHz 的纵波，超声波作用于液体中时使液体交替受到压力和张力作用，相应地发生膨胀和压缩。如果超声波作用于液体的力的变化值大于大气压力，则在纵波的负波节处出现零压力或负压力，使液体形成空穴。空穴一产生，溶解在液体中的气体或液体的蒸气就会向其中聚集。当超声波的传播使液体受压时，空穴闭合，产生极高的局部压力（可达数百大气压），这就是空化作用。如果这种作用发生在固体表面，则空穴闭合所产生的高压及固体表面处液体很大的局部位移，对固体表面产生强大的机械冲击作用。液体越稠，这种冲击作用越强烈。超声波就是依靠其在液态钎料中的空化作用对母材表面的机械冲击去除金属表面氧化膜的。因此超声波去膜过程有着与机械去膜相似的特点，难以直接用于钎焊接头，大多用于对钎焊面涂覆钎料层。

第2章 　钎 　料

2.1 钎料的概念和分类

2.1.1 钎料的基本概念与作用

钎料是一种特殊的焊接材料，通常以金属或合金的形式存在。钎料的作用是在母材不熔化的情况下，通过钎料自身的熔化、润湿、铺展、填缝和扩散过程，使钎焊接头形成冶金结合，从而满足钎焊接头的设计要求。

2.1.2 对钎料的要求

为了满足接头综合性能和钎焊工艺的要求，钎料应符合下列几项基本要求。

1）钎料应具有适当的熔化温度范围，一般情况下钎料的液相线要低于母材固相线至少 $20 \sim 30^{\circ}\text{C}$。钎料的熔化温度范围，即该钎料的固相线与液相线之间的温度差要尽可能的小，否则将引起熔析等现象。

2）钎料在钎焊温度下对母材应具有良好的润湿作用，能在母材表面充分铺展并填满钎焊间隙。为保证钎料良好地润湿和填缝，在钎料流入钎焊间隙之前就应处于完全熔化状态。

3）钎料能与母材发生溶解、反应扩散等相互作用，并形成牢固的冶金结合。钎料与母材界面适当的相互作用可以使钎料发生合金化反应，提高钎焊接头的力学性能。

4）选择主成分与母材主成分相同或接近的钎料，理想的钎料常用主组元和母材的基本金属相同的共晶类合金，其具有提高润湿性、控制母材溶入量与提高耐蚀性等优点。

5）钎料应具有稳定和均匀的成分，在钎焊过程中应尽量避免出现偏析现象和易挥发元素的烧损。

6）钎料应考虑经济性，在满足工艺性能和使用性能的前提下，尽量少用或不用稀有金属和贵金属，降低生产成本。

7）钎料应考虑绿色性，在钎料的制造和使用过程中尽量符合环境保护的要求，即无毒、无害、无污染等。

2.1.3 钎料的分类、牌号与标准

在通常情况下，液相线温度低于 450°C 的钎料称为软钎料，也称为易熔钎料；液相线温

度高于450℃的钎料称为硬钎料，也称为难熔钎料。

为了选择和使用方便，实际应用中更习惯于将钎料按照合金体系进行分类，可将钎料分为镓基、铋基、铟基、锡基、镉基、锌基、铅基、铝基、铜基、锰基、钛基、金基、镍基、钯基、钴基、银、锡铅等钎料。按照合金体系分类时，常用钎料大致熔化温度范围见表2-1。

表 2-1　常用钎料大致熔化温度范围

钎料类型	熔化温度/℃	钎料类型	熔化温度/℃
铋基钎料	150~200	铜基钎料	560~1120
锡铅钎料	146~322	锰基钎料	920~1135
锡基钎料	221~350	钛基钎料	800~950
铅基钎料	225~320	镍基钎料	877~1180
镉基钎料	270~400	钴基钎料	1100~1250
锌基钎料	266~500	金基钎料	890~1170
铝基钎料	440~610	钯基钎料	800~1200
银钎料	595~895	—	—

目前现行的钎料标准主要有国家标准、行业标准、企业标准等，其中现行的钎料国家标准有：GB/T 3131—2020《锡铅钎料》、GB/T 10046—2018《银钎料》、GB/T 20422—2018《无铅钎料》、GB/T 13679—2016《锰基钎料》、GB/T 10859—2008《镍基钎料》（其替代标准GB/T 10859.1—2025《镍基钎料　第1部分：实心钎料》于2025年10月1日起实施）、GB/T 13815—2008《铝基钎料》（其替代标准GB/T 13815.1—2025《铝基钎料　第1部分：实心钎料》于2025年10月1日起实施）、GB/T 6418—2008《铜基钎料》（其替代标准GB/T 6418—2025《铜基钎料　第1部分：实心钎料》于2025年10月1日起实施）等。

2.1.4　钎料的选用原则

钎料的性能在很大程度上决定了钎焊接头的性能。但是钎料的品种繁多，如何正确选择钎料不仅是一个重要问题，而且也是一个较复杂的问题，应从使用性、钎料与母材的匹配性、钎焊加热温度和方法以及经济性等方面进行全面考虑。

1. 使用性

从使用要求出发，对钎焊接头强度要求不高和工作温度要求不高的，可用软钎料。对钎焊接头强度要求比较高的，则用硬钎料。低温下工作的接头，应使用含锡量低的钎料。要求高温、高强度和抗氧化性好的接头宜用镍基钎料，但含硼的钎料不适用于核反应堆部件。对要求耐蚀性好的铝钎焊接头，应采用铝硅钎料，铝的软钎焊接头应采用保护措施。对要求导电性好的电气零件，应选用含锡量高的锡铅钎料或含银量高的银钎料。真空密封接头应采用真空级钎料。

2. 钎料与母材的匹配性

钎料与母材的相互匹配是很重要的问题。在匹配中首先是润湿性问题，例如，锌基钎料对钢的润湿性很差，所以不能用锌基钎料钎焊钢。BAg72Cu银铜共晶钎料在铜和镍上的润湿性很好，而在不锈钢上的润湿性很差，因此用BAg72Cu钎料钎焊不锈钢时，应在不锈钢上预先涂覆镍，或选用其他钎料。钎焊硬质合金时，采用含镍或锰的银钎料和铜基钎料能获得更好的润湿性。

选择钎料时，须考虑钎料与母材的相互作用。如果钎料与母材相互作用可形成脆性金属间化合物，会使金属变脆，应尽量避免使用。例如：铜磷钎料不能钎焊钢和镍，因为会在界面生成极脆的磷化物相；镉基钎料钎焊铜时，很容易在界面形成脆性的铜镉化合物而使接头变脆；用 BNi73CrFeSiB（c）镍基钎料钎焊不锈钢和高温合金薄件时，因钎料组元对母材的晶界扩散比较严重而不予推荐；用黄铜钎料钎焊不锈钢时，由于母材容易产生自裂而尽量避免使用。

3. 钎焊加热温度和方法

选择钎料时还应考虑钎焊加热温度的影响，如钎焊奥氏体不锈钢时，为了避免晶粒长大，钎焊温度不宜超过 1150℃，钎料的液相线应低于此温度。对于马氏体不锈钢，如 20Cr13 等，为了使母材发挥其优良的性能，钎焊温度应与其淬火温度相匹配，以便钎焊和淬火加热同时进行。如果配合温度不当，如钎焊温度过高，母材有晶粒长大的危险，从而使其塑性下降；如钎焊温度过低，则母材强化不足，力学性能不高。对调质处理的 20Cr13 焊件，可选用 BAg40CuZnCd 钎料，使其钎焊温度低于 700℃，以免焊件发生退火。对于冷作硬化铜材，为防止母材钎焊后软化，应选用钎焊温度不超过 300℃ 的钎料。

钎焊加热方法对钎料选择也有一定的影响。电阻钎焊希望采用电阻率大的钎料。炉中钎焊时，因加热速度较慢，不宜选用含易挥发元素，如含 Zn、Cd 的钎料。真空钎焊要求钎料不含高蒸气压元素。结晶间隔大的钎料，应采用快速加热的方法，以防止钎料在熔化过程中发生熔析。含锰量高的钎料不能用火焰钎焊，以免发生飞溅和产生气孔等。

4. 经济性

从经济角度出发，在能保证钎焊接头质量的前提下，应选用价格便宜的钎料。例如：制冷机中铜管的钎焊，虽然使用银钎料焊接能获得良好的接头，但用铜磷银或铜磷锡钎料钎焊的接头也不亚于银钎料钎焊的接头，但银钎料的价格要贵得多；又如在选择锡铅钎料和银钎料时，在满足工艺和使用性能的要求下，尽可能选含铅量低和含银量低的钎料。

总之，钎料的选用是一个综合问题，应从经济观点、设计要求、母材性能及现有的钎焊设备等进行考虑。同一种母材组合的接头钎焊时往往可以选择不同合金体系的钎料，这时钎焊工艺规范和接头性能也不同。母材与钎料的匹配组合见表 2-2。

表 2-2 母材与钎料的匹配组合

母材	铝和铝合金	铜和铜合金	碳钢和低合金钢	不锈钢	镍和镍合金	钛和钛合金
铝和铝合金	锡锌钎料 锌镉钎料 锌铝钎料 铝基钎料	—	—	—	—	—
铜和铜合金	锡锌钎料 锌镉钎料 锌铝钎料	锡铅钎料 镉基钎料 铜磷钎料 铜锡磷钎料 银钎料	—	—	—	—

（续）

母材	铝和铝合金	铜和铜合金	碳钢和低合金钢	不锈钢	镍和镍合金	钛和钛合金
碳钢和低合金钢	铝硅钎料	锡铅钎料 镉基钎料 铜锌钎料 银钎料 金基钎料	锡铅钎料 镉基钎料 铜锌钎料 银钎料 金基钎料 镍基钎料	—	—	—
不锈钢	铝硅钎料	锡铅钎料 镉基钎料 铜锌钎料 银钎料 金基钎料	锡铅钎料 铜基钎料 银钎料 镍基钎料 锰基钎料 钯基钎料	锡铅钎料 铜基钎料 银钎料 镍基钎料 锰基钎料 金基钎料 钯基钎料	—	—
镍和镍合金	不推荐	铜锌钎料 金基钎料 银钎料	锡铝钎料 银钎料 铜基钎料 镍基钎料 钯基钎料 锰基钎料	锡铅钎料 银钎料 铜基钎料 镍基钎料 钯基钎料 金基钎料 锰基钎料	锡铝钎料 银钎料 铜基钎料 镍基钎料 钯基钎料 金基钎料 锰基钎料	—
钛和钛合金	铝硅钎料	银钎料	银钎料	银钎料	银钎料	银钎料 钛基钎料

2.2 软钎料

软钎料通常是指熔化温度低于 450℃ 的钎料。由于这类钎料自身的强度普遍较低，因而形成的钎焊接头强度也较低。

2.2.1 锡铅钎料

锡铅钎料是应用最广泛的软钎料，其接头的工作温度一般不高于 100℃。由于锡铅钎料熔化温度低，耐蚀性较好，导电性好，成本低，施焊操作方便，因此在航空航天、汽车、能源，尤其电子工业等领域应用广泛。尽管目前已经通过立法开始限制含铅钎料的使用，但是锡铅钎料仍是软钎料的基础。锡铅钎料的性能与其组成有密切关系。

Sn-Pb 二元相图如图 2-1 所示，当锡铅合金中 $w_{Sn} = 61.9\%$、$w_{Pb} = 38.1\%$ 时，形成

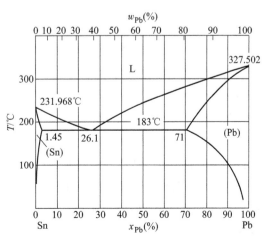

图 2-1 Sn-Pb 二元相图

熔点为183℃的共晶体。铅在钎料中具有独特的作用：第一，由于铅的再结晶温度低于室温且具有很好的塑性，因此铅在锡铅钎料中提供了延展性；第二，铅降低了钎料表面和界面的能量，纯锡在铜表面的润湿角为35°，而锡铅共晶合金在铜表面具有约11°的低润湿角；第三，共晶的锡铅合金熔点很低，为183℃，在两相合金中沿着锡与铅之间的层状界面，室温下扩散速度很快。

锡铅合金的力学性能和物理性能如图2-2所示。纯锡强度为23.5MPa，加铅后强度提高，在共晶成分附近抗拉强度达51.97MPa，抗剪强度为39.22MPa，硬度也达到最高值，电导率则随铅含量的增大而降低。所以可以根据不同的要求，选择不同的钎料成分。

锡铅合金的流动性及表面张力随合金成分变化曲线如图2-3所示，纯锡、纯铅和共晶合金都具有良好的流动性，而在固液相温度范围最大处（$w_{Pb} = 19.5\%$）的合金流动性最差。软钎料合金的流动性是评价钎料工艺性能的重要指标之一，流动性好的钎料具有优良的填缝性能，可以保证获得稳定、良好的钎缝质量。

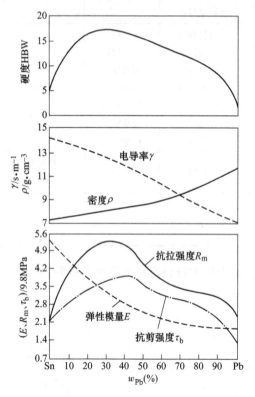

图2-2　锡铅合金的力学性能和物理性能

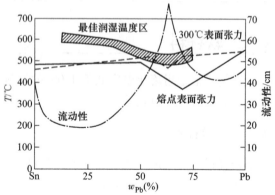

图2-3　锡铅合金的流动性及表面张力随合金成分变化曲线

锡铅合金在冶炼过程中难以排除各种杂质的影响，所以其物理性能和力学性能的试验数据往往与理论数据不一致。工业用锡铅合金的最佳力学性能是$w_{Sn} = 73\%$的合金，而非共晶合金。为了减少液态金属的氧化，有些锡铅钎料中加入少量的锡，以提高钎料热稳定性与抗氧化能力。

常用锡铅钎料的化学成分和物理性能与主要用途见表2-3和表2-4。

表 2-3　常用锡铅钎料的化学成分和物理性能

序号	钎料牌号	化学成分（质量分数，%）				固相线/℃	液相线/℃
		Sn	Sb	其他	Pb		
1	S-Sn95Pb	94.0~96.0	—	—	余量	183	224
2	S-Sn90Pb	89.0~91.0	—	—	余量	183	215
3	S-Sn65Pb	64.0~66.0	—	—	余量	183	186
4	S-Sn63Pb	62.0~64.0	—	—	余量	183	183
5	S-Sn60Pb	59.0~61.0	—	—	余量	183	190
6	S-Sn60PbSb	59.0~61.0	0.3~0.8	—	余量	183	190
7	S-Sn55Pb	54.0~56.0	—	—	余量	183	203
8	S-Sn50Pb	49.0~51.0	—	—	余量	183	215
9	S-Sn50PbSb	49.0~51.0	0.3~0.8	—	余量	183	215
10	S-Sn45Pb	44.0~46.0	—	—	余量	183	227
11	S-Sn40Pb	39.0~41.0	—	—	余量	183	238
12	S-Sn40PbSb	39.0~41.0	1.5~2.0	—	余量	183	238
13	S-Sn35Pb	34.0~36.0	—	—	余量	183	248
14	S-Sn30Pb	29.0~31.0	—	—	余量	183	258
15	S-Sn30PbSb	29.0~31.0	1.5~2.0	—	余量	183	258
16	S-Sn25PbSb	24.0~26.0	1.5~2.0	—	余量	183	260
17	S-Sn20Pb	19.0~21.0	—	—	余量	183	279
18	S-Sn18PbSb	17.0~19.0	1.5~2.0	—	余量	183	279
19	S-Sn10Pb	9.0~11.0	—	—	余量	268	301
20	S-Sn5Pb	4.0~6.0	—	—	余量	300	314
21	S-Sn4PbSb	3.0~5.0	5.0~6.0	—	余量	305	317
22	S-Sn2Pb	1.0~3.0	—	—	余量	316	322
23	S-Sn50PbCd	49.0~51.0	—	Cd：17.5~18.5	余量	145	145
24	S-Sn5PbAg	4.0~6.0	—	Ag：2.0~3.0	余量	296	301
25	S-Sn63PbAg	62.0~64.0	—	Ag：1.5~2.5	余量	183	183
26	S-Sn38PbZnSb	37.0~39.0	0.5~1.0	Zn：4.0~5.0	余量	170	245
27	S-Sn40PbSb	39.0~41.0	1.5~2.0	P：0.001~0.004	余量	183	238
28	S-Sn60PbSb	59.0~61.0	0.3~0.8	P：0.001~0.004	余量	183	190

表 2-4　常用锡铅钎料的主要用途

钎料牌号	主要用途
S-Sn95Pb	电气、电子工业用耐高温器件
S-Sn90Pb	
S-Sn65Pb	—
S-Sn63Pb	电气、电子工业、印制线路、航空工业及镀层金属
S-Sn60PbSb	

（续）

钎料牌号	主要用途
S-Sn55Pb	普通电气、电子工业（电视机、收录机、石英钟）、航空
S-Sn50Pb	
S-Sn50PbSb	
S-Sn45Pb	
S-Sn40Pb	钣金、铅管焊接、电缆线、换热器
S-Sn40PbSb	
S-Sn35Pb	金属器材、辐射体、制罐等
S-Sn30Pb	灯泡、冷却机制造、钣金、铅管
S-Sn30PbSb	
S-Sn25Pb	
S-Sn20Pb	
S-Sn18PbSb	
S-Sn10Pb	钣金、锅炉用及其他高温用
S-Sn5Pb	
S-Sn2Pb	
S-Sn50PbCd	轴瓦、陶瓷的烘烤焊接、热切割、分级焊接及其他低温焊接
S-Sn5PbAg	电气工业、高温工作条件
S-Sn63PbAg	同 S-Sn63Pb，但焊点质量等诸方面优于 S-Sn63Pb
S-Sn40PbSbP	用于对抗氧化有较高要求的场合
S-Sn60PbSbP	

2.2.2 无铅钎料

锡基钎料还包括无铅钎料。锡铅合金作为钎料已经沿用了很多年，然而铅和铅化物有剧毒，长期大量使用含铅钎料会给人类环境和安全带来不可忽视的危险。例如：废弃电气电子设备中含铅钎料氧化成的氧化铅和盐酸及酸雨会反应形成酸性化合物，污染大气、土壤、地下水等，而且会经过各种循环方式进入人们的生活用水中，铅在人体内沉积造成中毒，伤害肾、肺，引起贫血、高血压等疾病，危害人体中枢神经；此外，铅还会影响儿童的智商和正常发育。随着人类环保意识的增强，无铅钎料将势必取代有铅钎料。国际公约规定，含铅钎料应用日期截止到 2006 年 6 月底，因此无铅钎料在 2006 年下半年开始得到广泛应用。

无铅钎料的开发基本上围绕着 Sn/Ag/Cu/In/Bi/Zn 二元或多元系合金展开。设计思路：以 Sn 为主体金属，添加其他金属，使用多元合金，利用相图理论和试验优化分析等手段，开发新型无铅钎料与焊接工艺，以替代在电子工业中应用最广的 Sn63Pb37 共晶合金钎料。目前，市场上主流无铅钎料合金为 Sn96.5Ag3.0Cu0.5（217～219℃）、Sn96.5Ag3.5（221℃）、Sn99.3Cu0.7（227℃）、Bi58Sn42（139℃）、Sn91.7Ag3.5Bi4.8（210～215℃），主要用于钎料膏和波峰焊，其具有的屈服强度、抗拉强度、断裂塑性、弹性模量等力学性能指标接近甚至远远超过 Sn63Pb37。但仍存在以下不足：除 Sn-Bi 外，大部分合金熔点高于 Sn63Pb37；比热容也增加 20%～30%，这意味着回流温度和时间都需增加，对元器件、板卡、生产设备及制程都是一个考验；此外，润湿性不及 Sn63Pb37 带来新的焊接性问题。

无铅钎料主要体系有 Sn-Ag、Sn-Zn、Sn-Bi 系合金。各种无铅合金系的组成、熔化温度、疲劳寿命和优缺点见表 2-5 和表 2-6。总的来说，无铅钎料有很多合金系可供选择，虽然主流趋势是以 Sn/Ag/Cu 为基准，但是具体成分选择、焊接工艺、焊接性及可靠性等还不确定。

表 2-5　各种无铅合金系的组成、熔化温度、疲劳寿命

合金系	优化的成分（质量分数,%）	熔化温度/℃	疲劳寿命 $N_f(\varepsilon=0.2)$
Sn-Ag-Bi-Cu-In	Sn85. 2Ag4. 1Bi2. 2Cu0. 5In8	193～199	10000～12000
	Sn82. 3Ag3Bi2. 2Cu0. 5In12	183～193	—
Sn-Ag-Bi	Sn92Ag3. 3Bi4. 7	210～215	3850
Sn-Ag-Bi-Cu	Sn93. 3Ag3. 1Bi3. 1Cu0. 5	209～212	6000～9000
Sn-Ag-Cu-In	Sn88. 5Ag3Cu0. 5In8	195～201	>19000
Sn-Cu-In-Ga	Sn93Cu0. 5In6Ga0. 5	210～215	10000～12000
Sn-Ag-Bi-In	Sn90Ag3. 3Bi3In3. 7	206～211	10810
	Sn91. 5Ag3. 5Bi1In4	208～213	10000～12000
	Sn87. 5Ag3. 5Bi1In8	203～206	—
Sn-Ag-Cu	Sn93. 6Ag4. 7Cu1. 7	217	—
	Sn95. 4Ag3. 1Cu1. 5	216～217	6000～9000
Sn-Ag-Cu-Sb	Sn96. 2Ag2. 5Cu0. 8Sb0. 5	216～219	6000～9000
Sn-Ag	Sn96. 5Ag3. 5	221	4186
Sn-Cu	Sn99. 9Cu0. 7	227	1125
Sn-Pb	Sn63Pb37	183	3656

表 2-6　各种无铅合金系的优缺点

合金系	优点	缺点
Sn-Cu	成本低、来源丰富、对焊盘铜的溶解小	熔点偏高、力学性能差
Sn-Ag	可靠性高、力学性能好、比 Sn-Cu 焊接性高	熔点偏高、成本高
Sn-Ag-Cu	可靠性与焊接性好、对铅含量不敏感、强度高	熔点偏高、成本高，有时焊点出现微裂纹
Sn-Ag-Bi	润湿性与焊接性好、熔点低、强度高	钎角翘起、对铅敏感，疲劳性能对环境敏感
Sn-Zn-Bi	熔点低（接近 Sn-Pb 共晶熔点）、成本较低	易氧化，稳定性与润湿性差，腐蚀性强，形成复杂金属化合物

2.2.3　其他软钎料

其他软钎料包括铅基钎料、锌基钎料、铋基钎料、铟基钎料、镉基钎料以及镓基钎料等多种钎料体系。

纯铅不能很好地润湿铜、铁、铝、镍等常用金属，故不宜用作钎料。常用的铅基钎料是

在铅中添加银、锡、铬、锌等合金元素组成的。铅银钎料的固相线温度较高，耐热性优于锡铅钎料，适用于要求在中温下具有一定强度的零件的钎焊，一般用于铜及铜合金的钎焊。但铅银钎料的润湿性差，加入少量的锡可改善它的润湿性。用铅基钎料钎焊的铜或黄铜接头如果在湿热环境下工作，表面必须涂敷防护涂料，防止钎焊接头被腐蚀。

锌基钎料主要用于钎焊铝合金、铜合金，钎焊铜合金时铺展性能差。纯锌的熔点为419℃，在锌基钎料中加入锡能明显降低钎料的熔点，加入少量 Ag、Al、Cu 等元素，可提高钎缝结合强度、耐蚀性和工作温度。近年来，在锌基钎料中加入某些微量元素，可以达到良好的自钎效果，并已在生产中得到应用，取得了良好的效果。

铋基钎料主要应用于半导体器件组装以及作为黏接合金使用。铋的熔点为271℃，与其他金属易形成低熔点共晶体。铋基钎料钎焊接头的使用温度一般在180℃以下。为了提高对某些金属的润湿性，钎焊前可对钎焊表面镀锌。此外，铋基液态钎料在冷却过程中体积稍有增加，因此铋基钎料可用在180℃以下制造敏感元件。

铟基钎料主要应用于玻璃和石英器件的封装等行业。铟的熔点为156℃，能与 Sn、Pb、Cd、Bi 等元素形成熔点很低的二元合金，得到易熔的共晶钎料。这类钎料耐碱性介质腐蚀，能润湿金属和非金属，可对热膨胀系数不同的材料进行钎焊。

镉基钎料主要替代锡铅钎料用于使用温度较高的铜合金和铝合金零部件的手工钎焊。镉具有较高的耐蚀性，能与 Bi、Zn、Sn、Ti、Al 等元素形成塑性很好的共晶合金，钎料使用温度一般在250℃以下。但由于镉是对人体有害元素，一般情况下不推荐使用。

镓基钎料主要应用于半导体器件、芯片的组装钎焊。Ga 与 In、Zn、Sn 组成低熔点钎料，熔化温度范围为 10~30℃，常温下装配后放置一段时间，由于钎料与基体之间的溶解和扩散作用，钎焊接头工作温度可达 400℃。镓基钎料钎焊工艺性能好，接头力学性能高。

2.3　硬钎料

硬钎料通常是指熔化温度高于450℃的钎料。由于这类钎料自身的强度普遍较高，因而形成的接头强度也较高。这类钎料主要包括铝基、银、铜基、镍基、锰基、钴基、金基、钯基、钛基等合金体系的钎料与高熵合金钎料。

2.3.1　铝基钎料

铝基钎料主要用于铝和铝合金钎焊。用来钎焊其他金属时，钎料表面的氧化物不易去除，另外铝容易同其他金属形成脆性化合物，影响接头质量。铝基钎料主要以铝和其他金属的共晶合金为基础。铝虽与很多金属形成共晶合金，但这些共晶合金的大多数由于各自的原因，不宜用作钎料。Al 和 Si 可以形成低熔点共晶合金，$w_{Si}=11.7\%$，熔点577℃，如图2-4所示。铝基钎料以 Al-Si 合金为基，通过调整 Si 的含量或再加入 Cu、Zn、Mg 等元素以满足工艺性能要求。在铝硅合金中加入镁（$w_{Mg}=1\%~1.5\%$），可用于铝合金的真空钎焊。常用铝基钎料的化学成分及力学性能见表2-7。

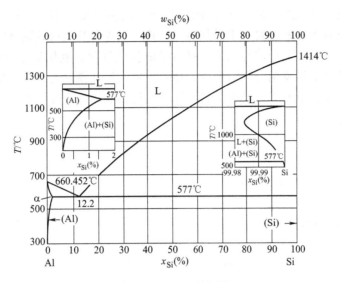

图 2-4　Al-Si 二元相图

表 2-7　常用铝基钎料的化学成分及力学性能

| 序号 | 钎料牌号 | 化学成分（质量分数,%） | | | | | | 固/液相线 | 抗拉强度 |
		Si	Cu	Zn	Mg	其他	Al	/℃	/MPa
1	BAl88Si	11.0~13.0	≤0.3	≤0.2	≤0.1	—	余量	575/585	96
2	BAl90Si	9.0~11.0	≤0.3	≤0.1	≤0.05	—	余量	575/590	—
3	BAl92Si	6.8~8.2	≤0.25	≤0.2	—	—	余量	575/615	98
4	BAl67CuSi	5.5~6.5	27~29	≤0.2	—	—	余量	525/535	68
5	BAl86SiCu	9.3~10.7	3.3~4.7	<0.2	—	—	余量	520/585	—
6	BAl86SiMg	11.0~13.0	—	<0.2	1.0~2.0	—	余量	559/579	—
7	BAl88SiMg	9.0~10.5	—	<0.2	1.0~2.0	—	余量	559/591	130
8	BAl89SiMg	9.5~11.0	—	<0.2	0.2~1.0	—	余量	559/591	—
9	BAl90SiMg	6.8~8.2	—	<0.2	2.0~3.0	—	余量	559/607	—
10	BAl76SiZnCu	10	4	10	—	—	余量	516/560	93
11	BAl79SiZnCu	10	4	6~7	—	—	余量	525/560	67
12	BAl50ZnCuSi	3.5	20	25	—	Mn:1.5	余量	480/500	—
13	BAl60GeSi	5	—	—	—	Ge:35	余量	455/480	—
14	BAl45ZnSi	4.8	—	50	—	—	余量	460/475	—
15	BAl89SiSrLa	10.5~11.5	—	—	—	Sr:0.03 La:0.03	余量	572/577	—

　　铝基钎料还可制成双金属复合板，即在基体金属一侧或两侧复合板钎料板（厚度为基件金属的 5%~10%），以简化装配过程。双金属复合板适用于钎焊大面积或接头密集的部件，如各种散热器、冷却器等。

铝基钎料可以加工成丝、带、铸棒等形式，可以采用火焰钎焊、真空钎焊、盐浴钎焊等钎焊方法。在航空航天领域主要用于散热器、机箱、波导和其他机载附件的钎焊。例如，铝合金裂缝阵列天线以及铝合金波导采用 BAl86SiMg 箔状钎料，利用真空钎焊工艺进行钎焊。采用真空钎焊工艺钎焊铝及铝合金零部件，质量可靠、尺寸精度高、产品免清洗、使用性能稳定。该工艺方法在航空航天以及电子科技领域有较多应用，主要针对尺寸精度、钎缝成形要求较高的重要铝合金零部件的组装钎焊，但工艺要求和成本高。

2.3.2 银钎料

银钎料熔点适中，能润湿很多金属并具有良好的强度、塑性、导热性、导电性和耐各种介质腐蚀的性能，因此广泛用于连接除铝和镁以外的大多数黑色金属和有色金属。银钎料是应用极广的硬钎料。

银钎料的主要合金元素是 Cu、Zn、Cd、Sn 等元素。铜是最主要的合金元素，因为添加铜可降低银的熔化温度，又不会形成脆性相。图 2-5 所示为 Ag-Cu 二元相图。当铜的质量分数达到 28% 时，形成熔点为 779℃的共晶合金，加入锌可进一步降低其熔化温度。

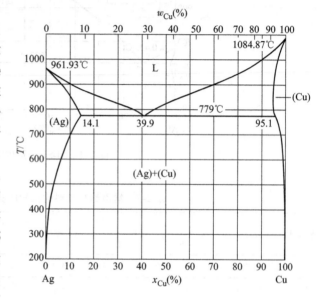

图 2-5　Ag-Cu 二元相图

采用银钎料可以获得强度高、质量好的钎焊接头，接头强度一般在 300~440MPa，工作温度一般在 400℃以下。银钎料常加工成丝、带使用，可以采用各种钎焊方法钎焊。常用银钎料的化学成分及力学性能见表 2-8。

表 2-8　常用银钎料的化学成分及力学性能

序号	钎料牌号	化学成分（质量分数,%）						固/液相线/℃	抗拉强度/MPa
		Cu	Zn	Cd	Ni	其他	Ag		
1	BAg50Cu	50	—	—	—	—	余量	779/850	—
2	BAg72Cu	28	—	—	—	—	余量	779	343
3	BA92Cu	8	—	—	—	—	余量	780/880	
4	BAg94AlMn	—	—	—	—	Al：5, Mn：1	余量	780/840	
5	BAg95Al	—	—	—	—	Al：5	余量	780/825	
6	BAg80Pd	—	—	—	—	Pd：20	余量	970/1040	
7	BAg95Pd	—	—	—	—	Pd：5	余量	975/1050	
8	BAg25CuZn	40	35	—	—	—	余量	800/900	353
9	BAg45CuZn	30	25	—	—	—	余量	730/770	386

（续）

序号	钎料牌号	化学成分（质量分数，%）						固/液相线 /℃	抗拉强度 /MPa
		Cu	Zn	Cd	Ni	其他	Ag		
10	BAg65CuZn	20	15	—	—	—	余量	625/720	384
11	BAg52CuPd	28	—	—	—	Pd：20	余量	780/810	—
12	BAg65CuPd	20	—	—	—	Pd：15	余量	770/800	—
13	BAg69CuPd	26	—	—	—	Pd：5	余量	750/780	—
14	BAg60CuIn	30	—	—	—	In：10	余量	600/720	—
15	BAg72CuLi	28	—	—	—	L：0.4	余量	640/760	—
16	BAg43CuSn	32	—	—	—	Sn：25	余量	540/570	—
17	BAg18CuZnSn	46	34	—	—	Sn：2	余量	780/810	—
18	BAg34CuZnSn	36	27	—	—	Sn：3	余量	630/730	—
19	BAg56CuZnSn	22	17	—	—	Sn：5	余量	620/650	—
20	BAg40CuZnSnNi	25	31	—	1	Sn：3	余量	634/640	—
21	BAg50CuZnSnNi	21	27	—	0.5	Sn：1	余量	650/670	390
22	BAg54CuZnSnNi	23	16	—	1	Sn：6	余量	610/660	440
23	BAg50CuZnCd	15	17	18	—	—	余量	625/735	420
24	BAg35CuZnCd	26	18	21	—	—	余量	650/740	441
25	BAg30CuZnCd	28	21	21	—	—	余量	600/725	—
26	BAg40CuZnCdNi	16	18	26	0.2	—	余量	625/735	392
27	BAg50CuZnCdNi	15	17	15	3	—	余量	620/725	431
28	BAg54CuZnNi	40	5	—	1	—	余量	720/860	323
29	BAg58CuZnNi	18	19	—	5	—	余量	635/745	—
30	BAg20CuZnMn	40	35	—	—	Mn：5	余量	630/750	—
31	BAg49CuZnMnNi	16	23	—	4.5	Mn：7.5	余量	635/745	—

　　BAg72Cu 是银铜共晶成分，具有很好的导电性。由于不含易挥发元素，如 Zn 和 Cd，特别适用于保护气氛钎焊和真空钎焊。

　　BAg94AlMn 钎料用于钛和钛合金的钎焊。

　　BAg45CuZn 钎料熔点低，银含量较少，比较经济，应用甚广，常用于钎焊要求钎缝表面粗糙度低、强度高、能承受振动载荷的焊件。在电子和食品工业中得到了广泛应用。

　　BAg45CuZn 钎料塑性较好，但结晶间隔较大，适用于钎焊需承受多次振动载荷的焊件，如带锯等。

　　BAg25CuZn 钎料熔点稍高，具有良好的润湿性和填满间隙的能力，用途与 BAg45CuZn 钎料相似。

2.3.3　铜基钎料

　　铜基钎料主要包括纯铜、铜磷、铜锌、铜锗、铜锰、铜镍钎料。由于铜基钎料具有工艺性能优越、使用方便、成本较低、接头性能良好等优点，广泛应用于多种金属及合金材料的钎焊。

纯铜钎料来源广泛、加工方便、价格便宜，因此被广泛应用。纯铜的熔点为 1083℃，钎料钎焊温度较高，且易氧化和挥发，因此通常采用保护气氛钎焊或真空条件下钎焊，钎焊工艺性能较好。纯铜钎料钎焊接头强度较高，适宜钎焊的母材也较多，通常钢铁材料及合金、高温合金等都可以采用纯铜作为钎焊材料。但因其抗氧化性差，工作温度不能超过 400℃。

铜磷钎料由于含有一定量的磷元素，使该系列钎料的钎焊温度大幅度降低，同时该系列钎料自钎剂作用明显，可以在通常气氛下不添加任何钎剂而施焊，工艺性能十分优越，因此广泛应用于电器、机械等行业中各种管路、结构零部件的火焰钎焊或感应钎焊。但是由于铜磷钎料的易蚀性和固有的接头脆性等缺点，使得该系列钎料在航空航天等领域的应用受到了一定的限制。

铜锗钎料与铜磷钎料类似，但是锗元素只有降低合金熔点的作用而没有自钎剂作用。铜锗钎料的钎焊工艺性能依赖于钎焊气氛及环境，钎焊接头强度较高但是也较脆，蒸气压低，可用来钎焊钢和高熵合金等，主要用于电真空器件的钎焊。另外半导体材料锗也很贵，致使铜锗钎料价格昂贵，除特殊要求指定采用该系列钎料外，一般不予选用。

铜锌钎料目前是应用最广泛的铜基钎料，该系列钎料价格低、易加工、工艺性好、施焊方便、钎焊接头强度也较高，主要用于黑色金属材料、纯铜材料、黄铜材料及载荷不高的结构零件的火焰钎焊。但有些黄铜钎料因含锌量高，必须防止钎焊时过热，否则会因锌的挥发在接头中形成气孔，破坏钎缝的致密性。此外，锌蒸气有毒，对人健康不利。为了减少锌的挥发，可在黄铜中加入少量的硅。

铜锰钎料和铜镍钎料的接头强度与耐热性较好，有些近热端结构件、零部件的钎焊可采用这两个系列的钎料，母材多为高温合金和耐热钢等。但是这两个系列的钎料在钎焊过程中挥发严重，最好采用保护气氛钎焊，而保护气氛钎焊的焊接质量远没有真空钎焊质量稳定和可靠，因此这两个系列的钎料有逐步被镍基钎料取代的趋势。

常用铜基钎料的化学成分及力学性能见表 2-9。

表 2-9　常用铜基钎料的化学成分及力学性能

序号	钎料牌号	化学成分（质量分数,%）						固/液相线 /℃	抗拉强度 /MPa
		P	Ag	Zn	Ni	其他	Cu		
1	BCu99	—	—	—	—	—	99.5	1085	—
2	BCu93P	7	—	—	—	—	余量	710/793	470
3	BC91PAg	7	2	—	—	—	余量	643/788	—
4	BCu89PAg	6	5	—	—	—	余量	645/815	519
5	BCu70Ag	5	25	—	—	—	余量	650/710	—
6	BCu87PSn	7.0	—	—	—	Sn：7.0	余量	650/700	—
7	BCu92PSn	5.5	—	—	—	Sn：2.5	余量	640/680	560
8	BCu87PSn(Si)	6.5	—	—	—	Sn：6.5	余量	635/675	

（续）

序号	钎料牌号	化学成分（质量分数，%）						固/液相线 /℃	抗拉强度 /MPa
		P	Ag	Zn	Ni	其他	Cu		
9	BCu83PNi	8	—	—	9	—	余量	648/685	—
10	BCu92PSb	6	—	—	—	Sb：2	余量	690/825	305
11	BCu81PSnNi	3	—	—	2~10	Sn：3~10	余量	620/660	—
12	BCu77PSnNi	7	—	—	6	Sn：10	余量	585/647	—
13	BCu80PSnAg	5	5	—	—	Sn：10	余量	560/650	250
14	BCu36Zn	—	—	62~66	—	—	余量	800/823	—
15	BCu48Zn	—	—	50~54	—	—	余量	860/870	205.9
16	BCu54Zn	—	—	44~48	—	—	余量	885/888	254
17	BCu62Zn	—	—	37~39	—	—	余量	890/905	313
18	BCu62ZnSi	—	—	37.5	—	Si：0.5	余量	905	333
19	BCu60ZnSn	—	—	35	—	Sn：5	余量	800/808	—
20	BCu62ZnMn	—	—	35	—	Mn：3	余量	890/905	343
21	BCu48ZnNi	—	—	42	10	Si：0.2	余量	921/935	—
22	BCu98Ni	—	—	—	2	—	余量	1085/1100	—
23	BCu90Ni	—	—	—	10	—	余量	130/1145	—
24	BCu75Ni	—	—	—	25	—	余量	1170/1225	—
25	BCu97NiB	—	—	—	3	B：0.04	余量	980/1045	—
26	BCu71NiSi	—	—	—	25	Si：4	余量	1035/1140	—
27	BCa67NiCr	—	—	—	17	Cr：16	余量	1010/1180	—
28	BCu50NiMn	—	—	—	30	Mn：20	余量	1050/1100	—
29	BCu77NiCrCo	—	—	—	10	Cr：8 Co：5	余量	1065/1180	—
30	BCu68NiSiB	—	—	—	27~30	Si：15~2.0 B：0.2 Fe：<1.5	余量	1080/1120	—
31	BCu58MnCoB	—	—	—	—	Mo：30~32 Co：9~11 B：0.2	余量	940/950	—
32	BCu35NiMnCoFeSi	0.1~0.2	—	—	28~30	Mn：27~30 Co：4~6 Fe：1.0~1.5 Si：0.8~1.2 B：0.15~0.25	余量	—	—

2.3.4　镍基钎料

镍基钎料是高温钎焊最常用的钎焊材料之一，因为镍基钎料具有良好的耐蚀性、抗氧化性、工艺性能和接头力学性能，也不会发生应力开裂现象，因此该系列钎料广泛应用于钢铁材料，特别是高温合金和不锈钢材料的钎焊连接，尤其应用于工作温度较高的零部件的钎焊。

镍基钎料是以 Ni 为基体，通过加入 Cr、Si、B、Fe、C、P 等合金元素调整和降低钎料熔点，提高钎料流动性能、工艺性能、抗氧化性、耐蚀性和接头力学性能，一些钎料还加入 W、Co、Mo、Mn、Nb、Ta 等合金元素，以提高钎焊接头高温下的综合性能等。常用镍基钎料的钎焊温度一般在 1000℃ 以上，钎焊接头使用温度可以通过钎焊工艺进行调整，最高可达到 1100℃。

在镍基钎料合金体系中，B、Si、P 等合金元素主要起降低钎料熔点和提高其润湿性等工艺性能的作用。根据 Ni-B 二元相图，如图 2-6 所示，硼可使镍硼系熔化温度迅速下降，当硼的质量分数达到 16.6% 时，形成 Ni 和 Ni_3B 的共晶组织，熔点为 1080℃。根据 Ni-Si 二元相图，如图 2-7 所示，当硅的质量分数达到 11.4% 时，镍与 Ni_5Si_2 形成共晶体，熔点为 1150℃。共晶体为 α 镍固溶体和 Ni_3Si，硅在镍中的饱和溶解度达到 8.7%。根据 Ni-P 二元相图，如图 2-8 所示，当磷的质量分数达到 11% 时，形成熔点为 880℃ 的共晶体。

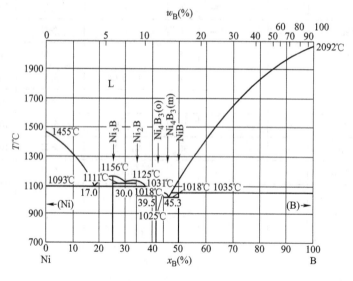

图 2-6　Ni-B 二元相图

合金元素 Cr 主要提高钎料抗氧化、耐蚀性，起固溶强化作用；合金元素 C 起降低钎料氧含量和提高钎料工艺性能的作用；合金元素 Mn 可以降低熔点、改善润湿性和提高流动性等；其他合金元素是根据被焊母材的特点和性能要求而加入的，主要用于提高钎焊接头在高温环境下的热强性、抗蠕变性、耐高温腐蚀性、抗疲劳性等高温综合性能及钎料与母材的匹配性等。

常用镍基钎料的化学成分及物理性能见表 2-10。

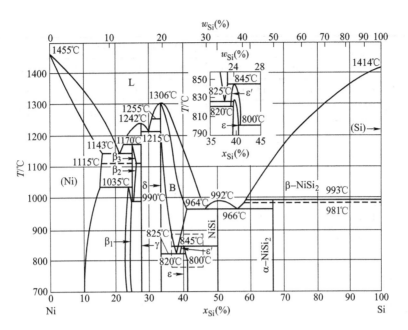

图 2-7　Ni-Si 二元相图

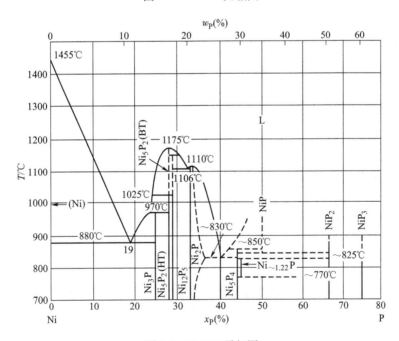

图 2-8　Ni-P 二元相图

表 2-10　常用镍基钎料的化学成分及物理性能

序号	钎料牌号	化学成分（质量分数,%）							固/液相线
		P	Cr	Si	B	Fe	其他	Ni	/℃
1	BNi89P	11	—	—	—	—	C：0.1	余量	875
2	BNi76CrP	10	14	—	—	—		余量	890

（续）

序号	钎料牌号	化学成分（质量分数,%）							固/液相线 /℃
		P	Cr	Si	B	Fe	其他	Ni	
3	BNi66CrSiP	1.8	13	9	—	10	—	余量	1050/1120
4	BNi92SiB	—	—	4.5	3	0.5	C：0.06	余量	980/1040
5	BNi93SiB	—	—	3.5	1.8	1.5	C：0.06	余量	980/1135
6	BNi95SiB	—	—	3	2	—	—	余量	980/1070
7	BNi75CrSiB	—	14	4.5	3.1	3	C：0.06	余量	975/1075
8	BNi71CrSi	—	19	10	0.03	—	C：0.1	余量	1080/1135
9	BNi71CrSiW	—	16	9.5	—	—	W：2.5	余量	1065/1130
10	BNi67WCrSiFeB	—	10	4	2.5	3.5	W：12	余量	970/1095
11	BNi77CrSi	—	15	8	—	—	—	余量	1085/1120
12	BNi71CrSiB	—	16	4.5	3.7	<5	—	余量	970/1070
13	BNi74CrSiB	—	14	4.5	3	4.5	—	余量	975/1040
14	BNi79CrSiB	—	10	6.3	2.2	<4	—	余量	970/1000
15	BNi82CrSiB	—	7	5	3	3	—	余量	970/1000
16	BNi62PdCrSiB	—	9	7	2.5	—	Pd：20	余量	838/966
17	BNi66MnSiCu	—	—	7	—	—	Cu：4 Mn：23	余量	980/1010
18	BNi55MnCrSiB	—	4	2	1	1	Mn：35	余量	980/1065

镍基钎料可以根据需要加工成多种形式使用，粉末、非晶态箔带、黏带是最常用的使用形式。粉末钎料可以直接使用（如蜂窝封严），也可以调成膏状使用（如叶片）。非晶态钎料主要用于各种复杂结构的钎焊，钎料带可以预装于待焊部位（如组装结构）。黏带钎料可以预先裁剪成需要的形状后，贴附于待焊部位（如扇形块、蜂窝封严）。

镍基钎料的使用方式多为真空炉中钎焊或高频感应钎焊，钎焊工艺性能优良，钎焊温度可以根据母材进行必要的调整，适宜多种耐热合金、不锈钢材料的钎焊，因此在航空航天领域被广泛应用。

2.3.5 锰基钎料

锰基钎料的工艺性能良好，大多数黑色金属材料都可以采用锰基钎料钎焊，其钎焊接头强度高，耐热性好，且溶蚀倾向较小，钎焊环境要求较低，因此广泛应用于碳钢、合金钢、不锈钢和高温合金等多种中温工作的材料零部件的钎焊。

锰的熔点为1235℃，为了降低其熔点可加入镍。图2-9所示为Mn-Ni二元相图，质量分数为60%的Mn和质量分数为40%的Ni形成熔点为1020℃的低熔固溶体，塑性优良。锰基钎料就是以Mn-Ni合金为基体，加入不同量的合金元素组成的。在锰基钎料中添加Cr、Co、Cu、Fe、C、B等元素，能降低钎料的熔化温度，改善钎焊的工艺性能，提高耐蚀性。锰基钎料钎焊接头使用温度可达600~700℃，因此锰基钎料多用于热端零部件的高温钎焊。常用锰基钎料的化学成分及物理性能见表2-11。

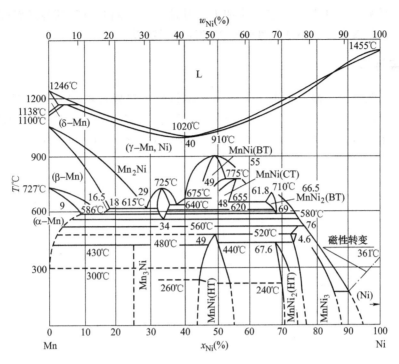

图 2-9　Mn-Ni 二元相图

表 2-11　常用锰基钎料的化学成分及物理性能

序号	钎料牌号	化学成分（质量分数,%）							固/液相线/℃
		Ni	Cr	Co	Cu	Fe	其他	Mn	
1	BMn70Ni	30	—	—	—	—	C：0.1	余量	1135
2	BMn68Ni	32	—	—	—	—	C：0.1	余量	1010
3	BMn60Ni	40	—	—	—	—	C：0.1	余量	1005
4	BMn70NiCr	25	5	—	—	—	—	余量	1035/1080
5	BMn55NiCr	36	9	—	—	—	—	余量	1060
6	BMn54NiCr	36	10	—	—	—	—	余量	1086/1170
7	BMn68NiCo	22	—	10	—	—	—	余量	1050/1070
8	BMn67NiCo	16	—	16	—	—	B：0.9	余量	1030/1050
9	BMn54NiP	37	—	—	—	—	P：9	余量	1170
10	BMn52NiCuCr	28	5	—	14.5	—	—	余量	1000/1010
11	BMn50NiCuCrCo	27.5	4.5	4.5	13.5	—	—	余量	1010/1035
12	BMn50NiCu	30	—	—	20	—	—	余量	1000
13	BMn45NiCu	20	—	—	35	—	—	余量	920/950
14	BMn65NiCoFeB	16	—	16	—	3	B：0.6	余量	1010/1035
15	BMn40NiCrCoFe	41	12	3	—	4	—	余量	1065/1135

　　锰基钎料的一般使用形式为轧制带材，由于锰的蒸气压较高，在高真空环境下钎焊锰会

大量挥发，使锰基钎料钎焊的工艺性能和力学性能下降，同时对零部件及钎焊设备造成污染，因此锰基钎料应在低真空或惰性气体保护环境下钎焊。

2.3.6 金基钎料

金基钎料工艺性能优越，同时具有良好的耐蚀性、热稳定性和力学性能，接头可靠性高，钎焊温度较低，在多种有色金属及合金、钢铁材料及合金的重要零部件的钎焊中得到应用。金基钎料主要由 Au、Ni、Cu 元素组成，少数钎料中含有 In、Pd 等合金元素。常用金基钎料的化学成分及物理性能见表 2-12。

表 2-12　常用金基钎料的化学成分及物理性能

序号	钎料牌号	化学成分（质量分数,%）							固/液相线/℃
		Cu	Ni	In	Pd	Ag	其他	Au	
1	BAu80Cu	20	—	—	—	—	—	余量	910
2	BAu72Cu	28	—	—	—	—	—	余量	930/940
3	BAu63Cu	37	—	—	—	—	—	余量	930/980
4	BAu60Cu	40	—	—	—	—	—	余量	950/975
5	BAu50Cu	50	—	—	—	—	—	余量	955/970
6	BAu37Cu	63	—	—	—	—	—	余量	991/1016
7	BAu80CuFe	19	—	—	—	—	Fe：1	余量	905/910
8	BAu82CuNi	16	2	—	—	—	—	余量	910/925
9	BAu35CuNi	64	1	—	—	—	—	余量	974/1029
10	BAu75CuNi	23	2	—	—	—	—	余量	885/895
11	BAu60CuNi	20	20	—	—	—	—	余量	835/845
12	BAu70CuIn	25	—	5	—	—	—	余量	820/850
13	BAu60CuIn	35	—	5	—	—	—	余量	810/830
14	BAu50CuIn	45	—	5	—	—	—	余量	830/850
15	BAu35CuIn	60	—	5	—	—	—	余量	850/880
16	BAu20CuIn	75	—	5	—	—	—	余量	950/1005
17	BAu82Ni	—	18	—	—	—	—	余量	950
18	BAu75Ni	—	25	—	—	—	—	余量	959/990
19	BAu65Ni	—	35	—	—	—	—	余量	977/1075
20	BAu92Pd	—	—	—	8	—	—	余量	1200/1240
21	BAu30PdNi	—	35	—	35	—	—	余量	1135/1166

金基钎料蒸气压低，合金元素不易挥发，导电性高，热稳定性好，特别适合真空度要求很高的电真空器件的钎焊连接及封装，在航空航天领域主要用于高精度、高可靠性要求的接头以及异种母材、陶瓷材料等的真空钎焊。这类钎料可在低于 650℃ 情况下可靠工作。但由于钎料价格昂贵，除特殊需要外，一般不采用该系列钎料，而是选择一些替代钎料施焊。

2.3.7　钯基钎料

钯基钎料也是一种应用较广的贵金属钎料。它的开发利用是针对替代金基钎料而进行的。该系列钎料熔化温度较高，主要用于镍基高温合金、铁基高温合金、钴基合金、钛合金、不锈钢以及先进陶瓷材料等的钎焊。钯基钎料的主要合金元素是 Co、Ni、Au、Ag、Si 等。钯基钎料有良好的润湿性、工艺性和塑性，钎焊接头强度高，高温性能好，对母材溶蚀倾向小，主要用于航空发动机、燃气轮机等热端部件的钎焊，在电子、能源等领域也有一定的应用。常用钯基钎料的化学成分及物理性能见表 2-13。

表 2-13　常用钯基钎料的化学成分及物理性能

序号	钎料牌号	化学成分（质量分数，%）							固/液相线/℃
		Co	Ni	Au	Si	Ag	其他	Pd	
1	BPd65Co	35	—	—	—	—		余量	1230/1235
2	BPd60Ni	—	40	—	—	—		余量	1238
3	BPd34NiAu	—	36	30	—	—		余量	1135/1166
4	BPd55NiSiBe	—	44.2	—	0.5	—	Be：0.3	余量	1150/1160
5	BPd81AgSi	—	—	—	4.5	14.5		余量	706/760

钯基钎料延展性好，易于加工成各种形式，钎焊方法多以真空钎焊为主。近年来，钯基钎料受到原材料市场的影响，价格也很高，这在某种程度上限制了钯基钎料的应用范围。

2.3.8　钛基钎料

钛基钎料是近些年迅速发展起来的新型活性钎料，是针对钛合金应用需求而开发生产的。钛基钎料活性高，耐蚀性好，抗氧化性能优越，钎焊工艺性能良好，是钛及其合金、难熔金属、金属间化合物、功能陶瓷等新型材料钎焊连接的首选焊接材料。

钛基钎料的主要合金元素是 Cu、Ni、Zr、Be 等，Ti 可以与 Cu、Ni 等合金元素形成多种低熔点共晶相，因此钎料合金熔点低，流动性好，是理想的钎焊材料。钛基钎料中加入合金元素 Cu、Ni 等，一方面是降低合金熔化温度；另一方面，通过合金化作用提高钎料的工艺性能、接头力学性能等综合性能。加入合金元素 Zr 可以与 Ti 置换，在不影响钛合金固有的综合优势外，可以适当地降低熔化温度，提高钎焊接头强度和耐蚀性，改善钎焊工艺性能。航空航天领域使用的钛基钎料钎焊温度多在 1000℃ 以下，这也与常规钛合金热处理制度相匹配。钎焊接头的使用温度可以达到 600℃，接头强度也很高。目前主要用于焊接各类常规钛合金以及高温钛合金结构，如各种管路、压气机叶片、导向器等。常用钛基钎料的化学成分及物理性能见表 2-14。

表 2-14　常用钛基钎料的化学成分及物理性能

序号	钎料牌号	化学成分（质量分数，%）						固/液相线/℃
		Zr	Cu	Ni	Be	其他	Ti	
1	BTi92Cu	—	8	—	—	—	余量	790
2	BTi75Cu	—	25	—	—	—	余量	870

（续）

序号	钎料牌号	化学成分（质量分数,%）						固/液相线/℃
		Zr	Cu	Ni	Be	其他	Ti	
3	BTi50Cu	—	50	—	—	—	余量	955
4	BTi72Ni	—	—	28	—	—	余量	955
5	BTi53Pd	—	—	—	—	Pd：47	余量	1080
6	BTi70CuNi	—	15	15	—	—	余量	900/960
7	BTi60CuNi	—	25	15	0.5	—	余量	890/910
8	BTi43ZrNi	43	—	14	—	—	余量	795/816
9	BTi48ZrBe	48	—	—	4	—	余量	890/900
10	BTi49ZrBe	49	—	—	2	—	余量	900/955
11	BTi49CuBe	—	49	—	2	—	余量	900/955
12	BTi80VCr	—	—	—	—	V：15 Cr：5	余量	1400/1450
13	BTi35ZrNiCu	35	15	15	—	—	余量	770/820
14	BTi43ZrNiBe	43	—	12	2	—	余量	795/815
15	BTi57CuZrNi	12	22	9	—	—	余量	748/857
16	BTi38Zr37CuNi	37	15	10	—	—	余量	805/815

钛基钎料的使用形式有粉末、非晶态箔带、预制烧结件等，钎焊方法为真空炉中钎焊和保护气氛高频感应钎焊等。

2.3.9 钴基钎料

钴基钎料是以钴为基体，加入 Ni、Cr、W 等合金元素，并以 B、Si 作为降熔元素。钴基钎料的工艺性能优越，接头强度高，耐热性好，适用于要求高温持久性能较高的镍基高温合金、钴基高温合金叶片和重要零部件的钎焊。钴基钎料的使用形式及使用方法与镍基钎料相同，目前在航空领域主要用于发动机涡轮叶片的钎焊及叶片缺陷的钎焊修复。

2.3.10 铁基钎料

铁基钎料含有 Cr、Ni、Mn、Ti、B 等元素，可用来钎焊硬质合金与高速钢刀具，钎缝具有一定的耐热性与热稳定性，但钎缝塑性较差。同时，铁基钎料价格便宜，一般以粉末状供应，$w_P = 10\%$ 的铁基钎料，具有很好的自钎性能；$w_{Ti} = 40\%$ 的铁基钎料，耐热性极佳，可钎焊在高温条件下不受力的焊件。

2.3.11 铂基钎料

铂基钎料是 Pt 与 Au、Ir、Cu、Ni、Pd 等金属制成的钎料，可以很好地润湿 W、Mo 等金属。钎料具有良好的抗氧化性和耐高温性。铂基钎料可以钎焊钨丝与铝丝，在电子工业中很有使用价值。

2.3.12　高熵合金钎料

高熵合金包含多个主要组成元素，各主要组元以等原子比或近等原子比混合，且每个组元的摩尔分数在 5%~35% 之间，具有热力学上的高熵效应、动力学上的迟滞扩散效应、结构上的晶格畸变效应、性能上的鸡尾酒效应。高熵效应与迟滞扩散效应的协同作用使得高熵合金作为"中间层材料"或钎料使用，可一定程度上抑制焊接接头脆性金属间化合物的形成，提高界面结合强度，进而提升异种金属钎焊接头的力学性能。但现有相关研究涉及的高熵合金成分体系有限，需要开展更加系统的研究，针对不同异种金属体系筛选出最优化的高熵合金中间层材料/钎料成分。将高熵合金设计理念引入钎焊填充金属设计，具有一定的优势和开拓意义。

2.4　钎料的使用形式

通常钎焊材料的使用形式有丝状（线材、焊条）、带状（连续箔带、片材）、粉末（钎料粉末、钎料膏）、黏带（夹装黏带、贴装黏带）、非晶态箔带、药芯、复合板（单面复合板、双面复合板）、镀层（纯金属镀层、合金镀层）、预制、铸锭（规则形状、锭坯）等。

2.4.1　丝状钎料

丝状钎料是将锡铅钎料、银钎料、铜基钎料等易变形钎料，通过挤压、拉拔等工序，制成所需直径的连续丝材，如图 2-10 所示。丝状钎料通常用于手工钎焊，也可以将其固定于待钎焊接头上或其附近，采用其他钎焊方法进行钎焊。例如：BAg45CuZn 系列丝状银钎料通常采用手工火焰钎焊；BCu93P 系列丝状铜基钎料通常采用预制钎料环固定于待焊处，再采用手工火焰加热钎焊等。

图 2-10　丝状钎料

2.4.2　带状钎料（连续箔带、片材）

带状钎料是将银钎料和铜基、铝基、镍基、金基等易变形钎料，通过热轧或冷轧工序，轧制成厚度一般为 0.05~0.5mm 的钎料带或片，如图 2-11 所示。钎料片材通常用于炉中钎焊，也可以用于其他钎焊方法。例如：BAg50Cu 系列带状银钎料多用于真空钎焊；BMn70NiCr 系列带状锰基钎料多用于气体保护炉中钎焊；BAl88Si 系列带状铝基钎料多用于真空炉中钎焊或盐浴炉中钎焊等。

2.4.3　粉末钎料（钎料粉末、钎料膏）

粉末钎料是将镍基、钛基、钴基等脆性钎料，采用雾化制粉、离心制粉或机械破碎的方式制成一定粒度的粉末，然后将钎料粉加钎剂、黏结剂调和，可制成钎料膏，如图 2-12 所示。粉末规格一般为 150 目，根据需要也可制成 300 目。粉末钎料多用于真空炉中钎焊、扩散钎焊和贴装元器件的低温钎焊等。例如：BNi82CrSiBFe 系列镍基钎料粉末多用于复杂零

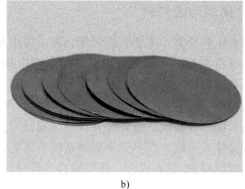

a)　　　　　　　　　　　　　b)

图 2-11　箔带与片材钎料

部件的真空炉中钎焊；S-Sn60Pb 系列锡铅钎料膏多用于印制电路板、贴装电子元器件的钎焊等。

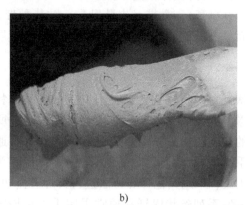

a)　　　　　　　　　　　　　b)

图 2-12　钎料粉末与钎料膏

2.4.4　黏带钎料

黏带钎料是将钎料粉末与黏结剂混合搅拌，再轧制成 0.1~0.5mm 的黏带，使用的黏结剂应满足钎焊工艺要求。黏带钎料多用于复杂零部件的真空炉中钎焊等。例如：BNi82CrSiBFe 系列镍基黏带钎料用于换热器的真空炉中钎焊；BMn70NiCr 系列锰基钎料与耐磨材料粉末制成的贴装式黏带钎料多用于零部件表面耐磨层的钎涂等。

2.4.5　非晶态箔带钎料

非晶态箔带钎料是将熔化状态的钎料，通过快速冷却，制成具有非晶体结构的箔带，箔带厚度一般为 0.02~0.05mm，如图 2-13 所示。非晶态箔带钎料多用于高精度、复杂结构、重要零部件的真空钎焊等。例如：BTi57CuZrNi 系列钛基非晶态箔带钎料用于导弹钛合金方向舵的真空炉中钎焊；BNi82CrSiBFe 系列镍基非晶态箔带钎料用于高温合金等材料高精度、复杂结构零部件的真空炉中钎焊等。

2.4.6　药芯钎料

药芯钎料是由钎料合金外皮包裹一定比例的粉状钎剂制成的，如图 2-14 所示。常用的药芯钎料按结构不同可分为无缝和有缝两大类。与传统钎料相比，它具有以下优点。

1）自带钎剂。钎焊时实现了钎剂的自动、协同添加，适应了自动化钎焊技术的发展需要。

2）减少钎剂的用量。一方面钎料合金外皮的存在可避免因钎剂与热源的直接接触而导致的钎剂挥发，减少有害气体的排放，另一方面减少了清洗钎焊接头的工序，在提高生产率的同时，减少了工业污水的排放。

图 2-13　非晶态箔带钎料　　　　　图 2-14　药芯钎料

2.4.7　复合板钎料

复合板钎料是将钎料与基体材料通过轧制加工复合在一起的特殊钎料形式。复合板钎料目前仅限于铝合金钎料，有单面复合板和双面复合板，主要用于多层复杂结构零部件的钎焊。例如，LQ1、LQ2 复合板钎料主要用于板式、板翅式铝合金换热器的真空炉中钎焊或无腐蚀钎剂保护气氛炉中钎焊等。

2.4.8　镀层钎料（纯金属镀层、合金镀层）

镀层钎料通常采用电镀或化学镀的方法将钎料预镀到焊件的钎焊表面，由于受到电镀或化学镀的沉积原理限制，一般的镀层钎料合金成分比较简单。该方法制备的钎料镀层主要用于具有特殊要求的复杂零部件的钎焊。例如，纯铜、镍磷钎料镀层钎焊复杂结构散热器、阀门等。复杂钎料镀层通常需要采用蒸镀或离子溅射的方法制备，但是该方法形成的钎料层合金成分受各组分蒸气压和沉积速度的影响较大，且在制备镀层的过程中，各组分的绕射能力较差，制备成本高，因此只适用于少数特殊零部件的钎焊。例如，钴基钎料镀层用于特殊结构火焰筒的钎焊等。

2.4.9　预制钎料

预制钎料是预先将粉状钎料通过混料—压制（涂装）—烧结等一系列工艺过程，制成所需要的各种形状附着在焊件的钎焊表面，如图 2-15 所示。由于预制钎料所使用的粉末钎料通常无法采用常规的加工方法制备成箔带或丝状，而粉末钎料又无法正常添加或不方便添加到钎缝中，因此需采用该方法进行预制。例如，BNi82CrSiBFe 钎料可以预制成钎料环用于各种导管零部件的钎焊。

2.4.10　钎料铸锭（规则形状、锭坯）

钎料铸锭是将熔炼好的钎料合金按照规格浇注成铸锭，如图 2-16 所示。使用时钎料在钎焊生产线上的钎料槽中重熔后实施钎焊，例如锡铅系列低温钎料的波峰钎焊等，主要用于电子产品印制电路板的焊接。

图 2-15　各种形状的预制钎料

图 2-16　钎料铸锭

第 3 章　钎　剂

在通常情况下，待焊母材表面会有一层表面膜，这层表面膜的主体是金属氧化物，如亲氧的铝、钛、铬、铍等金属表面上就存在一层致密的氧化膜，而铜、铁等金属除与氧结合形成氧化物之外，还与二氧化碳有较强的亲和力，因而在此类金属的表面上除氧化物之外，还常存在碱式碳酸盐。两性金属如锡、锌等的表面上还可能形成氢氧化物，如 $Sn(OH)_2$ 或 $Zn(OH)_2$ 等。无论是固体母材表面还是液态钎料表面，在适当的条件下都可能形成相应的表面氧化膜，也称其为氧化膜。

氧化膜的结构决定膜的致密度，而膜的致密度决定着对金属的保护程度。一般来说，结晶度低或者是无定形结构的表面氧化膜具有较大的致密度，如铝合金表面的 $\gamma\text{-}Al_2O_3$、铁表面的 FeO、铜表面的 Cu_2O 等都具有低的结晶度和高的致密度，因而能够很好地保护金属免于进一步氧化。而某些金属表面的氧化膜比较疏松，不能完全隔绝空气，因而随着时间的延长，氧化膜的厚度会持续增加。

金属表面的氧化膜厚度常常是不均匀的。一般在晶界处的膜较厚，而晶粒中心部位的膜较薄。合金表面的氧化膜情况更为复杂，合金中有利于降低表面能的组元以及亲氧组元会不断向表面扩散，参与表面氧化膜的形成，因而使合金表面氧化膜的情况更加复杂化。例如：在含镁的铝合金中，尽管镁的含量很少，但在表面氧化膜中仍明显存在 $MgAlO_4$ 相；在 Sn-Pb 合金中加入微量的 Ga，在其表面氧化膜中检测出的 Ga 含量却比体内高出近 2000 倍；而含 Al 或 Ti 的铁镍合金的表面氧化膜基本上是由 Al 或 Ti 的氧化物组成。合金表面的氧化膜与基体金属的结合往往比纯金属与其表面氧化膜的结合牢固得多。

这层氧化膜能够阻止钎料与母材的良好润湿和填缝，严重影响钎焊质量，同样钎料也会被氧化膜包裹而失去对母材的润湿和填缝能力。因此要实现钎焊过程并得到理想的钎焊质量，彻底清除母材和钎料表面的氧化膜是十分重要的。金属表面的氧化膜的去除通常可以分两个阶段来考虑，首先是钎焊前去膜，其次是钎焊时去膜。钎焊前去膜是指在钎焊进行之前要采用一定的方式去除母材表面的氧化膜及油污，最常用的方法是化学清洗，如用酸或碱的稀溶液去膜。仅进行钎焊前清洗还远不能满足钎焊的要求，因为在清洗后的存放和钎焊加热的过程中，母材和钎料的表面上还会再次形成一层薄薄的氧化膜，所以在钎焊时仍须采取一定的去除氧化膜和相应的保护措施。

氧化膜的去除机制因去膜方式和材料的差异而不同，大体上有以下两种方式：一是物理方式，如机械刮擦使氧化膜破碎，或是采用超声波振动方法，利用超声波的空化作用使母材表面的氧化膜脱落；二是化学方式，即利用钎剂与母材表面氧化膜的反应达到去除氧化膜的目的。多数钎焊过程均是通过化学机制去除氧化膜的，但在此过程中的反应却是多种多样的，其作用方式可以是使氧化膜溶解，也可以是使氧化膜与基体金属的结合被削弱而剥落等。

另外，对于真空钎焊而言，通过钎焊装配前的机械和化学清理，已经将母材和钎料表面的氧化膜去除殆尽，且在真空加热的情况下，母材和钎料不会进一步氧化，残留的氧化膜很薄，可在真空状态下分解或溶解破碎，对钎料的润湿和铺展不构成威胁。对于气体保护钎焊而言，保护气体在焊件周围提供了一个活性或惰性的保护气氛，微量还原性气氛造成氧化物的还原，故也可视作一种特殊的钎剂。

使用钎剂清除氧化膜是常用的工艺方法。根据钎料、母材、钎焊方法和工艺的不同，可以选用不同的钎剂。

3.1　钎剂的概念和分类

3.1.1　钎剂的基本概念与作用

钎剂是钎焊过程中的熔剂，又称为助焊剂，与钎料配合使用，如熔盐、有机物、活性气体、金属蒸气等，泛指第三种用来降低母材和钎料界面张力的所有物质。钎剂是保证钎焊过程顺利进行和获得致密性钎焊接头不可缺少的重要组成部分。在钎焊技术中，利用钎剂去膜是目前使用最广泛的一种方法。钎剂的作用通常可归结为：清除母材和钎料表面的氧化物；以液态薄层覆盖母材和钎料表面，抑制母材及钎料再氧化；起界面活性作用，改善钎料的润湿性。钎剂在钎焊过程中的具体作用如下。

1. 去膜作用

清除母材及钎料表面的氧化膜。钎剂去膜主要是通过反应去膜和溶解去膜实现的。反应去膜是指熔融状态的钎剂与氧化膜发生化学反应，改变氧化膜的性质，使其消失或破坏其完整性。溶解去膜是钎剂在熔融状态下将母材及钎料表面的氧化膜溶解于熔融钎剂中，或通过溶解作用使氧化膜破裂，裸露出母材表面。钎剂去膜为液态钎料在母材上铺展填缝创造了必要的条件。

2. 保护作用

抑制母材及钎料在钎焊过程中的再氧化：钎剂在熔融状态下，以液体薄层覆盖母材和钎料表面，隔绝空气而起保护作用，从而避免了钎料和待焊部位的进一步氧化。

3. 活性作用

改善钎料的润湿性：钎剂中的某些元素或物质与待焊金属或合金表面作用，会使母材表面活化，易与液态钎料形成冶金结合，从而改善液态钎料对母材的润湿。

3.1.2　对钎剂的要求

要完成上述作用，钎剂的性能应尽量满足以下要求。

（1）钎剂应具有去膜、净化表面的作用　在钎焊过程中，钎剂应具有通过物理化学作用，足以溶解或破坏母材和钎料表面氧化膜的能力，以利于钎料填充钎焊间隙，因此钎剂要具有一定的物理化学活性。

（2）钎剂应具有润湿和保护性能　在钎焊过程中，钎剂应有一定的黏度、流动性和表面张力，能够很好地润湿母材和减小液态钎料与母材的界面张力，并能均匀地在母材表面铺展，呈薄层覆盖住钎料和母材，同时，钎剂及其作用产物的密度应小于液态钎料的密度，这样钎剂才能均匀地呈薄层覆盖在钎料和母材的表面，有效地隔绝空气，起到保护作用。

（3）钎剂应具有适宜的熔化性能　钎剂熔化温度与钎料熔化温度应有良好的匹配性。通常钎剂只有在高于其熔点的一定温度范围内才能稳定有效地发挥作用，此温度范围称为钎剂的活性温度范围。钎焊时要求钎剂优先熔化（熔点应低于钎料），但又不能在钎料熔化时流失而失去其作用。因此要求钎剂的熔点和最低活性温度低于钎料的熔点，同时又必须保证钎剂的活性温度范围覆盖钎焊温度，为钎料的润湿铺展准备条件。

（4）钎剂应具有除渣性能　钎剂及其作用产物的密度应小于液态钎料的密度，以利于液态钎料在填缝时将它们从间隙中排出，防止它们滞留在钎缝中形成夹渣。此外，钎剂在钎焊后所形成的残渣应当容易清除。

（5）钎剂应具有良好的热稳定性　热稳定性是指钎剂在加热过程中保持其成分和作用稳定不变的能力。因此钎剂的活性温度范围应宽一些，持续时间长一些，以保证钎焊过程的稳定。一般希望钎剂具有不小于100℃的热稳定温度范围。

（6）钎剂应具有无毒、无腐蚀及易清除性　钎剂及其残渣不应对母材和钎缝有强烈的腐蚀作用，也不应具有毒性或在使用中析出有害气体。钎剂应保证钎焊接头具有一定的可靠性和使用寿命。具有腐蚀性的钎剂残渣应易于清除，无腐蚀性的钎剂残渣可根据需要清除或保留，但都应具有易清除性。

（7）钎剂应具有经济合理性　在保证钎剂具有一系列使用性能的基础上，钎剂应易得到或易购买，并具有较低的价格。

实用的钎剂并不总能全面满足上述的性能要求，特别是在去膜能力和腐蚀作用两种性能之间往往出现矛盾。通常只能在满足去膜能力要求的前提下依靠工艺措施防止其腐蚀作用。

3.1.3　钎剂的分类与编号

1. 钎剂的分类

钎剂的分类没有一个特定的原则，从不同角度出发，可将钎剂分为多种类型，如按用途不同，分为普通钎剂和专用钎剂。但通常是根据钎剂的使用温度或针对母材的不同进行分类。一般针对母材使用的钎剂具有特定的概念，但是同一种母材有时也可以采用不同的钎料钎焊，所用的钎剂体系也会不同。针对不同的使用温度，钎剂通常可分为软钎剂、硬钎剂和铝、镁、钛用钎剂三大类。其中，铝用钎剂又可以根据钎焊温度分为铝用硬钎剂和铝用软钎剂。根据活性剂和载体类型，软钎剂分为无机软钎剂和有机软钎剂，硬钎剂分为粉末钎剂、膏状钎剂等。此外，根据使用状态的特点，还可分出一类气体钎剂，而气体钎剂可再次根据使用环境或使用方式分为炉中钎焊用气体钎剂和火焰钎焊用气体钎剂。钎剂的分类见表3-1。

表3-1 钎剂的分类

钎剂大类	钎剂小类	物质分类	物质组成
硬钎剂	—	—	硼砂或硼砂基
	—	—	硼酸或氧化硼基
	—	—	硼砂-硼酸基
	—	—	氟盐基
铝用钎剂	铝用中、低温钎剂	铝用有机软钎剂（QJ204）	—
		铝用反应钎剂（QJ203）	—
	铝用高温钎剂	氯化物钎剂	—
		氯化物-氟化物钎剂	—
		氟化物钎剂	—
气体钎剂	炉中钎焊用气体钎剂	活性气体钎剂	氯化氢、氟化氢、三氟化硼
		低沸点液态化合物钎剂	三氯化硼、三氯化磷
		低升华固态化合物钎剂	氟化铵、氟硼酸铵、氟硼酸钾
	火焰钎焊用气体钎剂（硼有机化合物蒸气）	硼酸甲酯蒸气钎剂	—
		硼甲醚酯蒸气钎剂	—

2. 钎剂的型号、牌号

硬钎剂型号由硬钎焊用钎剂代号"FB"（Flux 和 Brazing 的第一个大写字母）和钎剂主要成分分类代号 X_1、钎剂顺序号 X_2 和钎剂形态 X_3 表示。钎剂的主要成分分类代号见表 3-2，分四类，用"1、2、3、4"表示。X_3 分别用大写字母 S（粉末状、粒状）、P（膏状）、L（液态）表示钎剂的形态。

表3-2 钎剂的主要成分分类代号

钎剂主要成分分类代号	钎剂主要成分（质量分数）	钎焊温度/℃
1	硼酸+硼砂+氟化物≥90%	550~850
2	卤化物≥80%	450~620
3	硼砂+硼酸≥90%	800~1150
4	硼酸三甲酯≥60%	>450

钎剂型号表示方法如下：

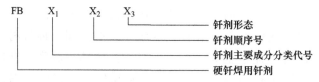

示例：

钎剂牌号前字母"QJ"表示钎剂；牌号第一位数字表示钎剂的用途，其中 1 为银钎料钎焊用，2 为钎焊铝及铝合金用；牌号第二、第三位数字表示同一类型钎剂的不同牌号。

举例：

常用钎剂牌号及用途见表 3-3。

表 3-3 常用钎剂牌号及用途

牌号	名称	用途
QJ101	银钎剂	在 550~850℃ 范围钎焊各种铜及铜合金、钢及不锈钢等
QJ102	银钎剂	在 600~850℃ 范围钎焊各种铜及铜合金、钢及不锈钢等，活性极强
QJ103	特制银钎剂	在 550~750℃ 范围钎焊各种铜及铜合金、钢及不锈钢等
QJ104	银钎剂	在 650~850℃ 范围钎焊各种铜及铜合金、钢及不锈钢等
QJ201	铝钎剂	在 450~620℃ 范围钎焊铝及铝合金，活性极强
QJ203	铝电缆钎剂	在 270~380℃ 范围钎焊铝及铝合金、铜及铜合金、钢及不锈钢等
QJ207	高温铝钎剂	在 560~620℃ 范围钎焊铝及铝合金

软钎剂型号由代号"FS"（Flux 和 Soldering 的第一个大写字母）加上表示钎剂分类的代码组合而成。

软钎剂的分类及代码见表 3-4。

表 3-4 软钎剂的分类及代码

钎剂类型	钎剂主要组成	钎剂活性剂	钎剂形态
1. 树脂类	1. 松香（松脂）	1. 未加活性剂 2. 加入卤化物活性剂 3. 加入非卤化物活性剂	A 液态 B 固态 C 膏状
	2. 非松香（树脂）		
2. 有机物类	1. 水溶性		
	2. 非水溶性		
3. 无机物类	1. 盐类	1. 加入氟化铵 2. 未加入氧化铵	
	2. 酸类	1. 磷酸 2. 其他酸	
	3. 碱类	1. 胺及（或）氨类	

其中，松香基软钎剂根据其活性大致分类如下。非活性松香软钎剂：R 型；中度活性松香软钎剂：RMA 型；全活性松香软钎剂：RA 型；超活性松香软钎剂：SRA 型。

例如：磷酸活性无机膏状钎剂应编为 321C，型号表示方法为 FS321C；非卤化物活性液体松香钎剂应编为 113A，型号表示方法为 FS113A。

3.1.4　钎剂的组成

钎剂的组成物质主要取决于所要清除氧化物的物理化学性质。通常，钎剂有下列三类组分。

1. 主体组分

钎剂的主体组分形成了钎剂的主要物理特性。通常钎剂的主体组分是热稳定的金属盐或金属盐系统，如硼砂、碱金属和碱土金属的氯化物。因钎剂主体组分决定了钎剂的使用温度，同时对熔融的钎剂主体组分有良好的流动、铺展和填缝能力的要求。所以在软钎剂中还采用了高沸点的有机溶剂，其主要作用是使钎剂具有需要的熔点，作为钎剂其他组分以及钎剂作用产物的溶剂，铺展形成致密的液膜，覆盖母材和钎料表面，隔绝空气而起保护作用。

2. 活性组分

钎剂的活性组分决定了钎剂的去膜方式、去膜效率和去膜周期。它起溶解母材和钎料表面氧化膜的作用。因此必须根据钎剂的活性组分特点，采用合理的钎焊方法，制定理想的钎焊工艺，使钎剂活性组分的性能发挥出来。常用的钎剂去膜剂是碱金属和碱土金属的氟化物。它具有溶解金属氧化物的能力。各种氟化物对不同金属氧化物的溶解能力是不相同的，因此应依照需清除的氧化膜的成分和性能及钎焊温度来选用。例如，不锈钢和耐热合金的硬钎剂常选氟化钙或氟化钾，而铝用硬钎剂多使用氟化钠或氟化锂。钎剂中氟化物的添加量一般不能加得太多，否则，使钎剂熔点提高、流动性下降而影响钎剂的性能。同时为了达到理想的去膜效果，钎焊周期的设计也是十分重要的，因为任何一种去膜的活性物质，去除氧化膜都需要一个过程，因此在设计钎焊工艺时，必须使这一过程进行得尽量彻底，才能达到理想的钎焊质量。

3. 添加剂组分

钎剂组分中，为改善钎剂的工艺性能，往往添加一些添加剂组分。例如，改善钎剂的表面张力，提高活性组分的去膜效率，调整钎剂对母材表面的润湿和铺展能力等。

对于常用软钎剂而言，通常由主体组分、活性组分、添加剂组分等组成。主体组分使钎剂具有一定的熔点和工艺性能；活性组分使钎剂具有去除母材和钎料表面氧化膜的作用；添加剂组分是提高钎剂去膜速度和钎焊工艺性能的组分。

3.1.5　钎剂的选用原则

钎剂是按照所推荐的母材和钎料类型、推荐的温度范围来划分的。通常，选择钎剂时应考虑如下几个方面。

1. 母材

选择钎剂首先要考虑与被焊母材的匹配。通常母材是同种材料，有时也需要进行异种材料的钎焊，而钎剂只能选择一种，因此选择钎剂首先要考虑钎剂对母材（同种或异种材料）的作用过程、去膜和保护效果。当然钎剂的选择并非是唯一的，一种钎剂通常可以用于多种母材的钎焊，同样，同种母材也可以选用多种钎剂。

2. 钎料

钎剂的有效温度范围涉及具体钎料的钎焊温度，要与已经选用的钎料匹配。因为钎剂主要是为钎料的润湿、铺展和填缝服务，要想钎料能有效地填充钎焊间隙，形成理想的接头，必须使钎剂的活性温度范围与钎料的熔化温度以及钎焊温度很好地匹配，充分发挥钎剂的去膜作用。

3. 钎焊方法

钎剂的选择要考虑钎焊方法的影响。一般一种钎剂只适用于一种或几种钎焊方法，不能适用于所有钎焊方法，因此要根据采用的钎焊方法选择合适的钎剂。同时还要考虑钎剂的使用形式。例如，电阻钎焊时，钎剂配料成分要允许通过电流，一般要求稀释钎剂。

4. 钎焊工艺

要实现选定钎焊工艺下的钎焊，需选用合理的钎剂，即钎剂的熔化温度、活性温度、理化性能要在该钎焊工艺条件下达到最理想的状态。

5. 对钎焊接头的技术要求

当钎焊接头有特殊的技术要求时，如钎着率、强度、钎剂残渣清除等要求，需根据实际情况对钎剂进行选择使用。

6. 其他方面

有些钎剂考虑到运输、安全、生产使用的方便，还添加了一些添加剂，如增稠剂、增黏剂等。

3.2 软钎剂

软钎剂主要是指在 450℃ 以下钎焊的钎剂，主要分为有机软钎剂和无机软钎剂两大类。有机软钎剂又可分成以松香为主体的树脂基软钎剂和非树脂基软钎剂。此外，还可以分成免清洗钎剂、水溶性钎剂和醇溶性钎剂等。通常情况下有机软钎剂活性较弱，去除氧化膜的能力也较弱，活性温度范围较窄，活性持续时间较短，但其自身和残渣腐蚀性小，甚至焊后可不用清洗。无机软钎剂活性大，去除氧化膜的能力强，活性温度范围宽，活性持续时间较长，但是其自身和残渣腐蚀性很强，焊后必须及时清洗去除。

3.2.1 有机软钎剂

有机软钎剂种类繁多，多数钎剂的基本成分有松香、有机胺和有机卤化物。纯松香或加入少量有机脂类的软钎剂属于非腐蚀性，而加入胺类、有机卤化物类的软钎剂，称其为弱腐蚀性软钎剂更为准确。因此习惯上常将有机软钎剂分为松香基软钎剂和非松香基软钎剂。

1. 松香基软钎剂

松香是一种天然树脂，一般呈浅黄色，有特殊气味，能溶于酒精、丙酮、甘油、苯等有机溶剂中，但不溶于水。从化学的角度来看，松香是几种化合物的混合物，并且其成分随原料的来源而发生变化。一般来说，其组成中按质量约有 70%～80% 为松香酸、10%～15% 为 d-海松香酸和 l-海松香酸。松香酸（也称为树脂酸）的熔点为 174℃，在 300℃ 下会发生分子重排，形成新松香酸。新松香酸熔点为 169℃，进一步加热会发生歧化作用，成为焦性松香酸。d-海松香酸是另一种原始松香结构，其熔点为 219℃。l-海松香酸是松香的另一种结构，其熔点为 152℃。松香酸和海松香酸的结构式如图 3-1 所示。

高纯度松香可以通过加热使松香蒸发，然后冷凝松香蒸气而获得。这种高纯度松香一般称为水白松香。水白松香活性不强，去除氧化物能力较差。通常加入有机胺或有机卤化物等活性物质，有的还加入少量无机盐、无机酸等提高其活性和去膜能力，这样就构成活性松香钎剂。活性松香钎剂常用于钎焊铜及铜合金、钢、镍、银、不锈钢等，这是因为松香酸可以和氧化铜等金属氧化物发生反应，生成松香铜之类的金属化合物，即

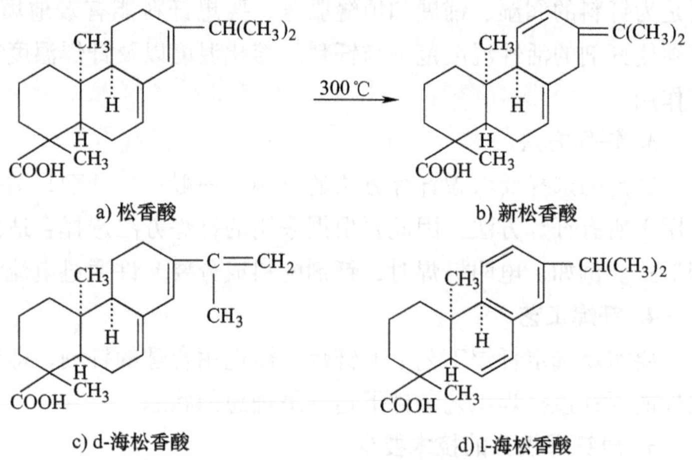

a) 松香酸　b) 新松香酸　c) d-海松香酸　d) l-海松香酸

图 3-1　松香酸和海松香酸的结构式

$$2C_{19}H_{29}COOH + CuO \longrightarrow (C_{19}H_{29}COO)_2Cu + H_2O\uparrow$$

松香铜是一种绿色半透明的类似松香状的物质，它易于和未参加反应的松香混合，留下裸露的金属铜表面以便钎料润湿。松香酸不与纯铜发生反应，因而无腐蚀问题。

钎剂残渣对母材和钎缝的腐蚀很轻微。常用金属的软钎焊性和钎剂选用见表 3-5。常用活性钎剂的成分见表 3-6。

表 3-5　常用金属的软钎焊性和钎剂选用

金属	软钎焊性	松香钎剂			有机钎剂（水溶性）	无机钎剂（水溶性）	特殊钎剂或钎料
		未活化	弱活化	活化			
铂、金、铜、银、镉板	易于软钎焊	适合	适合	适合	适合	建议不用于电气产品软钎焊	
锡（热浸）、锑板、钎料板	易于软钎焊	适合	适合	适合	适合	建议不用于电气产品软钎焊	
铅、镍板、黄铜、青铜	较不易于软钎焊	不适合	不适合	适合	适合	适合	
铑、铍铜	不易于软钎焊	不适合	不适合	适合	适合	适合	
镀锌铁、锡-镍、镍-铁、低碳钢	难于软钎焊	不适合	不适合	不适合	不适合	适合	
铬、镍-铬、镍-铜、不锈钢	很难于软钎焊	不适合	不适合	不适合	不适合	适合	
铝、铝青铜	最难于软钎焊	不适合	不适合	不适合	不适合	—	
铍、钛	不可软钎焊	—	—	—	—	—	

表 3-6　常用活性钎剂的成分

牌号	成分（质量分数,%）	备注
—	松香（40），盐酸谷氨酸（2），酒精余量	150~300℃
—	松香（40），三硬脂酸甘油酯（4），酒精余量	150~300℃

（续）

牌号	成分（质量分数，%）	备注
—	松香（30），水杨酸（2.8），三乙醇胺（1.4），酒精余量	150~300℃
—	松香（70），氯化铵（10），溴酸（20）	150~300℃
—	松香（24），盐酸二乙胺（4），三乙醇胺（2），酒精（70）	230~300℃
201	松脂（40），松香（40），溴化水杨酸（10），酒精余量	—
202	溴化肼（10），酒精（87）（75%酒精，25%水），甘油（3）	—
—	聚丙二醇（40~66），正磷酸（0.25~15），松香（0~50）	—
—	聚丙二醇（40~50），松香（35），正磷酸（10~20），三乙胺盐酸盐（5）	—
—	聚丙二醇（40~60），松香（35~60）	—
RJ11	工业凡士林（80），松香（15），氯化锌（4），氧化铵（1）	—
RJ12	松香（30），氯化锌（3），氯化铵（1），酒精（66）	—
RJ13	松香（25），二乙胺（5），三羟乙基胺（2），酒精（68）	—
RJ14	凡士林（35），松香（20），硬脂酸（20），氯化锌（13），盐酸苯胺（3），水（9）	—
RJ15	蓖麻油（26），松香（34），硬脂酸（14），氯化锌（7），氯化铵（8），水（11）	—
RJ16	松香（28），氯化锌（5），氯化铵（2），酒精（65）	—
RJ18	松香（24），氯化锌（1），酒精（75）	—
RJ19	松香（18），甘油（25），氧化锌（1），酒精（56）	—
RJ21	松香（38），正磷酸（密度 1.6g/cm³）（12），酒精余量	—
RJ24	松香（55），盐酸苯胶（2），甘油（2），酒精（41）	—

2. 非松香基软钎剂

以有机物为主体，但不含有松香等树脂类物质的软钎剂称为非松香基软钎剂。这类钎剂的组成成分主要包括以下几类物质。

（1）有机醇　在有机软钎剂中使用的主要有乙醇、异丙醇、乙二醇、丙二醇、丙三醇等。这类物质在钎剂中的作用主要是作为载体，为钎剂提供适当的黏度、流动性、热稳定性和保护作用等。就热稳定性和保护作用来说，高沸点的醇优于低沸点的醇，多元醇优于一元醇。但高沸点的醇黏度大，使用不方便。另外，有些醇也具有一定的去除氧化膜的能力，如丙三醇可以促进锡铅钎料在铜板上的润湿和铺展，其原因可能是由于丙三醇在钎焊温度下氧化生成甘油酸所致。

（2）有机酸　作为钎剂中的活性组元，有机酸得到了广泛的应用。有机酸一般具有中等程度的去膜能力，其作用相对缓慢，且对温度敏感。此外，有机酸钎焊后仍具有一定的腐蚀性，某些情况下需要钎焊后清洗。

通常用作钎剂活性组元的有机酸主要有乳酸、油酸、硬脂酸、苯二酸、柠檬酸、苹果酸等，也有人将谷氨酸用作钎剂组元。有机酸去除氧化膜主要是通过酸与金属氧化物之间的化学反应完成的。通过研究硬脂酸与氧化铜的反应，认为其去除氧化膜的过程是按

$$2C_{17}H_{35}COOH + CuO \longrightarrow Cu(C_{17}H_{35}COO)_2 + H_2O\uparrow$$

进行的。反应产物是硬脂酸铜，为绿色晶体，熔点为 200℃。随后，硬脂酸铜在钎焊温度下会发生热分解，吸收氢气，生成硬脂酸和铜，即

$$Cu(C_{17}H_{35}COO)_2 + H_2 \longrightarrow 2C_{17}H_{35}COOH + Cu\downarrow$$

对 Cu_2O、Sn_2O 与几种有机酸之间的反应研究认为，将酸与 Cu_2O 在 200℃ 下加热 30min，然后用酒精反复清洗，溶去过量的酸，滤出反应产物，经 110℃ 烘干后进行红外光谱分析。在乳酸和柠檬酸与氧化亚铜的反应产物中都检测到了 COO^- 离子团的存在，说明反应产物是相应的有机酸铜，并且推断其反应过程应为

$$2H-\overset{\overset{\displaystyle H}{|}}{\underset{\underset{\displaystyle H}{|}}{C}}-\overset{\overset{\displaystyle H}{|}}{\underset{\underset{\displaystyle OH}{|}}{C}}-\overset{\overset{\displaystyle O}{\|}}{C}+Cu_2O \longrightarrow 2H-\overset{\overset{\displaystyle H}{|}}{\underset{\underset{\displaystyle H}{|}}{C}}-\overset{\overset{\displaystyle H}{|}}{\underset{\underset{\displaystyle OH}{|}}{C}}-\overset{\overset{\displaystyle O}{\|}}{C}-O-Cu+H_2O\uparrow$$

即乳酸与氧化亚铜反应，生成乳酸铜和水。而柠檬酸与氧化亚铜的反应有类似的过程，即

$$2\overset{\overset{\displaystyle H}{|}}{HO-\overset{\overset{\displaystyle H-C-COOH}{|}}{\underset{\underset{\displaystyle H-C-COOH}{|}}{C-COOH}}}+3Cu_2O \longrightarrow 2\overset{\overset{\displaystyle H}{|}}{HO-\overset{\overset{\displaystyle H-C-COOCu}{|}}{\underset{\underset{\displaystyle H-C-COOCu}{|}}{C-COOCu}}}+3H_2O\uparrow$$

可以认为，有机酸去除氧化膜的过程是通过化学反应使金属氧化物转变成有机酸盐来完成的，其反应通式为

$$2RCOOH + MeO \longrightarrow (RCOO)_2Me + H_2O\uparrow$$

从钎剂活性方面来看，含有羟基的多元酸（如酒石酸、柠檬酸等）的作用能力明显优于不含羟基的一元酸（如乙酸、正丙酸等），这可能与羟基的存在使羧基活化有密切关系。

（3）有机卤化物　这类物质的活性很强，类似于无机酸类物质，其所含的有机官能团决定了对温度的敏感性。这类物质比其他有机软钎剂更具有腐蚀性，因而需要钎焊后清洗。在这类物质中，通常作为钎剂添加剂的主要有盐酸苯胺、盐酸羟胺、盐酸谷氨酸和软脂酸溴化物等。

关于其去膜作用的问题，许多文献多有介绍。一般认为是在加热过程中发生分解，生成盐酸来去除氧化膜的，其反应通式为

$$2RNH_2HCl + MeO \longrightarrow 2RNH_2 + MeCl_2 + H_2O\uparrow$$

在有机醇混合载体中加入较多的有机卤化物，可以得到很高的活性，但其腐蚀倾向也随之加剧。因此一般在电子工业中对其添加量做了严格的限制。

（4）有机胺和氨类化合物　由于这类物质不含卤素，因而成为许多专利钎剂中的添加剂。这类物质也稍有腐蚀性，并且对温度敏感。常用的有乙二胺、二乙胺、单乙醇胺、三乙醇胺以及胺和氨的各种衍生物，如磷酸苯胺等。

乙二胺和三乙醇胺等物质是重要的金属离子整合剂，在钎焊过程中，这类物质可以和 Cu^{2+} 形成胺铜配位化合物，从而达到去膜的目的。但单纯的胺类物质的活性较弱，难以满足实际钎焊的要求，因此经常与有机酸联合使用，这样不但可以提高钎剂的活性，而且可以调节钎剂的 pH 值，使之接近于中性，这也有利于降低腐蚀倾向。

3.2.2 无机软钎剂

这类钎剂又称为腐蚀性钎剂。无机酸或无机盐是这类钎剂的基本成分，因而具有很强的活性、腐蚀性、热稳定性，能有效地去除母材表面的氧化物，促使钎料在母材表面的润湿和铺展。但残留的钎剂及其残渣对钎焊接头具有强烈的腐蚀性，钎焊后的残余物必须尽快彻底清洗干净。这类钎剂常用于不锈钢、耐热钢、高温合金以及铜合金等金属钎焊。氯化锌水溶液是常见的无机软钎剂，通常在此基础上还添加一些氯化铵以降低钎剂的熔化温度。加入其他无机盐和无机酸可进一步提高钎剂的活性，改变钎剂的工艺性能。

无机软钎剂又可分为无机盐类软钎剂和无机酸类软钎剂。无机盐类软钎剂以氯化锌和氯化铵应用最广泛，其主要用于配合锡铅钎料来钎焊钢、铜及铜合金。

氯化锌水溶液是最常用的无机软钎剂。氯化锌熔点为 262℃，呈白色，易溶于水和酒精，吸水性极强。敞放空气中会迅速与空气中的水汽结合而形成水溶液。氯化锌水溶液作为钎剂的作用在于形成络合酸，即

$$ZnCl_2 + H_2O \longrightarrow H[ZnCl_2OH]$$

它能溶解金属氧化物，如氧化亚铁，即

$$FeO + 2H[ZnCl_2OH] \longrightarrow Fe[ZnCl_2OH] + H_2O$$

这种钎剂的活性取决于溶液中氯化锌的质量分数。如图 3-2 所示，当其质量分数在 30% 以下时，质量分数的增高对钎剂的活性影响很大。质量分数超过 30% 后，增加氯化锌对钎料的铺展作用基本没有影响。因此在这类钎剂中氯化锌的质量分数不宜太高。

当缺少氯化锌时可以把锌放入盐酸中直接使用，即

$$Zn + 2HCl \longrightarrow ZnCl_2 + H_2 \uparrow$$

由于提高氯化锌水溶液的浓度只能在一定范围内增强其活性，为了进一步提高钎剂性能，可添加活性剂氯化铵。

在氯化锌中加入氯化铵能显著降低钎剂的熔

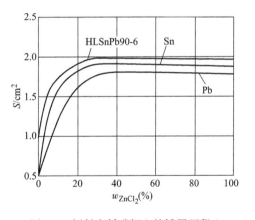

图 3-2 钎料在低碳钢上的铺展面积 S 与钎剂中 $ZnCl_2$ 质量分数的关系

点和黏度，如图 3-3 和图 3-4 所示，同时还能减小钎剂与钎料间的界面张力，促进钎料的铺展。但氯化锌钎剂在钎焊时往往发生飞溅，在母材被溅射处引起腐蚀，还可能析出有害气体。为了消除上述缺点，一般与凡士林制成膏状钎剂。另外，氯化铵在空气中加热至 340℃ 发生升华，加热超过 350℃ 后强烈冒烟，不便使用。因此不论是氯化锌还是氯化锌-氯化铵水溶液钎剂，用来钎焊铬钢、不锈钢或镍铬合金，其去除氧化物的能力是不够的，此时可使用氯化锌-盐酸溶液或氯化锌-氯化铵-盐酸溶液。为适应锌基钎料和镉基钎料钎焊铜及铜合金的需要，可添加高熔点的氯化物改善钎剂的工艺性能，如氯化镉（熔点 568℃）、氯化钾（熔点 768℃）、氯化钠（熔点 800℃）等。常用的无机软钎剂成分和应用见表 3-7。

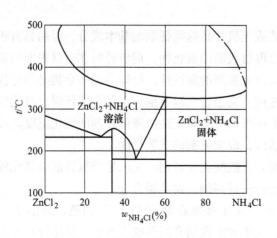

图 3-3 $ZnCl_2$-NH_4Cl 相图

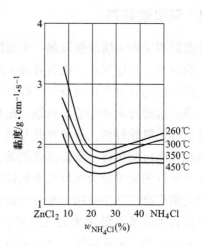

图 3-4 $ZnCl_2$-NH_4Cl 系的黏度
与成分的关系

表 3-7 常用的无机软钎剂成分和应用

牌号	成分（质量分数，%）	应用
RJ1	氯化锌（40），水（60）	钎焊钢、铜
RJ2	氯化锌（25），水（75）	钎焊钢和铜合金
RJ3	氯化锌（40），氯化铵（5），水（55）	钎焊钢、铜
RJ4	氯化锌（18），氯化铵（6），水（76）	钎焊铜和铜合金
RJ5	氯化锌（25），盐酸（相对密度 1.19）（25），水（50）	钎焊不锈钢、碳钢、铜合金
RJ6	氯化锌（6），氯化铵（4），盐酸（相对密度 1.19）（10），水（80）	钎焊钢、铜和铜合金
RJ7	氯化锌（40），二氯化锡（5），氯化亚铜（0.5），盐酸（3.5），水（51）	钎焊钢、铸铁，钎料在钢上的铺展性有改进
RJ8	氯化锌（65），氯化钾（14），氯化钠（11），氯化铵（10）	钎焊铜和铜合金
RJ9	氯化锌（45），氯化钾（5），二氯化锡（2），水（48）	钎焊铜和铜合金
RJ10	氯化锌（15），氯化铵（1.5），盐酸（36），变性酒精（12.8），正磷酸（2.2），氯化铁（0.6），水余量	钎焊碳钢
RJ11	正磷酸（60），水（40）	钎焊不锈钢、铸铁
钎剂 205	氯化锌（50），氯化铵（15），氯化镉（30），氯化钠（5）	钎焊铜和铜合金、钢

　　无机钎剂的热稳定性好，活性温度范围宽，持续时间长，可以用于较高温度下的钎焊。常用无机软钎剂的成分及适用范围见表 3-8。

表 3-8　常用无机软钎剂的成分及适用范围

类型	组元	载体	用途	热稳定性	除污能力	腐蚀性	推荐的钎焊后清洗方法
无机类酸	盐酸、氢氟酸、正磷酸	水、凡士林膏	结构	好	很好	严重	热水冲洗并用有机溶剂清洗
盐	氯化锌、氯化铵、氯化锡	水、凡士林膏、聚乙烯、乙二醇	结构	极好	很好	严重	热水冲洗并用质量分数为 2% 的盐酸液清洗　热水冲洗并用有机溶剂清洗
有机类酸	乳酸、油酸、谷氨酸、硬脂酸、苯二酸	水、有机溶剂、凡士林膏、聚乙烯乙二醇	结构、电器	相当好	相当好	中等	热水冲洗并用有机溶剂清洗
卤素	盐酸苯胺、盐酸谷氨酸、软脂酸的溴化衍生物、盐酸肼（或氢溴化物）	水、有机溶剂、凡士林膏、聚乙烯乙二醇	结构、电器	相当好	相当好	中等	热水冲洗并用有机溶剂清洗
胺或酰胺	尿素、乙烯二胺	水、有机溶剂、聚乙烯乙二醇	结构、电器	尚好	尚好	一般无腐蚀	热水冲洗并用有机溶剂清洗
活化松香	水白松香	异丙醇、有机溶剂、聚乙烯乙二醇	电器	差	尚好	一般无腐蚀	水基洗涤剂清洗　异丙醇清洗　有机溶剂清洗
水白松香	只含松香	异丙醇、有机溶剂、聚乙烯乙二醇	电器	差	差	无腐蚀	水基洗涤剂清洗　异丙醇清洗　有机溶剂清洗，一般不需要钎焊后清洗

3.3　铝用钎剂

目前软钎焊大多是指低温钎焊，即采用锡、铅、铟、铋等体系的低熔点合金进行的钎焊，而对中温钎焊都会特别说明。低温用软钎剂分为通用型软钎剂和铝用软钎剂。铝及铝合金钎焊的难点在于其表面存在一层极为致密的氧化膜。这层膜的化学性质极为稳定，能够充分抵抗大气的侵蚀，而且铝及铝合金的表面氧化膜一旦破坏，在与空气接触时又会迅速生成新的氧化膜。铝及铝合金在钎焊时必须去除这层膜，否则，熔化的钎料就不能润湿母材，实现良好的连接。同时，钎焊后还要维持保护膜的完整，否则，钎焊接头将产生严重的腐蚀。上述各类钎剂都不能满足钎焊铝及铝合金的需要，必须使用专门的钎剂，所以将其单独分成一类。

铝用钎剂也分为软钎剂和硬钎剂两类，下面分别介绍。

3.3.1 铝用软钎剂

铝用软钎剂按其去除氧化物的方式不同又可分为反应钎剂和有机钎剂两种类型。一些铝用有机软钎剂的典型成分见表3-9。

表3-9 一些铝用有机软钎剂的典型成分

序号	牌号	成分（质量分数,%）	钎焊温度/℃	特殊应用
1	QJ204（Φ59A）	三乙醇胺（82.5），$Cd(BF_4)_2$（10），$Zn(BF_4)_2$（2.5），NH_4BF_4(5)	270	—
2	Φ61A	三乙醇胺（82），$Zn(BF_4)_2$（10），NH_4BF_4（8）	—	—
3	Φ54A	三乙醇胺（82），$Cd(BF_4)_2$（10），NH_4BF_4(8)	—	—
4	1060X	三乙醇胺（62），乙醇胺（20），$Zn(BF_4)_2$（8），$Sn(BF_4)$（5），NH_4BF_4(5)	250	—
5	1160U	三乙醇胺（37），松香（30），$Zn(BF_4)_2$（10），$Sn(BF_4)_2$（8），NH_4BF_4(15)	50	水不溶，适用于电子线路

1. 铝用反应钎剂

这类钎剂的主要成分是重金属的氯化物（如 $ZnCl_2$、$SnCl_2$ 等），为提高钎剂的活性，添加少量的碱金属氟化物。另外，为降低钎剂熔点及改善润湿性，还可以添加一些氯化铵或溴化铵等物质。

这类钎剂之所以被称为反应钎剂，是因为其去除氧化铝膜主要依靠重金属氯化物与铝基体的反应，如

$$3ZnCl_2 + 2Al \longrightarrow 3Zn\downarrow + 2AlCl_3\uparrow$$
$$3SnCl_2 + 2Al \longrightarrow 3Sn\downarrow + 2AlCl_3\uparrow$$

钎焊时，钎剂中的重金属氯化物通过母材表面的氧化铝膜上的裂纹或薄弱环节渗入，与母材铝接触，发生上述反应。生成的 $AlCl_3$ 挥发，可以冲破氧化铝膜，如图3-5所示，而重金属被还原析出，沉积在母材表面，从而促进润湿。

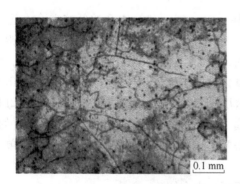
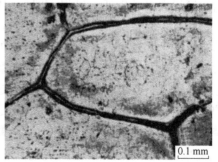

图3-5 快速加热时氧化铝膜的开裂和裂纹变化

铝用反应钎剂的反应温度为 300~400℃。它极易吸潮，且吸潮后形成氢氧化物而丧失活性，因此应密封保存，严防受潮，更不宜以水溶液形式使用。铝用反应钎剂可以是粉末状混合物或溶于有机溶剂（乙醇、甲醇）中使用。铝用反应钎剂的残渣吸潮，对铝及铝合金有强烈的腐蚀作用，钎焊后必须彻底清洗干净。

另外，大多数铝用软钎剂钎焊时都产生大量白色有刺激性和腐蚀性的浓烟，因此使用时应注意通风。一些典型铝用反应钎剂的成分见表 3-10。

表 3-10　一些典型铝用反应钎剂的成分

序号	牌号	成分（质量分数,%）	钎焊温度/℃	特殊应用
1	—	$ZnCl_2(55),SnCl_2(28),NH_4Br(15),NaF(2)$	—	—
2	QJ203	$SnCl_2(88),NH_4Cl(10),NaF(2)$	—	—
3	—	$ZnCl_2(88),NH_4Cl(10),NaF(2)$	—	—
4	—	$ZnBr_2(50\sim30),KBr(50\sim70)$	215	钎铝无烟
5	—	$PbCl_2(95\sim97),KCl(1.5\sim2.5),CoCl_2(1.5\sim2.5)$	—	铝面涂 Pb
6	Φ134	$KCl(35),LiCl(30),ZnF_2(10),CdCl_2(15),ZnCl_2(10)$	390	
7	—	$ZnCl_2(48.6),SnCl_2(32.4),KCl(15.0),KF(2.0),AgCl(2.0)$	—	配 Sn-Pb(85)钎料,高耐蚀

2. 铝用有机钎剂

铝用有机钎剂的主体成分是三乙醇胺（质量分数约为 80%），添加 NH_4BF_4（质量分数约为 8%）和 $Cd(BF_4)_2$（质量分数约为 10%）及 $Zn(BF_4)_2$（质量分数约为 2%）。这种钎剂对铝及铝合金的腐蚀性很小，能在 180~275℃下破坏氧化铝膜，但钎剂的活性较差，并且当加热温度高于 300℃时会使三乙醇胺碳化，并因此失去钎剂的作用。

关于这类钎剂去除氧化铝膜的机理及钎剂各组元的作用，一般认为，三乙醇胺是钎剂的载体，主要起到调和钎剂其他组分、提供适当的温度、保护和传递热量的作用。尽管在260℃左右的温度下，三乙醇胺对铝有一定的腐蚀作用，可以使铝箔表面上出现小的孔洞，但单纯的三乙醇胺不足以完成铝钎剂的作用。对于三乙醇胺与铝之间的作用，有人提出反应过程为

$$(HOCH_2CH_2)_3N + H_2O \longrightarrow (HOCH_2CH_2)_3N\text{—}OH$$
$$|$$
$$H$$

$$(HOCH_2CH_2)_3N\text{—}OH + Al_2O_3 \longrightarrow (HOCH_2CH_2)_3NAl_2O_3 + H_2O$$
$$|$$
$$H$$

即铝表面的氧化铝膜被三乙醇胺溶解，随后三乙醇胺中的水分与铝发生反应，生成 $Al(OH)_3$，而生成的 $Al(OH)_3$ 又溶于三乙醇胺，再显露出新的铝表面并继续反应，其过程为

$$2Al + 6H_2O \longrightarrow 2Al(OH)_3 + 3H_2 \uparrow$$
$$3C_6H_{15}NO_3 + Al(OH)_3 \longrightarrow (C_6H_{15}NO_3)_3Al(OH)_3$$

实际情况表明，单纯的三乙醇胺是不能作为铝用有机软钎剂的，因此即使上述反应存

在，也不足以在钎焊条件下完成去除氧化铝膜的作用。

氟硼酸铵是此类钎剂中不可缺少的组成部分，其呈现弱酸性，可以起到调节钎剂 pH 值并使之接近中性的作用。氟硼酸铵在 110℃ 左右发生分解，即

$$NH_4BF_4 \longrightarrow NH_3 + HF + BF_3$$

所生成的 HF 和 BF$_3$ 的活性都很大，有很强的去除氧化铝膜的能力。HF 可以破除铝表面的氧化膜，因此在铝质母材钎焊前去膜清洗时会用到 HF。BF$_3$ 与三乙醇胺可以生成有机氟硼化物，如三氟化硼-三乙醇胺，能够去除氧化铝膜。

重金属氟硼酸盐可以和铝发生反应，即

$$3Cd(BF_4)_2 + 2Al \longrightarrow 2Al(BF_4)_3 + 3Cd \downarrow$$
$$3Zn(BF_4)_2 + 2Al \longrightarrow 2Al(BF_4)_3 + 3Zn \downarrow$$

在铝表面析出金属镉和锌，从而促进钎料的铺展，提高润湿能力。

另外，$Cd(BF_4)_2$、$Zn(BF_4)_2$ 和 $Al(BF_4)_3$ 在受热后可以发生分解，即

$$Cd(BF_4)_2 \longrightarrow CdF_2 + 2BF_3 \uparrow$$
$$Zn(BF_4)_2 \longrightarrow ZnF_2 + 2BF_3 \uparrow$$
$$Al(BF_4)_3 \longrightarrow AlF_3 + 3BF_3 \uparrow$$

分解产生的 BF$_3$ 加强了去膜的能力。实际上用碱金属的氟化物来代替重金属的氟硼酸盐也可以实现铝合金的软钎焊。在三乙醇胺类型的软钎剂中加入少量的 LiF 或 KF 也能起到提高钎剂活性的作用。

3.3.2　铝用硬钎剂

铝用硬钎剂主要分为两类，一类是氯化物钎剂，另一类是无腐蚀性的氟化物钎剂。不同类型的钎剂，其去膜机制也是不同的。

1. 氯化物钎剂

氯化物钎剂主要含有三类物质，一类是作为钎剂载体的碱金属及碱土金属的氯化物，如 KCl、NaCl、LiCl 等。这类物质的混合物可以为钎剂提供适当的熔点，使其与钎料的熔点相匹配，并可覆盖于母材表面起到保护作用。第二类是碱金属及碱土金属的氟化物，如 KF、NaF 等。这类物质是去除氧化铝膜的主要成分。第三类是重金属的氯化物，如 $ZnCl_2$、$CdCl_2$ 等。这类物质的主要功能是促进钎料的润湿与铺展。典型钎剂（钎剂 201）的成分中 LiCl 的质量分数为 31%~35%，KCl 的质量分数为 47%~51%，$ZnCl_2$ 的质量分数为 6%~10%，NaF 的质量分数为 9%~11%，钎焊温度为 450~620℃。

对于这类钎剂去膜机制的认识是在不断发展和变化的。最初认为这种钎剂可以溶解氧化铝膜，但有人将 α-Al_2O_3 颗粒放在熔融的钎剂中，却未观察到明显的变化；然后又有人提出铝母材在快速加热过程中，表面的氧化铝膜会发生开裂，钎剂会与裂纹中的铝接触并发生反应，即

$$3ZnCl_2 + 2Al \longrightarrow 2AlCl_3 \uparrow + 3Zn \downarrow$$
$$3CdCl_2 + 2Al \longrightarrow 2AlCl_3 \uparrow + 3Cd \downarrow$$

反应产物 AlCl$_3$ 为气体，其外逸时会冲破氧化铝膜，而重金属锌、镉等沉积于铝的表面并促进钎料的铺展。由于大量的 AlCl$_3$ 气体外逸，破坏了钎剂的保护作用，因而加入一些碱金属氟化物（如 NaF）来抑制 AlCl$_3$ 的生成量，从而减轻钎焊时钎剂中的气泡数量。上述反应是

可以进行的，但其关于碱金属氟化物作用的描述是不完善的。当钎剂中不含有氟化物时，其去膜效果明显减弱。

由于氟化物添加量的限制，钎剂的去膜能力不足，需要再加入一些易熔重金属的氯化物来提高钎剂的活性，常用氯化锌、氯化亚锡和氯化镉。钎焊时，其中的锌、锡和镉被还原析出，沉积在母材表面，促进去膜和钎料铺展。铝在液态锌中溶解度很高，氯化锌含量过高可能使其在母材表面还原沉积出较多的液态锌，造成母材溶蚀，锌进入钎缝中还降低接头的耐蚀性。采用氯化亚锡和氯化镉作为活性剂时，锡与铝只形成氯含量低的共晶体，在固态时相互溶解度也很小，而镉不论是液态还是固态都不与铝互溶，因此它们对母材的溶蚀作用不明显。

2. 氟化物钎剂

氯化物钎剂对母材的强腐蚀作用给生产、使用带来许多困难，因此提出了一种新型的 Nocolok 氟化物钎剂。这种钎剂由两种氟化物组成，其成分是 KF 和 AlF_3 的共晶体，严格地说应该是 $KAlF_4$ 和 Ka_3AlF_6 的共晶体，其熔点为 562℃，黏度小，流动性好。该钎剂具有较强的去膜能力，能较好地保证钎料铺展和填缝。

这种钎剂最大的优点是钎剂本身和钎剂残渣均不溶于水，因而对铝母材及钎缝无腐蚀作用。关于这种钎剂去除氧化铝膜的机制也存在几种观点。Field 和 Steward 用热台显微镜对 Nocolok 钎剂去膜作用进行了观察研究，倾向于氧化铝膜在 Nocolok 钎剂中被溶解去除的观点。张启运教授则更强调钎剂中微量元素的作用，他认为，钎剂中不可避免地含有 SiF_6^{2-} 离子，因而会引起反应，即

$$4Al + 3SiF_6^{2-} \longrightarrow 4Al^{3+} + 3Si\downarrow + 18F^-$$

SiF_6^{2-} 既抬高了氧化膜下基底铝的价态，同时又还原析出 Si 产生传质，在钎焊温度 600℃时形成液态 Al-Si 共晶层，从而提高了钎剂的活性。

此钎剂可以粉末状、块状、糊状或膏状使用。对不易安置钎料的焊件，可把钎料粉末与糊状钎剂调匀后涂在钎焊部位，经 150℃ 左右烘干后，一般不易碰掉，因此使用方便。钎剂残渣可用 10%HNO_3 热溶液清洗。这种钎剂熔点较高，只能与铝硅钎料配合使用，限制了它的使用范围。此外，钎剂的热稳定性也较差，缓慢加热将导致失效，因此在注意控制钎焊温度的同时，应保证快速加热钎焊。

常见铝用硬钎剂的成分和应用见表 3-11。

表 3-11　常见铝用硬钎剂的成分和应用

序号	牌号	成分（质量分数，%）	钎焊温度/℃	特殊应用
1	QJ201	LiCl（32），KCl（50），NaF（10），$ZnCl_2$（8）	460	—
2	QJ202	LiCl（42），KCl（28），NaF（6），$ZnCl_2$（24）	440	—
3	211	LiCl（14），KCl（47），NaCl（27），AlF_3（5），$CdCl_2$（4），$ZnCl_2$（3）	550	—
4	YJ17	LiCl（41），KCl（51），KF（3.7），AlF_3（4.3）	370	浸渍钎焊
5	H701	LiCl（12），KCl（46），NaCl（26），KF-AlF_3 共晶体（10），$ZnCl_2$（1.3），$CdCl_2$（4.7）	500	—
6	Φ3	NaCl（38），KCl（47），NaF（10），$SnCl_2$（5）	—	—

（续）

序号	牌号	成分（质量分数，%）	钎焊温度/℃	特殊应用
7	Φ5	LiCl(38)，KCl(45)，NaF(10)，CaCl$_2$(4)，SnCl$_2$(3)	390	—
8	Φ124	LCl(23)，NaCl(22)，KCl(41)，NaF(6)，ZnCl$_2$(8)	—	—
9	ΦB3X	LiCl(36)，KCl(40)，NaF(8)，ZnCl$_2$(16)	380	—
10	—	LiCl(33~50)，KCl(40~50)，KF(9~13)，ZnF$_2$(3)，CsCl$_2$(1~6)，PbCl$_2$(1~2)	—	—
11	—	LiCl(80)，KCl(14)，K$_2$ZrF$_2$(6)	560	长时间加热稳定
12	—	ZnCl$_2$(20~40)，CuCl(60~80)	300	反应钎剂
13	—	LiCl(30~40)，NaCl(8~12)，KF(4~6)，AlF$_3$(4~6)，SiO$_2$(0.5~5)	560	表面生成 Al-Si 层
14	129A	LiCl(11.8)，NaCl(33.0)，KCl(49.5)，LiF(1.9)，ZnCl$_2$(1.6)，CdCl$_2$(2.2)	550	—
15	1291A	LiCl(18.6)，NaCl(24.8)，KCl(45.1)，LiF(4.4)，ZnCl$_2$(3.0)，CdCl$_2$(4.1)	560	—
16	1291X	LiCl(11.2)，NaCl(31.1)，KCl(46.2)，LiF(4.4)，ZnCl$_2$(3.0)，CdCl$_2$(4.1)	570	—
17	171B	LiCl(24.2)，NaCl(22.1)，KCl(48.7)，LiF(2.0)，TiCl(3.0)	490	用于含 Mg 最高的 2A12、5A02
18	1712B	LiCl(23.2)，NaCl(21.3)，KCl(46.9)，LiF(2.8)，TiCl(2.2)，ZnCl$_2$(1.6)，CdCl$_2$(2.0)	482	用于含 Mg 最高的 2A12、5A02
19	5522N	CaCl$_2$(33.1)，NaCl(16.0)，KCl(39.4)，LiF(4.4)，ZnCl$_2$(3.0)，CdCl$_2$(4.1)	570	少吸湿
20	5572P	SrCl$_2$(28.3)，LiCl(60.2)，LiF(4.4)，ZnCl$_2$(3.0)，CaCl$_2$(4.1)	524	—
21	1310P	LiCl(41.0)，KCl(50.0)，ZnCl$_2$(3.0)，CdCl$_2$(1.5)，LiF(1.4)，NaF(0.4)，KF(2.7)	350	中温铝钎剂
22	1320P	LiCl(50)，KCl(40)，LiF(4)，SnCl$_2$(3)，ZnCl$_2$(3)	360	适用 Zn-Al 钎焊

3.4 硬钎剂

硬钎剂是指在450℃以上进行钎焊用的钎剂。钢铁材料常用的硬钎剂的主要组分是硼砂、硼酸及其混合物。

硼酸（H$_3$BO$_3$）为白色六角片状晶体，可溶于水和酒精，加热时分解，形成氧化硼（B$_2$O$_3$），即

$$2H_3BO_3 \longrightarrow B_2O_3 + 3H_2O \uparrow$$

氧化硼的熔点为580℃，它能与铜、锌、镍和铁的氧化物形成熔点较低硼酸盐，即

$$MeO + B_2O_3 \longrightarrow MeO \cdot B_2O_3$$

其以渣的形式浮在钎缝表面上，既能达到去膜的目的，又能起到机械保护的作用。但生成的硼酸盐在温度低于900℃时难溶于氧化硼，而与氧化硼形成不相混的二层液体。另外，在900℃以下，氧化硼的黏度很大，故必须在900℃以上使用。

硼砂 $Na_2B_4O_7 \cdot 10H_2O$ 是白色透明的单斜晶体，能溶于水，加热到200℃以上时，所含的结晶水全部蒸发。结晶水蒸发时硼砂发生猛烈的沸腾，降低保护作用，因此应脱水后使用。硼砂在741℃熔化，在液态下分解成氧化硼和偏硼酸钠，即

$$Na_2B_4O_7 \longrightarrow B_2O_3 + 2NaBO_2$$

分解形成的偏硼酸钠能与硼酸盐形成熔点更低的复合化合物，即

$$MeO + 2NaBO_2 + B_2O_3 \longrightarrow (NaBO_2)_2 \cdot Me(BO_2)_2$$

因此作为钎剂，硼砂的去氧化物能力比硼酸强。实际上，单独作为钎剂采用的只是硼砂。硼砂和硼酸混合物在800℃以下黏度较大，流动性不好，必须在800℃以上使用。

硼砂和硼酸及其混合物的黏度大、活性温度相当高，并且不能去除 Cr、Si、Al、Ti 的氧化物，故只适用于熔化温度较高的一些钎料，如铜锌钎料用于钎焊铜及铜合金、碳钢等，同时钎剂残渣难以清除。

为了降低硼砂、硼酸钎剂的熔化温度及活性温度，改善其润湿能力，提高去除氧化物的能力，常在硼化物中加入一些碱金属和碱土金属的氟化物或氯化物。例如：加入氯化物可改善钎剂的润湿能力；加入氟化钙能提高钎剂去除氧化物的能力，适宜于在高温下钎焊不锈钢和高温合金；加入氟化钾可降低其熔化温度和表面张力，同时可提高钎剂的活性；加入氟硼酸钾能进一步降低其熔化温度，提高钎剂去除氧化物的能力。

钎剂中加入氟硼酸钾，它在540℃时熔化，随后分解，即

$$KBF_4 \longrightarrow KF + BF_3$$

析出的三氟化硼比氟化钾去除氧化物的能力更强。例如，在钎焊不锈钢时，它能与氧化铬作用而将其清除，即

$$Cr_2O_3 + 2BF_3 \longrightarrow 2CrF_3 + B_2O_3$$

反应形成的氧化硼将进一步与氧化物起作用，因此钎剂的活性温度又有所降低。

氟硼酸钾由于熔点低，去除氧化物的能力强，也可作为钎剂的主体，添加碱性化合物，如碳酸盐，配制成钎剂使用。对于熔点低于750℃的银钎料，它是很适宜的钎剂。

含氟化钾和氟硼酸钾的钎剂残渣比较容易去除。一些常用硬钎剂的成分及应用见表3-12。

表 3-12　一些常用硬钎剂的成分及应用

牌号	成分（质量分数，%）	钎焊温度/℃	应用范围
YJ1	硼砂（100）	800~1150	铜基钎料钎焊碳钢、铜、铸铁
YJ2	硼砂（25），硼酸（75）	850~1150	钎焊硬质合金等
YJ6	硼砂（15），硼酸（80），氟化钙（5）	850~1150	铜基钎料钎焊不锈钢和高温合金
YJ7	硼砂（50），硼酸（35），氟化钾（15）	650~850	用银钎料钎焊钢、铜合金、不锈钢和高温合金
YJ8	硼砂（50），硼酸（10），氟化钾（40）	>800	用铜基钎料钎焊硬质合金
YJ11	硼砂（95），过锰酸钾（5）	—	铜锌钎料钎焊铸铁

（续）

牌号	成分（质量分数，%）	钎焊温度/℃	应用范围
QJ101	氧化硼（30），氟硼酸钾（70）	550~850	银钎料钎焊铜及铜合金、钢
QJ102	氯化钾（42），氧化硼（35），氟硼酸钾（23）	650~850	钎焊不锈钢和高温合金
QJ103	氟硼酸钾（>95）	550~750	银铜锌镉钎料钎焊铜及铜合金、钢
粉301	硼砂（30），硼酸（70）	850~1150	同 YJ1 和 YJ2
200	氧化硼（66±2），脱水硼砂（19±2），氟化钙（15±1）	—	铜基钎料或镍基钎料钎焊不锈钢
201	氧化硼（77±1），脱水硼砂（12±1），氟化钙（10±0.5）	850~1150	钎焊高温合金
钎剂105	氯化镉（29~31），氯化锂（24~26），氯化钾（24~26），氯化锌（13~16），氯化铵（4.5~5.5）	450~600	钎焊铜及铜合金
铸铁钎剂	硼酸（40~45），氯化锂（11~8），碳酸钠（24~27），氟化钠+氯化钠（10~20）（NaF：NaCl=27：73）	650~750	活性温度低，适用于银钎料和低熔点铜基钎料钎焊和修补铸铁
FB308P	硼酸盐+活性剂+成膏剂	600~850	弱腐蚀性膏状钎剂，适用于银钎料和铜基钎料钎焊钢、铜等
FB405L	硼酸三甲酯+活性剂+溶剂	700~850	用于气体钎焊铜与铜、铜与钢或钢与钢等结构，焊后残渣腐蚀性小
FB406L	硼酸三甲酯+活性剂+去膜剂+溶剂 三氟化硼	700~850 >800	主要用于钎焊不锈钢等

3.5 气体钎剂

气体钎剂是一种特殊类型的钎剂，按钎焊方法分为炉中钎焊用气体钎剂和火焰钎焊用气体钎剂。这类钎剂最大的特点是钎剂以气体状态与钎料和焊件表面相互作用，达到钎剂应有的物理化学作用，钎焊后没有钎剂残渣，钎焊接头无须清洗。但这类钎剂及其反应物大多有一定的毒性和腐蚀性，使用时应采取相应的安全措施。

气体钎剂可以是活性气体（如氯化氢、氟化氢、三氟化硼），或者是低沸点液态化合物（如三氯化硼、三氯化磷）和低升华点的固态化合物（氟化铵、氟硼酸钾、氟硼酸铵）等。

氯化氢和氟化氢是强酸，可以去除金属表面的氧化物，对母材有强烈的腐蚀性，一般不单独使用，只在惰性气体中添加少量以提高去膜能力。

三氟化硼是最常用的炉中钎焊用气体钎剂，其特点是对母材的腐蚀作用小，去膜能力强，能保证钎料有较好的润湿性，可用于钎焊不锈钢和耐热合金，但去膜后生成的产物熔点较高，只适合于高温钎焊（1050~1150℃）。

三氯化硼和三氯化磷的沸点分别为12℃和75℃。它们对氧化物有更强的活性，且反应生成易挥发的（BOCl)$_3$ 和 P$_2$O$_5$。它们添加于惰性气体中可在包括高温和中温的较宽温度范围（300~1000℃）进行碳钢及不锈钢、铜及铜合金、铝及铝合金的钎焊。

还有一类硼有机化合物气体钎剂，其以蒸气形式与燃气混合，燃烧时形成具有去除金属氧化物作用的氧化硼。氧化硼与金属氧化物反应生成硼酸盐。这类钎剂用于火焰钎焊。

此外，氢气作为气体钎剂，目前应用广泛。它可以还原多种金属表面的氧化物。为了降低成本，提高还原气体的使用效率和安全性，氢气通常和氮气、氩气等惰性气体按照一定比例混合使用。CO 气体钎剂与氢气相当，但是没有氢气使用广泛。在使用气体钎剂时，需要考虑焊件的吸氢、氢脆、渗碳等不良影响。

在保护气体露点不变的条件下，使用气体钎剂可以改善钎料的润湿性，提高钎焊质量。

常用气体钎剂的种类、成分、钎焊工艺及用途见表 3-13。

表 3-13　常用气体钎剂的种类、成分、钎焊工艺及用途

序号	钎剂种类	主要成分（质量分数,%）	钎焊工艺	用途
1	单相气体	三氟化硼	炉中钎焊：1050~1150℃	不锈钢、耐热合金的钎焊
2	单相气体	三氯化硼	炉中钎焊：300~1000℃	铜及铜合金、铝及铝合金、碳钢及不锈钢的钎焊
3	单相气体	三氯化磷	炉中钎焊：300~1000℃	铜及铜合金、铝及铝合金、碳钢及不锈钢的钎焊
4	单相气体	硼酸甲酯	火焰钎焊：>900℃	铜及铜合金、碳钢的钎焊
5	单相还原气体	氢气	钎焊工艺由非活性钎料确定	铜及铜合金、碳钢、高温合金、硬质合金等的钎焊
6	多相还原气体	氢气（15~16），氮气（73~75），一氧化碳（10~12）	钎焊工艺由非活性钎料确定	铜及铜合金、碳钢、高温合金等的钎焊
7	分解氨	氢气（75），氮气（25）	钎焊工艺由非活性钎料确定	铜及铜合金、碳钢、高温合金、硬质合金等的钎焊
8	单相保护气体	氮气	钎焊工艺由非活性钎料确定	铜及铜合金的钎焊
9	单相保护气体	氩气	钎焊工艺由钎料确定	铜及铜合金、碳钢、高温合金、钛及钛合金、硬质合金等的钎焊

第 4 章 钎焊接头设计及服役可靠性

4.1 钎焊接头设计

钎焊是一种广泛用于各种金属加工的简单金属连接方法。以往由于可用钎料的种类有限且强度较低，因而在许多情况下，钎焊接头只是以纯连接为目的的接头，而不被作为承力接头。随着科技发展和钎焊材料（特别是高强度钎料）的开发，钎焊接头作为承力接头（达到与母材等强度）从原则上来讲已无难度，只要采取适当的措施就可实现。为保证产品质量和提高钎焊结构的服役可靠性，掌握钎焊接头的设计原则，对提高接头和结构性能具有重要意义。

4.1.1 钎焊接头的基本形式

无论是在焊接结构还是钎焊结构中，合格的接头应与被连接件具有相同的承受外力的能力。钎焊接头的承载能力与接头形式、钎料强度、钎焊间隙、钎料和母材间相互作用的程度、钎缝钎着率等因素有关。其中，接头形式起相当重要的作用。

对接接头具有均匀的受力状态，节省材料、结构重量轻，熔焊多采用对接接头形式。但在钎焊中，钎料强度大多比母材强度低，接头强度往往也低于母材强度，因而对接形式的接头常不能保证与焊件相等的承载能力。加之对接接头形式要保持对中和间隙大小均比较困难，故一般不推荐使用。传统的 T 形接头、角接接头形式同样难以满足相同承载能力的要求，而搭接接头形式，依靠增大搭接面积，可以在接头强度低于母材强度的条件下达到接头与焊件具有相同承载能力的要求，而且装配要求也较为简单，因此钎焊接头大多采用搭接接头形式。

1. 平板钎焊接头

平板钎焊接头如图 4-1 所示，其中对接形式如图 4-1a~c 所示。当要求两个焊件连接后表面平齐，而又能承受一定负载时，可采用如图 4-1b、c 所示的形式，但这对焊件的加工要求较高。其他接头形式有的是搭接接头，有的是搭接和对接的混合接头。随着钎焊面积增大，接头承载能力也可提高。图 4-1j 所示为锁边接头，适用于薄件。

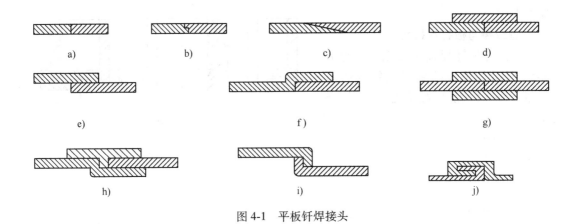

图 4-1 平板钎焊接头

2. 管件钎焊接头

管件钎焊接头如图 4-2 所示。当要求连接后的焊件内径相同时，可采用图 4-2a 所示的形式；当要求连接后的两个焊件外径相同时，采用图 4-2b 所示的形式；当焊件接头的内、外径都允许有差别时，可采用图 4-2c、d 所示的形式。

3. T 形和斜角钎焊接头

T 形和斜角钎焊接头如图 4-3 所示。对 T 形接头，为增加搭接面积，可将图 4-3a、b 所示的形式改为图 4-3f、g 所示的形式；对楔角接头可采用图 4-3h、i 所示的形式，代替图 4-3c ~ e 所示的形式；图 4-3j、k 所示的形式搭接面积更大，主要用于薄件钎焊。

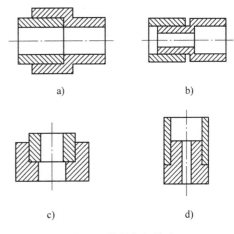

图 4-2 管件钎焊接头

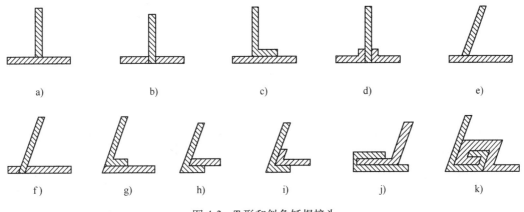

图 4-3 T 形和斜角钎焊接头

4. 端面密封钎焊接头

端面密封钎焊接头采用图 4-4 所示的形式。这种接头具有较大的钎焊面积，发生泄漏的可能性小。

5. 管或棒与板钎焊接头

管或棒与板钎焊接头如图 4-5 所示。图 4-5a 所示的管板接头形式较少选用，常被图 4-5b~d 所示的接头替代。图 4-5e 所示的接头可用图 4-5f~h 所示的接头替代。当板材较厚时，可采用图 4-5i~k 所示的接头形式。

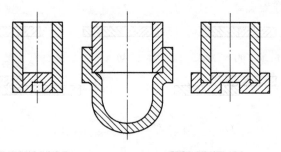

图 4-4　端面密封钎焊接头

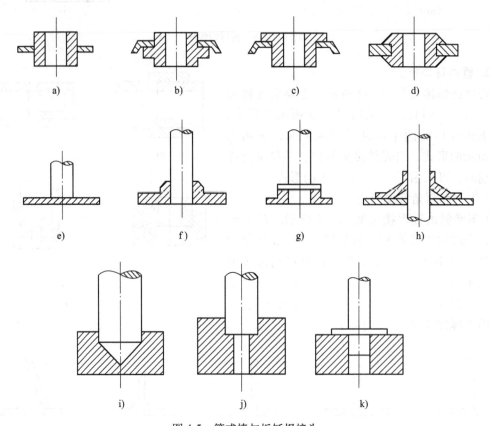

a)　　　　　b)　　　　　c)　　　　　d)

e)　　　　f)　　　　g)　　　　h)

i)　　　　j)　　　　k)

图 4-5　管或棒与板钎焊接头

6. 线接触钎焊接头

线接触钎焊接头如图 4-6 所示。这种钎焊间隙有时是可变的，毛细作用只在有限范围内有效，接头强度不是太高。这种接头主要用于钎缝受压或受力较小的结构。

4.1.2　接头搭接长度的确定

当采用搭接接头形式时，钎焊接头的搭接长度 L 可根据接头与焊件承载能力相同的原则通过计算确定。对

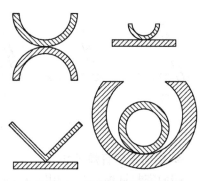

图 4-6　线接触钎焊接头

于几种典型结构形式，其具体计算方法如下。

板件搭接钎焊时，可根据式（4-1）计算，即

$$L = \frac{R_m}{\tau}H \tag{4-1}$$

式中　R_m——焊件材料的抗拉强度；

　　　τ——钎焊接头的抗剪强度；

　　　H——焊件的厚度。

在套接的管结构中，计算公式为

$$L = \frac{SR_m}{2\pi R\tau} \tag{4-2}$$

式中　S——管件的横截面积；

　　　R——管件的半径。

对于图 4-7 所示的圆杆，通常要求钎缝长度 L 不小于圆杆半径，由此可推出如下公式，即

$$L = \frac{\pi R_m}{2\tau}D \tag{4-3}$$

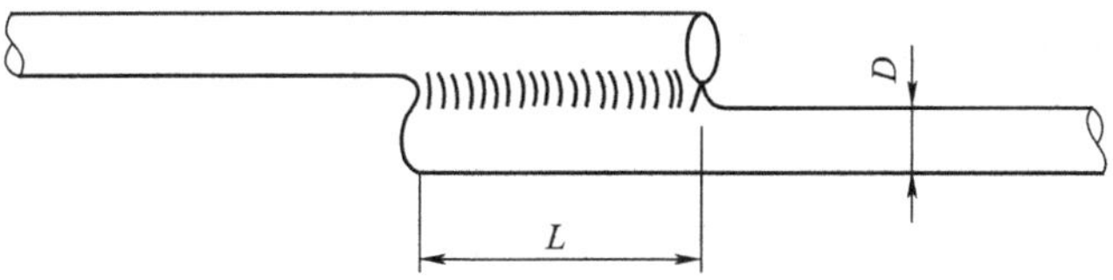

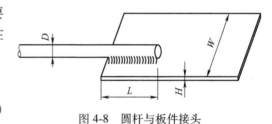

图 4-7　圆杆接头

式中　D——圆杆的直径。

对于图 4-8 所示的圆杆与板件，按检验要求钎缝长度 L 应不小于圆杆的直径，此时存在以下两种情况。

1）在结构中杆件承载能力较弱时

$$L = \frac{\pi R_m}{4\tau}D \tag{4-4}$$

2）在结构中板件承载能力较弱时

图 4-8　圆杆与板件接头

$$L = \frac{R_m WH}{\tau D} \tag{4-5}$$

式中　W——板件的宽度。

同样，在上述其他几类计算中，也均应以结构中承载能力较弱的焊件为对象。

但在实际生产中，一般不是通过公式计算，而是根据经验确定。例如：对于板件，搭接长度取此接头焊件中薄件厚度的 2~5 倍；对使用银钎料和铜基、镍基等高强度钎料钎焊的接头，搭接长度通常不超过薄件厚度的 3 倍；对使用锡铅等低强度钎料钎焊的接头，搭接长度可取薄件厚度的 5 倍。但除特殊需要外，推荐搭接长度值不大于 15mm，搭接长度过大，既耗费材料、增大结构重量，又难达到相应提高承载能力的要求，因为搭接长度过大时，钎缝很难被钎料全部填满，往往产生大量缺陷，同时，搭接接头主要靠钎缝的外缘承受剪切应力，中心部分不承受大的力，而随搭接长度增加的受力主要在钎缝中心部分。

上面讨论的钎焊接头，都是用于承力结构的接头，除此之外，钎焊连接也广泛用于电路中，此时接头的主要作用是传导电流。在导电接头设计中，主要考虑导电性。正确的接头设计不应使电路电阻明显增大，虽然一般钎料电阻率比纯铜的大，但由于钎缝厚度与电路长度

相比是极微小的，因此一般不会对电路电阻产生较大影响。尽管如此，就钎焊接头本身来说，仍可能因大电阻而引起过度发热的问题。为排除这种现象，接头设计的基本要求是应保证钎缝的电阻值与所在电路的同样长度的铜导体的电阻值相等。从这一原则出发，对上述板-板、圆杆-圆杆、圆杆-板形式的搭接接头，其搭接长度 L 的计算公式分别为

$$L = \frac{\rho_f}{\rho_e} H \tag{4-6}$$

$$L = \frac{\pi \rho_f}{2 \rho_e} D \tag{4-7}$$

$$L = \frac{\pi \rho_f}{4 \rho_e} D \tag{4-8}$$

式中　ρ_f ——钎料的电阻率；

　　　ρ_e ——导体的电阻率。

4.1.3　钎焊间隙的确定

由于钎焊间隙的大小对接头有着明显影响，并且不同形式的接头和不同类型的载荷以及不同母材与钎料的组合对钎焊间隙都有着不同的要求，因此钎焊间隙的确定是一个非常复杂的问题。通常在确定钎焊间隙时要考虑以下几方面的因素。

1）母材与钎料的匹配及其力学性能，如抗拉强度、抗剪强度、弹性模量、剪切弹性模量等。

2）钎焊接头的形式，如对接、搭接、角接等。

3）钎料与母材间的相互作用，如溶解、扩散、偏析、晶粒长大等。

4）钎焊缺陷及钎着率等。

钎焊间隙是指在实施钎焊条件下母材结合面之间的距离，与室温下的装配间隙是不完全相同的。对采用压配合或紧配合来进行装配的同种材料的焊件来说，比较容易保持钎焊间隙的稳定，而在有些焊件中，需要采用间隔金属丝、薄垫片、冲孔凸点或喷砂等措施来保证适当的钎焊间隙，从而使钎料顺利流入间隙并使钎焊接头达到最佳强度。

在钎焊截面尺寸大致相当的同种金属焊件时，只需考虑室温下的间隙就能取得令人满意的结果。因为相同的热膨胀系数使它们在钎焊温度下仍可保持与在室温下基本相同的间隙值。而在钎焊截面尺寸相差较大的同种金属或热膨胀系数相差较大的异种金属焊件时，就必须考虑钎焊温度下间隙的变化情况。要通过调整室温下的间隙，使其在钎焊温度下达到所需要的间隙值。对于异种材料的钎焊来说，影响钎焊间隙变化的主要原因是母材的热膨胀系数和加热方法。特别是套接形式的接头，母材热膨胀系数差异的影响最大。如果套接时内部焊件的热膨胀系数比外部焊件的热膨胀系数大，则在加热过程中间隙将变小；反之，加热时会使间隙增大。焊件加热温度不均匀也会引起钎焊间隙值的变化。

不同材料在钎焊温度下间隙变化的关系可用诺谟图来表示。各种钎焊条件下确定异种金属钎焊间隙变化量的诺谟图，如图4-9所示。异种金属轴类焊件的钎焊间隙在钎焊温度下的变化量可以直接通过图4-9查得。

如在室温（20℃）下装配直径为50mm的套接接头，当钎焊温度为700℃，并且外部管形焊件与内部杆形焊件的热膨胀系数差为 $5 \times 10^{-6}/℃$ 时，可由图4-9确定间隙的变化量为-0.18mm。对于这类问题的求解，也可用以下公式，即

$$\Delta C_{\mathrm{D}} = D \Delta T (\alpha_2 - \alpha_1) \tag{4-9}$$

式中　ΔC_{D}——间隙的变化量（mm）；

　　　D——接头的正常直径（mm）；

　　　ΔT——钎焊温度与室温之差（℃）；

　　　α_2——外部焊件的热膨胀系数（℃$^{-1}$）；

　　　α_1——内部焊件的热膨胀系数（℃$^{-1}$）。

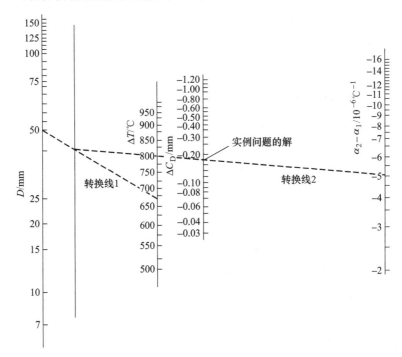

图 4-9　各种钎焊条件下确定异种金属钎焊间隙变化量的诺漠图

如果计算结果为正值，则表示钎焊间隙大于装配间隙；如果计算结果为负值，则表示钎焊间隙小于装配间隙。这样，当钎焊间隙增大时，可选用推荐钎焊温度的下限进行钎焊；当钎焊间隙减小时，可选用推荐钎焊温度的上限进行钎焊。

不同类别钎料在钎焊温度下可获得最大接头强度的钎焊间隙推荐值见表 4-1。表 4-1 中所给出的间隙值一般适合于预先放置钎料的情况。在这种情况下，对接头要施加一定的压力使间隙在钎焊过程中有所减小。钎焊温度下不同母材与钎料组配的钎焊间隙推荐值见表 4-2。

表 4-1　不同类别钎料在钎焊温度下可获得最大接头强度的钎焊间隙推荐值

钎料类别	钎焊间隙/mm	备注
AlSi 类	0.05~0.20	搭接长度小于 0.63mm
	0.20~0.25	搭接长度大于 0.63mm
CuP 类	0.025~0.13	无钎剂钎焊和无机钎剂钎焊
Ag 类	0.05~0.13	钎剂钎焊
	0.00~0.05	气相钎剂（气体保护钎焊）

（续）

钎料类别	钎焊间隙/mm	备注
Au 类	0.05~0.13	钎剂钎焊
	0.00~0.05	气相钎剂（气体保护钎焊）
Cu 类	0.00~0.05	气相钎剂（气体保护钎焊）
CuZn 类	0.05~0.13	钎剂钎焊
Mg 类	0.10~0.25	钎剂钎焊
Ni 类	0.05~0.13	一般应用（钎剂/气体保护钎焊）
	0.00~0.05	自由流动型，气体保护钎焊

表 4-2　钎焊温度下不同母材与钎料组配的钎焊间隙推荐值

母材种类	钎料系统	钎焊间隙/mm	母材种类	钎料系统	钎焊间隙/mm
铜及铜合金	Cu-P 钎料	0.04~0.20	铝及铝合金	铝基钎料	0.15~0.25
	Ag-Cu 钎料	0.02~0.15	不锈钢	铜基钎料	0.02~0.08
	Cu-Si 钎料	0.01~0.20		锰基钎料	0.05~0.20
	Cu-Ge 钎料	0.01~0.20		金基钎料	0.03~0.25
钛及钛合金	铝基钎料	0.05~0.25		钯基钎料	0.05~0.20
	Cu-P 钎料	0.03~0.05		钴基钎料	0.02~0.15
	铜基钎料	0.03~0.05		镍基钎料	0.01~0.08
	Ag-Cu 钎料	0.02~0.10	高温合金	锰基钎料	0.01~0.20
	银钎料	0.03~0.08		金基钎料	0.05~0.25
碳钢及低合金钢	铜基钎料	0.01~0.05		钯基钎料	0.03~0.20
	银钎料	0.02~0.15		钴基钎料	0.02~0.15
	锰基钎料	0.05~0.20		镍基钎料	0.00~0.08
	镍基钎料	0.00~0.04	—	—	—

1. 母材与钎料之间的相互作用对间隙的影响

一般来说，如果母材与钎料之间的相互作用较弱，钎焊间隙可以取得较小；而当相互作用较强时，钎焊间隙应取得较大。这是因为当母材与钎料之间发生强烈的相互作用时，母材组分大量向液态钎料中溶解将造成钎料熔点升高和流动性下降。此时钎料难以迅速填满间隙，易产生未钎透等缺陷。增大间隙有助于改善这种不利情况。例如，当采用铝基钎料钎焊铝合金时，由于钎料液相线与母材熔点较接近，并且是与母材同基的材料，因此其间的相互作用很强，常需采用相对较大的间隙值。

2. 钎剂对间隙的影响

采用无机钎剂时，由于钎剂先于钎料熔化并流入间隙完成去膜，而后钎料熔化并依靠毛细作用将钎剂排出间隙，因此如果间隙太小，会使钎剂牢固地夹持在间隙中，使液态钎料难以流入间隙；而间隙太大时，有可能使液态钎料沿间隙边缘优先流动，造成明显的"大包围"现象，从而产生大量的夹渣缺陷，并影响接头的承载能力。

采用气相钎剂时，一般要求间隙相对较小。如果间隙处于垂直位置，当间隙超过 0.08mm 时，钎料可能从接头中流出。当不得不采用较大间隙时，可以采用固-液相温度范围较宽的钎料，并在低于其液相线的温度下进行钎焊，这样可以有效避免钎料流失。但在生产上不推荐使用这种方法，因为这种方法难以控制，容易造成接头承载能力下降。

3. 表面粗糙度对间隙的影响

对于毛细钎焊来说，如果母材表面非常光滑，将会使液态钎料的铺展填缝能力减弱，钎料可能难以在整个接头中流铺，因此可能增加不致密性缺陷的比例，并影响接头的承载能力。为保证钎料流满钎焊间隙，特别是当间隙为零或紧配合时，接头结合面应预先打磨，最好用与母材相匹配的清洁金属颗粒进行打磨，尽量不用非金属类物质，以避免污染待钎焊表面，造成接头强度下降。

4. 接头长度对间隙的影响

接头长度对间隙的大小也有比较大的影响，特别是当母材与钎料之间存在明显的相互作用时更要注意这一点。当钎料进入间隙中时，在长钎缝中，钎料可能会有足够的时间与母材发生相互作用，使钎料的熔化温度升高和流动性下降，造成未钎透缺陷。因此在给定的钎焊条件下，接头越长，钎料填满间隙所需的时间越长，母材与钎料间的相互作用越强，间隙也就必须选得越大。这也是要尽可能缩短接头长度的重要理由，与取得接头最佳强度是一致的。

4.1.4　其他设计原则

设计钎焊接头时还应考虑应力集中的问题，一般母材本身能够承受较高的应力和载荷，因此一个优良的钎焊接头设计总是善于使接头边缘不产生任何过大的应力集中，而是设法将应力转移至母材。为此，不应把接头布置在焊件有形状或截面发生突变的部位，以避免应力集中；也不宜安排在刚度过大的地方，防止在接头中产生很大的内应力。异质材料钎焊时，先要计算不同材料在钎焊温度下的热膨胀，以验证与推荐的钎焊间隙是否一致，还要充分考虑整个焊件受热带来的不利因素。一般把热膨胀系数较大的材料设计在内部，而热膨胀系数相对较小的材料设计在外部，以保证较小的钎焊间隙。如果两者的热膨胀系数相差较大，则会在接头中引起较大的内应力，甚至导致开裂破坏。这时，在接头设计中应考虑采用适当的补偿垫片，借助它们在冷却过程中产生的塑性变形消除部分应力。

在接头设计中，不应把填缝钎料在钎缝外围形成的圆弧形钎角用作一种消除应力集中的方法。因为在钎焊过程中无法控制应力集中，反而会加剧应力集中，所以在设计承受大应力的接头时，不应用它来替代焊件的圆角。合理的设计应在焊件的接头处安排圆角，使应力通过母材上的圆角而不依赖接头钎角形成适当的分布。

对于要求承压密封的钎焊接头，设计时应尽可能采用搭接接头，使其具有较大的钎焊面积，发生泄漏的可能性比较小。为更慎重地确定钎焊间隙值，最好采用推荐范围的下限值。为防止钎缝中产生不致密性缺陷，必要时可考虑采用不等间隙。

设计接头时，在一些情况中应考虑在接头上或焊件上开工艺孔。工艺孔是指并非出自结构或接头工作的需要，而只是为满足工艺上的要求所安排的通孔。这些情况有：

1）使用箔状钎料时，如果钎焊面积较大而其长宽比不大时，为了便于排除间隙内的气体，可在一个焊件上对应于钎缝的中央部位开工艺孔。

2）对于封闭型接头及密封容器，钎焊时接头和容器中的空气因受热膨胀而向外逸出，阻碍液态钎料填缝，使钎缝中产生气孔、未钎透，甚至不能钎合，如图 4-10a、d 所示。因此设计时必须开工艺孔，如图 4-10b、c、e 所示，给膨胀的空气以出路，保证接头的质量。

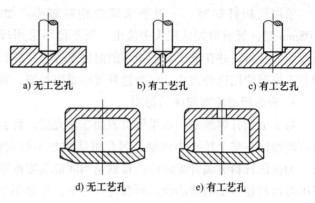

a) 无工艺孔　　b) 有工艺孔　　c) 有工艺孔

d) 无工艺孔　　e) 有工艺孔

图 4-10　钎焊封闭型接头时开工艺孔的方法

4.2　钎焊接头的强度

钎焊接头虽然是依靠钎料熔化后填满间隙而形成的，但它的强度并非简单地由钎料强度决定，其强度还将取决于包括钎焊过程中的各种工艺因素、接头设计因素和使用因素等的综合作用情况。

4.2.1　金属学因素（材料因素）对钎焊接头强度的影响

1. 母材和钎料的性能及其相互作用特点

一般从定性来说，钎料本身的强度高，钎焊接头强度也就高。例如，用铜钎焊钢的接头强度就明显高于用锡钎焊钢的接头强度。母材本身的强度越高，在其他条件相当的情况下，接头的强度也会越高。钎焊时，由于母材向钎料中的溶解，改变了钎缝的成分，在一定程度上起到了合金化的作用。如果作用结果是形成强度较高的新合金，就会使钎缝强度明显高于钎料强度；如果形成的是连续的脆性相或产生晶界扩散，则会使接头性能明显恶化。

2. 钎剂及环境气氛与母材及钎料的相互作用

在给定母材和钎料的情况下，所用的钎剂不同也可能对钎焊接头的强度产生影响，这种影响与钎剂的成分及其与钎料和母材之间的相互作用是有关的。例如：用硼砂、硼酸类型的钎剂，采用火焰钎焊方法钎焊不锈钢时，在母材表面会出现"麻面"，而在钎焊低碳钢时，可能产生晶界扩散，成为裂纹源，因而会影响接头的强度；在用氯化锌类型的钎剂钎焊铝时，钎剂本身就会对母材产生微弱的溶蚀作用，使母材产生"麻面"，并且此钎剂及其残渣的腐蚀性较强，因而可能影响接头的强度。当在 CO、H_2、N_2 等气体介质中钎焊时，在某些母材的表面可能产生碳化物、氢化物、氮化物及脱碳层等，这也会影响接头的强度。此外，钎剂去膜能力的强弱及其对钎料润湿作用的影响等也都将直接影响钎缝的钎着面积，从而也会影响接头的强度。

3. 钎缝结晶条件、特点

如果钎料的固-液相温度范围较大且钎焊加热不当时，可能发生钎料的低熔点组分先熔化而高熔点组分不熔化的情况。此时，实际钎缝成分与原始钎料成分明显不同，其强度往往较低，并且在这种情况下，熔化钎料的量减少，常常填不满间隙，造成未钎透缺陷，从而影响接头强度。若结晶条件不当时，钎缝中可能发生枝晶偏析，使低熔点组分及杂质聚集在钎缝中心区，或生成脆性相，这些都会对接头强度产生不利的影响。

4.2.2　钎焊工艺因素对钎焊接头强度的影响

1. 钎焊温度的影响

钎焊温度是十分重要的参数。它不仅直接关系到钎料的润湿铺展及能否填满钎焊间隙，能否与母材发生适当的相互作用而形成牢固的冶金结合并得到饱满平滑的钎缝圆角，而且关系到能否形成强度高、韧性好的钎焊接头。

为保证钎焊时钎料金属的结晶点阵彻底解体，促进钎料的流动，钎焊温度通常取钎料熔点（液相线）以上 20~40℃。适当提高钎焊温度可以减小钎料的表面张力，改善润湿和填缝条件，并使钎料和母材充分相互作用，有益于提高接头强度。但温度过高可能导致钎料中低沸点组分的蒸发（如黄铜钎料中的锌蒸发），并且，如果钎料与母材过分相互作用，可能造成溶蚀、形成连续的脆性金属间化合物、产生晶界扩散及晶粒过分长大等问题，使接头强度降低。例如，用 Ni-Ti 钎料钎焊 Al_2O_3/K-52 奥氏体不锈钢时，接头抗拉强度随钎焊温度的变化如图 4-11 所示，钎焊温度为 1225~1350℃时，接头抗拉强度呈现先升高后降低的趋势。抗拉强度在 1300℃时达到最大值，峰值为 344MPa。

当采用 Ti-Ni-Nb 钎料在真空中钎焊 Al_2O_3 的同种材料接头时，其接头抗剪强度随钎焊温度的变化如图 4-12 所示。结果表明，焊接接头强度随钎焊温度变化显著。当温度从 1160℃升高到 1200℃时，接头抗剪强度急剧升高，在 1200℃钎焊 10min 时，接头抗剪强度达到最大 93.2MPa，而当钎焊温度提高到 1240℃时，接头抗剪强度明显降低至 47.9MPa。

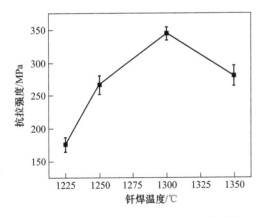

图 4-11　Ni-Ti 钎料钎焊 Al_2O_3/K-52 奥氏体不锈钢的接头抗拉强度随钎焊温度的变化

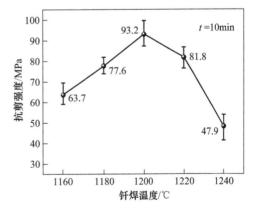

图 4-12　Ti-Ni-Nb 钎料钎焊 Al_2O_3 的同种材料接头时抗剪强度随钎焊温度的变化

2. 保温时间的影响

一般来说，随着保温时间的延长，接头强度会有所提高，因为钎料与母材相互作用，形成牢固结合需要一定时间。但保温时间过长则会导致钎焊接头强度下降，造成不良后果。在母材可以强烈地溶解于液态钎料或其相互作用可能形成脆性金属间化合物的情况下，应尽量缩短保温时间；而当用脆性钎料来进行钎焊时，则可以增加保温时间以便使钎料的脆性组分充分扩散进入母材，从而提高接头的力学性能。

3. 加热速度的影响

加热速度过快会使焊件内部温度不均匀，从而产生内应力。加热速度过慢又可能造成母材晶粒的过分长大、钎料中低沸点组分的过分蒸发及金属过分氧化等问题，会对接头强度产生不利影响，所以应在保证均匀加热的前提下，尽可能提高加热速度。

4.2.3 接头几何参数对钎焊接头强度的影响

1. 钎焊间隙与接头强度的关系

钎焊间隙对接头的力学性能有很大影响。无论是何种接头形式及何种载荷（包括静载荷、疲劳载荷、冲击载荷等）都与钎焊间隙有密切的关系。钎焊间隙对力学性能的影响主要包括以下几个方面。

1）由于母材金属的强度较大，就产生了阻止钎料塑性流动的纯机械作用。

2）间隙的变化会影响到钎缝中产生夹渣和气孔的可能性。

3）接头厚度与毛细作用以及钎料填缝作用之间的关系。

钎焊间隙的大小应考虑特定温度下各种条件对它的影响。对于横截面大体相当的同种金属钎焊，只需考虑其在室温下的间隙就可以取得满意的结果。而当钎焊异种金属时，应根据两焊件的相对位置和形状来分析，热膨胀系数大的金属焊件在受热过程中会使间隙增大或减小，因此对于异种金属焊件的钎焊要通过调整室温下的间隙来保证钎焊温度下的间隙，从而获得最大的接头强度。

钎焊间隙与接头抗剪强度的关系如图4-13所示。通常存在着某一最佳间隙值范围，在此间隙值范围内接头具有最大强度值，并且它往往高于原始钎料的强度。大于或小于此间隙值时，接头强度均随之降低，因此常以此间隙值作为生产中推荐的间隙值。在此间隙值范围内接头强度出现上述特性，是由于它保证了钎料充分而致密地填缝、母材对填缝钎料良好的合金化作用以及母材对钎缝合金层的足够支承作用。间隙偏

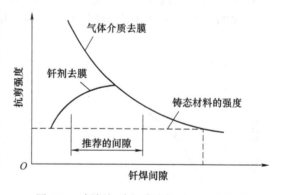

图 4-13 钎焊间隙与接头抗剪强度的关系

小时接头强度随之下降，往往是由于钎料填缝变得困难，间隙内的气体、钎剂残渣也越来越难排出，在钎缝内造成未钎透、气孔或夹渣。间隙偏大时，毛细作用减弱，也使钎料不能填满间隙，母材对填缝钎料中心区的合金化作用消失，钎缝结晶生成柱状铸造组织和枝晶偏析以及受力时母材对钎缝合金层的支承作用减弱，这些因素都将导致接头强度降低。

用铜基钎料钎焊尺寸为 1.4mm×100mm×200mm 的镀锌（GA）DP600 钢板时，其接头形式为搭接，钎焊方法为气体金属电弧钎焊，该钢板搭接接头抗拉强度的试验数据如图 4-14 所示。由图 4-14 可见，在实际制造的钎焊间隙条件下，随着间隙的增大，接头强度逐渐增大，直至间隙达到 0.6mm，接头强度达到最大值 600MPa，超过该间隙，接头强度又开始下降。应当指出，每一个个别设计的试样都会得到不同的接头强度值，因此试验工作必须在最

后的钎焊接头上进行，以便获得某一特定结构的承载能力。在确定钎焊间隙时，除了要考虑材料热膨胀系数差异的影响之外，还要考虑母材与钎料之间的相互作用程度、钎剂、焊件表面粗糙度和接头长度等因素的影响。801 铜基钎料钎焊 42CrMo 合金钢与硬质合金时抗剪强度与钎焊间隙的关系如图 4-15 所示。可以看出，当钎焊间隙在 0.025~0.100mm 时，随着钎焊间隙的增加，抗剪强度逐渐升高，并在 0.100~0.125mm 之间的某一间隙时，抗剪强度达到最高值。当钎焊间隙在 0.125~0.175mm 时，随着钎焊间隙的增加，抗剪强度逐渐下降，且下降速度明显加快。在 0.075~0.150mm 时其抗剪强度达到 230MPa 以上。

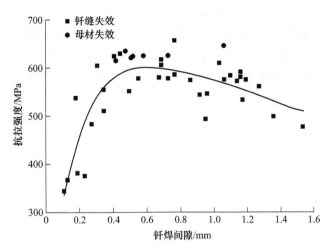

图 4-14　铜基钎料钎焊镀锌（GA）DP600 钢板的搭接接头抗拉强度与钎焊间隙的关系

　　对于不同的母材、钎料和钎剂组合，其最佳间隙值也不同。当钎料对母材的润湿性较好且它们之间的相互作用较小时，间隙一般比较小。当它们之间的相互作用比较强烈时，由于母材溶入液态钎料后会使钎料的熔点升高，流动性下降，故宜增大间隙，如用 Zn-Al 钎料钎焊 Al 合金时，就宜采用较大的间隙。部分母材与不同类钎料钎焊时，钎焊间隙与接头抗剪强度见表 4-3。

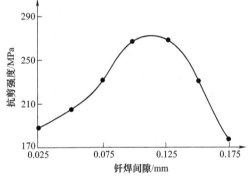

图 4-15　801 铜基钎料钎焊 42CrMo 合金钢与硬质合金钢时钎焊间隙与抗剪强度的关系

表 4-3　钎焊间隙与接头抗剪强度

母材	钎料	钎焊间隙/mm	接头抗剪强度/MPa
碳钢及低合金钢	铜基钎料	0.00~0.05	100~150
	银钎料	0.05~0.15	150~240
不锈钢	铜基钎料	0.03~0.20	370~500
	银钎料	0.05~0.15	190~230
	锰基钎料	0.04~0.15	300
	镍基钎料	0.00~0.08	180~250
铜及铜合金	铜磷钎料	0.02~0.15	170~190
	银钎料	0.05~0.13	160~180
铝及铝合金	铝基钎料	0.10~0.30	60~100

2. 钎着面积及钎着率

钎焊，特别是使用钎剂进行钎焊时，钎缝中易出现夹气、夹渣等不致密性缺陷，并且间隙过大或钎料量不足时，还会出现未钎透，这将使钎焊接头的实际钎着面积小于接头面积。将实际钎着面积 S_r 与接头面积 S_b 的比值称为钎着率 γ，即

$$\gamma = \frac{S_r}{S_b} \tag{4-10}$$

在大多数情况下，钎着率只能达到 70%~90%。钎着率低，意味着钎缝实际承载的面积下降，因此会使接头的承载能力下降。

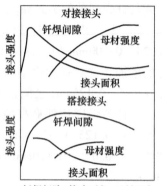

由于钎料本身性能的限制，钎缝是很难达到与母材等强度的，因此为提高钎焊接头的承载能力，一般都采用增大接头面积（如增大搭接面积）的方法来实现。但是这种方法并非总是有效的，在接头承载能力增加（接头面积增加）的同时，单位面积钎缝的强度却是下降的。钎缝强度（单位面积承载能力）随接头面积的增加而下降的原因还不是十分明确。可能的原因是，随着钎缝面积的增加，夹气、夹渣等不致密性缺陷的数量可能会增大，致使钎着率下降，从而导致钎缝强度下降。另一方面，钎缝内部应力分布是不均匀的，这种不均匀的应力分布与接头的几何尺寸之间存在密切的关系。因此要提高接头的承载能力，不能单纯依靠增加接头面积的方式，而应综合考虑接头面积、间隙、钎着率、母材强度和钎料强度等因素。钎焊间隙、接头面积和母材强度等因素与对接接头和搭接接头强度的关系如图 4-16 所示。在进行接头设计时，这些变化趋势是应予以充分考虑的。

图 4-16 钎焊间隙、接头面积和母材强度等因素与对接接头和搭接接头强度的关系

4.2.4 钎焊接头的疲劳强度与蠕变强度

1. 钎焊接头的疲劳强度

由于钎缝的组织状态比较复杂，加上可能存在一些不致密性缺陷，因此当钎焊接头承受循环应力作用时，其疲劳强度要比母材的疲劳强度低，一般只能达到母材疲劳强度的 50%~60%。就其疲劳强度与抗拉强度的比值来说，母材为 0.37~0.38，Ag-Cu-Zn-Cd 钎料为 0.34~0.49，Ag-Cu-P 钎料为 0.24~0.29，可见当钎料的抗拉强度高、硬度大时，这一比值就比较低。黄铜对接钎焊接头的疲劳强度见表 4-4。

表 4-4 黄铜对接钎焊接头的疲劳强度

钎料种类	试验温度	间隙/mm	疲劳强度（$N=10^7$）/10MPa	与母材的疲劳强度比（%）
BAg-1a	室温	0.06	11.0	60.5
	250℃	0.05	8.0	51.5
BAg-2	室温	0.26	10.5	57.7
	250℃	0.34	7.7	49.8
BCuP-2	室温	0.15	9.5	52.2
	250℃	0.15	7.5	48.5
BCuP-5	室温	0.05	9.0	49.5
	250℃	0.04	7.5	48.5

2. 钎焊接头的蠕变强度

金属在高温下会发生蠕变断裂。蠕变是在金属的再结晶温度以上发生的，对于在常温下就发生再结晶的金属，常温下就会发生蠕变。蠕变是长时间承受恒定载荷时的变形与断裂行为。采用 NiSiB（B1）与 NiSiBCrFe（B2）钎料钎焊 Inconel 738LC 多晶高温合金时钎焊接头的蠕变试验结果如图 4-17 和图 4-18 所示，其中 LMA 为低熔点合金。可以看出，随着 LMA 含量的增加，断裂时间呈现先降低后升高的趋势。当 LMA 的质量分数从 40% 增加到 50% 时，共晶相数量增加，由于共晶相在高温下强度较低，断裂时间随 LMA 含量的增加而缩短。不同钎料与不同 LMA 含量时的蠕变强度不同，所以对于这类问题，在使用中应予以综合考虑。

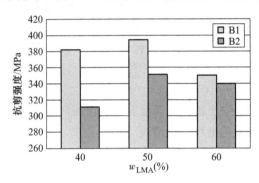

图 4-17　钎焊试样的抗剪强度

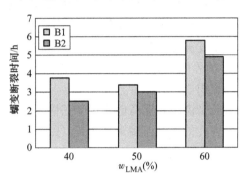

图 4-18　钎焊试样的蠕变断裂时间

4.3　接头性能

4.3.1　钎缝的耐热性及热膨胀

1. 钎缝的耐热性

由于通常情况下钎料的熔点要低于母材，因此钎缝的耐热性主要受钎料的耐热性制约。一般来说，如果将钎焊接头加热到钎料的熔化温度，那钎焊接头就受到破坏。然而由于钎料组分向母材中的扩散和母材组分向钎料中的溶解，可能使钎缝的耐热性发生变化。例如，用 Sn 钎料钎焊 Cu 母材时，长时间加热使 Sn 向 Cu 中扩散，会使接头的耐热性有所增强。又如，研究发现，用 Ag-Sn 在 250℃下钎焊 Cu，而其再次熔化的温度可达 500℃左右；用 Ag-In 钎料在 170℃下钎焊 Cu 母材时，其再次熔化的温度可达到 660℃，这种配合可使钎缝的耐热性明显增强。对于要在较高温度下工作的钎焊接头，可以通过预先的扩散处理使钎缝成分和组织发生一定程度的变化，从而适当提高其耐热性。

2. 钎缝的热膨胀

钎焊连接通常是在高温下进行的。钎料和母材的成分不同，甚至被连接的材料也可以不同，因此在界面两侧材料的热膨胀系数就存在着差异。在升、降温过程中，热膨胀系数大的一方要受到压缩，而热膨胀系数小的一方则要受到拉伸，使钎缝冷却后存在内应力或是在不同温度环境下工作时产生热应力。对于可以形成化合物类型界面区的钎缝系统，由于化合物本身硬而脆，当母材与钎缝金属的热膨胀系数不同而产生热应力时，易使钎缝开裂，这在许多情况下是要予以充分考虑的。

4.3.2 钎缝的硬度

钎缝的硬度分布在很大程度上取决于钎料与母材相互作用所得的组织形态。一般情况下，钎缝的硬度会比钎料或母材的硬度高，但也存在钎缝界面区硬度下降的情况。尤其对于一些固溶时效强化的合金，其硬度下降会很明显。而当在钎缝中出现金属间化合物时，由于化合物的硬度高，因而使接头中界面区处硬度急剧升高。

采用 Ag-Mn 钎料和 Ni-Cr-B 钎料钎焊耐热合金时，接头显微硬度分布出现明显的差异。Ag-Mn 钎料钎焊的接头钎缝中的硬度基本上保持为钎料本身硬度，而 Ni-Cr-B 钎料钎焊耐热合金时，在钎焊间隙相对较大和加热时间较短的情况下，钎缝中心区仍具有较高硬度，而在界面区和扩散区内，由于钎料和母材之间扩散的影响，使该区域硬度下降。尤其是在扩散区，其硬度甚至低于母材，造成界面软化的现象。当采用 Ag-Mn 钎料钎焊 Ti 接头时，在钎料与 Ti 的界面处出现了硬度很高的区域。X 射线组织分析结果表明，此界面区处为金属间化合物组织。

一般来说，硬度高也意味着韧性差。当在钎缝中出现明显硬度升高的区域时，预示着接头力学性能的恶化，接头易断裂，因此应尽可能避免出现这种情况。

4.3.3 钎缝的耐蚀性

由于母材与钎料的成分不同，所以具有不同的电极电位。当接头在潮湿的环境下工作时，由于钎剂残渣水解等因素影响，在钎缝处形成原电池，造成电化学腐蚀。在此过程中，电极电位较低的阳极将受到损失。腐蚀的顺序和程度与金属的离子化倾向大小存在密切关系，金属的离子化倾向如图 4-19 所示。

Mg，Al，Mn，Zn，Cr，Cd，Co，Ni，Sn，Pb，Fe，Sb，Bi，Cu，Ag，Hg，Pt，Au

离子化倾向增大 ◄————————————► 离子化倾向减小

图 4-19　金属的离子化倾向

铝合金软钎焊接头的腐蚀性问题是比较严重的，这主要是由于进行 Al 钎焊时所用钎料成分与母材相差较大，且相互作用较弱造成的。铝合金软钎焊接头断裂时间与钎料成分的关系如图 4-20 所示。一些金属或合金的电极电位见表 4-5。

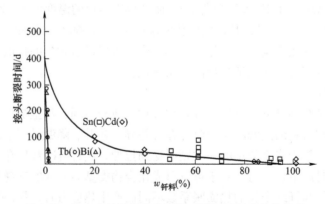

图 4-20　铝合金软钎焊接头断裂时间与钎料成分的关系

表 4-5 一些金属或合金的电极电位（$1mol/dm^3 NaCl + 0.3\% H_2O_2$ 溶液，$0.1mol/dm^3$ 甘汞电极）

金属或合金	电极电位/V	金属或合金	电极电位/V
Mg	−1.75	Pb	−0.55
Zn	−1.10	Sn	−0.49
铝合金：7072，3003	−0.90	Cu	−0.20
铝合金：5056	−0.87	Bi	−0.18
Al	−0.83	18-8 不锈钢	−0.09
铝合金：2041(56)	−0.78	Ag	−0.08
Cd	−0.83	Ni	−0.07
Fe	−0.63	Cr	+0.02

注：0.3% 为 H_2O_2 的质量分数。

    钎焊接头的耐蚀性不仅与母材及钎料的电极电位有关，而且还与钎缝界面区及扩散区的组织形态有关。各种铝软钎焊接头电极电位如图 4-21 所示。由表 4-5 中可以看出，Sn、Pb 的电极电位比 Al 高，所以用 Sn-Pb 钎料钎焊的铝合金接头，在形成微电池时铝合金母材为阳极，从理论上来说，被腐蚀的应是铝合金母材而非 Sn-Pb 钎料。然而由于 Sn-Pb 钎料与铝合金的相互作用较弱，结合比较差，在界面处常存在一些空隙和微孔，从而促进了缝隙腐蚀的发展。在其界面处的电极电位分布如图 4-21a 所示，在 Al 与 Sn-Pb 钎料的界面处形成了比 Al 更负的电极电位，使界面处产生强烈的腐蚀而使接头承载能力迅速降低。当采用 Zn 基钎料时，低电极电位的 Zn 基钎料成为阳极，并且由于 Zn 与 Al 之间的相互作用较强，互溶度较大，在界面处可以形成一个较宽且致密的中间过渡层，使得从钎料到母材的电极电位过渡

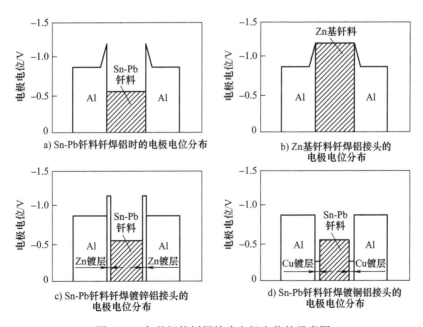

a) Sn-Pb钎料钎焊铝时的电极电位分布

b) Zn基钎料钎焊铝接头的电极电位分布

c) Sn-Pb钎料钎焊镀锌铝接头的电极电位分布

d) Sn-Pb钎料钎焊镀铜铝接头的电极电位分布

图 4-21 各种铝软钎焊接头电极电位的示意图

平缓，如图 4-21b 所示。此时，钎料虽然要发生腐蚀，但由于钎缝具有一定的宽度，且其电极电位与 Al 相差较小，所以仍有很好的耐蚀性。采用母材表面预先镀覆的方法可以改变接头界面处的电极电位分布，从而改善钎焊接头的耐蚀性。例如，在 Al 表面镀 Zn 后再用 Sn-Pb 钎料钎焊时，在腐蚀过程中镀层 Zn 为阳极而受到腐蚀，如图 4-21c 所示，因此其寿命受 Zn 镀层厚度的控制。而在 Al 表面镀 Cu 并用 Sn-Pb 钎料钎焊时，电位最高的 Al 受到 Cu 镀层的保护，而 Cu 的电极电位比 Sn-Pb 的高，如图 4-21d 所示，因此 Sn-Pb 层被腐蚀。此时接头的破坏时间可延长 20 倍。表面预镀覆再钎焊是生产上常用的工艺之一。

第5章 钎焊工艺及安全防护

钎焊是一种金属热连接方法。在钎焊过程中，依靠熔化的钎料或依靠母材连接面与钎料之间的扩散而形成的液相，在毛细作用下填充母材之间的间隙，并且母材与钎料发生相互作用，然后冷却凝固，形成冶金结合。在接头结构形式、钎焊材料、钎焊方法选定后，需要通过合理的工艺过程实现钎焊。钎焊工艺过程是影响钎焊接头性能，保证钎焊质量的重要环节，因此必须根据采用的钎焊方法、材料及结构制定合理的钎焊工艺。钎焊工艺是钎焊生产中各道工序及其技术要求的总称，主要包括钎焊前焊件表面准备、焊件装配及钎料添加、钎焊参数的确定及钎焊后处理等。

5.1 钎焊前焊件表面准备

焊件在钎焊前的运输、存放和加工过程中，不可避免地覆盖有氧化膜、油脂和灰尘等。这些物质的存在都将妨碍钎料在母材上的铺展填缝。为保证钎焊顺利进行，钎焊前需对焊件进行必要的表面准备。焊件表面准备过程主要是清除表面油脂、灰尘和氧化膜，此外在某些情况下，为保证钎焊质量，还需对钎焊表面进行金属化处理。

5.1.1 焊件表面油脂及有机物去除

焊件上的有机物在钎焊加热过程中都会放出气体，并可能在焊件表面残留，影响钎料润湿，因此焊件表面油脂及有机物（如油漆、记号笔印迹、划线蓝色等）均应清除。

清除表面油脂及有机物可采用多种方法：①有机溶剂清洗或擦洗；②有机溶剂蒸气清洗；③水基去油溶液化学清洗；④电解等。

对于单件和小批量生产，最简单易行的方法是采用有机溶剂清洗或擦洗。一般溶剂多采用丙酮、汽油和乙醇等。在大批量生产中，可用二氯乙烷、三氯乙烷、三氯乙烯等有机溶剂除油，它们能很好地溶解油脂并避免其再生。其中，三氯乙烯使用较多，它能溶解大多数油脂及有机物且不易燃，并可采用较高的清洗温度来提高清洗效率。用三氯乙烯去油过程：用汽油擦去焊件表面油污，将焊件浸泡在三氯乙烯中 5~10min 后拿出擦干，然后放入无水乙醇中浸泡，再放入碳酸镁水溶液中煮沸 3~5min，最后用水冲洗，用酒精脱水并烘干。但对于钛、锆合金，只可使用非氯溶剂。

水基去油溶液化学清洗也是清除焊件表面油污的常用方法，使用溶液包括碱类水溶液或专用水基去油溶液。采用水基溶液清洗时配合超声波一起使用，可达到更好的效果。水基溶液清洗操作简单，成本低廉，效果较好，其缺点是溶液有时需要加热、用后难以再生、对某些金属具有腐蚀作用、需进行干燥处理等。例如：钢制焊件可浸入 70~80℃ 的 10% 苛性钠溶液中脱脂；铜及铜合金焊件可在 50g 磷酸三钠、50g 碳酸氢钠中加 1L 水的溶液内清洗，溶液温度为 60~80℃。选择化学清洗方法需考虑焊件基体对溶液的适应性。常用化学清洗溶液成分及工艺见表 5-1。另外采用市售的除油剂也可起到同样的效果，如 LCX-52 除油剂在常温下拥有良好的除油效果，同时具有一定的缓蚀作用。此外，除油后需用水仔细清洗。当焊件表面能完全被水润湿时，表明表面油脂已完全去除。对于形状复杂且数量很大的小焊件，也可用超声波清洗。超声波清洗是清除焊件表面狭小缝隙中不溶解污染物最简单有效的方法。超声波清洗液成分可以是添加活性剂的水、碱液（磷酸三钠、苛性钠、碳酸钠等）以及有机溶剂等，清洗温度不高于 60℃ 并低于其沸腾温度。

表 5-1　常用化学清洗溶液成分及工艺

适用材料	成分/(g/L) 及工艺
结构钢及不锈钢	氢氧化钠 30~50，碳酸钠 20~30，磷酸钠 50~70，硅酸钠 10~15，溶液温度 80~100℃，浸洗时间 20~40min
铜及铜合金	氢氧化钠 10~15，碳酸钠 20~50，磷酸钠 50~70，硅酸钠 5~10，溶液温度 70~90℃，浸洗时间 1~30min
铝及铝合金	碳酸钠 40~70，磷酸钠 10~20，硅酸钠 20~30，溶液温度 60~70℃，浸洗时间 3~5min
镍及镍合金	氢氧化钠 10~20，碳酸钠 25~30，硅酸钠 5~10，溶液温度 60~70℃，浸洗时间 3~5min

电解除油采用直流电，焊件作为一个电极放入电解槽。按焊件所处极性的不同，电解除油可分为阴极除油、阳极除油和混合除油。与阳极除油相比，阴极除油的速度要快得多。但是对碳钢焊件不宜采用阴极除油，以防止引起渗氢降低塑性。电解除油与化学清洗相比，加速了除油过程，减少了溶液消耗。但是对于形状复杂的焊件，电解除油不够有效。

对于焊件表面的油漆、记号笔印迹、划线蓝色等通常采用化学溶剂擦洗去除，常用溶剂有无水乙醇、丙酮、汽油等，一般需在除油之后进行。表面较厚的油漆层有时也需采用机械方法去除。

5.1.2　焊件表面氧化膜去除

焊件表面氧化膜去除需根据焊件材料、氧化膜厚度及精度要求采用机械清除、物理清除、化学清洗、电化学侵蚀及激光清洗等方法。

1. 机械清除

机械清除方法多种多样，如单件及小批量生产时，用锉刀、刮刀及砂布打磨等，清理时可形成沟槽，有利于钎料润湿和铺展。金属丝刷、金属丝轮、砂布轮、砂轮打磨清理，效率稍高，适用于小批量生产。对于大面积及大批量生产的焊件，可采用喷砂清理，喷砂清除效率较高，一般用于黑色金属、镍基有色金属等。喷砂及砂布打磨后焊件表面会残留或嵌有一定的砂粒，钎焊时会影响钎料的润湿，可采用超声波清洗、溶剂擦拭等方法去除。对于铜、铝合金等较软有色金属，不宜采用砂布打磨、喷砂清除表面氧化膜。焊件表面因热处理或热加工过程生成的较厚氧化膜，最适宜用该方法清除。

机械清除焊件表面氧化膜的同时，应使焊件表面适当粗糙化，以增强表面对钎料的毛细作用，促进钎料铺展，但也要防止表面太过粗糙。

2. 物理清除

物理清除主要是超声波清理法，其原理是依靠超声波在液体介质中传播时，液体内部产生空化作用，除去金属表面的氧化膜。对于不锈钢或高温合金，通常使用的介质是丙酮、酒精、三氯乙烷、汽油或蒸馏水，超声频率为 2×10^4 Hz，清洗时间一般不超过 30min。超声波清理时，焊件不能重叠放置，要全部浸入介质溶液中，保证污物易于流出。

3. 化学清洗

化学清洗即采用酸洗或碱洗来去除表面氧化膜。与机械清除相比，化学清洗具有生产率高、清除效果好、质量容易控制的优点，特别是对于铝、镁、钛及其合金。因此大批量生产中主要采用该方法清除表面氧化膜。但化学清洗的工艺过程较复杂，设备及器材成本较高，废液处理不当易造成环境污染。

对于不同材料，其表面氧化膜性质不同，故使用的化学溶液也不同。即使同一材料，也往往有多种溶液成分。对于钢、镍合金、铜合金、钛合金等一般需进行酸洗，而对于铝合金、镁合金等则需进行碱洗，然后在酸性溶液中进行钝化处理。焊件表面氧化膜典型化学清洗溶液成分及工艺见表 5-2。

表 5-2　焊件表面氧化膜典型化学清洗溶液成分及工艺

适用材料	成分及工艺
碳钢	10% H_2SO_4 或 10% HCl，40~60℃，10~20min
	5%~10% H_2SO_4，2%~10% HCl，0.2%缓蚀剂，20℃，2~10min
不锈钢	10% H_2SO_4，15% HCl，5% HNO_3，余量为水，温度 100℃，时间 30s，然后用 15% HNO_3，温度 100℃、时间 10s 进行光泽处理
	10% HNO_3，6% H_2SO_4，50g/L HF 水溶液，20℃，10min
	15% HNO_3，50g/L NaF，85% H_2O，室温，5~10min，热水洗涤，烘干
铜、黄铜、锡青铜	5%~10% H_2SO_4，室温，10~20min；H_2SO_4：HNO_3：H_2O=2：1：0.75 溶液中浸洗 10~15s
铬青铜、铜镍合金	先在热水溶液中清洗，然后在 15~37g/L 重铬酸钠和 4% H_2SO_4 溶液中清洗
硅青铜	先在 5% H_2SO_4 的热水溶液中浸洗，然后在 2% HF 和 5% H_2SO_4 的冷混合酸水溶液中浸洗
铝青铜	先在 2%HF 和 3% H_2SO_4 的冷混合酸水溶液中浸洗，然后在 5% H_2SO_4 的溶液中浸洗
铍铜	厚氧化膜应在 50% H_2SO_4 水溶液中于 65~75℃下浸洗；薄氧化膜可在 2% H_2SO_4 水溶液中于 71~82℃下浸洗，然后在 30% HNO_3 水溶液中浸一下
钛合金	每升溶液中 55~60mL HNO_3，340~350mL HCl，5mL HF，余量为水，室温，10~15min
	每升溶液中 55~60mL HNO_3，200~250mL HCl，50g NaF，余量为水，60~70℃，1~2min
铝合金	100g/L NaOH，40~60℃，1~3min 碱洗；15% HNO_3 水溶液钝化
	20~35g/L NaOH，20~30g/L Na_2CO_3，40~60℃，2min 碱洗，然后钝化
	50~100g/L NaOH，30~50g/L NaF，40℃，1~3min 碱洗，然后钝化
高温合金	80~100g/L H_2SO_4，70~80g/L HNO_3，40~50g/L HF，余量为水，45~60℃，90~150min 酸洗→冷水冲洗→75~100g/L Na_2CO_3，50~70g/L NaOH，5~10g/L $Na_3PO_4 \cdot 12H_2O$，余量为水，≤80℃，1~3min 中和→冷水冲洗
	100mL H_2SO_4，150mL HF，1000mL H_2O，20~30℃，20~30min 酸洗，然后中和，中和液同上

注：表中百分数为体积分数。

钎料表面氧化膜也可以采用化学浸蚀的方法去除，钎料表面氧化膜化学浸蚀溶液成分可参考与其成分接近的母材所用的溶液成分，但对于薄带状钎料，需考虑化学浸蚀对钎料尺寸的影响，并采取相应的工艺措施进行补偿。

4. 电化学侵蚀

焊件表面氧化膜去除还可采用电化学侵蚀。该方法去除氧化膜更为迅速有效。典型电化学清洗液成分及工艺见表 5-3。化学侵蚀和电化学侵蚀后，还应进行光泽处理或中和处理（见表 5-4），随后在冷水或热水中洗净，并加以干燥。

表 5-3 典型电化学清洗液成分及工艺

适用材料	成分及工艺	备注
不锈钢	65%正硫酸，15%碳酸，5%三氧化铬，12%甘油，3%水，时间 15~30min，电流密度 0.06~0.07A·cm^{-1}，电压 4~6V，室温	—
碳钢	120g 硫酸，1L 水	焊件接阴极
有氧化膜的碳钢	15g 硫酸，250g 硫酸铁，40g 氯化钠，1L 水，时间 15~30min，电流密度 0.05~0.1A·cm^{-1}，室温	焊件接阳极
有薄氧化膜的碳钢	50g 氯化钠，150g 氯化铁，10g 盐酸，1L 水，时间 10~15min，电流密度 0.05~0.1A·cm^{-1}，温度 20~50℃	焊件接阳极

注：表中百分数为体积分数。

表 5-4 焊件表面光泽处理或中和处理

适用材料	成分及工艺
铝、不锈钢、铜及铜合金、铸铁	30% HNO$_3$ 溶液，室温，时间 3~5min
	15% Na$_2$CO$_3$ 溶液，室温，时间 10~15min
	8% H$_2$SO$_4$，10% HNO$_3$ 溶液，室温，时间 10~15min

注：表中百分数为体积分数。

5. 激光清洗

激光清洗技术是采用高能激光束照射待处理焊件表面，去除表面氧化膜，具有非接触、无研磨、无二次污染物、无基材损害、清洁过程易实现自动化控制、可远距离遥控清洗等优点，避免了采用溶剂、摩擦工具和喷砂处理清洗对焊件表面造成表面损伤的问题，是一种新型绿色工业清洗方法。目前，激光清洗技术已实现对铝合金表面局部氧化膜精准清除，且铝合金表面质量可满足焊接要求；但对其他金属及合金表面氧化膜清除仍需深入研究，如高温氧化膜形成过程复杂，厚度低（通常为微米级），金属基体与氧、碳原子结合能力强，可能会导致激光清洗效率大幅下降，清洗后表面质量难以达到加工要求。

5.1.3 表面金属化

钎焊前对焊件表面镀覆金属是一项特殊的钎焊工艺措施，一般是为简化钎焊工艺或改善钎焊质量，但在有些情况下是实现焊件良好钎焊的主要技术途径。从焊件表面镀覆金属层的功用看可分为工艺镀层、阻挡镀层和钎料镀层。镀覆金属工艺方法有电镀、化学镀、热浸镀、压覆、物理气相沉积、化学气相沉积等方法。钎焊中表面镀覆金属及其功用见表 5-5。

表 5-5 钎焊中表面镀覆金属及其功用

母 材	镀覆金属	镀覆工艺	功用
钛	铜、银、镍	电镀、PVD	改善钎料润湿性；银可作为钎料
黄铜	铜	电镀、化学镀	防止锌挥发
可伐合金	镍	电镀、化学镀	防止母材开裂
不锈钢	铜、镍	电镀、化学镀	改善钎料润湿性；铜可作为钎料
高温合金	镍	电镀、化学镀	改善钎料润湿性
石墨	铜	电镀	改善钎料润湿性
钨、钼	镍、铜	电镀、化学镀	改善钎料润湿性
陶瓷、玻璃	铬、铜、银	PVD	改善钎料润湿性
铍	铜、银	电镀、化学镀	防止母材氧化，改善钎料润湿性
铝合金	铝硅合金	压覆、复合轧制	用作钎料
铜	银	电镀、化学镀	用作钎料
钛	镍、铜	电镀、PVD	用作钎料

工艺镀层主要用以改善或简化钎焊工艺条件，多用于表面易被氧化或表面氧化膜稳定，在特定钎焊工艺条件下不易被钎料润湿的母材。镀覆金属一般为钎焊工艺性好的金属，如镍、铜、金、银等，表面镀覆后，可以在相对较低的工艺条件下获得良好的钎焊接头，提高接头强度和稳定性。通过镀覆后还可以实现常规工艺条件下钎料难以润湿的材料，如陶瓷、钨、钼材料以及异种材料之间的钎焊连接。为提高接头强度，焊件上的工艺镀层多数情况下应被钎料全部溶解。

镀层可抑制钎焊过程中可能发生的某些有害反应。例如，在钎料作用下母材自裂、钎料与母材生成脆性相以及母材成分和性能变化等。为起到较好的隔离防护效果，希望镀层能被液态钎料很好地润湿且溶解反应程度要小。

镀层也可直接作为钎料。以镀层形式实现钎料的添加主要因为：①简化钎料添加工艺，在大面积、多钎缝结构钎焊生产中简化钎料添加、固定工艺，提高生产率，如铝合金换热器钎焊时采用复合钎焊板等；②实现钎料用量的精确控制，在钎料用量要求很小的情况下实现钎料精确添加；③实现难制备钎料的可靠添加，如难以加工成箔带钎料的大面积添加等。钎料镀层包括单组元或多组元钎料，其中多组元钎料需通过多层镀膜或合金镀膜的工艺来实现，有时也可在加热过程中与母材反应生成液态钎料，如铜表面镀银的共晶反应钎焊等。

5.1.4 表面制备后焊件保存

焊件经去油及清除表面氧化膜后，严禁手或其他脏物触及表面。清洗后的焊件应立即装配钎焊或放在干燥容器内保存。焊件组装时，应戴棉布手套。

对经过脱脂、清除氧化物或已预镀覆金属等表面制备后的焊件保存，应遵循两条原则。

（1）尽可能缩短存放时间，尽快完成钎焊 缩短存放时间可减少焊件重新被污染和被氧化的可能性，有利于保证钎焊质量，特别是对铝合金等易被氧化的表面及对表面制备有较高要求的焊件，缩短存放时间尤为重要。

（2）在存放中必须保持焊件的干净清洁 由于焊件在表面制备后转入钎焊之前，必须经历运送、装配、固定等过程，如果操作不当，易造成焊件污染。为消除这种危险，应保持焊件存放处的干净清洁，最好采用密闭容器或妥善包装后再保存和运送焊件。操作人员不应直接用手接触焊件，接触焊件应佩戴白色不起毛的棉布手套。对于要求严格的焊件，应设立"清洁室"对焊件进行保存和装配，清洁室宜采取措施减少粉尘、油污等污染，并保证必要的温度和湿度要求。

5.2 焊件装配及钎料添加

5.2.1 夹具及工装设计

对于结构复杂及炉中钎焊的焊件，一般需要钎焊工装。钎焊工装可分为装配工装和随炉工装两类，装配工装与其他工装相比并无太多特殊要求，只需考虑工装的洁净性，不能对焊件造成污染。本小节讨论的工装主要是指随炉工装。

夹具及工装主要对焊件起到支承、固定、夹紧、保持焊件间正确的位置关系、保证合适的钎焊间隙、防止焊件变形等作用，钎焊工装需承受钎焊热循环以及钎料、钎剂等作用。钎焊工装工作条件恶劣，加上多数情况下对焊件的尺寸精度要求较高，因此钎焊夹具及工装设计具有各自的特点，其设计制造应遵循如下原则。

1）夹具材料应具有足够的高温强度、耐热疲劳性能、在空气中钎焊时具有抗氧化及耐钎剂等介质腐蚀的性能。

2）夹具材料应具有良好的导热性，热容量应尽可能小。

3）夹具材料在高温下不应与焊件材料发生反应，并尽可能不为钎料所润湿。

4）夹具应采用壁薄、刚度大的结构，尽可能采用相对均匀的壁厚，以利于钎焊过程中快速升温、均温和降温。

5）真空钎焊的夹具材料应具有低的气体吸附性，在加热过程中合金元素挥发少，同时夹具表面应彻底去除氧化膜、有机物等污物。

6）夹具设计应尽可能采用简单的结构，避免采用加热时易发生黏连的紧密配合、螺纹等结构。

7）夹具材料及结构设计应考虑夹具与焊件膨胀的协调性，采用与焊件热膨胀系数相近的材料，预留膨胀空间或采用弹性机构。

8）感应钎焊应采用绝缘材料及非铁磁性材料。

9）多次使用的夹具应设计成不易变形、装卸方便的结构。

制作钎焊夹具的常用材料有低碳钢、不锈钢、高温合金、钼、石墨、陶瓷等。

其中，奥氏体不锈钢是钎焊夹具制造最常用的材料。它具有良好的耐高温性能（真空条件下一般可在1100℃以下使用）、良好的加工工艺性、良好的抗氧化性和耐蚀性、相对较低的成本等优点，但其热膨胀系数较大，夹具设计时应予以考虑。为减轻夹具结构的重量，常需采用刚度大的板材翻边结构。采用厚板结构时应采用减轻孔等结构，在保证夹具刚度的前提下尽可能减轻结构的重量。石墨、陶瓷材料耐高温性能好，热膨胀系数小，尺寸稳定性好，而且不易与焊件发生反应黏连，是高温钎焊时常用的夹具材料和隔离材料。为了获得钎焊升温过程中对焊件自压紧的效果，有时可以利用不同材料热膨胀系数不同的特点，采用不同材料组合制造夹具。此外，为防止夹具与焊件的黏连，可以采用垫隔离垫片、涂覆阻流剂、进行预氧化处理等措施。为保证多层钎焊结构钎料熔化后钎焊间隙的闭合，以及避免膨胀时产生变形，钎焊夹具有时需采用弹性结构。采用弹性结构时，应合理选材，考虑钎焊温度对弹性元件弹性的影响程度。

5.2.2　焊件的定位与固定

经过表面制备的焊件在实施钎焊前必须按图样位置关系进行组合装配。装配工序的任务是将分散的焊件形成一个整体，使各焊件保持正确的位置关系，获得设计所需的钎焊间隙，并保证焊件的总体尺寸。正确且可靠的装配是顺利实现钎焊，获得符合技术要求的接头和焊件的重要保证。

焊件的装配过程又可以分为定位与固定两个过程，定位主要是获得焊件间正确的位置关系，而固定是在钎焊过程中保持这种位置关系。在焊件结构设计时，应尽可能设计加工出实体的装配定位基准，如采用孔轴配合定位、定位销、定位块、定位凸台、定位台阶、外形配合等定位措施明确确定焊件的装配位置关系，尽量避免划线定位、夹具定位等定位措施。因为采用机械加工产生的定位要素具有更准确的定位精度，而划线定位、夹具定位等使操作变得更为复杂，夹具定位在升温过程中产生错动的可能性较大，定位精度也低。

用来固定焊件的方法很多，它们各有特点，应根据焊件的结构、技术要求、钎焊方法以及生产规模等来选用。对于尺寸小、结构简单的焊件，焊件接头定位可采用较简单的固定方法，如重力固定、紧配合、滚花、翻边、扩口、旋压、模锻、收口、咬边、开槽和弯边、夹紧、定位销、螺钉、铆钉、定位焊等，如图 5-1 所示。重力固定是利用焊件本身的重力或施加重物实现焊件固定的方法，简单易行，适用于平面型接头的焊件。施加的重物应保证钎料熔化后的间隙闭合，但重物过重会影响钎焊过程中升温和均温。紧配合是利用焊件间的尺寸公差来实现的，简单但难保证钎焊间隙，主要用于以铜钎料钎焊钢，较少在钎焊间隙要求小的场合使用。滚花、翻边、扩口、旋压、收口、咬边等方法简单，但间隙难以保证均匀，只适合于一般焊件。螺钉、铆钉、定位销结构稳定可靠，但固定过程较为烦琐。夹紧固定是利用弹簧的夹紧作用实现焊件的固定，简便迅速，但由于受弹性材料工作温度的限制、夹紧力不够等原因，固定不够可靠。

此外，定位焊固定也是钎焊装配的常用方法。可以采用氩弧焊和电阻点焊工艺实现焊件间定位，既简单迅速，又牢固可靠，适用于小批量生产。氩弧焊固定以间断点焊的形式实现，但氩弧焊固定会造成焊点附近的局部受热氧化，不适合对表面氧化膜要求较高焊件的固定。一般氩弧焊固定时应采取延后断气等工艺措施，尽量避免定位焊点附近的氧化。电阻点焊焊件受热面积小，对表面影响小，是重要的钎焊固定手段。由于焊件结构复杂，壁厚相差往往很大，而采用储能点焊常可以获得更好的效果。储能点焊一般可用于焊件厚度小于 1mm 的小件的固定，也可用于钎料的固定。

对于结构复杂、生产量大的焊件，一般需采用专用夹具来夹紧固定。夹具固定具有稳定可靠、生产率高的特点，但夹具本身成本较高。由于钎焊夹具需承受高温热循环，有时还需在强腐蚀性气体或液体介质中工作，因此钎焊夹具应具有良好的耐高温、抗氧化性和耐蚀性；夹具与焊件材料热膨胀系数相近；夹具应具有足够的高温强度和耐热疲劳强度；夹具在高温下不与焊件材料发生反应，也不被钎料润湿；对于感应钎焊所用的夹具，材料还应是非磁性；对于位置精度要求高的焊件应采用自身定位结构，防止焊件间的位置错动，而钎焊夹具只起到夹紧固定及防止焊件变形的作用。此外，夹具结构要尽可能简单，尺寸尽可能小，热容量要小，在保证工作可靠的同时，又要保证较高的生产率。

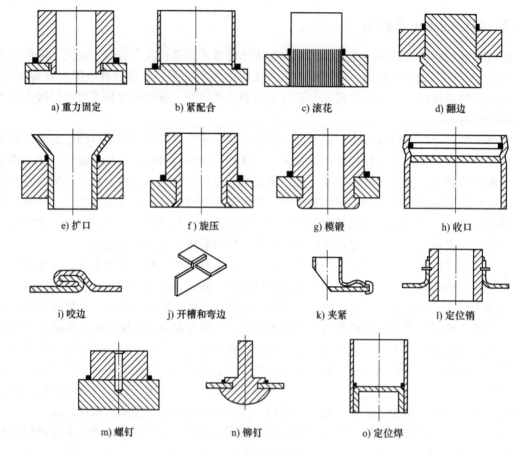

a) 重力固定　　b) 紧配合　　c) 滚花　　d) 翻边

e) 扩口　　f) 旋压　　g) 模锻　　h) 收口

i) 咬边　　j) 开槽和弯边　　k) 夹紧　　l) 定位销

m) 螺钉　　n) 铆钉　　o) 定位焊

图 5-1　典型焊件固定方法

钎料的定位方式主要有凸肩定位、倒角定位和凹槽定位，如图 5-2 所示。钎料一般放置在钎缝上方，以便熔化后能依靠自身的重力流入钎焊间隙。

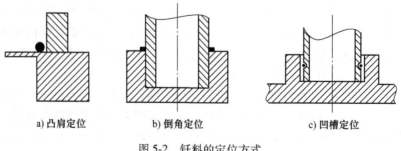

a) 凸肩定位　　b) 倒角定位　　c) 凹槽定位

图 5-2　钎料的定位方式

5.2.3　钎料及钎剂添加

1. 钎料添加

根据钎焊工艺的需要或钎料的加工性能，常将钎料加工成不同形状，包括棒状、条状、丝状、片状、箔状、垫圈状、环状、颗粒状、粉末状、黏带状、膏状及填有钎剂芯管状钎料等。合理地选用钎料形状可简化工艺，改善钎焊质量。通常根据钎焊方法、接头结构特点、生产数量以及钎料加工制造特性来选用钎料形状。例如：火焰钎焊、烙铁钎焊等一般采用丝状、条状、管状等钎料形状，以便边加热边手工操作送进钎料；电阻钎焊使用箔状钎料最为方便；自动火焰钎焊、炉中钎焊、感应钎焊可以采用丝状、环状、垫圈状或膏状钎料等，需进行预先安置；盐浴钎焊以采用压覆的复合板钎料为好。又如：对于环形及封闭状的接头，可以采用预成形的丝状、环状钎料；对于短小钎缝可选用丝状、颗粒状钎料；对于大面积的钎焊，宜采用箔状钎料；对于镍基钎料、钛基钎料等本身具有一定脆性的钎料，受钎料加工性能的限制，一般只能采用粉末状、粉末状衍生的膏状、黏带状形式，或使用非晶态箔带形式。

钎料的用量应能保证钎料熔化后可以充分填满钎焊间隙，并在其外沿形成圆滑的钎角。钎料量不足会使钎角成形不好，甚至不能填满钎焊间隙。但钎料量过多，不仅会造成浪费，还会造成母材溶蚀、焊件表面污损、超尺寸限度钎料堆积及焊件与夹具黏连等问题。钎料的实际用量应大于按钎缝几何尺寸求出的计算值，即需考虑一定的余量，这是因为在钎焊加热和填缝过程中不可避免地会有一些损耗，以及存在钎料填充的不均匀性，易造成局部钎料不足，对于暗置钎料的接头这一点尤其应注意。

钎料的添加放置一般可分为两种方式，即明置和暗置。明置是将钎料安放在钎焊间隙的外缘；暗置则是把钎料置于间隙内特制的钎料槽中，或采用箔状的钎料形式夹在大面积的钎焊间隙面中间。无论以哪种方式添加钎料，都应遵循以下原则。

1）尽可能地利用重力作用和钎焊间隙的毛细作用来促进钎料填缝。

2）保证钎料填缝过程中间隙内的钎剂和气体有排出的通路。

3）钎料放置要牢靠，以不致在钎焊过程中因意外扰动而脱落或错位。

4）钎料要放置在不易被润湿或加热过程中温度较低的焊件一侧。

5）尽量使钎料填缝路程最短且分散均匀。

6）防止对母材产生明显的溶蚀或钎料的局部堆积，薄件应尤其注意。

明置与暗置相比在保证钎料填缝方面具有明显的弱点，如钎料易向间隙外的焊件表面流失、钎料受干扰易错动及钎料填缝路径较长等，不利于保证稳定的钎焊质量。与明置方式相比，暗置方式通常需要对焊件进行预先加工，加工出钎料槽，不仅增加工作量，而且一定程度上减小了钎焊面积，降低焊件的承载能力。因此对于结构较简单以及钎焊面积不大的接头，宜采用明置的添加方式；而对于结构复杂、要求高的接头宜采用暗置的添加方式，并将钎料槽开在较厚的焊件上。

图5-3所示为丝状钎料的添加方式，其中图5-3a、b所示的方式是合理的，熔化的钎料可以在重力和毛细力共同作用下填缝，钎料置于稍高于钎缝处，可防止钎料沿焊件平面流失。如图5-3c、d所示为避免钎料在法兰平面上流失，可采取在法兰端部开槽或将法兰安放得略高出套管的措施。如图5-3e、f所示，焊件水平放置，在这种情况下应使钎料贴近钎缝，

以借助毛细力作用填缝。图 5-3g、h 所示为钎料暗置添加方式。

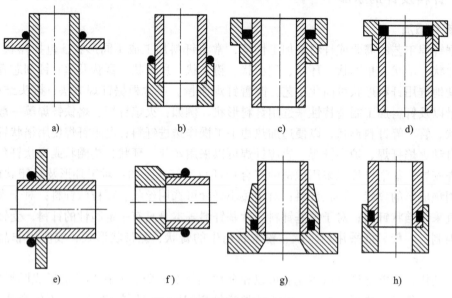

图 5-3 丝状钎料的添加方式

在各种钎焊方法中（火焰钎焊和烙铁钎焊除外），大多数是将钎料预先放置在接头上的。箔状或垫圈状的钎料均应裁成与钎焊面基本相同的形状，直接放置在钎焊间隙内。采用箔状钎料时钎料的基本装配方式如图 5-4 所示。采用箔状钎料时，钎焊间隙应设计成可以闭

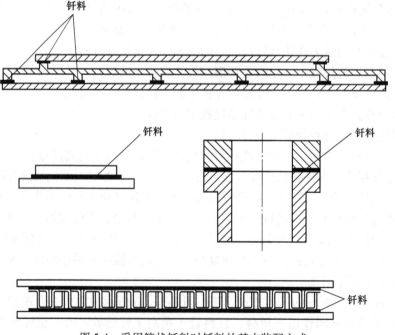

图 5-4 采用箔状钎料时钎料的基本装配方式

合的结构，并在钎焊过程中施加一定的压力压紧接头，以保证填满间隙。一般在不能闭合的间隙内塞进箔状钎料的添加方法难以填满钎焊间隙。箔状钎料添加时，可以采用电容储能点焊的方法进行钎料的定位，以方便复杂结构件的可靠装配。

粉末状钎料易散落，通常需配合黏结剂一起使用。粉末状钎料与黏结剂的配合添加可以采用多种形式：可将粉末状钎料与黏结剂混合，制成膏状钎料，采用注射器均匀地添加在钎缝附近，也可借助工具先将粉末状钎料添加在钎缝附近，调整好后再采用黏结剂固定；或将粉末状钎料与合适成分的黏结剂混合，轧制成带状钎料使用。黏结剂的选用应遵循以下原则：在钎焊加热过程中，黏结剂应能完全分解、降解等，并以气体形式完全挥发掉，不残留任何有害残渣；黏结剂应不与钎料反应，以免造成钎料性质变化；钎料装配操作过程及钎焊加热过程中尽可能不放出对人体有毒或对环境有害的气体；在钎焊升温过程中产生的挥发物应能顺利地被抽走或排出，不会对钎焊设备造成污染；在保证钎料可靠添加和钎焊工艺的前提下黏结剂用量应尽可能少。当采用粉末状钎料时，还应考虑钎焊加热过程中钎料的洒落因素。由于钎焊加热过程中黏结剂挥发后钎料的附着力减弱，使用不当易造成钎料的洒落，因此在没有支承的部位使用粉末状钎料时，用量不应太多，在结构设计时，应将添加钎料的部位设计为具有内角的结构，以利于粉末状钎料的附着。钎焊升温时，也应采用较缓慢的加热速度，避免黏结剂气体的瞬时强烈挥发。

2. 钎剂添加

钎剂的使用包括液体、膏状、糊状、粉状以及气体等多种形式。对于边加热边送进的手工操作钎焊方法如火焰钎焊、烙铁钎焊等，钎剂大多随钎料一起送进，多采用钎料蘸覆钎剂或包覆钎剂的管状钎料等方法添加。对于需预先装配的自动火焰钎焊、炉中钎焊、感应钎焊等，钎剂需预先涂覆在钎焊面及钎料上，或涂覆在其附近。火焰钎焊所采用的气体钎剂可采用专门的气体钎剂发生装置随火焰燃烧气体一起送入钎焊区，而炉中钎焊采用的气体钎剂需采用专门的装置将气体钎剂引入钎焊工作区内。

5.2.4　钎料流动性控制

为获得表面洁净、尺寸精度高的焊件，希望钎焊后钎料能够全部填入到钎焊间隙内，而不向钎焊间隙外的表面流失。在采用夹具的情况下，由于钎料过分流动或夹具材料与焊件的反应，会造成夹具与焊件的焊接或黏连。为防止上述现象发生，需采用相应的钎料流动性控制和隔离措施。

首先，通过精确确定间隙大小、钎料用量，并采用合理的添加方式来保证钎料的合理流动。此外，适当控制钎焊温度、保温时间也有助于控制钎料的流失。但要准确地控制钎料流动，主要的工艺方法是使用阻流剂。

阻流剂主要是一些对钎焊无害的、稳定的氧化物，如氧化铝、氧化钛、氧化镁和某些稀土氧化物，以及钎料不能润湿的非金属物质，如石墨、白垩等。阻流剂使用时可以借助于黏结剂或悬浮剂等调成糊状或液体，钎焊前预先刷涂在钎缝附近，涂覆有阻流剂的表面难以被钎料润湿，因而可阻止钎料流动，钎焊后应将阻流剂去除。涂覆阻流剂是炉中钎焊（包括真空钎焊）工艺最常见的工艺措施。为获得较好的阻流效果，阻流剂应采用粒度较细的粉末，通常阻流剂粉末粒度应小于600目。调制阻流剂所用的黏结剂要求与粉末状钎料所用的黏结剂基本相同，但要求更低，现场操作时也可采用水、酒精、丙酮等用于阻流剂的调制。

阻流剂的作用除可以控制钎料流动外，还可用于防止焊件间、钎焊夹具与焊件之间的黏连，操作时在夹具与焊件接触面上预先涂上一层阻流剂即可。

防止焊件间及焊件与夹具黏连还可采用隔离措施，即在易黏连焊件或夹具间放置性能稳定的隔离材料，如陶瓷材料、石墨、云母等。此外，为避免焊件或工装间的强烈反应，应严格避免在钎焊温度下易发生共晶反应材料间的直接接触，如在900℃以上钛合金与镍合金的接触，1100℃以上结构钢与石墨材料的接触等。

5.2.5　钎焊间隙控制与补偿

在钎焊温度下，焊件之间能够保持合适的间隙才能得到质量良好的接头。为达到这一目的，在设计、加工及装配三个环节均需考虑钎焊间隙控制。接头设计是保证钎焊间隙的重要环节，应从在钎焊温度下能保持合适间隙值的要求出发来设计焊件尺寸及配合公差，同时在随后的加工过程及钎焊装配过程中应保证实现设计规定的间隙值。可以采用多种方法来控制钎焊间隙，如在圆轴与圆环钎焊中，可利用圆轴滚花来保证，也可以借助于在焊件钎焊面上适当冲出凸点，在间隙中安放薄填片等保证间隙，填片可以采用与母材相容的金属丝、带或片等。不同母材与钎料组合的接头钎焊间隙推荐值见表5-6。

表5-6　不同母材与钎料组合的接头钎焊间隙推荐值

母材种类	钎料	钎焊间隙/mm	母材种类	钎料	钎焊间隙/mm
铜及铜合金	Cu-P钎料	0.04~0.20	不锈钢	铜基钎料	0.02~0.08
	Ag-Cu钎料	0.02~0.15		锰基钎料	0.05~0.20
	Cu-Ge钎料	0.01~0.20		金基钎料	0.03~0.25
钛及钛合金	铝基钎料	0.05~0.25		钯基钎料	0.05~0.20
	Ag-Cu钎料	0.02~0.10		钴基钎料	0.02~0.15
	银钎料	0.03~0.15		镍基钎料	0.01~0.15
	钛基钎料	0.03~0.15	高温合金	锰基钎料	0.05~0.20
碳钢及低合金钢	铜基钎料	0.01~0.05		金基钎料	0.03~0.25
	银钎料	0.02~0.15		钯基钎料	0.05~0.20
	锰基钎料	0.05~0.20		钴基钎料	0.02~0.15
	镍基钎料	0.01~0.15		镍基钎料	0.01~0.15
铝及铝合金	铝基钎料	0.05~0.20	—	—	—

对于结构复杂或加工工艺复杂的焊件，在钎焊前加工过程中得到的尺寸精度并不总能满足要求，因而在钎焊装配时常常出现钎焊间隙过大的情况。对于上述情况可采用下述方法来补偿。

1）选用填充间隙能力强的钎料，并配合合适的钎焊工艺。

2）采用在间隙中添加合金粉末的大间隙钎焊工艺。添加的合金粉末可以是与基体成分相同或相近的金属，在不影响性能的情况下可添加更易于润湿的合金粉末。

3）电镀一个零件减小间隙。

4）使用与基体相容的金属丝、片、块等填充过大间隙。

5.3　钎焊参数的确定

5.3.1　钎焊温度与保温时间的确定

在钎焊工艺过程中，钎焊温度与保温时间是最重要的钎焊参数，直接影响到钎料的熔化和填缝效果，以及母材与钎料的相互作用、母材的组织与性能，从而决定钎焊质量的高低。另外，加热速度和冷却速度也是重要的钎焊参数，它们对接头强度也有不可忽视的影响。真空和保护气氛钎焊时，还需同时考虑真空度、气体纯度、气体分压等因素的影响。

1. 钎焊温度

钎焊温度是最主要的参数，确定钎焊温度的重要依据是所选钎料的熔点和所钎焊母材的热处理制度。钎焊温度应适当高于钎料的熔化温度，以减少液态钎料的表面张力，改善润湿和填缝，使钎料与母材充分相互作用，提高接头强度。同时适当高于钎料的熔化温度可留出足够的温度空间，还可避免因设备温度控制不准确、焊件温度不均匀引起的钎料熔化不良缺陷。但钎焊温度过高是不利的，可能引起钎料中高蒸气压元素的挥发、母材晶粒的长大或过烧以及钎料与母材的过分作用而导致的溶蚀、脆性化合物层及晶界扩散等问题，使接头性能下降，并可能严重削弱母材的性能，如图 5-5 所示。

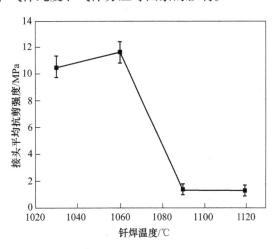

图 5-5　BNi82CrSiBFe 钎料真空钎焊 C/C
复合材料和 TiAl 合金时接头平均抗
剪强度与钎焊温度的关系

一般来说，钎焊温度要比钎料液相线温度高 20~60℃，但是对于不同钎料，需高出钎料液相线温度的范围不同，有时甚至需要在低于钎料液相线温度下进行钎焊。对于与母材相互作用强的钎料，填缝过程中其成分会发生很大变化形成新合金，这时钎焊温度的确定应以钎缝中形成新合金熔点为依据。例如，用 Ni-Cr-B-Si-Fe 钎料钎焊不锈钢，合适的钎焊温度应高于钎料熔点 140℃左右。也有相反的情况，对于熔化温度范围宽的钎料，由于在固相线温度以上已有液相存在，并具有一定流动性，因而选定的钎焊温度也可低于钎料的液相线温度。对于共晶反应钎焊，钎焊温度只需在共晶反应温度稍稍偏上即可。

考虑到钎焊热循环对母材性能的影响，钎焊温度选择必须考虑对母材性能的影响，钎焊须在母材发生强烈晶粒长大或过烧温度以下进行。钎焊温度确定还需与钎焊后热处理制度相协调。例如，钎焊温度可以选择与材料固溶处理温度一致，甚至可以采用钎焊—热处理一体化工艺，即钎焊保温完毕后直接按热处理要求冷却，在一个热循环内同时完成钎焊和热处理工艺。在钎焊后进行热处理时，热处理温度最好不要使钎料发生重熔。

2. 保温时间

保温时间也是钎焊过程中的重要参数，一定的保温时间是完成钎焊过程中钎料与母材相互作用、形成牢固结合所必需的。保温时间延长可能使接头强度提高，但有时会使接头性能严重降低。

保温时间确定的主要依据是钎料与母材的相互作用特性。当母材与钎料的相互作用发生强烈溶蚀、晶界扩散及形成脆性相增多等对接头性能产生不利影响时，应尽量缩短钎焊保温时间。反之，当钎料与母材的相互作用有利于消除钎缝中脆性相和低熔点共晶相时，应适当延长保温时间，必要时可以大幅度延长保温时间进行扩散处理，以提高接头性能。

保温时间确定还需考虑焊件尺寸、结构、钎焊间隙及装炉量的影响。为保证焊件各处均能达到所需的钎焊温度，大而厚的焊件比薄而小的焊件保温时间长，装炉量多时比装炉量少时保温时间长。保温时间还与采用的测温方式、热电偶的放置位置等因素有关，操作时应综合考虑。炉中钎焊时需保证焊件的到温和足够的钎缝完成时间，在焊件不太大和装炉量不太多时，一般钎焊保温时间为 5~30min。应当指出，钎焊保温时间与钎焊温度不应相互孤立地确定，它们之间存在一定的补偿关系，可以在一定范围内相互补偿，具体选择时，还应通过试验确定。

5.3.2　其他参数的确定

1. 加热速度与冷却速度

加热速度与冷却速度对钎焊质量也有一定的影响。加热速度过快会使焊件温度分布不均匀，诱发变形、错位及内应力产生，还会造成粉末状钎料脱落；加热速度过慢又会促进母材晶粒长大、钎料组元挥发、钎剂失效和溶蚀等有害过程发生。因此在保证均匀加热的前提下，应尽量提高加热速度。具体确定加热速度时应根据所选用的工艺、设备特性、焊件尺寸以及钎料特性等因素综合考虑。对厚大件及导热性较差的焊件，应采用较慢的加热速度，有时为使温度均匀化，应在适当温度采取保温的工艺措施，等温度均匀后再继续升温。对于母材活性较强，钎料含有易挥发组元以及母材、钎料和钎剂间存在有害反应的情况，应尽量加快加热速度。

感应钎焊的加热速度取决于感应发生器的规格和控制线圈中交流电的能力。低功率一般降低了加热速度，提供了热传导的时间，平衡了加热区域的温度，但降低了生产率。感应发生器的规格取决于将要连接焊件的尺寸和质量。常用的三种感应发生器形式是电动机、固态装置单元和摆管发生器。固态装置单元的频率范围在 10kHz 以下，一般用于代替电动机。具有几百千瓦功率的固态装置单元输出频率可以达到 50kHz，能够产生 100~200kHz 的输出频率。使用在感应钎焊领域的摆管发生器工作频率在 150~450kHz，功率水平可以达到 200kW，特殊要求时可以更高。摆管发生器工作在 2000~8000kHz 时常用于钎焊非常薄的焊件。

在感应加热时，导体内的感应电流强度与交流电的频率成正比，随着所采用的交流电的频率升高，感应电流增大，焊件的加热速度也加快。基于这一点，感应加热大多使用高频交流电，但还应考虑频率对交流电趋肤效应的影响。通常将 85% 的电流所分布的导体表面层厚度称为电流渗透深度，用以表征趋肤效应的强弱。电流渗透深度与电流频率有关，频率越高，电流渗透深度越小。电流渗透深度与电流频率的关系见表 5-7。

表 5-7　电流渗透深度与电流频率的关系

电流频率/Hz	电流渗透深度/mm			
	钢（<768℃）	钢（>768℃）	铜	铝
50	2.5	92	9.5	11
$2×10^3$	0.5	14	1.5	1.8
10^4	0.2	6	0.67	0.8
10^5	0.07	2	0.21	0.25
10^6	0.02	0.6	0.07	0.08
10^8	0.002	0.06	0.007	0.008

感应钎焊电流频率的增加虽然使表层迅速加热，但加热的厚度越来越薄，焊件的内部只能靠表面层向内部的热传导来加热。由此可见选用过高的频率并不是有利的。频率的选取还需考虑设备的能力，如果采用固态变频设备，因受变频元件工作范围的影响，频率选择需在 20～30kHz 的范围。高频感应钎焊时工作频率并不是固定的，由于不同的感应线圈及焊件构成的阻抗不同，振荡回路根据不同阻抗有一个自匹配的过程，其工作频率为一个固定范围。

感应钎焊电流渗透深度也与材料的电阻率和磁导率有关，电阻率越大，磁导率越小，则电流渗透深度就越深。例如：钢在温度低于 768℃时，磁导率很大，趋肤效应显著；温度高于 768℃时，磁导率急剧减小，趋肤效应也随即减弱，有利于均匀加热。非铁磁性金属如铜、铝等，磁导率较小，趋肤效应都较弱。因此在确定钎焊参数时必须考虑材料的有关物理性能对电流渗透深度的影响。

当感应钎焊异种材料时，非常快的加热速度扩大了电导率和热传导的影响。例如，一个接头中包含钢和铜，一般来说需要缓慢的加热速度，期望将要连接的焊件表面和填充金属的表面温度尽可能地均匀。另一个问题是随着功率密度的增加，电磁场引起焊件的相对运动，这样也容易导致不合格的焊件。同样，接头两端焊件重量明显不同时，慢的加热速度有助于使两边的温度均匀。在感应钎焊薄壁管与厚壁管接头时，慢的加热速度提供了通过热传导达到均匀温度的时间。为了调整两端焊件重量差造成的问题，感应发生器应该是无级调节，整个范围的功率控制意味着从零到额定载荷。

真空钎焊加热速度应能保证焊件析出的气体被充分抽出，同时要使焊件受热均匀，以减少或防止焊件骤热产生的应力而引起变形。真空钎焊确定加热速度应考虑的主要因素有：

1）焊件的材料、形状、结构和尺寸。对于铜及铜合金，要在 250～500℃之间以较快的速度加热；对于沉淀硬化类耐热合金或奥氏体不锈钢，要在其碳化物析出危险温度区内迅速加热；对于形状复杂及装配预应力较大的焊件，要缓慢加热；对于厚大焊件，加热速度不宜过快。

2）使用钎料的类型及其结晶温度范围。对于纯金属钎料，不论形状如何，加热速度可以快些；当使用合金钎料时，在熔化温度范围内要较快加热，以免钎料偏析而使液相线温度提高；当使用膏状钎料时，在 500℃以下加热速度应该慢些，以免黏结剂剧烈挥发而引起钎料飞溅。但是不论使用何种钎料，在钎料固相线温度以下 50～100℃温度范围内，加热速度不宜过快，以保证钎料熔化时焊件内外温度基本一致，使毛细作用能很好地发挥。当使用固、液相线间隔较宽的钎料时，加热到熔融状态，停留时间过长会使液相从固相中分离出来，为防止和避免这种状况发生，在此阶段内应使加热速度尽可能快些。在钎焊薄壁焊件时，为了防止母材金属被钎料溶蚀，在控制产生变形的前提下，加热速度也尽可能快些。常用金属焊件真空钎焊时推荐的加热速度见表5-8。焊件冷却降温是在钎缝形成后进行的，但冷却速度对钎焊质量往往也有明显影响。

表5-8　常用金属焊件真空钎焊时推荐的加热速度　　　　　　（单位：℃/min）

金属焊件		中小较薄焊件、低应力装配		厚大焊件、高应力装配	
		不含黏结剂钎料	含黏结剂钎料	不含黏结剂钎料	含黏结剂钎料
铝及铝合金		6~8	4~5	4~5	3~4
铜及铜合金		5~10	5~6	5~8	5~6
钛及钛合金		6~8	5~6	6~7	4~6
碳钢及合金结构钢		10~15	6~8	8~12	6~8
不锈钢	沉淀硬化	8~15	5~6	5~7	5~6
	非沉淀硬化	6~10	6~8	5~6	4~5
高温合金	沉淀硬化	8~10	5~6	6~8	5~6
	非沉淀硬化	6~8	4~5	5~7	4~5
硬质合金及难熔金属		10~18	5~6	10~12	5~6
陶瓷、金刚石聚晶、石墨		12~20	5~6	10~15	5~6

冷却速度过慢，可能引起母材晶粒长大、强化相析出或残留奥氏体出现等，影响母材性能；冷却速度过快，可能使焊件冷却不均匀，形成热应力和变形，有时会出现钎缝开裂现象。因此具体确定冷却速度时也需根据所钎焊的母材和钎料特性、焊件尺寸和结构特性以及焊接的热处理制度、生产率要求等因素加以综合考虑。

2. 真空度与工作气氛

对于真空钎焊、保护气氛钎焊等工艺，真空度与工作气氛的情况也是钎焊热循环中应考虑的参数。

真空度的确定应考虑在所采用的工艺条件下，能够对母材和钎料形成良好的保护，能够去除或破坏氧化膜，保证钎料润湿铺展过程的产生，同时还需考虑钎焊过程中母材及钎料中元素挥发因素的影响以及采用的设备条件等因素。

工作真空度又称为热态真空度，是指从开始加热到填气冷却这段时间的炉内真空度。由于加热时，焊件、夹具要析出气体，使用膏状钎料时黏结剂挥发等因素，会不同程度地引起冷态真空度的降低。但是在钎焊温度下，要求炉内真空度基本恢复到冷态真空度，通常是采用适当延长稳定时间的方法来实现。如果钎料中含有蒸气压较高的合金元素，为防止合金元素大量挥发而污染炉膛，这时热态真空度与冷态真空度相差较大。例如，在用铜基钎料时，因为铜在940℃的蒸气压为1Pa，所以在940℃以上不允许把炉内压力降至1Pa以下，否则随着温度的进一步升高，会出现铜的大量挥发而造成：

1）蒸发的元素污染焊件表面，可能将不需要连接但相互配合的焊件或夹具结合起来。

2）过量蒸发会使焊件表面粗糙，或使钎缝出现空穴缺陷，并改变金属的原有性能。

3）蒸发物附着、沉积在炉内元件上，会造成炉内电气绝缘能力降低或短路等事故。

一般来说，10^{-2}Pa的真空度可以满足大多数合金的钎焊要求，但对于一些活泼易氧化合金，如钎焊铝合金或者含有 Ti、Zr、Hf、Al 等元素的合金以及使用含有这些活性元素钎料时往往需要更高的真空度。而对于含有 Cu、Mn 等在钎焊温度下蒸气压较高的母材或钎料钎焊时应采用较低的真空度或采取充入一定分压惰性气体的工艺措施。由于真空中主要为辐射加热，多层结构不利于焊件的传热和均温，有时为了升温均匀需通入一定分压的惰性气体以增强升温过程中的热传导作用。惰性气体保护时，气体流量应保证良好的驱气效果和焊件、钎料良好的保护状态，在保证保护效果的前提下，应采用相对较小的气流量。

真空钎焊时，由于工装及焊件表面污物和氧化膜的存在，以及设备、工装和焊件的表面吸附和黏结剂的使用等因素，在钎焊加热过程中总伴随着气体释放，从而影响钎焊过程中的真空度。因此在确定钎焊工艺时应考虑真空度的影响，在焊件放气强烈的温度范围应采取保温或缓升的工艺措施，在装炉量较大时也应采取缓升的措施，以保证升温过程必要的真空度。

图 5-6 所示为采用 BNi82CrSiB 粉末状钎料进行不锈钢焊件真空钎焊时的典型钎焊温度曲线。程序段 1 以 10℃ 左右的加热速度升温；程度段 2 是在黏结剂挥发的温度进行保温，让黏结剂充分挥发，以便维持足够高的真空度，并避免黏结剂快速挥发引起钎料飞溅；程序段 3 为正常速度的升温段；程序段 4 是在钎料固相线温度稍下面的温度保温，以实现焊件各部分的充分均温，以便后续升温时焊件各部分同时达到钎料熔化填缝温度，以利于均匀钎缝形成；程序段 5 在保温均温后以较快的加热速度升至钎焊温度，

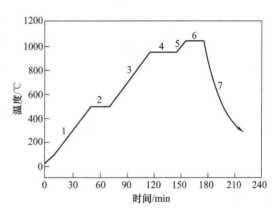

图 5-6　采用 BNi82CrSiB 粉末状钎料进行不锈钢焊件真空钎焊时的典型钎焊温度曲线

以保证钎料很好的流动性和填缝性能；程序段 6 为钎焊保温段，在没有特殊扩散要求时，能保证焊件各处形成完整钎缝，一般为 10～20min；钎焊保温完毕后，没有特殊要求时采用真空炉内自然冷却，如程序段 7 所示。

5.4　钎焊后处理

经钎焊后的焊件，在投入使用前还必须根据技术指标及其他要求进行相应处理，包括钎剂残渣清除、阻流剂去除及焊后热处理等。

5.4.1　残余钎剂与阻流剂的去除

1. 残余钎剂的去除

大多数钎剂对钎焊接头和焊件具有腐蚀作用，影响焊件使用寿命，同时也会妨碍对钎缝质量的检查，影响焊件外观质量，因此钎焊后必须将其去除干净。钎剂去除方法主要有水洗、化学清洗和机械清理三种。因钎剂种类和性质不同，去除钎剂的方法也不同。

对于水溶性软钎剂，如水溶性有机软钎剂和无机酸类软钎剂，可用热水洗涤方法去除。

对于由凡士林调成的膏状钎剂、活性松香类钎剂等，应采用有机溶液进行清除，常用的有机溶液包括酒精、异丙醇、汽油、三氯乙烯等。对于无机盐类软钎剂产生的不溶于水的钎剂残渣（含有氯化锌），可先用体积分数为 2% 的盐酸溶液洗涤，再用氢氧化钠水溶液中和，最后用热水和冷水洗净。对于难清洗的软钎剂残渣，有时需采用复合清洗方式去除。软钎剂松香不会起腐蚀作用，不必清除。含松香的活性钎剂残渣不溶于水，可用异丙醇、酒精、汽油、三氯乙烯等有机溶液除去。

硼砂-硼酸钎剂残渣呈玻璃状黏在接头表面，很难去除，一般采用机械方法去除，如喷砂等。较简便的方法是将钎焊完的焊件在热态下直接放入水中，因热膨胀系数不同使钎剂开裂而去除，但这种方法不适合对热冲击敏感的接头。另外，还可将焊件放置在温度为 70~90℃、质量分数为 2%~30% 的重铬酸钾溶液中长时间浸泡去除。钎剂中含氟化钙时，可先在沸水中清洗 10~15min，然后在温度为 120~140℃，质量浓度为 300~500g/L 的氢氧化钠和 50~80g/L 的氟化钠水溶液中长时间浸煮去除。钎剂中含有较多氟硼酸钾或氟化钾时，不会形成玻璃状残渣，可用水煮或在体积分数为 10% 的柠檬酸热水中浸泡去除。含其他氟化物的钎剂残渣，如在不锈钢或铜合金表面，可先用 70~90℃ 热水清洗 15~20min，再用冷水清洗 30min。如果是结构钢接头，用温度为 70~90℃、质量分数为 2%~3% 的铬酸钠或铬酸钾溶液清洗 20~30min，再在质量分数为 1% 的重铬酸盐溶液中洗涤 10~15min，最后以清水洗净重铬酸盐并干燥。清洗均不应迟于钎焊后 1h。

铝用硬钎剂尤其是氯化物钎剂腐蚀性强，钎焊后应立即彻底去除。下面列出一些清洗方法，可以得到较好的效果。如有可能，可将热态焊件放入冷水中，使钎剂残渣崩裂，但易引起焊件变形或开裂，应慎重使用。

1）60~80℃ 流动热水冲洗 10~15min，再流动冷水冲洗 30min。放在体积分数为 2%~4% 的草酸、体积分数为 1%~7% 的 NaF 和体积分数为 0.05% 的海鸥牌洗涤剂溶液中浸泡 5~10min，再用流动冷水冲洗 20min，然后放在 10%~15% 硝酸溶液中浸泡 5~10min，取出后再用冷水冲洗。

2）60~80℃ 流动热水冲洗 10~15min。放在 65~75℃、体积分数为 32% 的 CrO、体积分数为 5% 的 H_3PO_4 水溶液中浸泡 5min，再用冷水冲洗，热水煮，冷水浸泡 8 h。

3）60~80℃ 热水中浸泡 10min，用毛刷仔细清洗钎缝上的残渣，冷水冲洗，放在体积分数为 15% 的 HNO_3 水溶液中浸泡约 30min，再用冷水冲洗。

对于铝用氟化物钎剂，其残渣清除方法为：将焊件放在体积分数为 7% 草酸和体积分数为 7% 硝酸组成的水溶液中，先用毛刷仔细清洗钎缝，再浸泡 90min，最后用冷水冲洗干净。

2. 阻流剂的去除

焊件上阻流剂多数情况下可以采用机械方法进行去除，如采用擦洗、压缩空气吹、水洗或超声波水洗等方法去除，或采用毛刷、金属丝刷等方法去除。如果阻流剂与母材表面存在相互作用，可用热硝酸-氢氟酸浸洗去除。但如果钎料中含有 Cu 或 Ag 时，应避免采用上述方法，这时可用浓氢氧化钠溶液清洗去除。采用化学方法去除阻流剂后，必须用清水将残余酸、碱彻底冲洗掉。

5.4.2　钎焊后热处理

钎焊后热处理的目的是提高焊件的整体性能水平，包括提高母材本身性能和提高接头性能两个方面。由于钎焊热循环常常伴随母材性能的降低，钎焊后热处理经常是为恢复母材性能而进行的。在安排为强化母材本身而进行的热处理时，如有可能应选择钎焊温度合适的钎料，使钎焊过程和热处理过程可以在同一个热循环中完成，以提高生产率。如果钎焊后安排单独的热处理，则热处理温度应在钎料重熔的温度以下进行，以免钎缝开裂。如有必要应采用合适的热处理工装以防止钎缝开裂和焊件变形。

为改善或提高接头性能而进行的热处理主要有两类：一是改善接头组织而进行的扩散处理；二是为消除残余应力而进行的退火处理。扩散处理常与钎焊过程在同一个热循环中一起完成，或单独进行扩散处理。采用非真空的单独的扩散处理时，处理温度应控制在钎料的固相线温度以下。如果焊件是在夹具中完成钎焊的，则其钎焊后热处理也应在夹具中进行，以避免变形。

5.5　钎焊操作安全与防护

焊接安全技术包括焊接技术、劳动卫生、劳动防护和安全技术四个领域。目前，国外对这个综合性学科进行了大量研究，形成了焊接（包括钎焊）安全与卫生的独立综合性学科。国内近年来也做了大量研究工作，并取得一定成果。国外先进国家在焊接安全与防护方面都有相应的法规和标准，国内有关这方面的法规和标准目前还不够完善。由于焊接操作者缺乏焊接安全知识，同时又少有相应的法规和标准遵循，所以在焊接实际操作中难免出现事故，有时甚至造成严重的人身伤亡。因此必须了解和掌握钎焊操作中的安全与防护，提高操作工人的焊接安全技术水平，增强防火防爆意识，减少工伤事故和尘毒危害，保障职工安全健康，纠正冒险违章作业。

由于钎焊技术种类繁多，它们的安全防护技术又各有特点，本节仅就火焰钎焊、浸渍钎焊、感应钎焊和炉中钎焊等操作中的安全与防护做简要叙述。

5.5.1　危险因素及注意事项

1. 钎焊材料中的有毒物质

钎焊时使用的各种钎剂、焊前和焊后使用的清洗剂等以及一些钎料和被焊母材金属中含有某些有毒物质，见表 5-9。

表 5-9　钎焊材料中的有毒物质

钎焊材料		有毒物质
钎剂	软钎剂	无机酸、无机和有机盐类
	硬钎剂	氯化物、氟化物、碘化物等
	气体钎剂	所有钎剂及其化合物的产物，如氯化氢、氟化氮、氯硼酸钾等
清洗剂		酸、碱类，有机溶剂如四氯化碳、三氯乙烯、四氯乙烯、丙酮等
母材、镀层和钎料		有毒金属元素 Be、Zn、Cd、Pb 等

在钎焊前后清洗金属焊件时，采用清洗剂，包括有机溶剂、酸类和碱类等化学物品，在清洗过程中会挥发出有毒气体。四氯化碳很少量时也会产生严重的累积危害；三氯乙烯和四氯乙烯受高温或电弧作用，会分解有毒卤素和光气（$COCl_2$，碳酰氯）。有机溶剂苯、甲苯、二甲苯毒性依次增大，长期吸入，微量浓度会产生头疼，严重会引起血小板下降，皮肤出现紫斑，甚至引发血液病。试剂中，氢氟酸是最容易对人体产生严重伤害的试剂，因为它与皮肤初始接触时毫无感觉，等到皮肤发痒、泡涨发白时，皮肤已深度腐蚀，腐蚀部位发黑坏死常导致截肢，目前还没有有效的救治方法，氟化氢气体也有同样的杀伤效果。其他酸或碱虽也会对皮肤造成伤害，但因接触皮肤便会有痛感，易发觉，用大量水冲洗并用对应的溶液浸泡即可缓解。

氟化物对人体的危害主要表现为骨骼疼痛、骨质疏松或变形，严重者会发生自发性骨折。对皮肤的损伤是发痒、疼痛和湿疹等。吸入较高浓度氟化物气体或蒸气，可引起鼻腔溃疡和喉咙黏膜充血，严重可导致支气管炎、肺炎等疾病。当使用含有氟化物的钎剂时，必须在有通风条件下进行钎焊，或者使用个人防护装备。当使用含有氟化物的钎剂进行浸渍钎焊时，排风系统必须保证环境浓度在规定范围内，现行国家规定最大允许浓度为 $1mg/m^3$。

当钎焊金属和钎料中含有毒性金属成分时，要严格采取防护措施，以免操作者发生中毒，这些金属包括 Be、Zn、Cd、Pd 等。Be 在原子能、航天和电子工业中应用价值很高，但它毒性大，钎焊时要特别重视安全防护措施。Be 主要通过呼吸道和有损伤的皮肤吸入人体，从体内排出速度缓慢，短期大量吸入会引起急性中毒，吸入 BeO 等难溶性化合物可引起慢性中毒，数年后发病，主要表现为呼吸道病变。Be 和 BeO 钎焊时，最好在密闭通风设备中进行，并应有净化装置，达到规定标准才可排出室外。Zn 及其化合物 $ZnCl_2$ 在钎焊时，Zn 和 $ZnCl_2$ 会挥发成为锌烟，人体吸入可引起金属烟雾热，症状为战栗、发烧、全身出汗、恶心头痛、四肢虚弱等。接触 $ZnCl_2$ 烟雾会引起肺损伤，接触 $ZnCl_2$ 溶液会引起皮肤溃疡。因此为了防止烟雾接触人体，必须使用个人防护设备和有良好的通风环境，当皮肤触到 $ZnCl_2$ 溶液时要用大量清水冲洗接触部位。Cd 通常是为了改善钎焊工艺性在钎料中加入的元素，加热时易挥发，可从呼吸道和消化道吸入人体，积蓄在肾、肝内，多经胆汁随粪便排出，短期吸入大量 Cd 烟尘或蒸气会引起急性中毒，长期低浓度接触 Cd 烟尘蒸气，会引起肺气肿、肾损伤、嗅觉障碍症和骨质软化症等。Pb 是软钎料中的主要成分，加热至 $400 \sim 500℃$ 时即可产生大量 Pb 蒸气，在空气中迅速生成 PbO，Pb 及其化合物 PbO 有相似的毒性，钎焊时主要是以烟尘蒸气形式经呼吸道进入人体，也可通过皮肤伤口吸收。Pb 蒸气中毒通常为慢性中毒，主要表现为神经衰弱综合征、消化系统疾病、贫血、周围神经炎、肾肝等脏器损伤等。我国现行规定车间空气中最高容许浓度，Pb 烟为 $0.03mg/m^3$，Pb 尘为 $0.05mg/m^3$。

由于钎焊前清洗和钎焊过程中会产生有毒、有害物质污染环境，损害操作者的健康，所以在钎焊操作过程中，必须采取妥善的防护措施。通常采用的有效防护措施是室内通风。它可将钎焊过程中所产生的有毒烟尘和有毒物质挥发气体排出室外，有效地保证操作者的健康和安全。

通常生产车间通风换气的方式有自然通风和机械通风。在工业生产厂房中，要求采用机械通风排除有毒物质。机械通风又可分为全面排风和局部排风两种。当钎焊过程中产生大量有毒物质，难以用局部排风排出室外时，可采用全面排风的方法加以补充排除。一般情况下是在车间两侧安装较长的均匀排风管道，用风机作为动力，全面排除室内的含毒物空气，或者在屋顶分散安装带有风帽的轴流式风机进行全面排风。但是全面排风效率较低、不经济，实际生产中应尽量采用局部排风。局部排风是排风系统中经济有效的排风方法。通常在有毒物质的发生源处设置排风罩，将钎焊时产生的有毒物质加以控制和排除，不使其任意扩散，因而排风效率高。

对腐蚀性气体和剧毒气体应单独设置排风系统，排入大气之前要进行预处理，达到国家规定的排放标准后方可排放。在限制的工作区，或者有隔板、障碍物等妨碍对流通风的钎焊空间内，必须提供足够的通风，以防止有毒物质积聚或钎焊操作者及其他人员发生缺氧中毒。不能保证通风条件时，必须提供国家职业安全部门规定的供气呼吸器或软管防毒面具，同时应在工作区外设置一名助手，以确保工作区内操作者的安全。

对有毒有害物品的存放和使用应严格按照有关环保及技术安全部门的相关管理规定进行，避免造成人身伤害和环境污染。对含有有毒有害物质的钎剂和钎料，在保管和使用时应特别注意，按有关规定采取特殊的防护措施，在其包装、盒子或包封上必须贴有明显、醒目的标志及注意事项。对含氟化物的钎剂，在其包装、盒子或包封上必须明确标注其中含有氟化物以及使用中的呼吸设备，在敞开空间使用时，如经空气取样试验证明氟化物含量低于规定的极限值（现行国家规定车间空气中最大允许浓度为 $1mg/m^3$），可不用专门的通风设施。当采用含氟化物的钎剂进行炉中钎焊时，要有专门的排气装置以及防腐蚀炉壁及炉内金属，且排气处理需符合环保标准。用含氟化物的钎剂槽进行浸渍钎焊时也要有适当的通风装置。

清洗操作场所也要采取适当的通风措施，安置设计良好的排气系统，有效地去除清洗槽和酸洗槽中产生的烟气。在使用酸和碱的过程中，必须按规定谨慎操作，储存容器应密闭并防止阳光直射。使用化学清洗剂之前应确定其成分是否易燃或产生有毒的烟气。一般禁止使用四氯化碳，三氯乙烯和四氯乙烯不应用于灼热焊件和电弧附近，要防止三氯乙烯和四氯乙烯的烟气进入有紫外线辐射存在的焊接环境中。苯和汽油等清洗剂有毒且易燃，应尽可能避免使用，如需使用则必须采取适当的防火措施。用有机溶剂脱脂的焊件，在钎焊前应完全晾干。如遇酸、碱伤害，酸伤害可在氢氧化铵或小苏打溶液中浸泡，碱伤害可在稀醋酸中浸泡等。对于防止各种化学药剂伤害的有效方法就是勤洗手，稍有疑惑，就立即洗手。

2. 易燃易爆物

火焰钎焊时常采用可燃气体或液体燃料（如乙炔、液化石油气、雾化汽油、煤气等）与助燃气体氧气或空气混合燃烧，这些燃料都是易燃易爆物。

乙炔又称为电石气，是不饱和碳氢化合物，化学式为 C_2H_2。纯乙炔无味，工业上的乙炔由于含微量杂质磷化氢而带有刺激性臭味。乙炔化学性质非常活泼，易与空气混合形成混合气，自燃点为 305℃，即使在常压下也易发生爆炸。乙炔与氧混合，爆炸极限较宽（2.8%~93%），其自燃点为 300℃。乙炔与氯气混合或与次氯酸盐等化合，也会引起爆炸。因此乙炔燃烧失火时，严禁用四氯化碳灭火器扑救。

乙炔有毒性。乙炔中毒主要表现为中枢神经系统损伤。其症状轻度表现为精神兴奋、多言、走路不稳；重度表现为意识障碍、呼吸困难、发呆、瞳孔反应消失、昏迷等。

碳化钙俗称为电石，分子式为 CaC_2。电石和水接触立即产生化合反应，生成乙炔并同时放出大量热量。电石与水的化合反应式为

$$CaC_2 + 2H_2O \longrightarrow C_2H_2 + Ca(OH)_2 + 130kJ/mol$$

工业上常常利用这个反应随时产生乙炔来焊接。电石属于遇水燃烧危险品。电石与水有很强的化学亲和力，它甚至能吸取空气中的水蒸气或夺取盐类中的结晶水而产生化合作用，如果乙炔发生器内的水量不足，或未按规定及时换水，致使水质混浊，电石分解产生的热量得不到良好冷却时，会使电石剧烈过热，温度超过580℃，即使在正常工作压力下，也会引起乙炔的燃烧和爆炸。因此电石过热是乙炔发生器着火爆炸的主要原因之一。电石具有腐蚀作用，接触皮肤会引起发炎和溃烂，对眼睛有严重伤害。电石由于含有磷化钙、砷化氢等杂质，与水作用放出磷化氢和砷化氢，对人体也是有害的。

液化石油气是炼油工业的副产品，其成分不稳定，主要由丙烷、丁烷、丙烯、丁烯等组成，其中丙烷占50%~80%。在常温常压下，液化石油气为气态，加压后变为液体，便于瓶装储存和运输。液化石油气各组分都能和空气形成爆炸性混合气体，但其爆炸极限范围窄，比乙炔安全得多，但与氧的混合气则有较宽的爆炸极限范围（3.2%~64%），易爆炸。液化石油气易挥发，容易从储瓶中泄漏逸出，由于它比空气重（密度约为空气的1.5倍），易流动积聚在低处。另外，液化石油气闪点低，其主要成分丙烷沸点为-42℃，闪点为-20℃，所以在低温时，它也具有很大的易燃性。

液化石油气有一定毒性，空气中含量很少时，人吸入不会中毒，但当它的浓度较高时，就会引起麻醉，在浓度大于10%的空气中停留3min后，就会使人头脑发晕。随着我国石油工业的发展，液化石油气来源丰富，相比于乙炔又具有良好的安全性，可作为替代品代替乙炔使用。

氧气瓶、乙炔瓶、液化石油气瓶等都属于压力容器。氧气瓶是压缩气瓶，是用于存储和运输氧气的高压容器，满瓶压力高达1470MPa。乙炔瓶是溶解气瓶，常温下满瓶压力为151.9MPa。液化石油气瓶是液化气瓶，常温下最大工作压力为156.8MPa。可燃气体与压力容器接触，同时又使用明火，如果焊接设备或安全装置有缺陷，或违反安全操作规程，就有可能发生爆炸和火灾事故。

浸渍钎焊时，如果焊件表面和钎剂中有残留水分，会在进入盐浴槽瞬间即可产生大量蒸汽，使溶液飞溅，发生剧烈爆炸造成严重火灾，危害人身安全。

另外，在真空钎焊时，如果对设备操作不当，有可能造成阀门串气或泄漏而引起扩散泵爆炸，也有因设备故障发生爆炸的危险事故，如在高温时冷却水内漏，使真空设备中产生大量蒸汽，瞬时变为正压，因此有关人员对真空钎焊过程中的安全操作也应给予足够重视。

总之，操作者对钎焊生产中涉及的易燃易爆物以及易燃易爆因素的危害应有充分认识，在钎焊操作过程中应严格遵守相关的劳动安全生产法律法规，认真遵守操作规程。

3. 高频电磁场

感应钎焊时采用的高频感应加热热源在工作过程中的高频电磁场泄漏严重，对周围环境构成严重的电磁波污染，造成无线电波干扰和对人体健康危害。

高频电磁场对人体的危害主要是引起中枢神经系统机能障碍和交感神经紧张的自主神经失调，主要症状是头昏、头痛、全身无力、疲劳、失眠、健忘、多汗、脱发、消瘦、易激动、工作效率低等。但上述的障碍不属于器质性的改变，只需脱离工作现场一段时间，人体即可恢复正常，采取一定的防护措施可完全避免高频电磁场对人体的危害。

4. 噪声

钎焊设备如真空钎焊炉的真空系统、循环水冷却系统等工作时产生噪声，也会对身体有危害。首先是听觉器官，强烈的噪声和长时间暴露在一定强度的噪声环境中，可引起听觉障碍、噪声性耳聋等症状。此外，噪声对中枢神经系统和血管系统也有不良影响，引起血压升高、心跳过快等症状，还会使人产生厌倦、烦躁等现象。

5.5.2　常用钎焊方法的安全操作及健康防护

1. 浸渍钎焊的安全操作及健康防护

浸渍钎焊分为盐浴钎焊和金属浴钎焊两种。它们是将焊件局部或整体浸入熔融的盐液或熔化钎料中进行加热和钎焊的方法。浸渍钎焊的优点是加热速度快，生产率高，液态介质保护焊件不被氧化，特别适用于大规模连续性生产；缺点是能耗大，钎焊过程中从熔盐中挥发出大量有害气体，严重污染环境。因此，浸渍钎焊操作过程中必须采取严格的防护措施，以保证操作者的人身安全。

盐浴钎焊时所用的盐液多含有氯化物、氟化物和氰化物盐类，在钎焊加热过程中会大量地挥发有毒气体。另外，在进行金属浴钎焊时，钎料中又含有挥发性金属，如铍、锌、镉、铅等，金属蒸气对人体十分有害，如铍蒸气有剧毒。在软钎焊时，钎剂中所含的有机溶液蒸发出来的气体对人体也十分有害。因为这些有害气体和金属蒸气密度都较大，必须要严格采取防护措施排除，以免操作者发生中毒。

另外，在浸渍钎焊过程中，必须要把浸入盐浴槽中的焊件烘烤干燥，不得在焊件上留有水分，否则当浸入盐浴槽时，瞬间即可产生大量蒸汽，使溶液飞溅，发生剧烈爆炸造成严重的火灾和人体烧伤。在向盐浴槽中添加钎剂时，也必须事先把钎剂充分烘干，不仅要求去除其潮气，同时还要消除钎剂中的结晶水，否则也会引发爆炸。

2. 火焰钎焊的安全操作及健康防护

火焰钎焊时常采用氧乙炔焰、压缩空气-雾化汽油火焰、空气-液化石油气火焰等进行钎焊加热，这些气体都是易燃易爆气体，使用的容器为压力容器，在搬运、储存这些材料和气体时，都易产生不安全因素，操作不当易发生事故。

钎焊前应严格检查设备及安全装置。氧气瓶应符合国家颁布的 TSG 23—2021《气瓶安全技术规程》及 GB 50030—2013《氧气站设计规范》的规定。乙炔瓶的充装、检验、运输、储存等均应符合国家质量监督检验检疫总局颁布的《气瓶安全监察规定》（国家质监总局令第 166 号）。用于钎焊的液化石油气钢瓶的制造和充装量都应符合 GB 5842—2023《液化石油气钢瓶》的规定。检查瓶阀、接管螺纹和减压器等有无缺陷，减压器不得沾有油污，如发现漏气、滑扣和表针不正常等情况应及时维修，在安装和拆卸减压器时，不能将面部正对着减压器。

钎焊过程中要严格遵守操作规程，以避免爆炸和火灾事故发生。

用乙炔发生器制取乙炔时，应先检查设备，确认各部分正常后方可灌水加料。发生器起动前和工作过程中，应仔细检查压力表、温度计、安全阀及各接头处，如果出现压力过大或温度过高等异常情况，应采取措施或暂时停止工作。

使用乙炔瓶时注意竖立放置后，应静候 15min 左右再装减压器，瓶阀开启也不要过量，一般开启 3/4 转为宜。使用时必须配置乙炔专用减压器和回火防止器，并采取防止冻结措施。一旦冻结，应用热水或水蒸气解冻，禁止采用明火烘烤或用铁器敲打解冻。乙炔瓶体表面温度不得超过40℃，防止因乙炔在丙酮中溶解度下降导致压力剧增。乙炔瓶不能经受剧烈振动或撞击。在室内存放时应注意通风换气，防止泄漏的乙炔气滞留室内。

乙炔瓶要比乙炔发生器安全得多。此外，因瓶装乙炔纯度高，在钎焊有色金属时有重要意义。例如，用电石气钎焊铝合金时，接头处常常发黑，而用瓶装乙炔钎焊则没有这一弊病。此外乙炔瓶还有节省能源、操作方便和减少公害等优点，因此在国内已逐步取代了移动式乙炔发生器。

在进行手工火焰钎焊时，焊炬（枪）、气体胶管的使用安全也很重要。按现行标准，焊接中使用的氧气胶管为黑色，乙炔胶管为红色。焊接前，应检查胶管有无磨损、扎伤、刺孔、老化、裂纹等情况，并及时修理或更换。乙炔胶管与氧气胶管不能相互换用，不得用其他胶管代替。氧气、乙炔胶管与回火防止器、汇流排等导管连接时，管径必须互相吻合，并用管卡严密固定。

焊炬（枪）应符合 GB/T 15579.7—2023 等标准的要求，焊炬（枪）在使用前应检查射吸能力、气密性等技术性能及其气路通畅情况。焊炬（枪）各气体通路均不得沾染油脂，以防氧气遇到油脂而燃烧爆炸。焊嘴的配合面不能碰伤，以防因漏气而影响使用。焊炬（枪）应定期检查维护。

3. 炉中钎焊的安全操作及健康防护

炉中钎焊包括气体保护炉中钎焊和真空炉中钎焊两种。常用的保护气体为氢气、氩气和氮气。氩气和氮气不燃烧，使用安全。氢气为易燃易爆气体，使用时要严加注意。

防止氢气爆炸的主要措施是加强通风。除氢炉操作间整体通风外，因其密度小，泄漏时常向室顶集聚，因此设备上方要安装局部排风设施。设备起动前必须先开通风，定期检查设备和供气管道是否漏气，如果发现漏气必须修复后才能使用。氢炉起动前，应先向炉内充氮气以排除炉内空气，然后通氢气排氮气，绝对禁止直接通氢气排除炉内空气。

熄炉时也要先通氮气排氢气，然后才可停炉。密闭氢炉必须安装防爆装置。氢炉旁边应常备氮气瓶，当氢气突然中断供气时，应立即通氮气保护炉腔和焊件。此外，氢炉操作间内禁止使用明火，电源开关最好用防爆开关，氢炉接地要良好等。

真空炉使用安全可靠，操作时要求炉内保持清洁，真空炉停炉不工作时也要抽真空保护，不得泄漏大气。钎焊完毕时，炉温降到400℃以下，才可关闭扩散泵电源，待扩散泵冷却低于70℃时才可关闭机械泵电源，保证焊件和炉腔内部不被氧化。

禁止在真空炉中钎焊含有 Zn、Mg、P、Cd 等易蒸发元素的金属或合金，以保持炉内清洁不受污染。

4. 感应钎焊的安全操作及健康防护

感应钎焊是将焊件放在感应线圈所产生的交变磁场中，依靠感应电流加热焊件。

生产实践表明，感应钎焊时电流频率使用范围较宽，一般可在 10～460kHz 间选用。对高频加热电源最有效的防护是对其泄漏出来的电磁场进行有效屏蔽。通常是采用整体屏蔽，即将高频设备和馈线、感应线圈等放置在屏蔽室内。操作者在屏蔽室外进行操作。

屏蔽室墙壁一般采用铝板、铜板或钢板制成，板厚一般为 1.2～1.5mm。操作时对需要观察的部位可装活动门或开窗口，一般用 40 目（孔径 0.450mm）的钢丝屏蔽活动门或窗口。对于功率较大的高频设备还可用复合屏蔽的方法增强防护效果。通常是在屏蔽室内将高频变压器和馈线等高频泄漏源，先用金属板或双层金属网进行局部屏蔽。

　　设备起动操作前，仔细检查冷却水系统，只有冷却水系统工作正常时，才允许通电预热振荡管。设备检修一般不允许带电操作，如需要带电检修，操作者必须穿绝缘鞋，戴绝缘手套，而且必须另有专人监护。停电检修时，必须切断总电源开关，并用放电棒将各个电容器组放电后，才允许进行检修工作。

第6章 钎焊方法及设备

6.1 钎焊方法概述

钎焊方法虽有多种，但钎焊过程大致相同，即先对装配好的焊件、钎料、钎剂进行加热，随着加热温度升高，钎料和钎剂发生熔化，同时在钎剂或特定气氛作用下，完成焊件氧化膜去除，形成润湿条件，熔化的钎料润湿母材并靠毛细作用填入焊件间隙中，保温一定时间后冷却，钎料凝固形成牢固钎焊接头。由此可见，钎焊主要过程是创造必要的温度、气氛条件等，确保匹配适当的母材、钎料、钎剂或气体介质并使其进行必要的物理化学反应，从而完成钎焊，获得优质钎焊接头。

不同的钎焊方法实质上是通过不同途径创造上述条件，钎焊方法有以下几种分类。

（1）按照所采用钎料的熔点分类　按照所采用钎料的熔点可将钎焊分为两类：钎料的熔点低于450℃时称为软钎焊；高于450℃时称为硬钎焊。

（2）按照钎焊温度分类　按照钎焊温度高低可将钎焊分为高温钎焊、中温钎焊和低温钎焊，钎焊温度是相对于母材熔点而言的。例如：对于钢件，加热温度高于800℃称为高温钎焊，在550~800℃之间称为中温钎焊，加热温度低于550℃称为低温钎焊；但对于铝合金，加热温度高于450℃称为高温钎焊，在300~450℃之间称为中温钎焊，加热温度低于300℃称为低温钎焊。

（3）按照去除母材表面氧化膜方式分类　按照去除母材表面氧化膜方式可将钎焊分为钎剂钎焊、无钎剂钎焊、自钎剂钎焊、气体保护钎焊及真空钎焊等。

（4）按照接头形成特点分类　按照接头形成特点可将钎焊分为毛细钎焊和非毛细钎焊。液态钎料依靠毛细作用填入钎缝称为毛细钎焊；毛细作用在钎焊接头形成过程中不起主要作用称为非毛细钎焊。接触反应钎焊和扩散钎焊为最典型的非毛细钎焊。

（5）按照被连接母材或钎料类型分类　按照被连接母材或钎料类型不同可将钎焊分为铝钎焊、不锈钢钎焊、钛合金钎焊、高温合金钎焊、陶瓷钎焊、复合材料钎焊、银钎焊、铜钎焊等。

（6）按照热源种类分类　按照热源种类不同可将钎焊分为火焰钎焊、感应钎焊、电阻钎焊、浸渍钎焊、烙铁钎焊、炉中钎焊、超声波钎焊、激光钎焊等，具体分类如图6-1所示。本书主要介绍一些常用的钎焊方法。

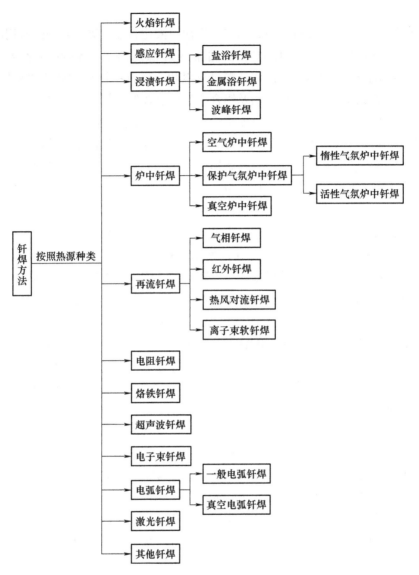

图 6-1 钎焊方法按照热源种类的分类

6.2 火焰钎焊

火焰钎焊是利用可燃性气体或液体燃料的汽化产物与氧或空气混合燃烧产生的火焰对焊件和钎料加热,实现钎焊的工艺方法。火焰钎焊是一种简单而实用的钎焊方法,由于工艺过程简单,又能保证钎焊质量,因此获得非常广泛的应用。火焰钎焊操作方便,所需设备简单轻便,燃气来源广泛,工艺成本低廉,主要用于低碳钢、低合金钢、不锈钢、铜及铜合金、硬质合金等材料构件局部加热钎焊,所采用的钎料以银钎料和铜基钎料为主。火焰钎焊还可用作采用铝基钎料的铝及铝合金小型件或薄壁件钎焊,也可用于软钎焊。火焰钎焊一般用于接头面积不大的分立接头的局部钎焊,不适用于大面积、密集接头或厚大件钎焊。火焰钎焊需采用钎剂。

用于火焰钎焊的燃气主要有乙炔、丙烷、汽油、液化石油气等，其中最常用的燃气为乙炔，氧乙炔焰的焰心温度可达3150℃，而通常钎焊温度略高于钎料熔化温度，一般在1200℃以下。为防止焊件过热及焊件和钎料过分氧化，常以中性焰或氧乙炔外焰区来加热。由于氧乙炔焰温度较高，因此在钎焊铝及铝合金等熔点较低的焊件时，可采用压缩空气代替氧气，也可用其他燃气代替乙炔，如压缩空气-雾化汽油火焰、空气-液化石油气火焰等。

火焰钎焊的主要工具是焊炬，和气焊焊炬一样，钎焊焊炬的作用是使可燃性气体与氧气或空气按适当比例混合后从出口喷出，燃烧形成火焰，因此其构造也与气焊焊炬相似。当采用氧乙炔焰时，一般可以使用普通气焊焊炬，但最好配上多孔喷嘴，这样火焰较柔和，截面积较大，温度比较适当，有利于保证均匀加热。使用其他火焰钎焊的焊炬均具有多孔喷嘴，或具有类似功能喷嘴结构。火焰钎焊时，应根据焊件结构和材料选择适当的焊炬结构形式和大小，根据钎焊温度高低和焊件耐温特性选择燃气种类。小而精密的焊件应选择较小的焊炬，对加热敏感的材料或结构应选择燃烧温度较低的气体，并采用多孔火焰喷嘴。焊炬及气体选择不当将增大钎焊操作难度，并可能造成焊件过热，对操作技巧要求更高。

除了手工火焰钎焊，为适应大批量生产需要，火焰钎焊也可实现机械化。此时应采用机械化专用设备，通常采用成组焊炬，配合以焊件运动或焊炬组运动均匀加热焊件。与手工火焰钎焊不同，自动火焰钎焊不仅可实现逐个接头的钎焊，也可实现多个接头同时钎焊，主要靠布置多个焊炬同时加热来实现。根据不同需求，焊炬喷嘴可设计成不同的结构形式，以达到最佳的钎焊加热效果。

火焰钎焊时，钎料的添加可采用预先安置或手动适时送进两种方式。火焰钎焊需配合使用合适的钎剂。钎料预先安置时，可采用环状、片状、粉末状、膏状或预制成其他形式预先安放在钎焊间隙内或紧靠间隙的位置，并以粉末状、膏状或溶液形式配合添加钎剂，将待焊处母材和钎料均匀覆盖，然后采用火焰手动或自动加热钎焊。手动送进钎料时，钎料形式采用丝状或棒状。最便于使用的钎剂形式是膏状或溶液钎剂，加热前即可均匀涂在母材和钎料上，防止加热过程中母材被氧化。另一种钎剂添加方法是利用烧热的钎料丝或棒黏附粉末钎剂，然后再送进加热的接头上，此种方法有可能使母材在加热初期失去保护而被氧化。近年来出现了商品化的、预先将钎剂附着在钎料棒上类似焊条结构的钎料和钎剂复合钎料棒，用其可直接进行钎焊，省去添加钎剂的过程。火焰钎焊时，也可采用气体钎剂进行焊件保护或去膜。气体钎剂由燃气携带进入火焰区，可直接起到保护焊件使其免受氧化和去膜的作用。气体钎剂也可和一般钎剂配合使用。采用气体钎剂可得到无氧化的焊件外观。

手工火焰钎焊时，开始应将焊炬沿钎焊间隙来回移动，使之均匀地加热到接近钎焊的温度，然后再从一端用火焰连续向前熔化钎料，并视情况适时添加钎料和钎剂，直至填满钎焊间隙。

手工火焰钎焊时，钎焊参数的控制主要靠操作者观察判断来实现，操作者凭经验将钎焊部位加热到比钎料熔点稍高的温度进行钎焊。应避免长时间加热烘烤焊件，以免造成母材过热、氧化和较大变形，影响焊件外观质量和降低力学性能。

手工火焰钎焊时，为准确掌握钎焊温度，避免焊件过热，可通过观察钎剂熔化情况判断钎焊温度，即采用一种熔化温度比钎料熔点略低的钎剂，此钎剂的熔化可作为已达到正确钎焊温度的指示剂。加热过程中应注意观察钎剂状态，一旦钎剂熔化完全成为流体，立刻送进钎料接触焊件，施加钎料一直到钎料完全流动并填满间隙，然后继续加热几秒钟，保温后停止加热。需注意的是，在钎焊过程中特别要避免火焰直接加热钎剂和钎料。

火焰钎焊的优点是：在空气中完成，不需要保护气体，通常需要使用钎剂；操作方便、灵活，也可实现自动化操作；钎焊用燃气种类多，来源方便，可根据成本、可获得性和焊件数量来选择；钎焊温度可通过气体火焰调整；设备成本低，操作技术容易掌握。

火焰钎焊的缺点是：手工操作时加热温度不易控制，要求操作者具有较高的操作水平和较丰富的经验；火焰钎焊为局部加热过程，操作不当会造成焊件内部热应力过大，导致焊件严重变形；火焰钎焊难以完成厚大焊件、钎缝密集或大面积钎缝的钎焊；由于在大气环境中完成，焊件有氧化现象，焊件外观不够美观，火焰钎焊采用的钎料及母材种类也受到限制。

采用与 Zn-xAl（x = 2、5、15、22、25）钎料相匹配的改进助焊剂 CsF-RbF-AlF$_3$ 进行 6061 铝合金与 304 不锈钢火焰钎焊，发现在 CsF-AlF$_3$ 助焊剂中加入 RbF，可改善 Zn-xAl 钎料在不锈钢上的扩散面积；Zn-15Al 钎料钎焊接头中既没有富 Zn 相，也没有 Fe$_2$Al$_5$ 相，接头抗剪强度最高可达 131MPa。Zn-15Al 钎料钎焊接头宏观照片如图 6-2 所示。

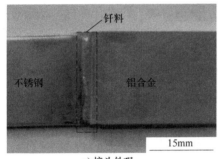

a) 接头外观

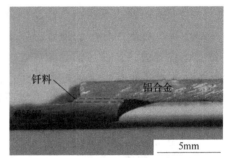

b) 接头横截面

图 6-2　Zn-15Al 钎料钎焊接头宏观照片

应用实例：设备维护人员对风冷式机房精密空调进行监视，多次发现低压报警故障，进行氮气制冷管路系统打压、保压，采用肥皂水捡漏、抽真空等措施，对系统漏点进行手工火焰钎焊，具体作业内容如图 6-3 所示。

a) 冷凝器补漏

b) 更换压缩机

图 6-3　火焰钎焊应用实例

c) 更换故障膨胀阀   d) 更换直阀

图 6-3 火焰钎焊应用实例（续）

6.3 感应钎焊

感应钎焊是将焊件待焊部位置于交变磁场中，通过电磁感应在焊件中产生感应电流实现焊件加热的一种钎焊方法。感应钎焊是一种局部加热，热量由焊件本身产生，热传递快，加热迅速，广泛用于结构钢、不锈钢、铜及铜合金、高温合金、钛合金等材料制成的具有对称形状的焊件的连接。对于铝合金，由于温度不易控制，不宜使用这种方法。感应钎焊特别适用于管件套接、管与法兰、轴与轴套类焊件的连接。

感应钎焊所用设备主要由交流电源和感应圈两部分组成。此外还需采用具有夹持、定位和保护焊件功能的工装夹具。感应钎焊设备原理和感应圈主要形式如图 6-4 和图 6-5 所示。

用于感应钎焊的交流电源主要是中频和高频电源。高频电源是将工频交流电通过整流、变频后的高频电流耦合输出到感应加热元件的设备。根据主功率元件种类将高频电源分为真空管振荡器类和半导体固态变频类两大类。随着变频技术及变频元件的发展，近年来半导体固态变频电源应用越来越多，已成为中频和高频电源的主流。频率越高，加热就越迅速，特别适合于薄件、小件钎焊。

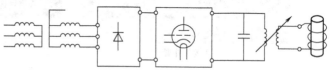

图 6-4 感应钎焊设备原理

图 6-5 感应圈主要形式

感应钎焊可提供比烙铁钎焊更快速、更均匀的加热效果。烙铁头会磨损且需经常更换，而感应线圈因采用非接触方式，几乎无磨损。用感应加热替代气体火焰进行钎焊有很多优点，能在单位面积材料上传导更多热量，通常在几秒钟就可达到钎焊温度，从而使加热周期变得更短，提高产量。

感应钎焊虽与电阻钎焊相似，热量均由电阻放热产生，但因感应钎焊热量是交流电通过线圈而非母材产生的，因此大部分钎剂可用于感应过程，而电阻钎焊则需对钎剂绝缘。感应加热还能改善工作环境和提高安全性，无须气体，没有明火，无须额外加热，且所有金属都可进行感应钎焊。感应钎焊允许快速局部加热，以最小强度损失连接高强度元件，准确控制加热速度和时间可有效地进行持续焊接。

感应钎焊时，需要辅助夹具来实现焊件夹持和定位，并保证焊件装配的准确性及与感应圈的相对位置。根据需要，夹具还具有通惰性气体保护焊接区域的功能，对于提高生产率和保证钎焊质量具有重要作用。感应钎焊夹具一般根据具体焊件进行设计，特别是在自动或半自动感应钎焊设备中，夹具已发展为一套复杂装置，并且在很多场合感应圈与夹具已设计为一体化结构，加热、定位、保护等功能进一步集成化。在夹具设计时应注意，与感应圈邻近的夹具材料不应选用导电金属材料，以免被感应加热。

感应钎焊可分为手工、半自动和自动三种方式。手工感应钎焊时，焊件装卸、钎焊过程实施和参数调节都由手工操作完成。该方式只适用于简单焊件小批量生产，生产率低，对操作者的技术水平要求高，但具有较大灵活性。半自动感应钎焊时，焊件装卸和通电加热仍靠人工操作，但钎焊过程参数控制、断电结束是借助时间继电器或光电控制器自动控制完成的，可较好地保证加热参数的一致性。自动感应钎焊使用的感应圈是盘式或隧道式，工作时感应圈一直通电，利用传送机构或转盘把焊件连续送入感应圈中。焊件所需加热参数是靠调整传送机构运动速度、控制焊件在感应圈中时间来保证的。

感应钎焊时，焊件置于感应圈中或附近，难以送进钎料，因此宜在装配时预先把钎料和钎剂安放好，可使用片状、丝状、粉末状、膏状或预先制成特定形状的钎料。安置钎料不宜形成导电封闭环，以免因自身感应电流加热而过早熔化。由于加热迅速，应选用毛细作用好、填充间隙能力强的钎料。

感应钎焊可在空气、保护气氛和真空中进行。在空气介质中钎焊时必须采用钎剂，可使用液态或膏状钎剂，在装配时均匀地涂于待焊区表面和钎料上。在保护气氛中钎焊时，焊接区需置于气体介质保护范围内，主要采用三种方式形成对钎焊区域的保护：一是采用局部封罩将焊件套在有保护气体的罩内；二是将焊件和感应圈均引入可控气氛工作箱内；三是将焊件直接置于由气体介质形成的气流场内进行加热。第三种方式主要针对小件钎焊，在保护气氛喷嘴吹拂下即可实现良好的保护和钎焊。采用局部封罩时，焊件置于容器中，感应圈的安放有置于封罩容器内和置于封罩容器外两种方式。置于封罩容器内时，感应圈直接加热焊件，此时容器应选用玻璃、陶瓷等不导电材料，为方便观察钎焊过程，最好选用透明材料。置于封罩容器外时，感应圈加热容器，靠容器向焊件的热传导来加热焊件，此时容器应为导热材料。另外还有一种新的局部保护感应钎焊方法，即采用良好导电材料制成一个对开的水冷保护罩，感应圈在保护罩外面，通电时由感应圈产生的一次交变磁场和由水冷保护罩形成的二次交变磁场叠加，形成对焊件加热。这种方法保护罩外面保持低温，特别适合飞机装配现场的导管连接。

气氛保护的另一种重要方法是在可控气氛的工作箱内完成钎焊。该方法可以获得很好的保护效果，已成为航空结构的主要钎焊工艺，采用设备主要是真空-惰性气体工作箱钎焊设备。该类设备主要由真空-惰性气体工作箱和感应加热电源两部分组成。其中，真空-惰性气体工作箱为一个真空箱体，并在真空箱一侧开有橡胶手套操作口，可抽真空和充入惰性气体。感应加热电源通过同轴电缆与工作箱内部的感应圈连接。工作时先将一批焊件装配好后放入工作箱内，抽真空后充入惰性气体，操作者通过密封的手套操作口和观察窗逐个完成每个焊件的感应钎焊操作。

感应钎焊也可在真空环境中完成，此时不能通过手套操作，焊件变位进给需由进给机构完成。真空感应钎焊时，由于稀薄气体很容易被击穿电离而放电，因此应特别考虑真空内高频传输导线和感应圈匝间绝缘的问题，一般传输导线和感应圈及连接处均应做绝缘保护。

感应钎焊效率高，特别适合需局部加热钎焊的结构，如导管结构等。采用气氛保护或真空感应钎焊时，接头具有很好的外观和冶金质量，但感应钎焊为局部加热，且加热、冷却速度较快，易形成较大热应力，另外感应钎焊受结构限制较大，限制了其应用范围。总之，感应钎焊以其不同于其他钎焊方法的显著特点而得到广泛应用。感应钎焊设备也向参数控制精确化、自动化和智能化方向发展。新的感应钎焊方法也在飞机上获得重要应用。感应钎焊是飞机和发动机制造的一种重要的钎焊工艺方法。

感应钎焊的特点是：加热速度快、生产率高；热影响区小、对基体损伤小；能避免或减少界面脆性化合物的形成，接头力学性能优异；可实现复杂界面的焊接。但其配套系统比较复杂，设备成本高，焊件装配难度大，感应钎焊要求将焊件的装配间隙适当减小。

研究表明，采用 Ni57Zr20Ti17Al5Sn1 钎料感应钎焊 304 不锈钢，钎焊 5s 和 10s 时，钎料与母材之间润湿性良好，20s 时出现过热现象；钎焊 10s 时，最大抗剪强度为 235MPa。

6.4　浸渍钎焊

浸渍钎焊是把焊件局部或整体浸入熔盐混合物溶液或钎料溶液中，依靠液体介质热量来实现钎焊的过程。浸渍钎焊由于液体介质热容量大、导热快，能迅速而均匀地加热焊件，因此生产率高，焊件变形、晶粒长大和脱碳等现象都不显著。钎焊过程中，液体介质又能隔绝空气，保护焊件不被氧化且溶液温度能精确地控制在 ±5℃ 范围内，因此钎焊过程容易实现机械化。在钎焊时，还能完成淬火、渗碳、碳氮共渗等热处理过程。工业上浸渍钎焊广泛用于钎焊各种合金，特别适用于大批量生产。浸渍钎焊按使用液体介质不同分为盐浴钎焊和金属浴钎焊。

6.4.1　盐浴钎焊

盐浴钎焊主要用于硬钎焊。熔盐液是加热和保护介质，必须予以正确选择。对熔盐的基本要求是：要有合适的熔点，对焊件能起保护作用而无不良影响；使用中能保持成分和性能稳定。熔盐液成分通常分以下几类：①中性氯盐，可防止焊件表面氧化；②在中性氯盐中加入少量钎剂，如硼砂，以提高去氧化能力；③渗碳和氮化盐，这些盐本身具有钎剂作用；④钎焊铝及铝合金用的熔盐液，既是导热介质，又是钎焊过程中的钎剂。为保证钎焊质量，须定期检查熔盐液成分及杂质含量，并加以调整。一些应用较广的熔盐混合物成分及特性见表 6-1，适用于以铜基钎料和银钎料钎焊碳钢、合金钢、铜及铜合金和高温合金。在这些熔盐液中浸渍钎焊时，需要使用钎剂去除氧化膜。

表 6-1　一些应用较广的熔盐混合物成分及特性

成分（质量分数,%）				熔点/℃	钎焊温度/℃
NaCl	CaCl₂	BaCl₂	KCl		
30	—	65	5	510	570～900
22	48	30	—	435	485～900
22	—	48	30	550	605～900
—	50	50	—	595	655～900
22.5	77.5	—	—	635	665～1300
—	—	—	100	962	1000～1300

盐浴钎焊原理如图 6-6 所示。盐浴钎焊时，焊件加热和保护均靠熔盐液实现，熔盐混合物的成分对钎焊效果影响较大，熔盐除要有合适的熔点外，还需对焊件起保护作用而无不良化学反应，使用中需保持成分和性能稳定。盐浴钎焊时，需在熔盐混合物中加入钎剂以去除氧化膜，保证钎焊顺利进行。当盐浴钎焊用于铝及铝合金时，可直接选用钎剂作为熔盐混合物。为保证钎焊质量，在使用过程中须定期检查熔盐的成分及杂质含量，并加以调整。盐浴钎焊可用于采用铜基钎料或银钎料钎焊结构钢、不锈钢、铜及铜合金和高温合金，也可用于采用铝基钎料钎焊铝合金。盐浴钎焊用于铝合金钎焊时具有钎焊温度控制准确、钎缝成形好等优点，已广泛用于雷达天线及大型、复杂换热器等铝合金结构。而对于钢、铜合金及高温合金，由于具有更为经济和符合环保要求的其他方法可供选择，已很少采用盐浴钎焊。

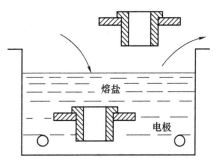

图 6-6　盐浴钎焊原理

盐浴钎焊时，由于熔盐液黏滞作用和电磁循环，焊件浸入时，焊件和钎料可能发生错位，因此必须进行可靠定位。盐浴钎焊时采用敷有钎料的复合钎焊板是最方便的，其次是使用箔状钎料，将其置于钎焊间隙内并夹紧固定。一般不宜采用将钎料置于间隙外的添加方式，因为除了有错位危险，还可能存在钎料过早熔化问题。

盐浴钎焊时，由于熔盐保护作用，使焊件及钎料加热过程氧化的可能性降低，铜基钎料钎焊结构钢时可不采用钎剂。钎焊铝合金时，由于熔盐本身就是钎剂，因此去膜效果很好，易获得比其他方法更好的润湿效果和钎着率，这也是铝合金构件仍然采用盐浴钎焊的重要原因。铝合金采用盐浴钎焊另一原因是铝合金钎焊温度范围较窄，而盐浴钎焊恰恰具有温度控制准确的优势，可保证较大结构件的均匀控温。

为减少焊件浸入时熔盐温度下降，缩短钎焊时间，防止焊件进入时发生熔盐飞溅、爆炸危险，最好采用两段加热钎焊的方式，即先将焊件置于电炉内预热到低于钎焊温度 200～300℃，再进行盐浴钎焊。

盐浴钎焊时需注意浸入和提出盐浴槽时焊件的方向。对钎缝沿细长孔道分布的焊件，不应使孔道水平地浸入熔盐液，这样会使空气被堵塞在孔道中而阻碍熔盐液流入，造成漏钎，必须以一定倾角浸入。钎焊结束后，焊件也应以一定倾角取出，以便熔盐液流出孔道，不致冷凝在里面。但倾角不能过大，以免尚未凝固的钎料流积在接头一端或流失。钎焊前，一切要接触熔盐液的器具均应预热除水，防止接触熔盐液时引起熔盐液猛烈喷溅。

盐浴钎焊完毕后，需采用适当工艺对残留在焊件上的盐进行彻底清洗。

盐浴钎焊的缺点：需要大量盐类，特别是钎焊铝及铝合金时需要大量使用含 LiCl 的钎剂，成本很高；清洗残留熔盐时会对环境造成污染；熔盐大量散热和放出腐蚀性气体，同时遇水有爆炸危险，工作条件较差；不适宜钎焊有深孔、盲孔或封闭性空腔的焊件，因熔盐液很难流入和排出，结构受到限制；通常需维持熔盐的熔化条件，能耗较大。盐浴钎焊因存在上述难以克服的缺点，其应用范围具有缩小趋势，除一些必须采用盐浴钎焊的结构，一般应减少盐浴钎焊的使用。

采用 BAl72SiCuZnSn 钎料对 6063 铝合金进行盐浴钎焊，工艺规范分别为 550℃、555℃、560℃、565℃、570℃保温 10min，其中 560℃时接头抗剪强度达到最大值 78MPa。钎焊温度较低时，钎料熔化不充分，钎料与母材相互作用较弱，难以形成较好的钎缝接头，随着钎焊温度升高，钎料充分熔化，钎料与母材相互扩散反应加剧，钎缝接头质量得到提高，但钎焊温度过高时，钎料与母材反应过于剧烈，母材溶蚀较严重，致使钎焊接头强度降低。不同温度下 6063 铝合金盐浴钎焊接头的抗剪强度见表 6-2。

表 6-2　不同温度下 6063 铝合金盐浴钎焊接头的抗剪强度

钎焊温度/℃	抗剪强度/MPa	钎焊温度/℃	抗剪强度/MPa
550	52	565	72
555	64	570	66
560	78	—	

6.4.2　金属浴钎焊

金属浴钎焊由于熔化钎料表面容易氧化，主要用于软钎焊。它是将经过表面清理并装配好的焊件进行钎剂处理，然后浸入熔化钎料中，依靠熔化钎料的热量将焊件加热到钎焊温度，同时钎料渗入钎焊间隙，完成钎焊过程。

焊件钎剂处理有两种方式：一种是将焊件先浸入熔化钎剂中，后浸入熔化钎料中；另一种是熔化钎料表面覆盖有一层钎剂，焊件浸入时先接触钎剂再接触熔化钎料。前一种方式适用于在熔化状态下不显著氧化的钎料。如果钎料在熔化状态下氧化严重，则必须采用后一种方式。

金属浴钎焊方法的优点是能够一次完成大量、多种和复杂钎缝的钎焊，工艺简单、生产率高；其主要缺点是焊件表面必须做阻焊处理，否则将全部沾满钎料，钎焊后往往还需花费大量劳动去清除这些钎料。另外，由于表面氧化，浸渍时混入污物以及母材溶解，槽中钎料很快变脏，需要经常更换或补充新的钎料。

目前，金属浴钎焊主要用于以软钎料钎焊钢、铜及铜合金。特别是对那些钎缝多而密集的产品，如蜂窝式换热器、电机电枢、汽车散热器等，用这种方法钎焊比用其他方法优越。浸渍钎焊方法在电子工业中应用甚广，并适应印制电路板制作需要，发展为机械化波峰钎焊方法。

6.4.3　波峰钎焊

波峰钎焊是软钎焊方法，其过程特点是用泵将液态钎料通过喷嘴向上喷起，形成 20～

400mm 波峰，以波峰去接触沿传送带前进的焊件，形成钎焊连接。单波峰钎焊原理如图 6-7 所示。它是将印制电路板底面与波峰液态钎料相接触，实现电器元件引线和铜箔电路板连接。由于波峰钎焊具有一定柔性，即使印制电路板不够平整，只要翘曲度在 3% 以下，仍然可得到良好的钎焊质量。但单波峰钎焊时，由于电路板组装密度大等原因，会产生大量漏焊和桥连缺陷，为此又开发出双波峰钎焊，其原理如图 6-8 所示。双波峰钎焊有两个钎焊波峰，前一波峰较窄，波高与波宽之比大于 1，峰端有 2~3 排交错排列的小波峰，在这样多头

的、上下左右不断快速流动的湍流波作用下，钎剂气体被排除，表面张力作用也被减弱，从而获得良好的钎焊质量。后一波峰为双向宽平波，钎料流动平坦而缓慢，可去除多余钎料，消除毛刺、桥连等缺陷。双波峰钎焊已在印制电路板插贴混装上广泛应用。

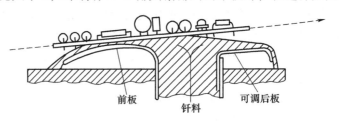

图 6-7　单波峰钎焊原理

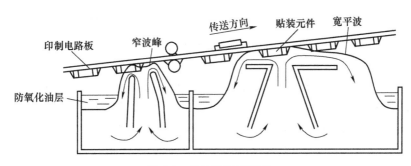

图 6-8　双波峰钎焊原理

波峰钎焊的特点是：钎料液面上没有氧化膜和污垢，可经常保持清洁状态；加热速度快，生产率高。波峰钎焊曾广泛用于电路板的钎焊流水线上，但随着片状元件发展和电路板精度提高，已越来越多地被再流钎焊所代替。

通过试验设计法分析变频空调主板波峰钎焊工艺，发现助焊剂流量对桥连缺陷率影响最大。当助焊剂流量为 40mL/min、轨道倾角为 6.8°、喷雾速度为 150mm/s、喷雾高度为 50mm、浸渍时间为 5s、预热温度为 100℃ 时，通过无铅波峰钎焊生产变频空调主板的缺陷率最低。

6.5　炉中钎焊

炉中钎焊是利用电阻加热炉来加热焊件实现钎焊的工艺方法。按照钎焊过程中钎焊区气氛的组成可分为三类：空气炉中钎焊、保护气氛炉中钎焊和真空炉中钎焊。炉中钎焊时焊件被整体加热，加热速度较慢，焊件变形小，适合于较大焊件、钎缝密集和较长钎缝以及大面积钎缝的钎焊。炉中钎焊由于一炉可以放置多个焊件，可实现连续或半连续操作等特点，也适合于较小焊件的大批量生产，通常也具有较高的生产率。

6.5.1　空气炉中钎焊

空气炉中钎焊原理很简单，即把装配好的装有钎料和钎剂的焊件放入普通工业炉中加热至钎焊温度，依靠钎剂去除钎焊表面和钎料氧化膜，形成润湿，钎料熔化后填入钎焊间隙，冷却凝固后形成钎焊接头。

空气炉中钎焊所使用的主要设备为普通工业炉，一般热处理炉可用于钎焊。空气炉中钎焊加热均匀，焊件变形小，所用设备简单，成本低廉。虽然加热速度较慢，但由于一炉可同时钎焊多个焊件，生产率仍很高。它的缺点是由于加热速度较慢，又是对焊件整体加热，因此钎焊加热过程中焊件会严重氧化，钎料熔点较高时就更为严重，因此空气炉中钎焊应用受到限制。运用该方法可以钎焊碳钢、合金钢、铜及铜合金、铝合金等。

空气炉中钎焊必须使用钎剂。钎剂可以粉末状使用，也可以水溶液或调成糊状使用，一般钎剂先涂在钎焊间隙和钎料上，然后再入炉钎焊。为了缩短焊件在高温停留时间，钎焊时可以先把炉温升高到稍高于钎焊温度，再放入焊件进行钎焊。

严格控制焊件加热均匀性和准确的钎焊温度是保证钎焊质量的重要环节。对于体积较大且比较复杂、各组合件的截面相差较大的焊件钎焊时，可采用如下措施：保证炉内温度均匀；钎焊前焊件先在低于钎焊温度下保温一段时间，力求整个焊件加热到温度一致；对于截面相差较大的焊件，在薄板一侧与加热体之间放置隔热屏（金属块或板）。钎焊铝合金时应控制炉温和钎焊温度波动不超过±5℃，同时必须保证炉膛温度均匀。

为实现铝和球墨铸铁钎焊，利用球墨铸铁热浸镀铝的预镀覆工艺，将铝-预镀层球墨铸铁置于空气炉中钎焊，铝-预镀层球墨铸铁钎焊接头由铝、钎缝中心区、铁铝金属间化合物层、球墨铸铁构成。在试验条件下，钎焊温度升高或保温时间延长，均会使钎料与母材相互扩散加剧，钎焊接头微观组织先致密再粗化。钎焊温度540℃、保温时间15min时，钎焊接头抗剪强度最高。

6.5.2　保护气氛炉中钎焊

保护气氛炉中钎焊的特点：加有钎料的焊件在气氛保护下的电炉中加热钎焊，可有效地阻止空气的不利影响。按照使用气氛作用不同，保护气氛炉中钎焊可分为活性气氛（如氢气、分解氨、气体钎剂等）炉中钎焊和惰性气氛（如氦气、氩气等）炉中钎焊。保护气氛炉中钎焊的焊件外观和钎缝质量均比空气炉中钎焊要好。保护气氛炉中钎焊适用于较大批量钎焊生产，适合钎焊铝合金、铜及铜合金、碳素钢、不锈钢、钛合金等多种材料。保护气氛炉中钎焊特别适合钎焊质量要求较高而材料本身又含有易挥发元素的结构。保护气氛炉中钎焊多数情况下不需要钎剂，但在某些时候需要钎剂。保护气氛主要作用是保护焊件免被氧化，去膜的过程仍然需要钎剂来完成。例如，采用氮气保护的铝合金 Nocolok 钎焊。为了获得良好的润湿性，惰性气氛炉中钎焊时可采用自钎剂钎料。

采用氢气作为活性气氛钎焊时，为防止氢气中混有空气而引起爆炸，炉子或容器加热前应先用惰性气体进行置换，充分排出其中空气后再引入氢气，并对出气口排出气体进行试纯，确认不会发生爆炸后将排出气体点燃。采用惰性气氛钎焊时，加热前也应先采用惰性气体驱排其中空气。采用抽真空排气的方法效果最好，可保证残余空气含量降至很低，从而获得更满意的保护效果。

在钎焊加热过程中，外界空气的渗入、容器和焊件表面吸附气体释放、氧化物分解或还原等，将导致保护气氛中氧、水分等杂质增多。如果保护气氛处于静止状态，随着保护气体介质中的氧、水分含量增加，杂质与焊件或钎料反应将建立新的热力学平衡，使去膜过程终止，甚至逆转为氧化。因此在钎焊加热全过程中，应连续向炉中或容器内送入新鲜保护气体，排出其中已混入杂质的气体，使焊件在流动纯净的气氛中完成钎焊。这是保持钎焊区保护气氛纯度的需要，也是保持一定炉内正压、防止空气倒灌所必需的。对于排出的氢气，应在出气口燃烧掉，以消除它积聚爆炸的危险。

保护气氛炉中钎焊时，需控制的主要钎焊参数是钎焊温度，包括升温、保温和降温的整个钎焊过程。由于焊件升温需要一个过程，且有炉温均匀性、焊件结构不均匀等因素的影响，炉温与焊件温度往往不一致，因此不能只靠盲目监控炉温来控制加热，还必须直接监控焊件温度，而且对于大件或复杂结构，还必须监测多点温度，以保证焊件各个部分的温度均匀性，使焊件各处均获得良好钎焊。

停止加热降温后，应等待炉中或容器中焊件温度降至安全温度（如 150℃）以下再停止输送气体，以防止热元件或焊件的氧化，也是为了防止氢气发生爆炸。

保护气氛炉中钎焊往往可以获得很好的钎焊质量，特别是采用氢气保护时，钎焊接头质量更高。如果采用连续钎焊设备，还可以获得很高的生产率，从而降低钎焊成本。但与真空炉中钎焊相比，保护气氛炉中钎焊工艺显得有些复杂，设备通用性不强。对于母材本身或采用的钎料含有易挥发元素的情况，保护气氛炉中钎焊是必须采用的工艺，真空炉中钎焊无法将其完全取代。

用 HL401 铝基钎料配合 QJ201 钎剂在氩气保护下炉中钎焊获得质量较好的 $SiC_p/101Al$ 复合材料钎焊接头，钎缝组织致密，未发现有气孔、夹杂和微裂纹等缺陷。在钎焊温度 575℃、保温时间 5min 时获得的接头质量最好，接头抗剪强度达 90MPa。

6.5.3 真空炉中钎焊

真空炉中钎焊是在真空环境下对已经装配好钎料的焊件进行加热，利用真空条件下一系列对钎焊有利的物理化学反应，实现去膜和润湿，形成钎焊的工艺方法。真空炉中钎焊是相对较新的钎焊方法，它不需要钎剂，钎焊接头光亮致密，具有良好的力学性能和耐蚀性，焊件美观，对材料和结构适应性强，广泛用于铝合金、钛合金、不锈钢、高温合金、难熔金属及结构钢、铜合金等结构的钎焊。

真空炉中钎焊具有如下特点。

1）不采用钎剂，焊件不氧化，钎缝成形美观。

2）整体加热，热应力小，焊件变形小。

3）钎焊精度高，可实现无余量加工和精密钎焊。

4）可实现按炉次的批量生产。

5）可实现钎焊和热处理的一体化工艺。

6）钎焊参数控制准确，产品质量稳定。

7）节能、环保、洁净、对人体无害，是符合环保要求的钎焊方法。

1. 真空炉中钎焊的基本原理

在真空气氛保护下加热可减少母材和钎料的氧化，使母材和钎料表面氧化膜分解、去除或破坏，钎料熔化后对母材形成润湿，在毛细作用下填缝，冷却后形成接头。真空炉中钎焊一般不需要钎剂，钎焊后不需要清洗钎剂，焊件免受氧化，钎缝成形美观，是高质量的钎焊工艺方法。

真空气氛下氧化膜的去除机理是高真空度减少了金属加热过程中的氧化，并发生了以下反应：①真空下氧化膜分解；②氧化物挥发；③H 或 CO 对氧化膜的还原作用；④C 对氧化膜的还原作用；⑤表面的氧向材料内部扩散或溶解；⑥致密氧化膜破裂等。以上反应的综合作用使氧化膜去除或破坏，促进钎料对母材润湿。

从真空条件下去膜机理的热力学条件看，氧化膜去除不仅与真空度有关，还需要一定的钎焊温度。

2. 真空炉中钎焊工艺

真空炉中钎焊工艺一般需经过以下过程：表面准备→焊件的装配与定位→钎料的添加→真空炉中钎焊热循环→焊后检验→钎焊后处理等。真空炉中钎焊时需控制的工艺要点包括焊件和钎料的表面质量、焊件配合形式和间隙、钎料的添加放置、加热速度、钎焊温度、保温时间、真空度等。

焊件首先需要进行表面准备，所有表面应为经过机加工、吹砂或化学清洗过的无氧化膜、无油污的洁净表面，较低温度下的钎焊对表面的洁净度要求更高。在润湿有困难时可以考虑表面镀膜，一般为镀镍、镀银、镀铜等。

焊件需装配与定位，焊件间应能保持正确的位置关系和钎焊间隙，或钎焊间隙在钎料熔化后可以闭合。装配一般可以利用焊件的自定位、点焊定位、工装定位、重物及其他辅助定位方式。

真空炉中钎焊时需预先添加、放置钎料，根据不同情况可以采用粉末状、片状、丝状等不同钎料形式。粉末状钎料添加可采用下列方法：与黏结剂混合调制成膏状，再用注射器添加或手工添加；手工直接添加后采用黏结剂固定；制成黏带钎料（粉末状钎料与黏结剂混合轧制成带状）等。片状钎料一般加在钎焊间隙中间，大面积钎缝使用片状钎料时，应对焊件施加一定压力，以便钎料熔化后被钎料占据的钎焊间隙可以闭合。片状钎料可采用储能点焊进行定位。丝、环及预成形钎料可放在紧邻钎缝处或预先加工的钎料槽内，尽可能考虑重力作用，使钎料流动方向向下。

在焊件完成整体装配和固定、钎料添加和装炉后开始钎焊热循环过程。首先需要按照真空炉操作顺序抽真空，真空度达到预定数值后开始加热，在加热过程中真空机组应保持工作，将释放的气体抽出，以维持炉内必要的真空度。加热保温结束后，焊件应继续在真空环境中冷却至 150~200℃，以防止焊件氧化。一般无特殊要求的钎焊可随炉冷却，有冷却速度要求的按相应冷却曲线进行，需快冷的焊件可进行真空气淬冷却。对热膨胀系数相差较大、易产生热应力的结构（如陶瓷的钎焊等），应采用缓冷的方法。根据需要，钎焊加热完成后，接着进行焊件热处理，即钎焊和热处理在同一炉次内完成，也称钎焊-热处理一体化工艺。钎焊-热处理一体化工艺一般需要快冷，通常采用通入惰性气体的气淬快冷工艺。钎焊-热处理一体化工艺需考虑钎焊保温温度与焊件热处理温度相一致，使用设备应具有特殊的快冷功能。

选用非晶 BCu78SnNiP 钎料真空炉中钎焊多孔泡沫铜与铜，在剪切试验中，由于随着孔隙密度增大，接头中形成更多空腔，因此抗剪强度随着孔隙密度增大而减小。孔隙密度为

15 的多孔泡沫铜/铜接头横截面如图 6-9 所示。采用 BNi93SiB 和 BNi82CrSiBFe 两种钎料真空炉中钎焊 TiAl 合金，用 Ni-Cr-Fe-Si-B 钎料的钎焊接头最大抗剪强度达到 240MPa，用 Ni-Si-B 钎料的钎焊接头最大抗剪强度达到 204MPa。使用 BTi46ZrNiCu 钎料真空炉中钎焊 TiB$_W$/TC4 复合材料与 Ti60 合金，发现在钎焊温度高于 TC4 合金 β 相转变温度时，TiB 晶须的钉扎作用阻止了 TiB$_W$/TC4 复合材料中的晶粒粗化，使接头抗剪强度在 1020℃ 时达到 368.6MPa。

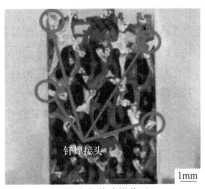
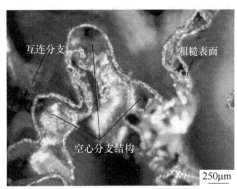

a) 钎焊接头横截面　　　　　　　b) 多孔泡沫铜内部结构

图 6-9　孔隙密度为 15 的多孔泡沫铜/铜接头横截面

应用实例：对 6063 铝合金裂缝阵列天线进行真空炉中钎焊。真空炉中钎焊后的天线外观如图 6-10 所示，按照 Ⅱ 级钎缝的要求对天线进行外观质量检查，钎缝外观平整、钎料充分熔化、无填充不良位置，母材与钎缝均没有出现溶蚀、裂纹、空洞等缺陷。

a) 天线宏观俯视图　　　　　　　b) 天线侧视图

图 6-10　6063 铝合金裂缝阵列天线经真空炉中钎焊后的外观

3. 真空炉中钎焊应注意的问题

真空加热时伴随有表面吸附气体释放、水分挥发和释放、油污等有机物分解和释放、氧化膜和氧化物的分解或还原、金属中气体元素析出释放、金属元素挥发、材料组织结构变化、材料间物理和化学反应等。水分、有机物、污物、氧化物等分解或释放出的气体都将会使真空度降低，造成焊件和钎料氧化，阻碍钎焊顺利进行，同时对真空炉造成污染，降低真空炉使用寿命，应尽可能避免或减少。

真空加热时还存在合金中元素挥发的问题。合金中元素挥发与合金元素饱和蒸气压有关。随着温度升高，元素饱和蒸气压升高，当元素饱和蒸气压大于真空室内气体压力时，金属元素开始强烈挥发。金属元素挥发会造成母材元素贫化，影响母材性能，同时对真空炉造成严重污染，应尽量加以限制。

炉温均匀性实际上反映了炉内热量辐射的均匀性，并不反映实际焊件温度是否一致。因此确定钎焊温度时应考虑真空加热的特点，最好采用与焊件紧密接触（如焊接上）的焊件热电偶测量焊件温度，或通过试验确定钎焊温度和保温时间。

真空炉中钎焊时还存在钎料流动与限制、材料间粘连和反应等问题，可通过涂覆阻流剂、选择合适材料和工装等来解决。在较高温度下真空加热，焊件或工装材料表面氧化膜将可能被还原、破坏或挥发等，因此金属间紧密接触时有时会产生不希望的扩散粘连反应，影响钎焊操作，严重时会出现材料反应熔化，损坏焊件或设备。

真空炉中钎焊因钎焊质量好、适用范围广、对环境无污染等优点已被越来越多地采用。真空炉中钎焊是最有发展前途的重要钎焊方法。随着真空炉中钎焊设备在工厂普及以及结构设计人员对真空炉中钎焊进一步了解，真空炉中钎焊应用会更加广泛。

6.6 再流钎焊

再流钎焊（也称为再流焊、回流焊）是目前电子行业软钎焊采用的主导工艺。再流钎焊是将预先涂以钎料并装配好（常用先印涂膏状钎料，再贴片的装配方法）的焊件置于加热的环境中，待钎料熔化后流入间隙，形成钎焊接头的一种钎焊方法，其示意图如图6-11所示。再流钎焊为软钎焊，主要用于电子元件、印制电路板（PCB板）的表面组装，还可用于印制电路板或集成电路的元器件与铜箔电路连接。按加热方式不同，再流钎焊又分为气相钎焊、红外钎焊、激光钎焊、热板钎焊、热风对流钎焊、离子束软钎焊等。再流钎焊已经成为现代电子器件制造的主要方法。

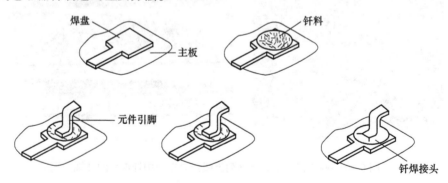

图6-11 再流钎焊示意图

再流钎焊一般采用自动化生产设备，多为隧道炉式连续送进方式。热风对流钎焊示意图如图6-12所示。设备有一个连续的箱体，分为预热区、再流区和冷却区，各区具有相应的加热或冷却功能并保持相应的温度，有传送机构贯穿其中。印制电路板经涂钎料膏、自动贴片机组装后安放在再流钎焊设备的传送带上，焊件在传送机构带动下缓缓依次经过预热区、再流区和冷却区，完成再流钎焊。传送带运送焊件为一个循环连续过程，因此该方法适用于大批量连续生产。

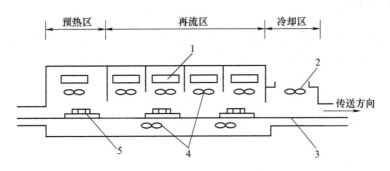

图 6-12　热风对流钎焊示意图

1—加热器　2—冷却风扇　3—传送带　4—对流风扇　5—PCB 组件

　　再流钎焊加热方式和传热介质各不相同。利用液体饱和蒸气凝结时释放出来的汽化潜热加热焊件，使钎料熔化实现的钎焊称为气相钎焊或称为蒸气浴钎焊。它的钎焊过程是借助加热器将工作液体加热至沸点，工作室上方工作区内充满其饱和蒸气（蒸气温度为工作液体的沸点），通过传送机构将焊件送入工作区，蒸气会在焊件表面凝结并释放出汽化潜热，将焊件迅速加热到与蒸气相同的温度，钎料熔化填缝，退出工作区冷却后形成钎缝。气相钎焊需要选择沸点合适的加热介质，其特点是温度控制非常准确，钎焊质量高。

　　气相钎焊是最早的再流钎焊，目前已很少应用，目前应用较多的是红外钎焊、热风对流钎焊或这两种加热方式的结合。红外加热采用钨灯或辐射板源作为热源，靠其发出波长为 $1 \sim 7 \mu m$ 的红外线实现电路板的加热。红外钎焊示意图如图 6-13 所示。波长越短，印制电路板及小元件越容易过热。长波红外线辐射源可加热环境空气，热空气再加热焊件，这称为自然对流加热，它有助于实现均匀加热并缩小焊点之间的温差。自然对流加热主要缺点是因焊件表面颜色深浅、遮挡等原因造成焊件加热和升温不均匀。这促使强制热风对流加热方式的出现。由于空气无处不在，通过合理的空气对流设计，空气对流产生的热风可到达印制电路板组件各个角落，实现电路板上各个元件均匀加热。

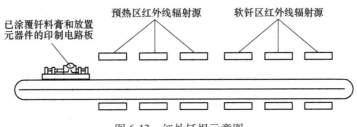

图 6-13　红外钎焊示意图

　　此外，再流钎焊加热方式还有热板加热。先将热板加热，利用热板对焊件热传导来加热焊件，它是早期再流钎焊方法。采用氩热风再流钎焊工艺方法制备过滤毡元件，生产率高，毡层与基体框架金属钎焊性能好、钎焊接头外观形貌光洁明亮且强度较高。该工艺方法尤其适合选用无铅钎料用于卫生、食品和医疗气体过滤元件的钎焊连接。

6.7 电阻钎焊

电阻钎焊加热的基本原理与电阻焊相同。它是利用电流通过焊件或与焊件接触的导电块所产生的电阻热加热焊件和熔化钎料的一种钎焊方法。钎焊时对钎焊处施加一定压力。这种钎焊方法加热速度快，生产率高，但也受到钎焊接头形状限制。

电阻钎焊有两种基本形式，即直接加热和间接加热，如图 6-14 所示。直接加热电阻钎焊时，电极直接与需钎焊的两个焊件接触并压紧两个焊件钎焊处，电流通过钎焊面对焊件及钎料进行加热。其特点是直接对钎焊处局部进行加热，加热速度快。间接加热电阻钎焊方法是电流只通过一个焊件或根本不通过焊件。对于前者，钎料熔化和另一个焊件的加热均靠通电加热的焊件向它们的热传导来实现。对于后者，电流是通过加热一个石墨块或金属块，焊件与此块接触，完全依靠热传导来实现焊件加热。这种方法加热速度较慢，适合小件钎焊。

在某些情况下，为了得到更好的压紧状况，焊件一侧可使用合适的垫板，而把两个电极安排在焊件同一侧。在印制电路上装连元器件引线时，由于结构原因，也多采用两个电极在同一侧的平行间隙钎焊法，如图 6-15 所示。

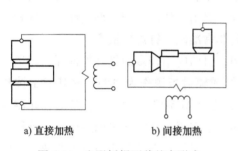

a) 直接加热   b) 间接加热

图 6-14　电阻钎焊两种基本形式

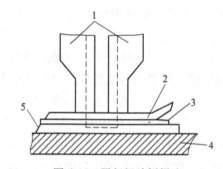

图 6-15　平行间隙钎焊法

1—电极　2—引线　3—钎料　4—底座　5—金属箔

电阻钎焊可采用粉末状、膏状、箔状及涂覆层钎料。直接加热采用钎剂应不影响焊件间导电，如可以采用溶液状态钎剂。电阻钎焊最适合采用箔状钎料，它可以直接放在焊件钎焊面之间。另外，电子工业中常采用在钎焊面预先镀覆钎料层的工艺措施。如果使用钎料丝，应待钎焊面加热到钎焊温度后，将钎料丝末端靠紧钎焊面，直至钎料熔化，填满间隙，并使全部边缘呈现平缓的钎角为止。

电阻钎焊适合使用低电压大电流，通常可在普通电阻焊机上进行，也可使用专门的电阻钎焊设备（电阻钎焊钳或电阻钎焊机）。根据所要求的电导率，电极可采用碳、石墨、铜合金、耐热钢、高温合金或难熔金属制造。一般电阻钎焊用电极应有较高的电导率；相反，用作加热块的电极则需采用高电阻材料。在所有情况下，制作电极的材料应不被钎料所润湿。

电阻钎焊具有加热速度快、生产率高、加热十分集中、对周围热影响小、工艺简单、工作条件好、易实现自动化等优点，但钎焊接头的尺寸不能太大，形状也不能很复杂，这是电阻钎焊的应用局限性。目前电阻钎焊主要用于钎焊刀具、带锯、电机的定子线圈、导线端头、各种电触点以及电子设备中印制电路板上集成电路块和晶体管等元器件的连接。

采用 Ag-Cu-Ti 钎料作为中间层进行电阻钎焊，获得可靠 C/C 复合材料-Cu 接头。由于 TiC 反应层的形成，获得较强界面结合，熔融钎料渗透到 C/C 复合材料孔隙中，形成"钉扎结构"。梯度层的存在可缓解残余热应力和热膨胀系数失配，抗剪强度达到 19.68MPa。选用箔片状 Zn-Al 钎料两步电阻钎焊方法钎焊 1060 纯铝，第一步施加 1s+3kA 电流，第二步施加 6s+6kA 电流。电阻钎焊接头连接层晶粒呈现圆形等轴晶，同时由于电场的施加，增多了连接层中异质形核结点，抑制了枝晶生长，最终得到晶粒细小的钎焊接头，抗拉强度最高达到 65.79MPa。

6.8　其他钎焊方法简介

6.8.1　烙铁钎焊

烙铁钎焊是依靠烙铁工作部（烙铁头）积聚的热量来熔化钎料，并加热母材钎焊处而完成钎焊的一种方法。由于烙铁头积聚的热量和温度有限，因此烙铁钎焊一般只用于软钎焊。烙铁钎焊具有局部小功率加热的特点，一般为手工操作，使用方便灵活，可配合合适的钎剂进行 300℃ 以下的软钎焊。由于烙铁钎焊具有点加热的特点，因此适用于分立电器元件、导线接头或引线、小型滤网、仪器仪表等小型焊件或薄壁焊件的软钎焊连接，不适用于钎缝密集、厚度较大焊件及面积较大钎缝的连接。

烙铁钎焊时，待烙铁加热到一定温度后，首先在烙铁头上挂上熔融钎料，或在待焊处添加少量钎料和钎剂，然后使烙铁头与焊件待焊处紧密接触，加热焊件，完成钎焊过程。加热时应保持最大接触面积，以缩短加热时间。如果焊件较大，需预先对焊件进行加热。当所焊钎缝较大时，还需手工送进钎料和钎剂，并根据需要移动烙铁加热焊件不同部位，直至钎料完全填满间隙并沿钎缝另一侧形成圆滑钎角，移开烙铁，钎料冷却凝固形成钎缝。烙铁钎焊时参数控制由操作者手工完成，一般通过观察形成钎缝即可。对于一些对加热温度非常敏感的材料或结构，有时需要将钎焊温度控制在一定温度以下，为此，可选用熔化温度较低的钎料和相应钎剂，并使用具有温度控制功能的控温电烙铁。

烙铁钎焊时，钎料使用形式包括丝状、铸条、铸棒、颗粒、带状等，以手工逐渐送进或预先布置的方式添加。烙铁钎焊一般需要使用钎剂，钎剂可以是膏状、溶液形式单独使用，也可与钎料一起制成带有钎剂夹芯的钎料丝。为改善对母材的润湿，有的材料在烙铁钎焊时需采用刮擦或超声波辅助去膜的方法。

烙铁选用与焊件的材料和结构密切相关，应视焊件要求选择烙铁类型、烙铁大小、烙铁头形状、加热功率及烙铁功能等。小而精密的焊件应选择烙铁头小巧的小功率烙铁，厚大及导热快的焊件钎焊时应选择加热功率大、烙铁头体积和热容量大的烙铁，否则难以将焊件加热到钎焊温度，无法实现良好的钎焊。对于对温度敏感的材料或结构应选用具有控温功能的控温或恒温烙铁。烙铁头选用还应考虑所采用的钎料种类、钎剂腐蚀性以及与焊件相匹配的形状等因素。

与其他自动化软钎焊方法相比，烙铁钎焊效率较低，钎焊质量受操作者水平和熟练程度影响较大，产品质量稳定性较差，因此在批量生产中，烙铁钎焊有逐步被其他自动化钎焊方法取代的趋势。但烙铁钎焊方便灵活，对于结构不规则或一致性差的结构，烙铁钎焊是最经济的解决方式。由于航空产品具有小批量、多品种的特点，因此烙铁钎焊仍将在相当长的时间内被采用。

6.8.2　超声波钎焊

超声波钎焊是利用超声波空化作用去除待焊表面氧化膜，从而实现钎料润湿的钎焊方法。需采用其他加热手段加热焊件和钎料，超声波起去除氧化膜作用。

超声波去膜可采用两种方法：一种方法是通过特制烙铁将超声波耦合传入钎焊面液态钎料中，这种方式最简单，但效率低，只适用于小件；另一种方法是将超声波导入熔化的钎料槽中，将焊件浸入钎料槽，在超声波作用下实现润湿，这种方法的优点是一次可以涂覆全部表面，生产率高。

目前，超声波钎焊主要用于铝合金的较低温度下钎焊，这是因为铝合金表面氧化膜稳定，缺乏有效钎剂，而超声波却能较好地满足要求，多用于在铝合金表面预先涂覆锌基钎料层。此外，超声波去膜也可用于硅、玻璃、陶瓷等非金属难钎焊材料的钎焊。

采用纯 Zn 钎料在空气中对 TC4 合金进行超声波钎焊，发现纯 Zn 钎料在 TC4 合金上润湿表现为形成 $TiZn_3$ 金属间化合物，且超声功率越大，润湿效果越好；随着超声功率增大，钎焊接头抗剪强度先增大后减小。当超声功率为 666W 时，抗剪强度最高达到 73.07MPa。

6.8.3　电子束钎焊

电子束具有很高的能量密度，在它的焦点处能使金属迅速加热。电子束钎焊的加热原理与电子束焊基本相同。在真空条件下，被聚焦的电子流经电场加速后高速射向焊件，电子与焊件钎焊面碰撞，动能转变为热能实现加热。与电子束焊不同的是，电子束钎焊要求的加热温度要低得多，也不要求很高的加热速度，因此通常采用快速扫描或聚焦的电子束实现对钎焊面的加热。

电子束钎焊的特点是可实现真空条件下局部加热钎焊，适合于焊件整体对加热敏感的材料或结构的钎焊及分步钎焊等。电子束钎焊时温度测量与控制以及温度均匀性保证比较困难，同时电子束直接加热钎焊面及钎料时，温度上升速度较快，钎料飞溅、挥发可能性较大，应采取工艺措施加以防备。

电子束钎焊与其他钎焊方法相比，设备复杂，并要求高精度操纵装置，生产率较低，成本较高。采用钛合金一侧偏束工艺对 TC4 钛合金和 CVDNb 进行电子束钎焊，当电子束偏向 TC4 钛合金 0.2mm、0.5mm、0.8mm 时，焊缝成形良好，熔宽基本一致，满足钎缝表面要求，钎缝如图 6-16 所示，接头抗拉强度达到 200MPa 以上。

6.8.4　真空电弧钎焊

真空电弧钎焊是在真空环境下利用电弧或等离子束加热焊件和钎料，实现钎焊的钎焊方法。真空电弧又称为空心阴极真空电弧。与真空电子束钎焊一样，真空电弧钎焊也具有真空钎焊及局部加热的双重特点，适合于对整体加热敏感的材料或结构的钎焊以及分步钎焊等。

真空电弧钎焊设备主要由真空工作室、真空系统、焊件送进机构、电源、电极及相应的控制系统等组成。焊件装入真空工作室内的焊件送进机构上，抽真空。真空电弧钎焊的电极一般可采用空心的钽管，维持电弧的工作气体（微量的氩气）由钽管引入，电极与电源连

a) 偏移距离0.2mm

b) 偏移距离0.5mm

c) 偏移距离0.8mm

图 6-16　不同参数下钎缝表面成形

接，起弧后在电极和焊件之间形成电弧，依靠电弧产生的热量对焊件进行加热。真空电弧钎焊产生的电弧为低压电弧，工作气体流量在每分钟几毫升到 100mL 的水平，产生气体由真空系统抽出，真空工作室可维持 $10^{-2} \sim 10\mathrm{Pa}$ 的真空。靠焊件送进机构送进实现不同部位的钎焊。

　　由于真空电弧钎焊加热方式为小面积局部加热，并且热量集中在焊件表面，所以真空电弧钎焊只适用于小面积局部钎焊。俄罗斯采用该工艺进行发动机涡轮叶片叶冠耐磨片的钎焊。

6.8.5　激光钎焊

　　激光束是利用激光器发射的高相干性的、几乎是单色的、高强度的波束。它能聚集在直径为 $1 \sim 10\mu\mathrm{m}$ 的小面积中，从而得到很高的能量密度。激光钎焊是利用激光束优良的方向性和高功率密度特点，通过光学系统将激光束聚集在很小的区域，在很短时间内使钎料处形成一个能量高度集中的加热区，实现钎焊的一种钎焊方法。由于该工艺可对小面积快速加热，因此可应用于钎焊对加热敏感的微电子器件和极为精细的精密构件，其缺点是只能实现逐点扫描钎焊，设备成本高。

　　激光钎焊常用的激光器包括 CO_2 激光器、Nd：YAG 激光器、光纤激光器和脉冲 Nd：YAG 激光器。其中，CO_2 激光器发射的光束波长为 $10.6\mu\mathrm{m}$，功率范围在 $1 \sim 20\mathrm{kW}$ 之间。CO_2 激光器是一种非常成熟的激光器。Nd：YAG 激光能量可被软钎料膏迅速吸收，不易被电路板陶瓷基板等绝缘材料吸收。Nd：YAG 激光器可通过光纤传输，因此可在常规方式对不易施焊的部位进行加工，灵活性好。光纤激光器是一种高效的二极管泵浦激光器。将光纤映射到聚焦镜上时，焦点尺寸最小可以达到 $10\mu m$。光纤激光器在微加工领域具有价格竞争力，主要用于对焊点要求很高的较薄材料的搭接焊中。脉冲 Nd：YAG 激光器采用单一的 Nd：YAG 激光棒，通过闪光灯激励产生焊接所使用的高峰值和低平均功率，使其在激光钎焊中表现出色，特别是在需要精确控制能量输入和焊接质量的场合。总之，这些激光器各有特点，在实际应用中应根据焊接材料、接头几何形状、焊接速度、形位公差以及系统集成要求等因素进行选择。

例如，采用激光钎焊对 304 不锈钢薄板搭接缝进行软钎焊，当激光束倾角为 60° 和离焦量为 300mm 时，可有效降低激光束热输入，实现 304 不锈钢薄板搭接缝的无变形钎焊，填缝深度可达 5mm，钎缝外观成形光滑、饱满，颜色与母材相近，无须涂装。钎缝平均抗剪强度测试结果为 39MPa，可满足不锈钢薄板搭接缝工程应用。

6.8.6　放热反应钎焊

放热反应钎焊是一种特殊硬钎焊方法，使钎料熔化和流动所需的热量是由放热化学反应产生的。该方法利用反应热使邻近或靠近的金属连接面达到一定温度，以致预先放在接头中的钎料熔化并润湿金属连接面完成钎焊。放热化学反应是两个或多个反应物之间的化学反应，并且反应中热量是由于系统自由能变化而释放的。一般只有固态或接近于固态的金属与金属氧化物之间反应才适用于放热反应钎焊装置。放热反应特点是不需要专门的绝热装置，故适用于难以加热的部位或在野外钎焊的场合。目前已有在宇宙空间条件下实现钢管放热反应钎焊的实例。

6.8.7　扩散钎焊

扩散钎焊是把互相接触的固态异质金属或合金加热到它们的熔点以下，利用相互扩散作用，在接触处产生一定深度熔化而实现连接。当加热金属能形成共晶体或一系列具有低熔点的固溶体时，就能实现扩散钎焊。接触处所形成的液态合金在冷却时是连接两种材料的钎料，这种钎焊方法也称为接触-反应钎焊或自身钎焊。当两种金属或合金不能形成共晶体时，可在焊件间放置垫圈状的其他金属或合金，以同时与两种金属形成共晶体，实现扩散钎焊。

扩散钎焊主要钎焊参数是温度、压力和时间，尤其是温度对扩散系数影响最大。压力有助于消除结合面微细的凹凸不平。扩散钎焊过程可分为三个阶段：首先是接触处在固态下进行扩散，合金接触处附近合金元素饱和，但未达到共晶浓度；接着接触处达到共晶成分的地方形成液相，促进合金元素继续扩散，共晶合金层将随时间增加；最后停止加热，接触处合金凝固。

6.9　各种钎焊方法的比较

钎焊方法种类较多，合理选择钎焊方法的依据是焊件材料和尺寸、钎料和钎剂、生产批量、成本及各种钎焊方法的特点等。各种钎焊方法的优缺点及适用范围见表 6-3。

表 6-3　各种钎焊方法的优缺点及适用范围

钎焊方法	优点	缺点	适用范围
火焰钎焊	操作方便，设备简单，灵活性好，成本低廉	温度不易控制，操作技术要求较高，焊件有氧化现象	钎焊小件，局部钎焊
感应钎焊	加热迅速，效率高，钎焊质量好	易造成热应力，焊件形状受限制	批量钎焊小件、管类焊件
盐浴钎焊	加热均匀，速度快，温度易控制，生产率较高	成本较高，不宜钎焊密闭焊件，焊后需仔细清洗	用于批量生产，宜钎焊铝合金焊件
金属浴钎焊	加热快，能精确控制温度	钎料消耗大，焊后处理复杂	用于软钎焊及其批量生产
波峰钎焊	钎料液面常保持清洁状态，生产率高	钎料损耗大	软钎焊，电路板制作
空气炉中钎焊	加热均匀，焊件变形小，成本低廉	加热速度较慢，焊件易严重氧化	大、小件的批量生产
保护气氛炉中钎焊	加热均匀，变形小，一般不用钎剂，钎焊质量好	设备费用较高，加热慢，钎料和焊件不宜含大量易挥发元素	大、小件批量生产，多钎缝焊件
真空炉中钎焊	能精确控制温度，焊件变形小，焊件美观，精度高，钎焊质量好	设备费用高，钎料和焊件不宜含较多易挥发元素	重要焊件，窄间隙焊件
再流钎焊	加热均匀，生产率高，钎焊质量高	成本昂贵	电子行业软钎焊
电阻钎焊	加热迅速、集中，对周围热影响小，工艺简单，易实现自动化	控制温度困难，焊件形状、尺寸受限制	钎焊小件
烙铁钎焊	点加热、灵活性好，适用于微细钎焊	效率较低，产品质量稳定性较差	软钎焊，钎焊小件或薄件
超声波钎焊	无须钎剂，钎焊温度低	设备投资大	软钎焊，铝合金低温钎焊
电子束钎焊	加热迅速，可实现真空下局部加热钎焊	温度均匀性保证困难，设备复杂，成本较高	适合于焊件整体对加热敏感的材料
真空电弧钎焊	具备真空钎焊及局部加热双重特点	设备投资大，费用高，控制温度困难	钎焊加热敏感材料，小面积的局部钎焊
激光钎焊	加热快速，效率高	只能实现逐点扫描钎焊，设备成本高	微电子器件，精密构件

第7章 常见有色金属材料的钎焊

随着钎焊技术的不断发展及新型钎料的开发应用，可钎焊的有色金属材料种类增多，主要包括铝及铝合金、铜及铜合金、钛及钛合金、镁及镁合金等。针对不同材料的冶金钎焊性和工艺钎焊性的特点，选用合适的加热方式及钎料，控制钎焊参数是保证钎焊接头质量的关键。

7.1 铝及铝合金的钎焊

铝及铝合金由于密度小、热导率和电导率高（仅位于 Ag、Cu、Au 之后），在现代工业材料中占有独特的地位，主要应用于人造卫星、火箭、导弹、微波元件、飞机或地面雷达天线、汽车或空调散热器等部件制造。为了减轻重量、降低能耗、提高效率和增强机动性，都尽可能地以铝代铜、代钢，而能否取代的关键在于铝及铝合金的焊接性。在众多焊接方法中，钎焊是精密焊接的首推方法。

7.1.1 铝及铝合金的钎焊性

铝合金钎焊结构件在航空航天领域广泛应用，如铝合金换热器、波导、发动机机箱等，这些部件结构复杂，具有多层、复杂通道，钎着率要求高，变形要求小，需一次焊成。

铝及铝合金较其他合金钎焊的难点在于其表面有一层极为致密的氧化膜。这层氧化膜的性质非常稳定，能够充分抵抗大气的侵蚀，又能在旧膜被破坏时迅速生成新膜。铝的化学性质非常活泼，正是这层氧化膜的保护，才使得铝及铝合金的耐蚀性有卓越提升，使其成为当今世界重要的金属材料之一。

1. 软钎焊性

软钎焊时，由于钎料和母材之间电位相差悬殊，会给钎焊接头的耐蚀性带来不利影响。纯铝 1050A、1035、1200、8A06 和铝锰合金 3A21 的软钎焊性优良，易进行钎焊。

铝及铝合金在软钎焊条件下常用的钎料为 Pb-Sn-Zn 系钎料，这类钎料在低温条件下也有比较好的铺展性，图 7-1 所示为 S-Sn63PbZnAgCuBi 钎料在 6061 铝合金表面的铺展性。

铝镁合金的软钎焊性与合金中 Mg 含量有关，一般 Mg 的质量分数小于 1.5% 时，钎焊性较好；Mg 的质量分数高于 1.5% 时，用低温软钎料和有机钎剂钎焊比较困难，用高温软钎料和反应钎剂比较容易钎焊。此外，Mg 的质量分数大于 0.5% 的铝合金用含 Sn 钎料钎焊时可

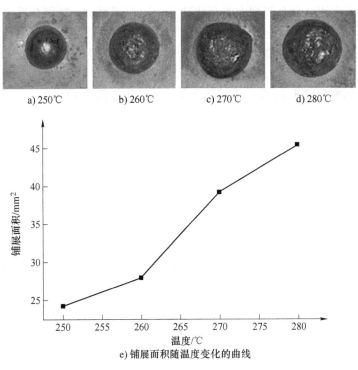

a) 250℃　　　b) 260℃　　　c) 270℃　　　d) 280℃

e) 铺展面积随温度变化的曲线

图 7-1　S-Sn63PbZnAgCuBi 钎料在 6061 铝合金表面的铺展性

能产生晶界扩散。当用有机钎剂钎焊时，随着 Mg 含量的增多，Pb-Sn-Zn 低温软钎料的铺展面积急剧减小，如图 7-2 所示。这是由于 Mg 含量高的铝合金表面 Mg 的氧化物增多，有机钎剂难以去除，致使钎料难以铺展。用 Zn-Al 钎料和反应钎剂钎焊铝镁合金时，钎料的铺展性基本不受 Mg 含量的影响，如图 7-2 所示，因为反应钎剂是依靠与母材反应而破坏和清除母材表面氧化物，并在母材表面沉积纯金属层保证 Zn-Al 钎料的铺展性。

铝硅合金中 Si 含量对其钎焊性也有很大影响，如图 7-3 所示。不论是使用低温软钎料和有机钎剂、还是使用高温软钎料和反应钎剂，随着铝硅合金中 Si 含量的增高，钎料的铺展

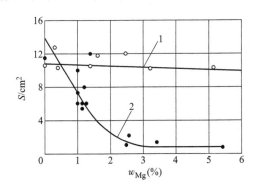

图 7-2　钎料铺展性与铝镁合金中 Mg 含量的关系
1—Zn-Al 钎料和反应钎剂
2—Pb-Sn-Zn 钎料和有机钎剂

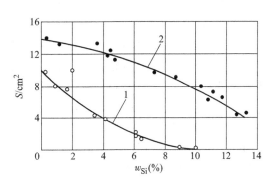

图 7-3　钎料铺展性与铝硅合金中 Si 含量的关系
1—Zn-Al 钎料和反应钎剂
2—Pb-Sn-Zn 钎料和有机钎剂

性均下降。这是因为铝硅合金表面上的氧化硅在铝用软钎剂中，特别在反应钎剂中溶解量很小，所以影响钎料的铺展。

经热处理强化的铝合金，如 2A11、2A12、锻造铝合金等，在钎焊加热时将发生过时效和退火等现象。例如，2A12 铝合金在空气炉中加热到 250~540℃ 范围，保温 5min、10min 和 20min，空冷后再经 120h 时效，其强度和塑性的变化如图 7-4 所示。

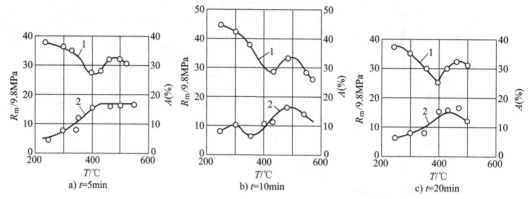

图 7-4　2A12 铝合金钎焊接头强度和塑性随加热温度和保温时间的变化
1—抗拉强度　2—断后伸长率

可以看出，加热低于 300℃ 时，合金不出现软化现象；加热至 300~420℃，发生强度下降、塑性回升的软化现象；经过 450~500℃ 加热的合金，强度和塑性都好，强度可达 300MPa，断后伸长率为 15%~20%。因此这种热处理强化铝合金适合在 300℃ 以下或 450℃ 以上的温度钎焊，即不宜采用高温软钎料钎焊。但用低温软钎料钎焊，接头强度低，不能发挥高强度铝合金的性能，加上这些合金大多有被钎料晶界扩散的倾向，因此一般不宜采用软钎焊。

2. 硬钎焊性

铝对氧的亲和力极大，表面很容易生成一层致密稳定、熔点很高的氧化铝膜，且很难去除。室温时氧化铝膜厚度为 5nm 左右，在 500~600℃ 的钎焊温度下，氧化铝膜厚度增至 100~200nm，阻碍钎料与母材的润湿和结合，成为钎焊的主要障碍之一。

硬钎焊时，由于钎料的熔点与铝及铝合金的熔点相差较小，所以必须严格控制钎焊温度；一些热处理强化的铝合金，还可能因钎焊加热引起过时效或退火等软化现象，导致母材性能降低；火焰钎焊时，因铝合金在加热中颜色不改变，温度判断比较困难，因此对操作者技术水平要求较高。纯铝和铝锰合金 3A21 的钎焊性最好，其表面氧化物可以用钎剂清除。

对于铝镁合金，Mg 的质量分数高于 1.5% 时，随着 Mg 含量的增加，合金表面的氧化镁增多，现有的钎剂不能有效去除，致使合金钎焊性变差。当合金中 Mg 的质量分数达到 2.5% 时，钎焊困难，不推荐用钎焊方法连接。硬铝的钎焊性很差，主要问题是容易出现过烧，如 2A12 硬铝，当加热温度超过 500℃ 时就会发生过烧，因此钎焊温度应在 500℃ 以下。

目前由于缺少合适的钎料，超硬铝的硬钎焊是困难的，如 7A04 超硬铝在超过 470℃ 时就发生过烧，除采用快速加热的钎焊方法（如浸渍钎焊）外，不宜进行硬钎焊。锻铝合金中 6A02 的钎焊性较好，其 Mg 含量低，对钎焊性无有害作用。6A02 合金的固相线温度为 593℃，在低于 590℃ 的温度下进行炉中钎焊，合金不会发生过烧现象。如果钎焊温度超过其固相线温度，可能出现不连续的过烧组织；如果钎焊温度超过 600℃，则将出现明显的过烧组织，所以钎焊这种合金时应严格控制钎焊温度不超过其固相线温度，钎焊保温时间也应尽量短。

不同铝及铝合金的钎焊性见表 7-1。

表 7-1　不同铝及铝合金的钎焊性

类别			牌号	主要成分(质量分数,%)	钎焊温度/℃	钎焊性	
						软钎焊	硬钎焊
工业纯铝			1060 (8A06)	Al>99.0	600	优良	优良
变形铝合金	防锈铝合金	铝镁合金	3004	Al(99),Mg(1)	634~654	良好	优良
			5A02	Al(97.2),Mg(2.5),Mn(0.3)	627~652	困难	良好
			5A03	Al(95.4),Mg(3.5),Mn(0.45),Si(0.65)	627~652	困难	很差
			5A05	Al(95.05),Mg(4.5),Mn(0.45)	568~638	困难	很差
			5A06	Al(93.05),Mg(6.3),Mn(0.65)	550~620	很差	很差
		铝锰合金	3A21	Al(98.8),Mn(1.2)	643~654	优良	优良
	热处理强化铝合金	硬铝合金	2A11	Al(94.5),Cu(4.3),Mg(0.6),Mn(0.6)	612~641	很差	很差
			2A12	Al(94.7),Cu(4.3),Mg(1.5),Mn(0.5)	502~638	很差	很差
			2A16	Al(92.9),Cu(6.5),Mn(0.6)	549	困难	良好
		锻铝合金	6A02	Al(97.85),Cu(0.4),Mg(0.7),Mn(0.25),Si(0.8)	593~652	良好	良好
			2B50	Al(96.95),Cu(2.4),Mg(0.6),Si(0.9),Ti(0.15)	555	困难	困难
			2A90	Al(92),Cu(4),Mn(0.5),Fe(0.75),Si(0.75),Ni(2)	509~633	很差	困难
			2A100	Al(93.4),Cu(4.4),Mg(0.6),Mn(0.7),Si(0.9)	510~638	很差	困难
		超硬铝合金	7A04	Al(89.3),Cu(1.7),Mg(2.4),Mn(0.4),Zn(6),Cr(0.2)	477~638	很差	困难
			7A19	Al-1.6Mg-0.45Mn-5Zn-0.5Cr	600~650	良好	良好
铸造铝合金			ZL102	Al(88),Si(12)	577~582	很差	困难
			ZL202	Al(93.95),Cu(5),Mn(0.8),Ti(0.25)	549~584	困难	困难
			ZL301	Al(89.5),Mg(10.5)	525~615	很差	很差

7.1.2　钎料与钎剂

1. 钎料

铝钎焊分为软钎焊和硬钎焊，钎料熔点低于 450℃ 时称为软钎焊，高于 450℃ 时称为硬钎焊。铝用软钎料按其熔化温度范围，可以分为低温、中温和高温软钎料三组。常用的铝用软钎料及其特性见表7-2。

表7-2 常用的铝用软钎料及其特性

类别	牌号	合金系	成分（质量分数,%）						钎焊温度 /℃	润湿性	相对耐蚀性	相对强度
			Pb	Sn	Cd	Zn	Al	Cu				
低温	HL607	锡或锡铅基加锌或镉	51	31	9	9	—		150~210	较差	低	低
	—		—	91	—	9			200	较差		
中温	HL501	锌锡基	—	40	—	58		2	200~360	良好	中	中
	HL502		—	60	—	40			265~335	优秀		
高温	HL506	锌基加铝或铜				95	5		382	良好	良好	高
	—		—	—	—	89	7	4	377	良好		

铝用低温软钎料主要是在锡或锡铅合金中加入锌或镉，以提高钎料与铝的作用能力，熔化温度低（熔点低于260℃），操作方便，但润湿性较差，特别是耐蚀性低。

铝用中温软钎料主要是锌锡合金及锌镉合金，由于含有较多的锌，比低温软钎料有较好的润湿性和耐蚀性。

铝用高温软钎料主要是锌基合金，含有3%~10%的铝和少量其他元素，如铜等，以改善合金的熔点和润湿性，钎焊温度为370~450℃。铝及铝合金钎焊接头的强度和耐蚀性明显超过低温或中温软钎料钎焊接头。几种铝用锌基软钎料的特性和用途见表7-3。

表7-3 几种铝用锌基软钎料的特性和用途

钎料牌号	成分（质量分数,%）	钎焊温度/℃	特性和用途
S-Zn95A15	Zn(95),Al(5)	382	用于钎焊铝及铝合金或铝铜接头，钎焊接头具有较好的耐蚀性
S-Zn89A17Cu4	Zn(89),Al(7),Cu(4)	377	
S-Zn73A127(HL505)	Zn(73),Al(27)	430~500	用于钎焊液相线温度低的铝合金，如2A12等，接头耐蚀性是锌基钎料中最好的
S-Zn58Sn40Cu2	Zn(58),Sn(40),Cu(2)	200~359	用于铝的刮擦钎焊，钎焊接头具有中等耐蚀性

铝及铝合金的软钎焊是不常用的方法，因为软钎焊中钎料与母材的成分及电极电位相差很大，易使接头产生电化学腐蚀。铝及铝合金的硬钎焊方法应用很广，如滤波器、蒸发器、散热器等部件大量采用硬钎焊方法。铝及铝合金的硬钎焊只能采用铝基钎料，其中铝硅钎料应用最广。但这类钎料熔点都接近于母材，因此钎焊时应严格而精确地控制加热温度，以免母材过热甚至熔化。为保证钎焊接头具有较高的强度，需采用硬钎料进行钎焊。一般要求一定强度性能的铝及铝合金钎焊产品都采用硬钎焊。铝用硬钎料以铝硅合金为基，有时加入铜等元素降低熔点以满足工艺性能要求。铝及铝合金的硬钎焊多采用铝基钎料进行钎焊，如铝硅、铝硅铜、铝硅锌铜、铝硅镁等。常用铝及铝合金硬钎料的牌号、钎焊温度、钎焊方法和可钎焊的材料见表7-4。

表 7-4　常用铝及铝合金硬钎料的牌号、钎焊温度、钎焊方法和可钎焊的材料

钎料牌号	钎焊温度/℃	钎焊方法	可钎焊的材料
BAl92Si	599~621	浸渍，炉中	1070，1060，1050，1035，1100，1200，3A21
BAl90Si	588~604	浸渍，炉中	1070，1060，1050，1035，1100，1200，3A21
BAl88Si	582~604	浸渍，炉中，火焰	1070，1060，1050，1035，1100，1200，3A21，5A02，6A02
BAl86SiCu	585~604	火焰，炉中，浸渍	1070，1060，1050，1035，1100，1200，3A21，5A02，6A02
HL403	562~582	火焰，炉中	1070，1060，1050，1035，1100，1200，3A21，5A02，6A02
HL401	555~576	火焰	1070，1060，1050，1035，1100，1200，3A21，5A02，6A02
B62	500~550	火焰	1070，1060，1050，1035，1100，1200，3A21，5A02，6A02
BAl89SiMg	599~621	真空炉中	1070，1060，1050，1035，1100，1200，3A21
BAl88SiMg	588~604	真空炉中	1070，1060，1050，1035，1100，1200，3A21，6A02
BAl87SiMg	582~604	真空炉中	1070，1060，1050，1035，1100，1200，3A21，6A02

铝基钎料常用粉末、膏状、丝材或箔片等形式供应，在某些场合下，还可以制成双金属复合板，以简化钎焊过程，用于钎焊大面积或接头密集部件，如换热器等。这种复合板采用以铝为芯体，以铝硅钎料为覆层，通过滚压方法制成，并常作为焊件的一个部件。钎焊时，复合板上的钎料熔化后，受毛细作用和重力作用流动，填满钎焊间隙。自带钎料铝复合板的成分及特性见表 7-5。

表 7-5　自带钎料铝复合板的成分及特性

钎料牌号		成分（质量分数,%）				熔化范围 /℃	钎焊温度 /℃	常用 钎料形式	可用 钎焊方法
		Si	Cu	Mg	Bi	Al			
4343	—	7.5	—	—	—	余量	577~617	600~620	复合板，箔片	浸渍，炉中
4545	—	10	—	—	—	余量	577~600	590~605	复合板，箔片	浸渍，炉中
34A	HL401	5	28	—	—	余量	525~535	535~580	复合板	火焰，炉中
—	—	7.5	—	2.5	—	余量	560~607	600~620	复合板	真空炉中
4004	—	10	—	1.5	—	余量	560~596	590~605	复合板	真空炉中
—	—	12	—	1.5	—	余量	560~580	580~605	复合板	真空炉中
—	—	10	—	1.5	0.1	余量	560~596	590~605	复合板	真空炉中

2. 钎剂

除了在惰性气体或真空条件下钎焊铝及铝合金不需要使用钎剂外，由于铝及铝合金表面的氧化膜致密、稳定，每种钎焊方法都必须使用钎剂。按照钎焊温度划分，通常在 350℃ 以上使用的铝钎剂称为硬钎剂，而在 350℃ 以下使用的铝钎剂称为软钎剂。

铝用软钎剂按其去除氧化膜方式通常分为有机钎剂和反应钎剂两类，有机钎剂的主要组分是三乙醇胺，为了提高活性可以加入氟硼酸或氟硼酸盐。反应钎剂含有大量锌和锡等重金属的氯化物。但是由于铝钎焊的工艺及环境，生产过程中常使用铝用硬钎剂。常用的铝用硬钎剂主要有两大类：氯化物钎剂和氟化物钎剂，其成分和用途见表 7-6。

钎焊连接技术

表 7-6　常用的铝用硬钎剂成分和用途

牌号	成分（质量分数，%）	熔点/℃	钎焊温度/℃	特点及用途
QJ201	LiCl(31~35)，KCl(47~51)，ZnCl$_2$(6~10)，NaF(9~11)	420	450~620	极易吸潮，能有效去除 Al$_2$O$_3$ 膜，促进钎料在铝合金上漫流；活性极强，适用于在 450~620℃火焰钎焊铝及铝合金，也可用于某些炉中钎焊，应用较广，焊件需预热至550℃左右
QJ202	LiCl(40~44)，KCl(26~30)，ZnCl$_2$(19~24)，NaF(5~7)	350	420~620	极易吸潮，活性强，能有效去除 Al$_2$O$_3$ 膜，可用于火焰钎焊铝及铝合金，焊件需预热至450℃左右
QJ206	LiCl(24~26)，KCl(31~33)，ZnCl$_2$(7~9)，SrCl$_2$(25)，LiF(10)	540	550~620	极易吸潮，活性强，适用于火焰或炉中钎焊铝及铝合金，焊件需预热至550℃左右
QJ207	KCl(43.5~47.5)，CaF$_9$(1.5~2.5)，NaCl(18~22)，LiF(2.5~4.0)，LiCl(25~29.5)，ZnCl$_2$(1.5~2.5)	550	560~620	与 Al-Si 共晶类型钎料相配，可用于火焰或炉中钎焊铝、3A21 及 6A02 等，能取得较好效果；极易吸潮，耐蚀性比 QJ201 好，黏度小，润湿性强，能有效破坏 Al$_2$O$_3$ 膜，焊缝光滑
Y-1 型	LiCl(18~20)，KCl(45~50)，NaCl(10~12)，ZnCl$_2$(7~9)，NaF(8~10)，AlF$_3$(3~5)，PbCl$_3$(1~1.5)	—	580~590	去膜能力极强，保持活性时间长，适用于氧乙炔火焰钎焊；可钎焊工业纯铝、3A21、3004、6A02、ZL12 等，也可钎焊 2A11、5A02 等较难焊的铝合金，如果用煤气火焰钎焊，效果更好
YT17	LiCl(41)，KCl(51)，KF·AlF$_3$(8)	—	500~600	适用于浸渍钎焊
—	LiCl(34)，KCl(44)，NaCl(12)，KF·AlF$_3$(10)	—	550~620	
QF	KF(42)，AlF$_3$(58)（共晶）	562	>570	具有无腐蚀的特点，纯共晶（KF-AlF$_3$）钎剂可用于普通炉中钎焊、火焰钎焊纯铝或 3A21 防锈铝
—	KF(39)，AlF$_3$(56)，ZnF$_2$(0.3)，KCl(4.7)	540	—	我国近年来新研制的钎焊铝用钎剂，活性期为 30s，耐蚀性好。可为粉末状，也可调成糊状，配合钎料 400 适用于手工火焰钎焊、炉中钎焊

　　常用的铝用硬钎剂的组成是碱金属及碱土金属的氯化物。它使钎剂具有合适的熔化温度，加入氟化物的目的是提高去除铝表面氧化物的能力。例如，QJ201 钎剂具有较好的活性，能充分去除氧化膜，保证钎料的铺展，特别适用于火焰钎焊。使用 QJ201 炉中钎焊铝时，为了防止钎剂中的氯化锌溶蚀母材，必须缩短钎剂与母材作用的时间，为此可将焊件预热。炉中钎焊也可使用不含氯化锌的钎剂，其溶蚀母材的倾向小，但去除氧化物的能力也较弱，因此需保证钎焊前母材表面的清洁。上述钎剂对母材均具有强腐蚀性，钎焊后必须仔细清除钎剂残渣。

7.1.3　铝及铝合金的钎焊工艺

1. 接头设计与装配

铝及铝合金钎焊大多采用搭接、T 形接头，很少采用对接接头，这是因为对接的钎焊面很小，钎缝两侧不形成圆角，而钎料的强度往往又低于母材。铝及铝合金钎焊接头的形式如图 7-5 所示。

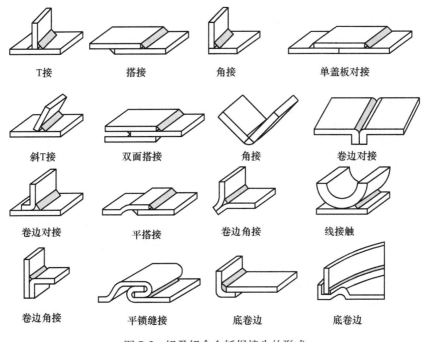

图 7-5　铝及铝合金钎焊接头的形式

许多有特殊要求的钎缝，如需要密封、特殊受力或要求无变形的钎缝等，则须考虑钎缝的特殊设计，包括：

1）钎焊时钎缝宽度的变化对工装精度的影响，特别是使用片状钎料（夹入钎缝中）和压覆钎料的板材时，钎料熔化后焊件整体尺寸的变化。

2）铝合金的线膨胀系数比通常的金属约大 1/3，因此应采用挠性夹具。

3）铝合金在钎焊受热时比较软，纤细而垂直的焊件一定要进行支承。

4）一些可热处理的铝合金钎焊后，为恢复原来强度而需淬火时难免会有变形，焊件应考虑留有加工余量。

在板材需要做直线连接时，常用搭接接头代替简单的对接接头来增强接头的强度。

在钎焊较薄的板材（<3mm）而两部分板材厚度、强度又不一致时，搭接适当的长度应该是薄板板厚的 2~3 倍。如果板材的强度更高或钎料的抗剪强度更低时，搭接的长度还应加大。

铝及铝合金钎焊的钎焊间隙影响钎焊工艺和钎缝质量。间隙越窄，熔态钎料在钎缝中的毛细作用越强，但易夹渣；间隙太宽，钎料难于流到尽头，钎缝的应力也不均匀。铝及铝合金钎焊间隙见表 7-7。

表 7-7　铝及铝合金钎焊间隙

钎焊方法	接头宽度	合适的钎焊间隙
浸渍钎焊	<6.5mm	0.05~0.1mm
	>6.5mm	0.05~0.5mm
火焰、炉中、感应钎焊	<6.5mm	0.1~0.2mm
	>6.5mm	0.1~0.5mm

有特殊间隙要求的钎缝可以用磨尖细锥在待钎焊母材表面上轻轻撞刺一些小孔，小孔边缘的翻卷可以帮助维持间隙的宽度，夹装后再进行测量以保持需要的间隙。钎焊接头处不允许存在盲孔和封闭空间，必须有排气或排出残留钎剂的通道。

2. 钎料放置

钎焊时钎料的供给可采用三种方式：将钎料放置在紧靠钎焊间隙的旁边；使用压覆钎料的板材；钎焊时手工临时供给。成形的钎料有丝、棒、片、环、垫圈、管等各种形式，可以根据需要进行选择使用，如管与法兰连接可以采用环状钎料，大面积搭接可以在间隙中夹入钎料箔等，或者采用丝状钎料时，可以将钎料丝剪成小截，考虑焊件上熔化钎料的行走路线，布置许多点放置若干钎料小截，这样可以一次完成长而复杂交错的多个钎缝。

钎料放置时需注意以下几点。

1）尽量避免熔态钎料在钎缝中做远距离流动，以免溶蚀母材和造成钎缝组织不均匀。

2）如果钎料用量较少，要将它放在沟、槽中，以免因热容量小，先熔化的部分未来得及润湿母材而流走。

3）如果母材各焊件重量相差很大，钎料应当靠在重量重的焊件上，使其受热时能和重量重的焊件温度一致。

4）如果钎焊时加热主要是依靠热源的辐射传热，如火焰自动钎焊和炉中钎焊，则要防止母材达到被辐射加热钎焊温度前钎料过早熔化而流走。

5）为避免钎料流走，可用无水丙酮将氯化物钎剂调成糊，把钎料黏在需要的位置上，并在上面用少许钎剂糊覆盖。

3. 焊件的夹紧和固定

简单焊件钎焊时，不需特殊固定，焊件本身的重量就足以保持原位。盐浴钎焊则必须用夹具固定。夹具的设计可以根据具体情况决定，但应尽量减小夹具本身的体积和重量，并采用挠性、弹性好的材料。最好采用发蓝处理的钢材或氧化处理的不锈钢以免让夹具和铝母材钎焊在一起，但这种材料的夹具不能用于盐浴钎焊。为方便钎剂和钎料的流入，在组配铝及铝合金焊件时，应避免压紧固定或紧配合接头。在无钎剂场合，如盐浴钎焊时，情况正好相反，装配的焊件在这个钎焊过程中必须是紧密接触，采用夹具固定是常用的方法。镍基合金、不锈钢、特殊合金以及低碳钢通常用来做夹具，盐浴钎焊常用 Inconel 750 的夹具。图 7-6 所示为弹簧式夹具。

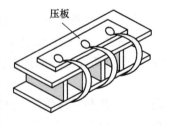
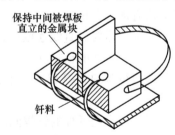

图 7-6　弹簧式夹具

钎焊过程中使用夹具会占据空间，而且耗热，沾钎剂后还需要清洗，这些都会增加许多麻烦，因此在工厂中，尤其是批量生产的工厂中常使用自夹紧接头，即用铆钉、机械扩管、凸线压紧、销键甚至定位焊等方法固定而不采用夹具。图 7-7 所示为自夹紧接头的类型。

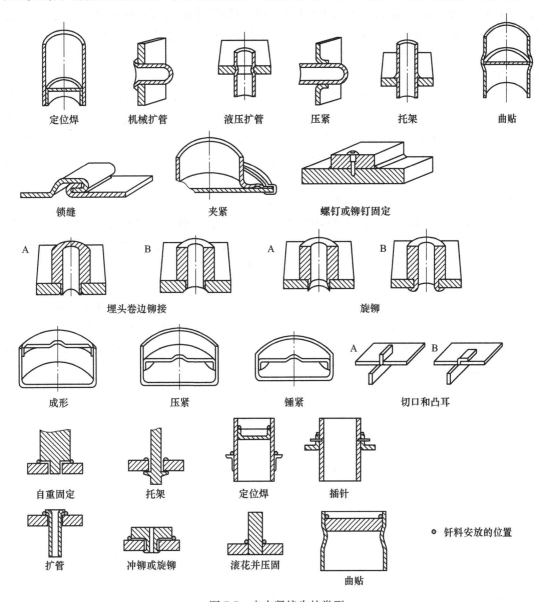

图 7-7　自夹紧接头的类型

4. 焊前表面清理和焊后处理

（1）焊前表面清理　焊件必须仔细去除表面的各种污物、过厚的氧化膜及加工带来的油污。去除油污理想的方法是在一个密闭舱内用有机溶剂的蒸气去除。水溶液去油可用磷酸三钠水溶液加少许表面活性剂刷洗，然后用水冲净。过厚的氧化膜可用不锈钢丝刷或铜丝刷进行刷磨等方法局部去除，不可采用砂纸，否则有可能嵌入砂粒。

大面积清除氧化膜常采用化学方法。通常用质量分数为 5% 的 NaOH 溶液清洗，温度保持在60℃左右。清洗时放出的大量碱雾对呼吸道刺激很厉害并易着火爆炸，应在良好通风处进行清洗。碱洗以后应该用清水仔细冲净碱液。残余的微量碱液完全冲洗干净是很难的，合金上留下的黑色沉渣也不易用水冲洗掉，用酸浸泡则很容易去除。为了防止酸对铝的腐蚀，应采用氧化性的酸，通常在室温下使用稀硝酸或铬酸水溶液加一些重铬酸钾进行冲洗。酸浸后应该再用水冲净，然后风干或温风吹干。此过程中不能用裸手直接触摸，否则极易在洁净的表面上留下汗迹和指纹。清洗干燥后的焊件应及时完成钎焊工作，如储存期超过48h，则应该先行装入塑料袋中封存。

（2）焊后处理　大部分钎剂具有强烈的腐蚀性，如果钎焊后不立即清除干净，接头有很快被腐蚀破坏的危险。焊后黏附钎剂的焊件必须彻底清洗干净以防腐蚀。有效的清洗方法是焊后趁热浸入沸水中并煮沸。必要时还需人工或机械刷洗焊件。超声振动清洗也是有效去除钎剂的一种方法。复杂的带狭缝或小深孔的焊件常需在流动的、不时更换的热水中浸泡几天。

最后残余的钎剂常采用化学方法清除，常用的清洗液如下。

1）硝酸清洗液。将硝酸与水按体积比为1:1配成清洗液，室温下洗涤10~20s，然后用水洗净。硝酸很快被残余钎剂消耗，因此这种清洗液只用来清洗小的焊件和用于黏附钎剂不多的场合。当硝酸清洗液中氯化物浓度超过5g/L时，薄壁或纤细的焊件可能被浸蚀，这时可加入质量分数为1%的硫脲作为缓蚀剂来防止氯化物的腐蚀。

2）硝酸-氢氟酸混合清洗液。硝酸、氢氟酸与水按体积比为1:0.06:9配成清洗液，室温下使用。焊件浸入后不但能迅速清除残余钎剂，还会蚀去母材金属。金属被蚀去的深度视浸泡时间而定。通常清洗10~15min已足够，然后用冷水冲洗干净，最后75℃左右的热水冲洗，冲洗的时间不要超过3min，否则将出现锈斑。

3）氢氟酸清洗液。氢氟酸与水按体积比为0.3:10配成清洗液，室温下使用，清除残余钎剂最为有效和快速。由于此清洗液能溶解铝，所以浸洗时间不要超过10min。它被残余钎剂消耗的速度不如硝酸，因此经常采用，但浸洗时易产生氢气，必须通风。清洗中如产生焊件变色晦暗，可用硝酸恢复光泽。

4）硝酸-重铬酸钠清洗液。5L硝酸、3.5kg重铬酸钠（$Na_2Cr_2O_2$）与40L水配成清洗液，最适用于清洗纤细的焊件以及极易腐蚀的焊件。65℃下清洗5~10min，清洗完毕后用热水冲净。

5）三氯化铬-磷酸清洗液。1L水溶液中含三氯化铬2%和磷酸5%，加热至80℃时使用。该清洗液适用于清洗尺寸纤细的焊件。清洗液中被洗下来的氯化物浓度超过100g/L时就需要换新液。

以上各种方法清洗完毕要用清水将清洗液彻底冲净，否则清洗液本身又会给焊件薄弱处造成穿孔腐蚀。要求高的焊件最后还需用去离子水或蒸馏水洗涤，直到水洗液和焊件表面的氯化物浓度不超过5×10^{-6}g/L。

清洗槽在用硝酸作为清洗液时可以使用不锈钢制成，在使用硝酸-氢氟酸混合清洗液或氢氟酸清洗液时需用含有高分子树脂的玻璃钢槽，这种槽也可以用于硝酸-重铬酸钠清洗液。

5. 钎焊工艺特点

铝及铝合金的软钎焊用途不是很广泛，因为在铝表面迅速形成氧化物，大多数情况下，要求用专门为铝及铝合金软钎焊而设计的软钎料。一般认为，用高 Zn 软钎料钎焊的接头耐蚀性好，Zn-Al 软钎料制作的组合件被认为能满足长期在户外使用的要求。中温和低温软钎料组合件的耐蚀性通常只能满足室内或有防护的用途要求。

铝及铝合金的硬钎焊常采用火焰、炉中、浸渍钎焊以及保护气氛或真空钎焊方法。

（1）火焰钎焊　热源为氧-燃气火焰，燃气种类很多，适用于手工和自动化生产，设备简单，使用方便，但操作技术难度大。由于铝及铝合金加热时无颜色变化，熔化时颜色变化大，手工火焰钎焊难以精确检测、控制加热温度。对铝及铝合金来说，适用的燃气有乙炔、天然气等。铝及铝合金的火焰钎焊必须配用钎剂。

铝及铝合金火焰钎焊的钎焊参数见表 7-8。

表 7-8　铝及铝合金火焰钎焊的钎焊参数

材料厚度/mm	氧-乙炔火焰钎焊			氢-氧火焰钎焊		
	喷嘴孔径/mm	氧气压力/kPa	乙炔压力/kPa	喷嘴孔径/mm	氧气压力/kPa	氢气压力/kPa
0.5	0.64	3.5	7	0.90	3.5	7
0.6	0.64	3.5	7	1.14	3.5	7
0.8	0.90	3.5	7	1.40	3.5	7
1.0	0.90	3.5	7	1.65	7.0	14
1.3	1.14	7.0	14	1.90	7.0	14
1.6	1.40	7.0	14	2.20	7.0	14
2.0	1.65	10.5	21	2.40	10.5	21
2.6	1.91	10.5	21	2.70	10.5	21
3.2	2.16	14.0	28	2.92	10.5	21

（2）炉中钎焊　在空气炉中钎焊铝及铝合金必须配用钎剂，用腐蚀性钎剂焊后需清除残渣。

（3）浸渍钎焊　铝及铝合金的浸渍钎焊属于盐浴钎焊，是通过将焊件浸入熔化的钎料中而实现的。它具有加热快而均匀、焊件不易变形、去膜充分等优点，故钎焊质量好、生产率高。特别适合大批量生产，尤其适用于复杂结构，如换热器和波导的钎焊。

（4）真空钎焊　铝及铝合金真空钎焊时，由于氧化铝膜十分稳定，单纯靠真空条件不能达到去膜的目的，必须同时借助于某些金属活化剂的作用。用作金属活化剂的是一些蒸气压较高、对氧的亲和力比铝大的元素，如锑、钡、锶、铋、镁等。研究表明，用镁作为活化剂效果最好，在 10^{-3} Pa 真空度下就可取得良好效果。因为镁的蒸气压高，在真空中容易挥发，有利于清除氧化膜，目前普遍采用。

镁作为活化剂，通常的做法是将镁作为合金元素加入铝硅钎料中，可保证镁的蒸发与钎料的熔化相互适应，且镁蒸气是在接头处产生。此外，镁能降低铝硅钎料的熔点。钎料中镁的添加量对钎料的润湿性有显著的影响，如图 7-8 所示。

由图 7-8 可见，随着镁含量的增加，钎料的流动系数均有提高。但是随着镁含量的增加，钎料对铝的溶蚀也加剧，如图 7-9 所示，这是由于形成 Al-Mg-Si 三元共晶体的缘故；且镁含量过高，钎料易流失而损害焊件表面。综合考虑，钎料中镁的质量分数以控制在 1%～

1.5%范围内为宜。研究表明，铝硅钎料在加镁的同时添加质量分数约为0.5%的铋，可以减少钎料中的加镁量，减小钎料的表面张力，改善润湿性，并可降低对真空度的要求，如图7-10所示。

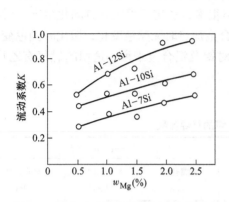

图7-8　镁含量对铝硅钎料润湿性的影响
（真空度10^{-3}Pa，温度615℃，时间1min）

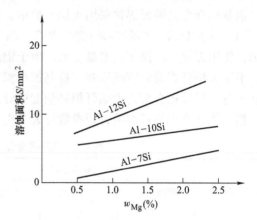

图7-9　镁含量对铝溶蚀程度的影响
（真空度10^{-3}Pa，温度615℃，时间1min）

（5）特殊钎焊工艺

1）添加界面活性剂的扩散钎焊。在铝合金钎焊接头的界面上涂抹微量的金属镓（约为$1mg/cm^2$，镓层厚度为1.7μm）作为活性剂，钎缝两侧加压约为10MPa，采用高频感应迅速加热至500℃并冷却至室温，全部过程1~2min内完成。本项技术在空气中直接操作并且不需要钎剂。钎焊后无晶粒间结构的破坏，所得接头结合紧密，金相几乎观察不到钎缝的结构，也不存在一般钎焊所得钎缝的圆角。采用这种工艺钎焊纯铝和6082铝合金，获得接头的抗剪强度达到6082铝合金母材的90%；对接接头抗拉强度只能达到6082铝合金母材的72%~80%。

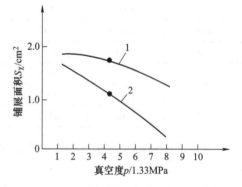

图7-10　铋元素对钎料性能的影响
1—Al-10Si-1Mg-0.5Bi　2—Al-10Si-1.5Mg

2）无钎剂扩散钎焊。将锗粉敲碎研细，筛取300~400目的锗粉，倒入四氯化碳中，搅起悬浮。趁沉降前将悬浮液适量浇注在清洁的钎焊面上。数次操作使锗粉分布均匀。待四氯化碳全部挥发后，用耐高温的弹性夹具夹紧钎缝两侧母材，送入炉内加热至500℃并保温1min。本方法适用于钎焊各种牌号的铝合金，特别在补焊断裂的铸铝焊件时有特殊的效果。

3）自钎焊工艺。配制一种专用钎剂，该钎剂中钎料合金化合物的含量很高。钎焊过程开始，化合物被还原为金属钎料合金并形成钎缝。在一块平面的铝板上，涂上质量分数配比为1:20:79的ZnF_2、SnF_2和$HNR(OH)_xF_y$的自钎钎剂，再在上面平行直立一排稍微弯曲的铝翅片。在控温约250℃平板加热器上加热。一阵冒泡散烟以后，取下冷却，用水冲净铝制散热器。自钎反应不用添加钎料，钎缝饱满，圆角平滑。

4）采用Nocolok钎剂—硅粉合成树脂复合涂层。这是一种将复合钎焊涂层材料涂覆在铝合金表面，组成（质量分数）为硅粉30%~49%、氟铝酸钾盐20%~30%，余量为合成树脂。将配制好的涂料利用辊转印法均匀涂覆在经过去脂处理的铝材表面，涂层厚度控制在 40μm 以下。制备好的涂层经 150~220℃ 干燥处理后，在连续钎焊工艺中表现出了优异的钎焊效果。这一技术使钎焊工艺简单可靠，钎焊接头性能稳定良好。

7.2　铜及铜合金的钎焊

7.2.1　铜及铜合金的分类与钎焊性

1. 铜及铜合金的分类

工业生产上铜及铜合金的种类很多，主要是根据化学成分进行分类。常用铜及铜合金可从表面颜色上看出其区别，如紫铜、黄铜、青铜和白铜，但实质上是纯铜、铜-锌、铜-铝、铜-镍合金。

纯铜为铜的质量分数不低于 99.5% 的工业纯铜。普通黄铜为铜-锌合金，表面呈淡黄色。凡不以锌、镍为主要组成而以锡、铝、硅、铅、铍等元素为主要组成的铜合金，称为青铜。常用的青铜有锡青铜、铝青铜、硅青铜、铍青铜。为了获得某些特殊性能，青铜中还加入少量的其他元素，如锌、磷、钛等。白铜为镍的质量分数低于 50% 的铜-镍合金，如白铜中再加入锰、铁、锌等元素可形成锰白铜、铁白铜、锌白铜。常用加工铜的特性及应用见表 7-9。

表 7-9　常用加工铜的特性及应用

牌号	产品种类	主要特性	应用举例
T1	板、带、箔	有良好的导电、导热、耐蚀和加工性能，可以焊接和钎焊，含降低导电、导热性杂质较少，不宜在高温（如>370℃）还原性气氛中加工（退火、焊接等）和使用	用于导电、导热、耐蚀器材，如电线、电缆、导电螺钉、爆破用雷管、化工用蒸发器、贮藏器及各种管道等
T2	板、带、箔、管、棒、线		
T3	板、带、箔、管、棒、线	有较好导电、导热、耐蚀和加工性能，可以焊接和钎焊，但含降低导电、导热性杂质较多，含氧量更高，不能在高温还原性气氛中加工和使用	用于一般铜材，如电气开关、垫圈、垫片、铆钉、管嘴、油管及其他管道等
TU1 TU2	板、带、管、棒、线	纯度高，导电、导热性极好，加工性能和焊接性、耐蚀性、耐寒性均好	主要用作电真空仪器仪表器件
TP1	板、带、管	焊接性和冷弯性好，可在还原性气氛中加工和使用，但不宜在氧化性气氛中加工和使用。TP1 的残留磷量比 TP2 少，故其导电、导热性较 TP2 高	主要以管材形式应用，也可以板、带、棒、线的形式供应，用作汽油或气体输送管、排水管、冷凝管（器）、蒸发管（器）、水雷用管、换热器、火车厢零件等
TP2	板、带、管、棒、线		
TAg0.1	板、管	铜中加入少量的银，可显著提高软化温度（再结晶温度）和蠕变强度，而很少降低铜的导电、导热性和塑性。银铜时效硬化的效果不显著，一般采用冷作硬化来提高强度，具有很好的耐磨性、电接触性和耐蚀性，制成电车线时，使用寿命比一般铜合金高 2~4 倍	用于导热、导电器材，如电机换向器片、发电机转子用导体、点焊电极、通信线、引线、导线、电子管材料等

青铜实际上是除铜-锌、铜-镍合金以外所有铜合金的统称，如锡青铜、铝青铜、硅青铜和铍青铜等，其具有较高的力学性能、耐磨性能、铸造性能和耐蚀性，并保持一定的塑性；除铍青铜外，其他青铜的导热性比纯铜和黄铜低几倍至几十倍，并且具有较窄的结晶温度范围，因而大大改善了焊接性。青铜中所加入的合金元素量大多控制在 α 铜的溶解度范围内，在加热冷却过程中没有同素异构转变。

白铜是铜和镍的合金，因镍的加入使铜从紫色变成了白色而得名。镍可以无限地固溶于铜，使铜具有单一的 α 组织。按照白铜的性能与应用范围，白铜可分为结构铜-镍合金与电工铜-镍合金。结构铜-镍合金的力学性能、耐蚀性较好，在海水、有机酸和各种盐溶液中具有较高的化学稳定性，优良的冷、热加工性，广泛用于化工、精密机械、海洋工程中。电工铜-镍合金是重要的电工材料。在焊接结构中使用的白铜多是镍的质量分数为 10%、20%、30%的铜-镍合金。

2. 铜及铜合金的钎焊性

铜及铜合金具有优良的钎焊性，无论是硬钎焊（钎料熔点高于 450℃）还是软钎焊（钎料熔点低于 450℃）都容易实现。因为铜及铜合金有较好的润湿性，表面的氧化膜也容易去除。只有部分含铝的铜合金由于表面形成 Al_2O_3 膜较难去除，钎焊较困难。常用铜及铜合金的钎焊性见表 7-10。

表 7-10　常用铜及铜合金的钎焊性

合金	铜 T1	无氧铜 TU1	黄铜			锡黄铜 HSn62-1	锰黄铜 HMn58-2	锡青铜		铅黄铜 HPb59-1
			H96	H68	H62			QSn6.5-0.1	QSn4-3	
钎焊性	优	优	优	优	优	优	良	优	优	良

合金	铝青铜		铍青铜		硅青铜 QSi3-1	铬青铜 QCr0.5	镉青铜 QCd1	锌白铜 BZn15-20	锰白铜 BMn40-1.5
	QA19-2	QAl10-4-4	QBe2	QBe1.7					
钎焊性	差	差	良	良	良	良	优	良	困难

铜及铜合金钎焊时，如没有采用适当的保护措施，容易产生裂纹、变形和软化等。母材的软化经常出现在钎焊过程中，因为许多铜合金是以低温热处理、冷加工或两者结合的方式得到这些特性的。随着温度和暴露在高温下时间的增加，软化程度会有所增加。在钎焊区域发生的软化可采取以下方式减少。

1）对除了钎焊面以外的焊件冷却。

2）浸入水中。

3）使用湿抹布包裹起来或提供一个散热器，保持整个焊件的温度尽量降低。

另外，使用低熔点钎料，采用短的保温时间也能减轻软化。

由于冷加工、铸造或机械操作引起的残余应力也能够在钎焊过程中引起某些铜合金开裂。不均匀地膨胀和收缩、加热和冷却能够增加应力。所有这些因素的作用，即使相对低的应力，由于高温下存在液体钎料，也足以引起开裂。因此钎焊加热尽量均匀、受控，特别是黄铜、冷加工的磷青铜和硅青铜。

铜及铜合金在钎焊中应注意以下几点。

1）如果母材和钎料熔点接近或相互之间可溶，就不适合采用钎焊。延长加热能够引起母材的过度侵蚀，导致母材熔化范围缩小。例如，用 BCu 钎料钎焊铜-镍合金时，溶解主要发生在钎料的液相线温度以上、液相出现不久时，因此限制了钎焊温度下的保温效果。

2）当钎焊磷青铜、硅青铜锌白铜时，加热应均匀以防止在冷加工材料时开裂。使用电阻钎焊、感应钎焊、浸渍钎焊和火焰钎焊方法时，如果加热速度太快将产生热应力。

3）有氧铜暴露在含氢气氛中时，能够导致铜的脆性。无论是火焰钎焊，还是还原气氛的炉中钎焊，都应避免含氢气氛，以防破坏焊件。氢脆性对钎焊温度和时间比较敏感，温度越高，时间越长，氢脆越危险。

4）含铝铜合金对铅的偏析敏感，通常大焊件的火焰钎焊和炉中钎焊比较困难。铅从铜合金中过度偏析，尤其是铅质量分数超过 2.5% 的铜合金，由于脆性和钎焊结合不致密，容易导致接头缺陷。

5）在氢气或惰性气氛炉中钎焊含硫铜时，硫的蒸发妨碍了铜表面的润湿性，也降低了铜合金的钎焊性。

7.2.2　钎料与钎剂

1. 钎料

钎焊温度在 620~870℃ 范围的银钎料和钎焊温度在 704~816℃ 范围内的铜磷钎料是最常使用的钎料。钎料的钎焊温度与母材的熔化温度相比应足够低，RBCuZn、BCuP、BAg、BAu 钎料能适用于钎焊大多数的铜及铜合金。BCu 钎料的液相线温度与其他使用于铜母材的钎料相比太高，其能被用于钎焊铜-镍合金。

RBCuZn 钎料能够被用于钎焊铜、铜-镍合金、铜-硅合金和铜-锡合金。RBCuZn 钎料不能用于钎焊铝青铜，因为所要求的钎焊温度破坏了这些母材钎剂的功效。因为不需要钎剂，对大多数铜母材来说，最常用的是 BCuP 钎料。BCuP 钎料已被用于钎焊铜-镍合金，但它们在铜-镍合金上的用途，则应通过每种应用中合适的试验来确定。BAg 钎料可以用于所有的铜合金，BAu 钎料主要用于需要低的蒸气压的电子应用中。

耐蚀是选择钎料的重要因素，基于此考虑，常选用铜基钎料。在涉及铜-镍、铜-硅、铜-锡合金的许多场合下，RBCuZn 钎料与这些合金接触不具备足够的耐蚀性。因此建议不要在高温水系统中或含硫化物的空气中使用 RBCuZn 钎料。选择钎料的另一个考虑因素是工作温度和分级钎焊工艺中的顺序钎焊操作。

软钎焊一般采用锡铅钎料，与铜及铜合金有极好的润湿性和工艺性能。用于铜及铜合金钎焊的锡铅钎料见表 7-11。

表 7-11　用于铜及铜合金钎焊的锡铅钎料

钎料系列	牌号	推荐间隙/mm	用途
锡铅钎料	HL601	0.05~0.20	钎焊铜及铜合金等强度要求不高的焊件
	HL602	0.05~0.20	钎焊纯铜、黄铜
	HL603	0.05~0.20	钎焊铜及铜合金
	HL605	0.05~0.20	钎焊铜及铜合金

2. 钎剂

钎焊铜及铜合金所用的钎剂见表 7-12。钎剂的形状有粉末状、膏状和液状。绝大多数钎剂吸潮性很强，需严格密封保管。

表 7-12　钎焊铜及铜合金所用的钎剂

牌号	名称	成分（质量分数,%）	特点和用途
QJ101	银钎剂	KBF_4（68~71），H_3BO_4（30~31）	以硼酸酐和氟硼酸盐为主，能有效清除表面氧化膜，有很好的流动性，配合银钎料或铜磷钎料使用。在550~850℃范围钎焊各种铜及铜合金以及钢及不锈钢
QJ102	银钎剂	B_2O_3（33~37），KBF_4（21~25），KF（40~44）	以硼酸酐和氟硼酸盐为主，能有效清除表面氧化膜，有很好的流动性，配合银钎料或铜磷钎料使用。在600~850℃范围钎焊各种铜及铜合金以及钢及不锈钢
QJ105	低温银钎剂	$ZnCl_2$（13~16），NH_4Cl（4.5~5.5），$CdCl_2$（20~31），LiCl（24~26），KCl（24~26）	以氯化物为主的高活性钎剂，在450~600℃范围钎焊铜及铜合金，特别适用于铝青铜、铝黄铜及其他含铝的铜合金。钎剂腐蚀性极强，要求焊后对接头进行严格的刷洗，以防残渣对焊件的腐蚀
QJ205	铝黄铜钎剂	ZnCl（48~52），NH_4Cl（14~16），CdCl（29~31），NaF（4~6）	以氯化物-氟化物为主的高活性钎剂，在300~400℃范围钎焊铝青铜、铝黄铜以及铜与铝等异种接头。钎剂腐蚀性极强，要求焊后对接头进行严格的刷洗，以防残渣对焊件的腐蚀

　　铜及铜合金软钎焊用钎剂分为活性有机钎剂和弱腐蚀性钎剂两类，见表7-13。其中采用活性松香酒精溶液活性有机钎剂，焊后不必清除钎剂残渣。

表 7-13　铜及铜合金软钎焊用钎剂

牌号	名称	成分（质量分数,%）	用途
1	活性有机钎剂	松香（30），酒精（60），醋酸（10）	与锡铅钎料配合钎焊各种铜及铜合金
2	活性有机钎剂	松香（22），酒精（76），盐酸苯胺（2）	与锡铅钎料配合钎焊各种铜及铜合金
3	弱腐蚀性钎剂	氯化锌（40），氯化铵（5），水（55）	与锡铅钎料、锡银钎料及锡锑钎料配合钎焊各种铜及铜合金、钢及不锈钢
4	弱腐蚀性钎剂	氯化锌（6），氯化铵（4），盐酸（5），水（85）	与锡铅钎料、锡银钎料及锡锑钎料配合钎焊各种铜及铜合金、钢及不锈钢

3. 气氛

　　燃气在钎焊大多数铜合金时是经济实用的保护气氛，但氢含量高的气氛除外，不能用于有氧铜，因为它们会导致母材发生脆性。除了有氧铜外，燃气分解的氨和氢对铜合金钎焊也是有用的。惰性气体（如氩气和氦气）也包括氮气，可以用于所有的铜及铜合金钎焊。

　　真空气氛适合于在钎焊温度下没有高蒸发压力元素（铅、锌等）的铜及铜合金。钎料被限制到含有少量高蒸发压力元素，如锌和镉的真空等级。对于高真空钎焊，应查阅铜和任何合金元素的蒸发压力温度曲线，以决定最高允许的钎焊温度。钎焊时通入惰性气体，在炉中建立了一个分压，有助于避免钎料或母材中成分的蒸发。

7.2.3　铜及铜合金的钎焊工艺

1. 接头设计及表面清理

（1）接头设计　铜及铜合金的钎焊温度足以对它们进行退火，因此接头的强度是以退火状态为基础设计的。为满足最大的接头强度和安全性，钎焊间隙控制在 0.03~0.13mm。

（2）表面清理　如果接头表面有氧化物、污垢或其他外来的物质，就不能获得牢固的接头。常规溶剂和碱性脱脂工艺适合于清洁铜及铜合金。机械方法（如钢丝刷和喷砂）能用来去除氧化物。表面氧化物的化学清除，要求合理选择酸洗溶液。化学清除铜表面的典型工艺见表 7-14。

表 7-14　化学清除铜表面的典型工艺

母材	典型工艺
铝青铜	先浸入体积分数为 2% 的氢氟酸与体积分数为 3% 的硫酸与水混合的低温溶液，然后浸入 27~49℃ 的体积分数为 5% 的硫酸溶液中。该工艺可以重复进行直到焊件清洁完为止
硅青铜	先浸入体积分数为 5% 的热硫酸溶液中，然后在低温体积分数为 2% 的氢氟酸与体积分数为 5% 的硫酸混合溶液中清洗
黄铜	使用低温体积分数为 5% 的硫酸溶液
纯铜	浸入到低温体积分数为 5%~15% 的硫酸溶液中
铍青铜	①浸入体积分数为 20% 的硫酸溶液中，温度 71~82℃，然后水洗 ②快速浸渍（30s）到体积分数为 30% 的冷硝酸溶液中，然后立即彻底水洗
铬青铜	浸入体积分数为 5% 的热硫酸中进行酸洗，然后在 15~37g/L 的重铬酸钠与体积分数为 3%~5% 的硫酸混合液中酸洗，随后立即彻底水洗

钎焊前，在含有强氧化物形成元素的铜合金上镀铜，有利于简化钎焊工艺，用于铬青铜的镀层厚度为 0.03mm，用于铍青铜、硅青铜、铝青铜的镀层厚度为 0.013mm。

2. 组装

组装工艺应该在所有接头面积都清洗后进行。当使用钎剂时，要将钎剂涂抹在刚刚清洗的接头表面上。在钎焊过程中一些辅助的步骤能够被合并。例如，当钎焊可热处理母材时，与适当的热处理工艺结合即可获得理想的接头力学性能。这个工艺可以应用到铍青铜和铬青铜的钎焊中，但不能钎焊锆青铜。这种合并操作适合于可以固溶退火的钎料，只有当焊件能够迅速地冷却，达到固溶热处理条件下的微观结构和所需要的特性，这种操作才有实际意义。

为了避免损害钎焊接头，焊件在钎焊、淬火和随后的时效热处理中必须被适当地支承。在实施操作之前，应该检查固溶热处理和时效要求的温度数据。

3. 不同铜合金的钎焊工艺要点

（1）有氧、高导电铜和脱氧铜　常采用炉中钎焊或火焰钎焊方法。在高温下，有氧铜对于氧的迁移或氢脆非常敏感，甚至是两者兼而有之。因此有氧铜应采用在惰性气体、氮气或真空气氛下的炉中钎焊。火焰钎焊应该采用中性或微氧化焰，铜磷或银铜磷钎料在铜上有自钎剂作用。然而在大的焊件中钎剂是有作用的，大件钎焊时间延长，会引起额外的氧化。由于有腐蚀侵袭的危险，使用含磷钎料的钎焊接头不能长期暴露在高温下的水中和含硫气氛中。

如果使用铜锌钎料，仔细操作不能过热，在接头中锌的蒸发会引起砂眼。当采用火焰钎焊时，氧化焰将减少锌的蒸发。

当钎焊接头具有超过较薄焊件厚度 3 倍的搭接面积时，退火后的铜搭接接头焊件能够满足强度要求。实际上，脱氧铜中搭接接头提高了具有较短搭接长度母材的最大强度。搭接接头长度超过壁厚的 2 倍，快速拉断时断裂常出现在母材上。

当焊件接头面遭到破坏（缩小搭接长度），一般来说，裂纹将会部分或全部穿过平行于接头结合面的母材中的一个平面。可以解释为，在室温条件下，BAg 和 BCuP 钎料金属强度要比退火后的母材强。在升高温度时，钎料强度的下降速度比同样情况下的铜更快，最终在钎料中发生开裂。钎料的最高工作温度见表 7-15。

表 7-15 钎料的最高工作温度

钎料分类	最高工作温度/℃	
	连续工作	间断工作
BCuP	150	200
BAg	150	200
BAu	425	540
RBCuZn	200	315

（2）黄铜 所有的黄铜都可以用 BAg 和 BCuP 钎料钎焊，较高熔点的黄铜（低锌）也能够使用 RBCuZn 钎料钎焊。

即使在保护气氛中，也可以使用钎剂以改善钎料的润湿。钎剂还能用于减少锌的蒸发。

当加热到 400℃以上时，黄铜中的锌趋向于蒸发损失掉，这种损失可以通过在炉中钎焊过程中将钎剂涂抹到焊件表面，或在火焰钎焊中使用氧化焰来减少。黄铜也受到裂纹的影响，因此要仔细、均匀地加热。尖角与引起应力集中的截面变化和产生热应力的现象都应该避免。

含有铝和硅的黄铜处理上类似于铝青铜或硅青铜。铅加入到黄铜中虽可改善切削性能，但也能够与钎料合金化并且引起脆性。当铅的质量分数超过 3% 时，将增加钎焊的难度。为了在钎焊过程中保持好的流动性和润湿性，需要用钎剂将铅黄铜完全覆盖以防止铅氧化物和残渣的出现。高铅黄铜被快速地加热能引起裂纹。在钎焊之前应进行应力释放退火，也可以缓慢、均匀地加热和冷却，将减少这种裂纹的倾向。

（3）磷青铜 所有的磷青铜可以使用 BAg 和 BCuP 钎料钎焊。低锡的磷青铜也能通过 RBCuZn 钎料进行钎焊。

磷青铜有时也采用金属粉块形式，在钎焊之前，这些粉块需要使用水基或油基胶状石墨悬浮液粉刷表面进行预处理，然后在低温下烘焙、清洗、脱脂。这个程序可封住小孔，以便实行钎焊。

（4）铜-铝合金（铝青铜） 在钎焊温度下，铝的质量分数超过 8% 的铜-铝合金，由于难熔铝氧化物的形成，会带来钎焊的困难。然而这个问题可以通过在待钎焊表面电镀一层 0.013mm 的铜解决。炉中钎焊非电镀表面时，钎剂也可以与保护气氛同时使用。

（5）铜-硅合金（硅青铜） 铜-硅合金应被清洁，在钎焊之前电镀铜或用钎剂涂上一层以防止形成难熔的氧化硅。推荐采用机械方式清理。如前所述，对于轻的氧化程度，铜-硅合金可被酸洗，一般使用含硅钎料。

铜-硅合金易受到钎料的晶界扩散，在应力下造成热脆性，在钎焊之前应力应释放，钎焊温度应在 760℃ 以下。

（6）铜-镍合金　铜-镍合金一般采用 BCuP 钎料钎焊。在使用 BCuP 钎料之前，必须就性能和微观结构对母材做出充分评价，在钎焊过程中有可能形成脆的磷化镍。母材必须没有硫和铅，这些元素在钎焊循环中会引起裂纹。可以使用标准溶解剂和碱性脱脂程序。氧化物可以通过砂纸清除或在体积分数为 5% 的硫酸热溶液中酸洗，然后立即进行彻底的清水冲洗。

在应力条件下，铜-镍合金对熔化钎料所引起的晶界扩散很敏感，为防止裂纹的产生，在钎焊之前应释放应力，在钎焊过程中不应引入应力。

（7）铜-镍-锌合金（锌白铜）　铜-镍-锌合金可以采用钎焊黄铜的工艺钎焊，当使用 RBCuZn 钎料时，因为相对高的钎焊温度，需要仔细操作，这些合金易受到钎料的晶界扩散，除非它们在钎焊之前释放应力。这些合金热传导性不高，趋向于局部过热。建议缓慢、均匀加热，使用充分多的钎剂以防止氧化。

（8）特殊铜合金　含有少量银、铅、碲、硒或硫（一般质量分数不超过 1%）的铜容易被自钎剂钎料 BCuP 钎焊。如果使用钎剂会改善润湿性。

高强度的铍-铜合金（质量分数为 2% 的铍）能够在炉中钎焊并且同时在 788℃ 进行固溶处理，在稍低的温度（760℃）下钎料凝固，然后焊件在水中淬火，在 316~343℃ 范围内时效处理。常采用银铜共晶钎料 BAg72Cu。

另一个快速加热（要求低于 1min）的方法是在低于固溶退火温度以下进行固溶退火材料的钎焊。钎焊后不做重新退火的时效。充分快速的加热速度通过感应钎焊获得。

高电导率的铍-铜合金（质量分数为 0.5% 的铍），退火温度 927℃，在 454~482℃ 范围内产生沉淀硬化，在时效条件下使用 BAg45CuZnCd 或 BAg50CuZnCd 银钎料容易钎焊。

铬青铜和锆青铜在 482℃ 时效处理，随后在 899~1010℃ 范围内固溶退火并冷加工。使用银钎料和含氟化物钎剂的钎焊，最好安排在固溶退火和冷加工之后、时效硬化之前进行。在这个工艺之后，母材的热处理特性低于正常值。

4. 焊后清理及接头检查

残留的钎剂是腐蚀源，必须予以清除。这些残留物浸入到热水中即可疏松或溶解。氧化物的去除可用机械方法（如钢丝刷）或使用具有适当溶解作用的酸。

大多数钎焊接头的检查方法可用于铜及铜合金钎焊接头，具体选择取决于接头的设计和应用的需求。

当使用一些包含锌和镉的钎料、含有氯化物的钎剂、一些含有铍、铅、锌的母材时，必须提供适当的通风以保护操作者人身安全。

7.3　钛及钛合金的钎焊

7.3.1　钛及钛合金的分类与性能

1. 工业纯钛

工业纯钛的性质与其纯度有关，纯度越高，强度和硬度越低，塑性越高，越容易加工成形。钛在885℃时发生同素异构转变。在885℃以下为密排六方晶格结构，称为α钛；在885℃以上为体心立方晶格结构，称为β钛。钛合金的同素异构转变温度则随着加入合金元素的种类和数量的不同而变化，工业纯钛的再结晶温度为550~650℃。

工业纯钛中的主要杂质有氢、氧、铁、硅、碳、氮等。其中氧、氮、碳与钛形成间隙固溶体，铁、硅等元素与钛形成置换固溶体，起固溶强化作用，显著提高钛的强度和硬度，降低其塑性和韧性。氢以置换方式固溶于钛中，微量的氢就能够使钛的冲击韧性急剧降低，增大缺口敏感性，并引起氢脆。

工业纯钛根据其杂质（主要是氧和铁）的含量以及强度差别分为TA0、TA1、TA2、TA3等牌号。随着工业纯钛牌号的顺序数字增大，其杂质含量增加，强度增加，塑性降低。工业纯钛容易加工成形，但在加工后会产生加工硬化。为恢复塑性，可以采用真空退火处理，退火温度为700℃，保温1h。工业纯钛具有很高的化学活性。钛与氧的亲和力很强，在室温条件下就能在表面生成一层致密而稳定的氧化膜。由于氧化膜的保护作用，使钛在大气，高温气体（550℃以下），中性及氧化性介质，不同浓度的硝酸、稀硫酸、盐酸溶液以及碱溶液中都有良好的耐蚀性，但氢氟酸对钛具有很大的腐蚀作用。工业纯钛的化学活性随着加热温度的增高而迅速增大，并在固态下具有很强的吸收各种气体的能力。

工业纯钛是一种常用的α钛合金，具有良好的耐蚀性、塑性、韧性和焊接性，其板材和棒材可以用于制造350℃以下工作的零件，如飞机蒙皮、隔热板、换热器、化学工业的耐蚀结构等。

2. 钛合金

工业纯钛的强度还不高，在其中加入合金元素后便可以得到钛合金，其强度、塑性、抗氧化等性能显著提高，并使钛合金的相变温度和结晶组织发生相应的变化。

钛合金根据其退火组织可分为三大类：α钛合金、β钛合金和α+β钛合金，其牌号分别以T加A、B、C和顺序数字表示。钛及钛合金的力学性能见表7-16。

表7-16 钛及钛合金的力学性能

牌号	材料状态	板材厚度/mm	室温力学性能（不小于）				高温力学性能		
			抗拉强度/MPa	断后伸长率（%）	规定残余伸长应力/MPa	弯曲角/(°)	试验温度/℃	抗拉强度/MPa	持久强度/MPa
TA1	退火	0.3~2.0 2.1~10.0	370~530	40 30	250	140 130	—	—	—
TA2	退火	0.3~1.0 1.1~2.0 2.1~5.0 5.1~10.0 10.1~25.0	440~620	35 30 25 25 20	320	100 100 80 — —	—	—	—
TA3	退火	0.3~1.0 1.1~2.0 2.1~4.0 4.1~10.0	540~720	30 5 20 20	410	90 90 80 —	—	—	—

（续）

牌号	材料状态	板材厚度/mm	室温力学性能（不小于）				高温力学性能		
			抗拉强度/MPa	断后伸长率（%）	规定残余伸长应力/MPa	弯曲角/(°)	试验温度/℃	抗拉强度/MPa	持久强度/MPa
TA6	退火	0.8~1.5	685	20	—	50	350	420	390
		1.6~2.0		15		40	500	340	195
		2.1~10.0		12		40			
TA7	退火	0.8~1.5	735~930	20	685		350	490	140
		1.6~2.0		15		40	500	440	185
		2.1~10.0		12					
TB2	淬火	1.0~3.5	≤980	20		120	—	—	—
TC1	退火	0.5~1.0	590~735	25	—	100	350	340	320
		1.1~2.0		25		70	400	310	295
		2.1~10.0		20		60			
TC2	退火	0.5~1.0	685	25	—	80	350	420	390
		1.1~2.0		15		60	400	390	360
		2.1~10.0		12		50			
TC3	退火	0.8~2.0	880	12	—	35	400	590	540
		2.1~10.0		10		30	500	440	195
TC4	退火	0.8~2.0	895	12	830	35	400	590	540
		2.1~10.0		10		30	500	440	195

7.3.2　钛及钛合金的钎焊特点与钎料

1. 钛及钛合金的钎焊特点

钛及钛合金的钎焊特点主要表现在以下几个方面。

（1）表面氧化物稳定　钛对氧的亲和力很大，具有强烈的氧化倾向，从而在其表面生成一层坚韧稳定的氧化膜。钎焊前必须经过非常仔细地清理去除，并且直到钎焊完成都要保持这种清洁状态。

（2）具有强烈的吸气倾向　钛及钛合金在加热过程中会吸收氧气、氢气和氮气，吸气的结果使合金的塑性、韧性急剧下降，所以钎焊必须在真空或干燥的惰性气氛保护下进行。

（3）组织和性能的变化　纯钛和 α 钛合金不能进行热处理强化，因此钎焊工序对其性能影响较小。但当加热温度接近或超过 α→β（或 α+β→β）转变温度，β 相的晶粒尺寸会急剧长大，组织显著粗化，随后在冷却速度较快的情况下形成针状 α 相，使钛的塑性下降。β 钛合金在退火状态时不受钎焊的影响，但是当在热处理状态或以后要热处理时，钎焊温度可能对其性能产生重大影响。当在固溶处理温度下钎焊时，可获得最佳韧性，随着钎焊温度升高，母材的韧性会降低。α+β 钛合金的力学性能随热处理与显微组织的变化而变化。锻造的 α+β 钛合金一般制成等轴晶的双相组织以获得最高的韧性。为保持这种显微组织，钎焊温度不宜超过 β 转变温度。钎焊温度越低，对母材性能的影响越小。

（4）形成脆性化合物　钛可与大多数金属形成脆性化合物，用来钎焊其他金属的钎料一般均能同钛形成化合物，使接头变脆，基本上不适用于钎焊钛及钛合金，因此选择钎焊钛及钛合金的钎料存在一定困难。

2. 钎料

钛及钛合金很少用软钎料钎焊，但在一些特殊场合，也可采用锡铅钎料、镉基钎料和锌基钎料，钎焊接头的抗剪强度为 29~49MPa。钎焊钛及钛合金的硬钎料主要有银钎料、铝基钎料、钛基钎料或钛锆基钎料三大类。

（1）银钎料 银钎料是最早用来钎焊钛及钛合金的钎料，主要用于使用温度较低（低于 540℃）的焊件，有纯 Ag、Ag-Cu、Ag-Li、Ag-Mn、Ag-Cu-Ni、Ag-Al、Ag-Pd-Ga 等合金系。Ag 对 Ti 的润湿性很好，在钎缝的界面区形成金属间化合物 TiAg，与 Ti 和其他金属的金属间化合物相比，脆性较小，但其线膨胀系数同钛的线膨胀系数差别较大，在应力作用下易产生裂纹，故用银钎料钎焊的接头强度不是很高。Ti-Cu 金属间化合物呈脆性，所以银钎料中 Cu 含量应保持低值。添加 Li 有助于加速扩散和使银钎料与 Ti 产生合金化。银和银钎料真空钎焊 TA7 钛合金的接头强度见表 7-17。

表 7-17 银和银钎料真空钎焊 TA7 钛合金的接头强度

钎料	钎焊参数	抗拉强度/MPa	抗剪强度/MPa
纯 Ag	980℃×5min	—	117.8~166.5
BAg72Cu	900℃×5min	274~304	108~117.2
BAg72CuNiLi	880℃×5min	274~305	88.1~156.5
BAg68CuSn	870℃×5min	284~314	128.1~188
BAg85Mn	1000℃×5min	274~314	156.5~176.2

Al 可降低 Ag 的熔点，且 Al 同 Ti 形成的化合物脆性不大，所以银铝钎料是性能较好的一种钎料，其典型成分为 Ag95Al5，在 900℃钎焊具有良好的填充间隙能力，对母材无不良影响。在 Ag95Al5 钎料中加入质量分数为 0.5% 左右的 Mn，可显著提高钎料的耐蚀性，用 Ag94.5Al5Mn0.5 钎料钎焊钛合金，钎焊温度范围为 870~930℃，在钎缝与钛合金界面的扩散层是塑性较好的 Ag-Al-Ti 固溶体，其接头具有良好的抗应力腐蚀性能和优良的抗剪强度。这种钎料钎焊 Ti-6Al-4V，获得的接头抗剪强度为 137~206MPa，即使在 400℃时接头的抗剪强度仍可保持在 97MPa，该钎料最适用于钛合金薄壁焊件（如散热器、蜂窝结构等）的钎焊。

（2）铝基钎料 铝基钎料非常适合钎焊钛合金散热器、钛蜂窝和层板结构，原因如下。

1）铝基钎料钎焊温度低，远低于钛合金 β 转变温度，基体不会软化，对固溶时效钛合金只要钎焊温度选择合适就可以保持其性能不变，同时可大大简化钎焊夹具材料及结构的选择，提高夹具使用寿命。

2）与钛基体相互作用小，无明显溶蚀和扩散，生成脆性化合物的倾向小。

3）钎料塑性好，容易加工，也可将钎料和母材轧制在一起，便于蜂窝结构等的装配。

纯铝、铝-锰（3A21）、铝-镁（5A06）合金均可用于钛合金的钎焊。需在更低温度下钎焊时可选用 Al-Si、Al-Cu、Al-Cu-Si 系铝基钎料。

银钎料和铝基钎料钎焊温度低，远远低于钛及钛合金 α→β 相变温度，钎焊过程几乎不损害母材的组织和性能，铝基钎料对钛母材的溶蚀也很小，非常适合于蜂窝结构或换热器等薄壁结构的钎焊，但是它们的钎焊接头强度较低，抗剪强度往往在 200MPa 以下，铝基钎料只有几十兆帕，而且接头耐蚀性较差，在腐蚀性介质中会造成失效。

（3）钛基及钛锆基钎料　钛基钎料溶蚀小，钎焊接头强度高，耐蚀性好，可以得到性能优异的钎焊接头，但是钛基钎料熔化温度高，要在较高温度下进行钎焊，可能导致母材发生 β 转变，且其本身易脆化，难以加工成形，因此针对钛基钎料的研究成为解决钛及钛合金可靠钎焊连接的关键。

钛基钎料往往选用能与 Ti 形成低熔点共晶体的 Cu、Ni 等作为降熔元素，加入能与 Ti 同族互溶的 Zr 使熔点进一步降低得到 Ti-Zr 系钎料，一些有益合金元素的加入能够进一步降低钎料熔点或对钎缝组织进行调控，有 Ti-Cu-Ni、Ti-Zr-Be、Ti-Zr-Cu-Ni 等系列。与银钎料、铝基钎料相比，钛基钎料钎焊接头强度更高，耐蚀性和耐热性更好，在盐雾环境、硝酸和硫酸中耐蚀性尤为优良。但由于这类钎料中基本上都含有与 Ti 具有强烈作用的 Cu、Ni 元素，钎焊时会快速扩散到基体中并与 Ti 反应造成对基体的溶蚀和形成脆性的扩散层，因此不利于薄壁结构的钎焊。另外，钛基钎料本身比较脆，加工性能差，主要是采用真空或惰性气体保护非晶态制箔技术制成箔带使用，或以粉末状使用，也有采用金属箔片构成叠层钎料使用的。

通过在钛基钎料中加入 Ti 粉的方式可以提高接头的力学性能，由于 Cu、Ni 在 Ti 中的固溶度大于在 Zr 中的固溶度，因此加入 Ti 粉后其可容纳更多 Cu、Ni 原子形成 β 相，而且 Ti 粉的加入提高了钎料的熔点，缩短了液态钎料的凝固时间，可对 Cu/Ni 的偏析起一定的抑制作用。图 7-11 所示为使用加入 Ti 粉和 Zr 粉的 TiZrCuNi 钎料钎焊接头的显微组织。Ti 粉的加入使钎缝宽度减少约 42%，钎焊接头界面组织由共析反应产物针状 α+β 相和少许不连续分布的金属间化合物组成，因此接头抗拉强度最高为 738.7MPa，远高于 TiZrCuNi 接头（136MPa）和 TiZrCuNi+Zr 接头（200MPa）。

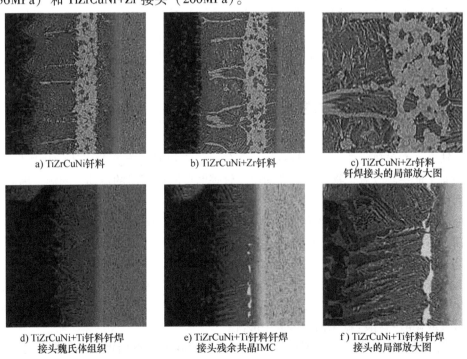

a) TiZrCuNi钎料　　　b) TiZrCuNi+Zr钎料　　　c) TiZrCuNi+Zr钎料
钎焊接头的局部放大图

d) TiZrCuNi+Ti钎料钎焊　　e) TiZrCuNi+Ti钎料钎焊　　f) TiZrCuNi+Ti钎料钎焊
接头魏氏体组织　　　接头残余共晶IMC　　　接头的局部放大图

图 7-11　使用加入 Ti 粉和 Zr 粉的 TiZrCuNi 钎料钎焊接头的显微组织

叠层钎料的成分取决于各种金属箔材的厚度比,按照一定厚度比可制成满足一定重量比的叠层钎料。采用 BTi72CuNi 和 BTi72CuNiBe 叠层钎料钎焊 TC4 钛合金接头的力学性能见表 7-18,同时表 7-18 中还列出了 BAg94AlMn 钎料钎焊接头的性能以进行比较。从表 7-18 中可见,两种叠层钛基钎料钎焊接头的强度明显高于 BAg94AlMn 钎料钎焊接头,且具有良好的抗氧化和耐盐雾腐蚀的性能。扩散处理后接头进一步改善,与 TC4 基体性能相当。

表 7-18　叠层钎料钎焊 TC4 钛合金接头的力学性能

钎料	钎焊及扩散处理工艺	抗剪强度/MPa				抗拉强度/MPa	冲击韧度/(J/cm²)
		室温			430℃		
		未腐蚀	430℃/100h 氧化	120h 盐雾腐蚀			
BTi72CuNi	900℃×15min 钎焊	310	302	305	294	372	28
	钎焊+920℃×2h 扩散处理	—	—	—	—	870	32
	钎焊+920℃×6h 扩散处理	—	—	—	—	1100	44
BTi72CuNiBe	950℃×15min 钎焊	371	312	310	290		3
	钎焊+920℃×2h 扩散处理	464				905	40
BAg94AlMn	钎焊	199	199	157	85	—	—

采用钛基钎料钎焊钛及钛合金,可以获得较高的接头强度,甚至达到或接近母材强度,但钛及钛合金钎焊接头一般均呈现明显的脆性。可通过减小钎焊间隙和控制钎料量,并配合施加一定的压力减缓钛及钛合金钎焊接头的脆性,但其适用性有限,而从钎料成分设计上降低钎焊接头脆性更有效。例如:在 Ti-Zr-Cu-Ni 系钎料中加入元素 Co,并控制 Cu、Ni、Co 三种元素的总含量;或在 Ti-Zr-Cu-Ni 系钎料中加入元素 Co 的同时,加微量稀土元素。

7.3.3　钛及钛合金的钎焊工艺

1. 焊前表面准备

钛及钛合金在受热状态下极易与氧气、氢气、氮气以及含有这些气体的物质发生反应,从而在表面生成一层以氧化物为主的表面层,钎焊时会阻碍钎料的流动、润湿,因此钎焊前必须将其去除。主要清理方法如下。

(1)表面除油　可使用非氯化物的溶剂,如丙酮、丁酮、汽油和酒精进行整体或局部擦洗除油,最好采用超声波清洗;或者在用上述方法除油后,再用氢氧化钠+无水碳酸钠+磷酸三钠+硅酸钠水溶液做进一步的除油。

(2)化学清理　目的主要是去除氧化膜。氧化膜较薄时可用硝酸+氢氟酸水溶液进行酸洗;氧化膜很厚时,则应先用氢氧化钠+碳酸氢钠水溶液进行碱洗,然后再在硝酸+盐酸+氢氟酸水溶液或硝酸+盐酸+氟化钠水溶液中酸洗。

(3)机械清理　化学清理有困难的焊件,可用细砂纸或不锈钢丝刷打磨清理,也可用硬质合金刮刀刮削待焊表面。

（4）热处理　需要在热处理状态下使用的 β 钛合金焊件焊后应按母材热处理方法进行热处理。另外有时为了提高钎焊接头的性能，需要在焊后进行扩散处理。

2. 钎焊方法

钛及钛合金的钎焊最好在氩气保护或真空中进行。在氩气或真空中钎焊时，可以采用高频加热、炉中加热等方法，加热速度快，保温时间短，界面区的化合物层薄，接头性能好，但必须控制钎焊温度和保温时间，使钎料流满间隙。

（1）点焊—钎焊组合焊接　点焊—钎焊是 20 世纪 70 年代初期发展起来的用于钛及钛合金连接的一项先进工艺。它将电阻点焊与钎焊结合起来，可形成具有良好静载强度和疲劳强度的搭接接头，同时使生产成本降低，并有一定的减重效果。

点焊—钎焊时，电阻点焊主要用来使焊件校正定位，并为随后钎焊获得完整的接头保持适当的钎焊间隙；钎焊则使钎料通过毛细作用流入接头，进一步提高接头的性能和减小点焊接头的应力集中。具体实施方法有两种：一种是预穿钎料孔的点焊—钎焊法，即先在钎料箔带上穿孔，其孔径略大于预计的点焊焊核直径，然后将穿孔的钎料置于被焊钛板之间进行点焊，使焊点正好通过钎料箔带上的孔，最后在真空或保护气氛炉中进行钎焊；另一种方法是利用钎料毛细流动的点焊—钎焊法，即先将钛板点焊在一起，然后将钎料置于搭接接头旁边再进行炉中钎焊，钎焊时，钎料通过毛细作用流入钎焊间隙内而形成连续、高强度的接头，银钎料、铝基钎料和钛基钎料均可用于点焊—钎焊。

采用厚度为 0.1mm 的铝-锰合金箔作为钎料焊接钎焊的 TC4 钛合金单面搭接接头，在室温到 290℃温度范围内，抗剪强度约为纯钎焊和点焊接头的强度之和；室温疲劳强度与钎焊接头相当，是点焊接头的 3 倍；接头 290℃×500h 的持久强度是钎焊接头的 2 倍，比点焊接头至少高 15%。点焊—钎焊的带桁条的蒙皮板结构最大抗压强度比同样结构的铆接板高 1.5 倍，而抗弯强度高 1.6~2.25 倍。

（2）液相扩散钎焊　液相扩散钎焊是 20 世纪 70 年代初期开发的一种钛及钛合金连接工艺。

液相扩散钎焊的原理是在焊件结合面之间加入能与基体金属反应，生成一种或几种共晶成分的中间层金属或合金，在连接温度下，中间层金属或合金本身并不熔化，但加热时它会与基体金属发生接触反应，在原位置生成低熔点共晶体，液相共晶体的形成又起到扩散桥的作用加速扩散过程，使靠近界面区域逐层达到共晶成分而液化，直到中间层金属或合金完全扩散并溶入基体中，形成成分均匀、组织基本一致的牢固接头。液相扩散钎焊又称为薄膜扩散钎焊、共晶钎焊或接触反应钎焊。

液相扩散钎焊所用中间层金属或合金本身在连接温度下并不熔化，液相通过与基体扩散反应生成，接头形成过程中在一段时间内存在一定量的液相，可改善连接面之间的接触状态并促进扩散，因而对连接面的表面粗糙度要求较固相扩散钎焊低得多，而且只需施加很小的压力或不加压，操作灵活，且接头力学性能可以达到基体金属水平。

液相扩散钎焊所用的中间层材料通常为可与 Ti 形成低熔点共晶体的 Cu 与 Ni，可直接电镀或气相沉积在连接面上或以金属箔的形式使用。液相扩散钎焊的钛合金接头具有较好的力学性能，如采用厚度为 12.7nm 的铜箔作为中间金属，在 1038℃下保温 60min，施加 0.1MPa 压力的钎焊工艺下真空感应加热钎焊 TC4 钛合金，接头抗剪强度为 545MPa，与固相扩散钎焊接头相当；接头在 316℃、质量分数为 3.5%NaCl 水溶液中暴露 500h 和 1000h 后，其室温抗拉强度为 1000~1034MPa，与未腐蚀状态相比，强度值不仅没有降低，反而有所升高；在 413MPa 应力水平下，接头疲劳寿命大于 10^7 次循环，但应力高于 413MPa 时，疲劳寿命稍低于基体。对液相扩散钎焊的带肋蒙皮板进行室温压缩试验时，即使在板的翘曲区也未发生接头的分离现象，表明接头具有良好的塑性。

7.3.4 钛铝金属间化合物的钎焊

钛铝金属间化合物材料具有一系列优异的性能，是航空航天、汽车、石油化工领域中极具应用前景的先进轻型结构材料，主要有 Ti_3Al 和 $TiAl$。

Ti_3Al 金属间化合物为密排六方有序 DO_{19} 超点阵结构，高温下（800~850℃）具有良好的高温性能，密度较小（4.1~4.7g/cm^3），弹性模量较高（110~145GPa），与镍基高温合金相比可减轻重量40%。美国已将 Ti_3Al 用于制造喷气涡轮发动机上的尾喷燃烧器。它的主要问题是室温塑性很低，加工成形困难。解决这些问题的有效办法是加入 β 稳定元素，如 Nb、V、Mo 等进行合金化，其中以 Nb 的作用最为显著。主要是通过降低马氏体转变温度（Ms），细化 α_2 相，减小滑移长度，另外还能促使形成塑性和强度较好的（α_2+β）两相组织。典型 Ti_3Al 金属间化合物的力学性能见表7-19。

表 7-19　典型 Ti_3Al 金属间化合物的力学性能

合金	屈服强度 /MPa	抗拉强度 /MPa	断后伸长率 （%）	断裂韧度 /（MPa/m$^{1/2}$）	高温持久寿命[①]/h
Ti-Al24-Nb11	761	967	4.8	—	—
Ti-Al24-Nb14	790~831	977	2.1~3.3	16.8	59.5~60
Ti-Al25-Nb10-V3-Mol	825	1042	2.2	—	—
Ti-Al24.5-Nb17	952	1010	5.8	13.5	360
Ti-Al24.5-Nb17-Mol	980	1133	3.4	20.9	476

注：合金含量为摩尔分数。

[①] 650℃，380MPa。

$TiAl$ 金属间化合物具有面心四方有序 L_{10} 超点阵结构。除了与其他高温金属间化合物一样，具有很好的高温强度和抗蠕变性能外，$TiAl$ 还具有密度小（3.7~3.9g/cm^3）、弹性模量高（160~180GPa）和抗氧化性能好等特点，是一种很有应用前景的航空航天用高温结构材料。Ti-Al54（摩尔分数）的韧—脆转变温度为 700℃ 左右，且随着 Al 含量的减少而降低。$TiAl$ 能在很大的 Al 含量范围（Al 的摩尔分数为 49%~66%）内保持相结构的稳定性，可以通过合金化来提高其塑性和强度。

研究结果表明，通过合金化和微观组织的控制可改善 $TiAl$ 的室温塑性。含有双相（α_2+γ）层片状组织合金的塑性和强度优于单相（γ）组织的合金。对常用的合金元素 V、Cr、Mn、Nb、Ta、W、Mo 等进行试验得知：在 Ti-Al48（Al 的摩尔分数）中加入摩尔分数为 1%~3% 的 V、Mn 或 Cr 时，塑性可以得到改善（断后伸长率>3%），提高合金的纯度也有助于提高其塑性，如当含氧量（质量分数）由 0.08% 降到 0.03% 时，Ti-Al48 合金拉伸时的断后伸长率由 1.9% 提高到 2.7%。

近年来，学者们对钛铝金属间化合物材料特别是 $TiAl$ 的钎焊工艺进行了较多的试验研究，一些有关 TiAl 基合金及其与钢等其他金属材料钎焊的研究结果见表 7-20。一般来说，室温下银钎料钎焊接头的强度优于钛基钎料，而在高温下，则钛基钎料钎焊接头具有更好的性能。此外，钛基钎料的制备方式对钎焊接头性能有较大的影响，成分相同的 Ti-Cu-Ni 钎料，非晶态箔带形式的钎料钎焊接头的性能优于复合板形式的钎料。

表 7-20　一些有关 **TiAl** 基合金及其与钢等其他金属材料钎焊的研究结果

母材	钎料	钎焊方法及工艺	测试温度/℃	强度/MPa	
				抗拉强度	抗剪强度
TiAl	BTi70CuNi	真空钎焊，1000℃×30min	室温	—	220~230
TiAl	BTi70CuNi	真空钎焊，950℃×15min	室温	295	—
TiAl	BTi70CuNi	1000℃×3min	室温	—	398
	BCu92.5SiTiAl	1030℃×1min	室温	—	214
	BNi70CrSi	—	室温	—	141
TiAl	BAg50CuZn	真空钎焊，900℃×20min	室温	—	190
TiAl	BAg70.5CuTi	真空钎焊，900℃×20min	室温	—	175
TiAl+AlSl4340	BAg63CuTi	氢气保护感应钎焊，830℃×30s	室温	320	
			500	310	
TiAl+40Cr	BAg70CuTi	真空钎焊	室温	425	
TiAl+40Cr	BAg63CuTi	氩气保护感应钎焊，870℃×15min	室温	298	
TiAl+40Cr	BAg64CuTi	真空感应钎焊，870℃×5min	室温	267	
TiAl+40Cr	BAg50CuZn	真空钎焊，900℃×20min	室温	—	190
TiAl+40Cr	BTi47.5ZrCuNiCo	真空钎焊，930℃×15min	室温	—	110
TiAl+42CrMo	BTi50ZrCuNi	真空钎焊，930℃×1h	室温	167	
TiAl+42CrMo	BTi70CuNi	真空钎焊，1000℃×5min	室温	95.1	
TiAl+TiB$_2$	BAg68.5CuTi	真空钎焊，950℃×5min	室温	—	173
Ti$_3$Al	BTi70CuNi 非晶态	真空钎焊，982℃×1h	室温	516	—
			649	464	
			760	312	
	BTi70CuNi 层板		室温	518	—
			649	429	
			760	281	
	BTi60CuNi 非晶态	真空钎焊，982℃×1h	室温	547	—
			649	485	
			760	344	
	BTi55CuNi 非晶态		室温	548	—
			649	485	
			760	344	
	BTi55CuNi 层板		室温	400	—
			649	488	
			760	302	

（续）

母材	钎料	钎焊方法及工艺	测试温度/℃	强度/MPa	
				抗拉强度	抗剪强度
Ti₃Al	BTi70CuNi	真空钎焊，980℃×10min	室温 650	115.6 341.5	—
	BNi83CrSiBFe	真空钎焊，（1050~1100℃）×（250~300s）	室温	—	250~260
	BNi82CrSiBFe	真空钎焊，1150℃×5min	室温	—	219.6
	BTi35ZrNiCu	真空钎焊，1050℃×5min	室温	—	259.6
	BAg50CuZn	真空钎焊，900℃×5min	室温	—	125.4
	BCu93P	真空钎焊，900℃×5min	室温		98.6
Ti₃Al-Nb+TC4	BTi50ZrNiCu	真空钎焊，960℃×1h	室温	489	—

7.4 镁及镁合金的钎焊

7.4.1 镁及镁合金的钎焊特点

钎焊作为材料连接方法中的一种，是一项精密的连接技术，在许多行业得到广泛的应用。镁及镁合金表面极易氧化，其钎焊性差，硬钎焊时必须采用强力钎剂；软钎焊时，由于钎焊温度低，用钎剂去除氧化膜有很大的难度，有时采用不用钎剂的刮擦软钎焊和超声软钎焊。近些年，镁及镁合金的钎焊研究取得了一定的进展，但仍存在不少问题。

铸造镁合金和变形镁合金的钎焊工艺、钎料和钎剂在 20 世纪 70、80 年代得到发展，钎焊方法主要有火焰钎焊、炉中钎焊、浸渍钎焊等，钎料主要使用主组元和母材相同的共晶类合金。20 世纪 90 年代以后由于镁合金应用的剧增，特别是在航天领域作为轻质结构材料的应用，使得镁合金钎焊引起了人们的兴趣。镁合金被认为可能替代部分铝合金、塑料以及钢铁。几种可钎焊镁合金的成分、物理性能及力学性能见表 7-21 和表 7-22。

表 7-21　几种可钎焊镁合金的成分及物理性能

ASTM 合金牌号	成分（质量分数，%）						密度/(g/cm³)	固相线/℃	液相线/℃	钎焊温度/℃
	Al	Zn	Mn	Zr	RE	Mg				
AZ10A	1.2	0.4	0.20	—	—	余量	1.75	632	643	582~616
AZ31B	3.0	1.0	0.20	—	—	余量	1.77	566	627	582~593
AZ63A	6.0	3.0	0.25	—	—	余量	1.82	455	610	430~450
AZ91C	8.7	0.7	0.20	—	—	余量	1.81	468	598	430~460
K1A	—	—	—	0.70	—	余量	1.74	649	650	582~616
M1A	—	—	1.20	—	—	余量	1.76	648	650	582~616
ZE10A	—	1.2	—	0.17	—	余量	1.76	593	646	582~593
ZK21A	—	2.3	—	0.60	—	余量	1.79	626	642	582~616

注：1. Mn 质量分数为最小值。

　　2. ASTM—美国材料与试验学会。

表7-22　几种可钎焊镁合金的力学性能

ASTM合金牌号	热处理	屈服强度/MPa	抗拉强度/MPa	断后伸长率（%）
AZ10A	F	145	241	10
AZ31B，C	F	193	262	14
AZ31B	H24	221	290	15
	O	152	255	21
AZ63A	C	145	225	6
AZ91C	C	145	225	6
K1A	F	55	159	14
M1A	F	138	234	9
	H24	186	255	9
	O	110	221	15
ZE10A	H24	179	255	12
	O	138	228	23
ZK21A	F	228	290	10

注：F—制造后状态；H24—加工硬化后进行不完全退火获得相当于1/2硬状态的性能；O—回火状态；C—铸件。

镁合金钎焊前应清除母材及钎料表面的油脂、铬酸盐及氧化物，常用的方法主要是溶剂除脂、机械清理和化学浸蚀等。镁合金钎焊时搭接是最基本和最常用的接头形式，在接头强度低于母材强度时通过增加搭接面积，使整体接头与焊件具有相同的承载能力。一般钎焊时在接头处及附近区域添加填充金属，钎焊间隙通常取0.1~0.25mm，以保证熔融钎料充分渗入钎焊间隙中，形成良好的钎焊接头。

钎焊加热可以降低回火态镁合金板的性能，使之返回到退火—回火状态。例如，挤压并回火处理的AZ31B镁合金在595℃下进行1~2min钎焊后，降低了大约35%的断后伸长率、22%的屈服强度以及8%的抗拉强度。

火焰钎焊时加热钎焊部位可能降低母材局部的性能；炉中钎焊以及浸渍钎焊会降低整体结构的性能。钎焊加热对铸造镁合金或退火镁合金的性能影响不大。

由于镁有很高的化学活性，镁及镁合金钎焊并非一个简单的过程。在空气中加热时，镁及镁合金母材表面会形成含有氧化镁和氢氧化镁的复杂氧化膜。这层氧化膜化学性质稳定，在常规的活性气体气氛以及真空度高达10^{-3}Pa的环境中不易被去除。通常镁合金的氢氧化物在300~400℃加热时会分解成氢和水，阻碍钎焊过程进行。因此镁及镁合金钎焊必须用惰性气体或用钎剂保护，以防止在高温停留阶段产生氧化。

镁钎料的密度一般比钎剂的密度要小，这样钎焊时在接头处会出现熔渣包覆现象。镁合金的电极电位很低（-2.38V），可以阻碍稳定的电解产物或化学覆盖物的沉积，从而提高熔融钎料的润湿性，也使镁合金免受钎剂腐蚀。

在相关镁合金的加工制造过程中，将会遇到镁合金与钢、镁合金与铝合金等异种材料的连接问题，此类异种材料的钎焊连接有很重要的意义。另外，研究钎焊用低腐蚀钎剂对解决镁合金存在的过烧和腐蚀问题具有重要的工程意义。

7.4.2 钎料与钎剂

1. 镁及镁合金的常用钎料

（1）镁基合金钎料　镁及镁合金钎焊时所用的钎料一般采用镁基合金钎料。美国焊接学会编写的《钎焊手册》列举的目前可用于镁及镁合金钎焊的商业钎料有 BMg-1、BMg-2a（美国材料与试验学会牌号分别是 AZ92A 和 AZ125），这两种钎料的化学成分和物理性质见表 7-23，其中 MC3 为日本标准的钎料，其成分跟 BMg-1 相近。

表 7-23　两种钎料的化学成分和物理性质

牌号	化学成分（质量分数，%）							密度 /(g/cm³)	固相线 /℃	液相线 /℃	钎焊温度 /℃
	Al	Zn	Mn	Cu	Be	Ni	其他				
BMg-1	8.3～9.7	1.7～2.3	0.15～0.5	0.05	0.0002～0.0008	0.005	0.30	1.83	443	599	582～616
BMg-2a	11～13	4.5～5.5	—	—	0.0088	—	0.30	2.10	410	565	570～595
MC3	8.3～9.7	1.6～2.4	<0.1	<0.25	0.0005	<0.01	<0.3	1.83	443	599	605～615

注：余量为 Mg。

这三种钎料都适合于火焰钎焊、炉中钎焊和浸渍钎焊。但由于熔点较高，相配的钎剂熔点也较高，超过大多数镁合金的燃点及熔点，因此只适合钎焊 AZ10A、AZ31B 及 ZE10A 等少量几种镁合金，见表 7-24。

表 7-24　部分镁合金钎焊时钎料的选用

合金牌号	主要化学成分（质量分数,%）	熔化温度/℃		钎焊温度 /℃	选用钎料	备注
		固相线	液相线			
AZ10A	Al(1.2),Zn(0.4),Mn(0.2),Mg 余量	632	643	582～616	BMg-1① BMg-2a②	
AZ31B	Al(3.0),Zn(1.0),Mn(0.2),Mg 余量	—	627	582～593	BMg-2a	
ZE10A	Zn(1.2),RE 稀土(0.17),Mg 余量	593	646	582～593	BMg-2a	炉中钎焊和火焰钎焊只限用于 M1 镁合金的钎焊，其他合金可用浸渍钎焊
ZK21A	Zn(2.3),Zr(0.6),Mg 余量	626	642	582～616	BMg-1 BMg-2a	
M1	Mn(1.2),Mg 余量	648	650	582～616	BMg-1 BMg-2a	

① 钎料 BMg-1 化学成分（质量分数）为 9.0%Al、2.0%Zn、0.15%Mn、0.0005%Be、余量 Mg。

② 钎料 BMg-2a 化学成分（质量分数）为 12%Al、5.5%Zn、0.0005%Be、余量 Mg。

在传统钎料的基础上，近几年出现了新的合金系统，有些钎料可以提高钎焊接头力学性能。例如，BAl71.5MgCu，固相线温度为 448℃，液相线温度为 462℃，钎焊接头抗拉强度在室温时达到 122~136MPa，在 260℃时为 93MPa。用 Si 部分取代 Cu，钎料 BAl65MgCuSi 的室温抗拉强度降低到 87MPa，铝基钎料真空钎焊的热循环要尽量快（485℃×1min），避免界面形成脆硬的金属间化合物层。焊后钎焊接头的沉淀强化为 250℃×24h 热处理。由于钎焊接头里 Cu 元素的存在，用这种钎料钎焊的焊件应进行防腐保护。

加热温度为 437~565℃的 BMg86AlCa 钎料钎焊镁基复合材料 AZ91/13SiC$_p$（SiC 颗粒增强），室温抗拉强度可达 180~193MPa，200℃时为 58~70MPa。钎焊接头的金相显示 Mg-Al-Ca 钎料具有良好的流动性，形成了平滑的钎角，与母材有良好的界面反应，但有非平衡的微观结构，包括固溶晶粒、Mg-Al 共晶体以及由 γ-Al$_2$O$_3$ 和弥散相（推断是 CaMg$_2$ 和 Al$_4$Ca）结晶成的金属间化合物。

中国机械工程学会焊接学会编写的《焊接手册》中有关镁合金的钎焊仅列举了 Mg-Al-Zn 钎料，其成分（质量分数）为 12%Al、0.5%Zn、0.005%Be、余量 Mg。在低温下火焰钎焊或浸渍钎焊镁合金，可采用的几种低温钎料的成分及物理性质见表 7-25。

表 7-25　几种低温钎料的成分及物理性质

钎料牌号	成分（质量分数，%）（余量 Mg）				密度 /(g/cm^3)	固相线 /℃	液相线 /℃	钎焊温度 /℃
	Al	Zn	Mn	其他				
GA432	2	55	—	—	4.7	330	360	495~505
P430Mg	0.7~1.0	13~15	0.1~0.5	0.3	2.7	380	430	550~560
P380Mg	2.0~2.5	23~25	0.1~0.5	0.3	3.0	340	380	480~500
P435Mg	25~27	1.0~1.5	0.1~0.3	—	2.1	435	520	520~560
P398Mg	21~22	0.2~0.5	0.1~0.3	Cd25~26	3.7	398	415	430~500

低熔点的含钙钎料 BMg(63-66)AlCa 在 440~448℃温度范围内存在共晶点，在 200℃时的抗拉强度只有 11~14MPa。为了避免冷却后复合结构中存在残余应力，要求钎焊温度尽量低，要在镁合金基体的再结晶温度附近进行钎焊。

一些新型铸造镁合金，如 ZAC8506，液相线温度为 600℃，与 BMg-1 钎料相近，但在室温下抗拉强度达到 219MPa，断后伸长率高达 5%，其蠕变强度比 BMg-1 要高。研究表明，Zn 的少量增加会使钎料的熔点降低 30~40℃，而对强度并无显著的降低。

近年来，初步开发了适用于常用变形镁合金 AZ31B 的三种 Mg-Al-Zn 系钎料，其中一种钎料的熔点为 362℃，另两种为 471℃。研究表明钎料具有良好的润湿性，与母材界面结合良好。工作温度低的镁合金可以用钎料 BZn96MgAl（熔点 338~400℃）和 BMg48ZnAl（熔点 340~348℃）进行钎焊。以 AZ31 和 AM50 为基体的 BZn96MgAl 钎料超声波钎焊可以得到抗拉强度分别为 50~68MPa 和 46~82MPa 的钎焊接头。BMg48ZnAl 钎焊接头的强度只有 10~26MPa，但其耐蚀性比 BZn96MgAl 高。

除此之外，BMg-1 钎料可以通过添加质量分数约为 1%的 Y 来提高强度。通过添加 Y，Mg90Al9Zn1 晶粒尺寸降低并形成新相 Al$_2$Y，其熔点比 Mg$_{17}$Al$_{12}$高。含 Y 的 BMg90AlZn 合金固溶处理后的硬度高于不含 Y 的镁合金。由于 Al$_2$Y 不能溶解于 α-Mg 基体，使得 BMg89AlZnY 合金 α-Mg 基体 Al 含量降低，Mg$_{17}$Al$_{12}$相的时效驱动力下降，时效过程被 Y 延后。

用 Ni、Cu、Ag 的夹层作为钎料，用过渡液相法钎焊镁合金可取得良好效果。540℃时用厚度为 0.1mm 的 Ni 夹层做钎料进行钎焊 5min，在接头处形成了多组分的相结构，包含 Mg_2Ni、$MgNi_2$ 以及 $Mg-Mg_2Ni$ 共晶体。Ni 层厚度从 0.1mm 到 0.02mm 变化时接头强度提高 3 倍。Mg-Cu 合金系在 510℃进行钎焊 3~4s 后出现液相，15s 后在界面上形成了 Mg_2Cu 金属间化合物层。在过渡液相法钎焊 5min 后，接头靠近 Cu 一侧生成金属间化合物相 Mg_2Cu；钎缝中心形成共晶体的 $Mg-Mg_2Cu$。通过在母材表面真空蒸镀 Ni、Ag 或 Cu，薄膜沉积约 20μm，可使镁合金钎焊接头得到较好的强度。因此过渡液相法钎焊可以有效地用于连接镁合金。

（2）镁基复合材料钎料　镁基复合材料具有高的比强度、比刚度、阻尼性能、耐磨性及耐高温性能，因而在对轻质高强材料需求迫切的航空航天、汽车等高新技术领域中具有良好的应用前景。目前已作为人造卫星抛物面天线骨架、支架、轴套、横梁等结构件使用，在汽车制造工业中用作方向盘减震轴、活塞环、支架、变速器外壳等，其主要由镁合金基体、增强相以及基体与增强相间的接触面组成。

常用的增强相主要有 C 纤维、Ti 纤维、B 纤维、Al_2O_3 短纤维、SiC 晶须以及 BiC、SiC、ZrO_2、TiC 和 Al_2O_3 颗粒等。基体合金主要是镁-铝-锌合金、镁-铝-硅合金、镁-铝-锰合金、镁-锂合金及镁-铝-稀土合金等。制备方法主要有粉末冶金法、熔体浸渗法、搅拌铸造法、喷射沉积法以及目前仅用于 Mg-Li 基复合材料的薄膜冶金法等，由于镁基复合材料的特殊构成，在众多连接技术中，只有搅拌摩擦焊和钎焊技术可用于其连接。

由于镁基复合材料再结晶温度较低，因而在钎焊时要求采用较低的钎焊温度。美国专利报道了几种钎焊温度在 325~475℃范围内的非标钎料：BMg66AlZn（钎焊温度>450℃）、BMg69LiZn（钎焊温度>350℃）、BMg34AlLi（钎焊温度>325℃）。钎焊时提供了良好的流动性、润湿性，能获得性能优良的钎焊接头，钎焊在惰性气体保护下或真空中进行。

SiC、TiC 或 Al_2O_3 颗粒增强铸造复合材料结构的钎料可以使钎焊接头力学性能有很大的改进。正在研制中的一种采用细陶瓷粉末增强共晶 BMg57AlLi（共晶温度>418℃）合金作为 SiC、TiC 或 Al_2O_3 颗粒增强镁基复合材料的钎料，至少可以提高钎焊接头 20%屈服强度和 50%~70%蠕变强度。一种采用少量 ZrO_2 增强的 Mg86LiAlZn 钎料也可获得较高的接头抗拉强度（>220MPa）。

镁基复合材料钎料可以使钎焊接头力学性能有很大的改进，具有良好的应用前景。

2. 镁及镁合金的钎剂

钎焊镁及镁合金的钎剂主要以氯化物和氟化物为主，但钎剂中不能含有与镁发生剧烈反应的氧化物，如硝酸盐等。镁及镁合金钎焊用钎剂的成分和熔点见表 7-26。

表 7-26　镁及镁合金钎焊用钎剂的成分和熔点

钎焊方法	钎剂成分（质量分数，%）	熔点/℃
火焰钎焊	KCl(45)，NaCl(26)，LiCl(23)，NaF(6)	538
火焰、浸渍、炉中钎焊	KCl(42.5)，NaCl(10)，LiCl(37)，NaF(10)，$AlF_3 \cdot 3NaF$(0.5)	388

镁及镁合金钎焊的钎剂主要以碱金属和碱-稀土金属卤盐（如氯化物、氟化物等）为基础，用 LiCl、NaF 作为活性成分，以粉末形式为主，偶有用酒精调配成钎剂膏使用。美国焊接协会的 FB2-A 型钎剂可用于镁及镁合金钎焊。但由于钎剂本身的腐蚀性，钎焊接头焊后

需彻底地去除钎剂残留。几种常用的镁钎剂见表7-27。

表 7-27　几种常用的镁钎剂

钎剂牌号	钎剂成分（质量分数,%）											熔点/℃	钎焊温度/℃
	KCl	LiCl	NaCl	NaF	LiF	CaLi$_2$	CdCl$_2$	ZnCl$_2$	冰晶石	光卤石	ZnO		
F380Mg	余量	37	10	10	—	—	—	—	0.5	—	—	380	380~600
F530Mg	余量	23	21	3.5	10	—	—	—	—	—	—	530	540~600
F540Mg	余量	23	26	6	—	—	—	—	—	—	—	540	540~650
F390Mg	余量	30	—	—	—	15	—	10	—	—	—	390	420~600
F535Mg	余量	—	12	4	—	30	—	—	—	—	—	535	540~650
F400Mg	—	—	—	—	—	—	—	8	89	3		400	415~620
F450Mg	—	—	15	—	—	余量	—	—	—	—	—	450	450~650

7.4.3　镁及镁合金的钎焊工艺

　　炉中钎焊应控制钎焊时间，保证基体金属的过烧能减至最低程度，并防止镁燃烧。钎焊时间应是使钎料完全流动铺满所需的最短时间，以防钎料过分扩散和镁燃烧，通常在钎焊温度下保温 1~2min 即可完成钎焊过程。有时随焊件厚度及定位夹具的不同，可适当延长或缩短保温时间。钎焊后应将焊件在空气中自然冷却，不要强迫通风，以免焊件变形。

　　浸渍钎焊由于钎剂熔池体积大，加热比较均匀，所以其质量优于其他钎焊方法，应用较多。镁合金的浸渍钎焊起着加热和钎剂化双重作用，钎焊间隙为 0.10~0.25mm，钎料预先放置好，用不锈钢夹具组装好焊件。在炉中预热 450~480℃，以去除湿气并防止热冲击。在钎剂浴中焊件加热很快，厚度为 1.6mm 的基体金属浸渍时间为 30~45s，重量较重并带有夹具的大型焊件，浸渍时间需 1~3min。

第8章　钢的钎焊

第 8 章

8.1　碳钢和低合金钢的钎焊

碳钢以铁为基体、碳为主要合金元素，碳的质量分数一般不超过 1.0%。此外，锰的质量分数小于 1.2%、Si 的质量分数不超过 0.5% 皆不作为合金元素。碳钢的性能主要取决于碳的质量分数。低合金钢是在碳钢的基础上，添加一定的合金元素所形成的钢种，但合金元素的总的质量分数不超过 5%。

8.1.1　碳钢和低合金钢的钎焊特点

碳钢钎焊时在表面往往会形成四种类型的氧化物：α-Fe_2O_3、γ-Fe_2O_3、Fe_3O_4（$FeO \cdot Fe_2O_3$）和 FeO。除 Fe_3O_4 外，其他氧化物都是多孔状和不稳定的，而且所有氧化物都容易被钎剂去除，也容易被还原性气体还原。所以碳钢特别是低碳钢具有很好的钎焊性。对于低合金钢，如果合金元素含量较低，则金属表面基体上为铁的氧化物。但随着合金元素含量的提高，则还可能生成其他的氧化物，在选择钎剂时必须加以考虑。在低合金钢表面生成的氧化物中，影响最大的是铬和铝的氧化物，它们的稳定性较大，使钎焊过程较难进行，为了去除这些氧化物，就需要使用活性较大的钎剂或采用露点较低的保护气氛。此外，合金钢常在淬火和回火的状态下使用，所以还需考虑钎焊时可能发生的退火软化等问题。

8.1.2　钎料和钎剂

碳钢钎焊软钎料包括锡铅钎料、镉锌钎料等。其中，锡铅钎料的熔点最低，对母材性能不产生有害影响，应用最多。但锡铅钎料与钢能形成 FeSn 金属间化合物，所以要适当控制钎焊温度和保温时间。

碳钢及低合金钢硬钎焊时，主要采用铜基钎料和银钎料。纯铜由于熔点高，主要用于保护气体钎焊和真空钎焊，也可在碳钢和低合金钢表面电镀铜层作为钎料，其钎焊温度约为 1130℃。钎焊时，铁有溶于铜中的倾向，而铜又能向铁的晶界扩散，由于钎料和母材的合金化，钎缝强度大大提高。例如，铸造状态铜的强度为 186～196MPa，而在保护气体中用铜钎焊的低碳钢接头强度达到 294～343MPa。用铜基钎料钎焊钢时，钎焊间隙应小于 0.05mm，否则钎料难以填满全部间隙。使用黄铜钎料时，为了防止锌的蒸发，必须采用快速加热的方法，如火焰钎焊、感应钎焊、浸渍钎焊等；通常选用含有少量硅的钎料，可有效地减少锌的蒸发。黄铜钎料的钎焊温度比较低，钢不会发生晶粒长大，钎焊接头的强度和塑性均比较好。例如，用 BCu62Zn 钎料钎焊的低碳钢接头抗拉强度达到 421MPa，抗剪强度达到 294MPa。银钎料主要采用 BAg45CuZn、BAg40CuZnCd、BAg50CuZnCd 和 BAg40CuZn 等。

银钎料的工艺性能好，钎焊温度比铜基钎料低，在钢表面具有良好的铺展性，钎焊接头的强度和塑性都是比较好的。例如，用 BAg50CuZnCd 钎料钎焊的低碳钢接头强度可达 294MPa。因此银钎料都用来钎焊重要的结构。钎焊淬火的合金钢时，为了保证接头的力学性能，防止钎焊过程中发生退火，钎焊温度应限制在高温回火温度以下。例如，钎焊 30CrMnSiA 时，使用熔点较低的 BAg50CuZnCd 钎料，可以保证得到高质量的接头，接头的抗剪强度可达 349~431MPa，抗拉强度可达 476~651MPa。

钎焊碳钢或低合金钢一般均需要用钎剂或适当的保护气氛。钎剂常根据所选择的钎料而定。软钎焊时，与钎料匹配的钎剂主要为松香或氯化锌、氯化铵的混合物。硬钎焊时，钎剂常由硼砂、硼酸和某些氟化物等组成。例如：黄铜钎料选择硼砂或硼砂与硼酸的混合物作为钎剂；银钎料可选择硼砂、硼酸和某些氟化物的混合物作为钎剂。钎剂和保护气氛可同时使用。钎剂可采用膏状、粉末状与钎料相结合。在手工送进钎料时，手持钎料丝，随时沾着适量的钎剂以备使用。在保护气氛中钎焊时，钎料需预先放置在接头内或安放在接头附近，然后把焊件装入钎焊工作室中，必须控制钎焊的最高温度和保温时间，以保证适当的熔化，使钎料完全渗入接头。

8.1.3　碳钢和低合金钢的钎焊工艺

1. 钎焊间隙设计

钎焊接头应该紧密配合，设计要合理。当使用有机钎剂时，对于大多数钎料，钎焊间隙为 0.05~0.13mm 可以得到较好的力学性能。炉中钎焊使用 BCu 钎料时推荐使用轻压配合。

BNi 钎料和 BAg 钎料的钎焊间隙应控制在 0~0.13mm 的范围内，具体值取决于合金的类型。

小的钎焊间隙需采用具有相对窄熔点范围的钎料，相反，具有宽熔点范围的钎料在应用于大的钎焊间隙时，具有良好的跨越特性，钎料不易流失。炉中钎焊保护气体的露点能够用来控制钎焊大间隙时 BCu 钎料的流动性。同时炉中钎焊的参数，如钎焊温度、保温时间和加热速度等，也能用于控制 BCu、BNi 和 BAg 钎料的流动性。

2. 钎焊方法

碳钢和低合金钢钎焊可采用大多数加热方法，最常用的是火焰加热、炉中加热和感应加热。能够使用电动送丝机以自动提供连续丝和带的方式送进钎料，通过压缩分配设备自动提供钎剂和膏状粉末钎料。火焰钎焊设备包括氧-乙炔或丙烷焊炬及装置。使用或不使用控制气氛的箱式或连续炉中钎焊也能被使用，它们可以是电加热、燃气加热、燃油加热，并且配备精密的温度控制装置。

3. 预清洗

要获得理想的钎焊接头质量，在钎焊之前要对焊件进行彻底清洗。把有机和无机的污染物从将要钎焊的位置上或接头处清洗掉。如果采用炉中钎焊，整个焊件必须彻底清洗。清洗工艺取决于焊件上污染物的类型和程度，可以采用机械、化学、电化学等方法，或者将上述三种方法结合起来使用。但应注意钎剂对于表面污染物的清理能力是有限的，不论是钎剂还是炉中的控制气氛都不能作为焊前清洗剂来使用。清洗后可以通过溶剂擦拭试验确定增加清洗的必要性；或者进行水膜破裂试验确定表面是否清洗彻底，水在没有有机物污染的表面会形成一个连续的薄膜，如果残留有机物，则在表面形成水珠。

4. 钎焊工艺要点

在火焰钎焊中，通常采用中性焰或微还原的火焰，从焊件表面将钎料送到顶涂钎剂的接口上，也可以使用预涂钎剂的钎料。对于所有的钎焊方法，在钎焊过程中焊件不要过热以防止母材、钎料或钎剂产生不良的冶金产物，尤其是钎料中如果含有可蒸发元素，如锌和镉，更要特别注意钎焊温度下不能停留太长时间。

在生产应用中，钎料（通常是 BCu 和 BNi）在焊件被移到控制气氛的箱式炉、连续炉钎焊之前，先预置在接头上或靠近接头的位置上，用于钎焊的感应加热器通过选择设计的线圈和感应加热回路中的电流频率，在钎焊面上控制最高温度。

对于调质钢的钎焊，为了保持较高的力学性能，通常选择淬火温度或低于回火温度进行钎焊。但在淬火温度下钎焊时，由于钢和有色金属的钎料热膨胀系数不同，刚性大的接头在钎焊后的淬火中容易引起钎缝的局部破坏。这类钢的淬火温度不高，回火温度低，通常选用熔点较低的银钎料在 $650\sim700℃$ 下进行钎焊。为了减少焊件的退火软化，采用快速加热的感应钎焊、盐浴浸渍钎焊。

在保护气氛中钎焊低碳钢时，由于氧化铁容易还原，对气体的纯度要求不高。钎焊低合金钢如 30CrMnSiA 时，因金属表面尚有其他氧化物存在，对气体纯度要求高些，但是在低于 $650℃$ 温度下钎焊时，即使纯度很高的气体，也不能使钎料铺展，必须配合使用气体钎剂，如 BCl_3、PCl_3 等，才能保证 BAg40CuZnCd 钎料在低合金钢表面上铺展。

5. 钎焊后处理

如果基体金属适合淬火处理，则可趁焊件还处于高热状态时淬入水中进行处理。当采用钎剂进行钎焊时，因为钎剂的残渣多数都对母材有不良影响，必须彻底清除，但对于易产生裂纹或引起变形的焊件，此法应慎重考虑。

残渣还可以采取机械方法清除，如用金属丝刷或在水中冲刷。在有条件的情况下，可进行喷砂处理。对有机钎剂的残渣可用汽油、酒精、丙酮等有机溶剂擦拭或清洗；氯化锌和氯化铵等的残渣腐蚀性很强，应在体积分数为 10% 的 NaOH 水溶液中清洗中和，然后用热水和冷水洗净；硼酸和硼酸盐钎剂的残渣呈玻璃状黏附在接头表面，不易清除，一般只能用机械方法或在沸水中长时间浸煮解决。钎焊后清除的对象有时还有阻流剂。对于只与母材机械黏附的阻流剂物质，可用空气吹、水冲洗或金属丝刷等机械方法清除。如果阻流剂物质与母材表面存在相互作用时，用热硝酸+氢氟酸清洗，可取得良好效果。

8.2 不锈钢的钎焊

常见的不锈钢主要有奥氏体不锈钢、铁素体不锈钢、马氏体不锈钢和沉淀硬化不锈钢四大类。奥氏体不锈钢是铁、铬和镍（或锰）的合金，加入镍和锰可以使钢中的高温相奥氏体稳定到室温，并使这些合金成为非磁性和不能淬硬的结构，这类钢强度不是很高，但具有很高的耐热性和耐蚀性；铁素体不锈钢基本上是铁、铬低碳合金，在其中加入了足够量的铬，使钢中低温相铁素体稳定在一个较宽的温度范围内；马氏体不锈钢是铁-碳-铬合金，马氏体不锈钢能够进行热处理强化,经淬火及回火后具有良好的强度、塑性、韧性、耐蚀性等综合性能;沉淀硬化不锈钢中加入了铝、钛、铜和钼等合金元素,通过特殊的热处理使这些合金沉淀硬化。

8.2.1　不锈钢的钎焊特点

1. 表面氧化膜

不锈钢除含铁外,还有铬、镍、锰、钛、钼、钨、钒等元素,所以不锈钢表面上能形成多种氧化物,甚至复合氧化物。其中 Cr_2O_3 是比较稳定的氧化物,较难去除,必须采用活性强的钎剂;在保护气氛中钎焊时,只有在低露点($-52℃$)的氢气保护下,加热到 $1000℃$ 以上才能将其还原。不锈钢中含有钛元素时,氧化物更稳定,更难去除。

2. 钎焊热循环的影响

对非热处理强化的不锈钢,选择的钎焊温度应使晶粒不会严重长大。例如,12Cr18Ni9Ti 不锈钢的晶粒长大温度为 $1150℃$,因此应低于此温度钎焊。奥氏体不锈钢在钎焊加热到 $427\sim876℃$ 范围时,由于碳化物的析出容易引起晶间腐蚀,为此应尽量避免在该温度范围内钎焊。必须要求在此温度范围进行钎焊时,应尽可能缩短加热时间。

对于马氏体不锈钢,只有经过适当的淬火和回火才能获得优良的性能,所以钎焊温度的选择更为严格。这类钢的钎焊温度选择与其淬火温度相适应,使钎焊过程和淬火加热结合起来;或者选择不高于它们的回火温度。通常选择的钎焊温度为 $1000℃$ 左右。对于 14Cr17Ni2 不锈钢也可以选择在低于 $650℃$ 的条件下钎焊。

沉淀硬化不锈钢的钎焊与马氏不锈钢的钎焊相似,钎焊这类钢所用钎焊热循环也必须与它们的热处理相匹配。

3. 其他问题

用黄铜钎料钎焊奥氏体不锈钢时会发生自裂现象;用镍基钎料钎焊不锈钢时,钎焊间隙大小对接头性能有重要影响。

8.2.2　不锈钢的钎料、钎剂和保护气体

不锈钢软钎焊主要采用锡铅钎料。由于强度低,一般用于钎焊承受载荷不大的焊件。

根据不锈钢焊件的用途、钎焊温度、接头性能及焊接成本的不同,可用于不锈钢硬钎焊的钎料有银钎料、铜基钎料、锰基钎料、镍基钎料及贵金属钎料等。

1. 银钎料

银钎料是钎焊不锈钢最常用的钎料,其中银铜锌及银铜锌镉钎料应用最广。银铜锌及银铜锌镉由于钎焊温度不太高,因而对母材的性能影响不大。这些钎料在钎焊温度下容易引起晶界析出碳化物,但由于 12Cr18Ni9Ti、12Cr18Ni9Nb 不锈钢含有钛、铌稳定剂,则可避免出现晶间腐蚀。银钎料钎焊 12Cr18Ni9Ti 不锈钢的接头强度见表 8-1。

表 8-1　银钎料钎焊 12Cr18Ni9Ti 不锈钢的接头强度

钎料牌号	钎料强度/MPa	接头抗拉强度/MPa	接头抗剪强度/MPa
BAg45CuZn	386	394	198
BAg50CuZn	343	375	201
BAg40CuZnCd	392	375	205

钎焊不含镍的不锈钢时，接头在潮湿空气中会发生钎缝腐蚀。为了防止这种现象的发生，应采用含镍较多的钎料，如 BAg50CuZnCdNi。这时钎缝与母材间形成明显的过渡层，钎缝和钢之间结合良好，电极电位过渡比较平缓，因而提高了耐蚀性。

钎焊马氏体不锈钢时，为了保证母材不发生退火软化现象，须在不高于 650℃ 的温度下进行钎焊，此时可选用 BAg40CuZnCd 钎料。银铜锌钎料的高温性能较差，一般用来钎焊工作温度在 300℃ 以下的焊件；银铜锌镉钎料的高温性能比银铜锌钎料还要差些。

在保护气氛中钎焊不锈钢时，可以采用含锂的自钎剂钎料，如 BAg92Cu（Li）、BAg72Cu（Li）和 BAg62CuNi（Li）等。在真空中钎焊不锈钢时，要求钎料不含易蒸发的锌、镉等元素。但银铜共晶钎料（BAg72Cu）的润湿性不好，这时可选用含锰、镍、钯等元素的银钎料。

银钎料钎焊的不锈钢接头，其使用温度一般不宜超过 300℃，因为超过 300℃ 以后，钎焊接头强度急剧下降。如果要求提高工作温度，可选 BAg49CuZnMnNi 钎料，但此钎料在高于 480℃ 后抗氧化性急剧下降。银钎料常以棒状、丝状、片状及箔状供选用。

2. 铜基钎料

用于不锈钢钎焊的铜基钎料主要有纯铜、铜镍及铜锰钴钎料等。纯铜钎料主要用于气体基保护钎焊 07Cr18Ni11Ti 不锈钢。当用于真空钎焊时，钎焊时间要短，或充部分氩气，以防止铜的蒸发。另外，纯铜钎料用于保护气氛或真空钎焊的抗氧化性不好，所以钎焊接头的工作温度不宜超过 400℃。

用黄铜钎料（如 BCu62Zn）钎焊不锈钢时，容易使不锈钢产生自裂现象，建议少用。铜磷钎料与不锈钢能产生脆性界面层，所以不适合不锈钢的钎焊。对于在较高温度下工作的焊件，可以用高温铜基钎料，如铜镍钎料（如 BCu68NiSi）主要用于火焰钎焊、感应钎焊等方法。炉中钎焊时，由于钎焊温度高（约 1200℃），会使不锈钢晶粒明显长大，如晶粒由钎焊前的 7~8 级变成钎焊后的 3~4 级；为了避免近缝区晶粒的过度长大，最好不进行重复补焊。采用高温铜基钎料钎焊 12Cr18Ni9Ti 不锈钢搭接接头的强度见表 8-2。

表 8-2　采用高温铜基钎料钎焊 12Cr18Ni9Ti 不锈钢搭接接头的强度

钎料牌号	接头抗剪强度/MPa			
	20℃	400℃	500℃	600℃
BCu68NiSi	324.3~339	186~216	—	154~182
BCu69NiMnCoSi（B）	241~298	—	139~153	139~152

采用两种钎料获得的不锈钢接头强度相当，但用 BCu69NiMnCoSi(B) 钎料的钎焊温度比用 BCu68NiSi 钎料的钎焊温度低 80℃ 左右，不会使不锈钢发生晶粒长大现象。同时 BCu69NiMnCoSi(B) 钎料向母材的晶界扩散层厚度小，最大为 0.03mm，而 BCu68NiSi 钎料向母材的渗入最大可达 0.17mm，因此可用 BCu69NiMnCoSi(B) 钎料代替 BCu68NiSi 钎料钎焊不锈钢导管。铜锰钴钎料主要用于保护气氛中钎焊马氏体不锈钢。采用 BCu58MnCo 钎料钎焊马氏体不锈钢，控制钎焊温度为 996℃，恰可以与大多数马氏体不锈钢的淬火温度相适应。采用不同钎料钎焊 12Cr13 不锈钢的接头抗剪强度见表 8-3。

表 8-3　采用不同钎料钎焊 12Cr13 不锈钢的接头抗剪强度

钎料牌号	接头抗剪强度/MPa			
	20℃	427℃	538℃	649℃
BCu58MnCo	415	317	221	104
BAu82Ni	441	276	217	149
BAg76CuPd	299	207	141	100

在 538℃下，用 BCu58MnCo 钎料钎焊 12Cr13 不锈钢的接头抗剪强度与用 BAu82Ni 钎料钎焊的接头抗剪强度相近，比用 BAg76CuPb 钎料钎焊的接头抗剪强度高。由钎焊接头在静止空气中的抗氧化试验结果表明：BCu58MnCo 钎料的工作温度可以到 538℃；BAu82Ni 钎料的工作温度达到 649℃；而 BAg76CuPb 钎料的最高工作温度必须限制在 427℃。BCu58MnCo 钎料主要用于气体保护炉中钎焊（因含锰量高）。因此在 1000℃钎焊温度下要求保护气体的露点要低于−52℃，钎料对于母材的溶蚀小，可用来钎焊薄件。铜基钎料通常制成棒状、丝状及片状。

3. 锰基钎料

锰基钎料主要用于气体保护钎焊，要求气体的纯度较高。它们不适合火焰钎焊和真空钎焊。由于锰基钎料的熔点较高，为了避免母材的晶粒长大，应尽量选择钎焊温度低于 1150℃的相应钎料。用锰基钎料钎焊不锈钢可以获得满意的钎焊效果，锰基钎料钎焊 12Cr18Ni9Ti 不锈钢的接头抗剪强度见表 8-4。

表 8-4　锰基钎料钎焊 12Cr18Ni9Ti 不锈钢的接头抗剪强度

钎料牌号	接头抗剪强度/MPa					
	20℃	300℃	500℃	600℃	700℃	800℃
BMn70NiCr	323	—	—	152	—	86
BMn40NiCrCoFe	248	255	216	—	—	108
BMn68NiCo	325	—	253	160	157	103
BMn50NiCuCrCo	353	294	225	137	—	69
BMn52NiCuCr	366	270	—	127	—	67

锰镍钴硼钎料中因含硼而降低了钎料熔点且改善了钎料的铺展性。钎焊温度在 1060℃左右，排除了晶粒长大的可能性。用这种钎料钎焊 12Cr18Ni9Ti 不锈钢管接头的抗拉强度与用 BCu68NiSi 钎料钎焊接头的抗拉强度相近，但晶界扩散深度小。

4. 镍基钎料

镍基钎料钎焊不锈钢可以得到较好的高温性能，但用镍基钎料钎焊时，钎焊间隙的大小对接头的强度及塑性有很大的影响，间隙小则性能好。以镍基钎料 BNi74CrSiBFe（BNi-1）、BNi82CrSiBFe（BNi-2）、BNi71CrSi（BNi-5）钎焊 12Cr13 和 07Cr18Ni11Nb 不锈钢为例，钎焊间隙对不锈钢钎焊接头塑性的影响规律如图 8-1 和图 8-2 所示。当钎焊间隙极小时，这三种钎料钎焊的接头塑性较好；当钎焊间隙增大至 0.05mm 时，接头塑性急剧下降；当钎焊间隙达到 0.1mm 时，接头塑性已趋于零。

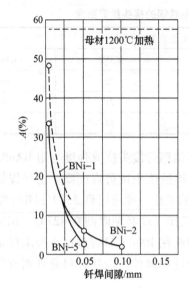

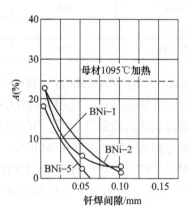

图 8-1　钎焊间隙对 12Cr13 不锈钢钎
焊接头塑性的影响规律

图 8-2　钎焊间隙对 07Cr18Ni11Nb 不锈钢
钎焊接头塑性的影响规律

这主要是由于镍基钎料常含有较多的硼、硅或碳，使钎料由很多非金属脆性化合物组成。在钎焊过程中，钎料中的硼、硅或碳等元素向不锈钢扩散形成复杂的带有脆性的化合物。当间隙极小时，钎缝中这些元素的含量少，扩散距离又短，因此在钎焊时间内得以全部扩散，使钎缝组织变为铬在镍中的固溶体；间隙大时，钎缝中的硼、硅或碳含量增多，扩散距离也增大，这些元素来不及向母材全部扩散，因此钎缝中间留下连续的脆性层，接头的强度和塑性急剧下降。

由于碳和硼的原子直径小，并且容易全部扩散掉；硅的原子直径大，主要向晶内扩散，扩散速度慢，所以用含硅量高的 BNi71CrSi 钎料钎焊不锈钢更容易出现连续的脆性相层，以致 BNi71CrSi 钎料受间隙的影响更为明显。BNi82CrSiBFe 镍基高温钎料在真空或氩气保护的条件下，对不锈钢有良好的润湿性和填充间隙的能力，用此钎料钎焊的接头可获得较高的强度，具有耐高温、耐低温及高真空气密性等特点。此钎料可制成直径为 0.154~0.05mm（100~300 目）的粉末和厚度为 0.03~0.05mm 的箔带。

用 BNi77CrP 钎料钎焊不锈钢时，由于磷向母材扩散的速度很慢，而且在不锈钢中的溶解度很小，要求不出现脆性化合物相的钎焊最大间隙是很小的，在正常钎焊范围内不大于 10μm。因此用此钎料钎焊时，钎焊间隙要小。

5. 贵金属钎料

在金镍钎料中，典型的是 BAu82Ni 钎料。在银铜钯钎料中，以 BAg54CuPd 钎料钎焊的接头性能最好，应用较广。

采用 BAu82Ni 钎料钎焊 07Cr18Ni11Nb 不锈钢时，应严格控制钎焊温度，否则会发生晶粒长大现象；钎焊马氏体不锈钢时，可使淬火和钎焊过程结合起来。同时此钎料对间隙大小不敏感。用它钎焊 07Cr18Ni11Nb 不锈钢时，钎焊间隙不超过 0.15mm，接头强度基本不变，接头的抗拉强度基本上与母材相等，接头的抗氧化能力在 817℃ 以下都很好。另外，钎料没有向不锈钢晶界扩散的现象，对母材的溶蚀也不大，可以钎焊薄件。但它的价格昂贵，现已被其他钎料（如 BAg54CuPd、BCu58MnCo 等钎料）逐步取代。

6. 钎剂和保护气体

使用钎剂钎焊不锈钢时，为了除去焊件表面的氧化铬，必须采用活性强的钎剂。用铜基钎料钎焊不锈钢时，可采用 YJ-6 钎剂；用银铜锌钎料钎焊不锈钢时可采用 QJ101 和 QJ102，其中 QJ102 钎剂的效果较好。用银铜锌镉钎料时，以采用 QJ103 钎剂为宜。

许多不锈钢焊件可在干燥的氢、氩、氮和离解氨（氮）的气氛中，在不添加钎剂的情况下进行炉中钎焊。但有些焊件在钎焊中还必须使用钎剂，由于不锈钢表面含有如氧化铬等比较稳定的氧化膜，它在钎焊时的清除比碳钢更困难，因此要求保护气体具有 $-40\,^\circ\!\mathrm{C}$ 或更低的露点，即必须采用高纯度的保护气体，否则应采用高活性的专用钎剂。采用离解氨气氛时必须注意，有些不锈钢在钎焊温度下可能发生偶然的渗氮现象，使表面硬化。表面硬化可能是有益的，也可能是有害的，这取决于焊件的使用要求。

在正常的钎焊温度下进行保护气氛炉中钎焊，不能使氧化铝和氧化钛还原。如果这些元素含量很少，则采用高纯度的保护气体和汽化钎剂可以获得良好的接头。如果这些元素的质量分数超过 1% 或 2%，可通过表面镀镍来代替钎料进行钎焊。电解镍镀层厚度应保持 5～50μm 范围内。镀层过厚，会降低接头的强度，还可能在镀层上发生断裂。

8.2.3 不锈钢的钎焊工艺

1. 钎焊前清理和表面准备

不锈钢钎焊前的清理要求比碳钢更为严格。这是因为不锈钢表面的氧化物在钎焊时更难用钎剂或还原性气氛加以清除。

不锈钢钎焊前的清理应包括清除任何油脂和油膜的脱脂工作。待焊接头的表面还要进行机械清理、化学清理（见表 8-5）或电化学清理（见表 8-6）。采用烙铁钎焊时，一般采用机械方法清理；真空钎焊和气体保护钎焊常采用化学方法或电化学方法进行清理。

表 8-5 不锈钢钎焊前的化学清理方法

母材	浸蚀液成分（质量分数,%)	清理温度/℃	时间	用途
不锈钢	$H_2SO_4(16)$,$HNO_3(15)$,H_2O 余量	100	30s	适用于批量生产
	HCl(25),HF(30),H_2O 余量	50～60	1min	
	$H_2SO_4(10)$,HCl(10),H_2O 余量	50～60	1min	

表 8-6 不锈钢钎焊前的电化学清理方法

母材	浸蚀液成分（质量分数,%)	时间/min	电流密度/(A/cm²)	电压/V	清理温度/℃	用途
不锈钢	正磷酸（65）	15～30	0.06～0.07	4～6	室温	适用于大批量生产
	硫酸（15）					
	三氧化铬（5）					
	甘油（12）					
	H_2O（3）					

不锈钢表面要避免用金属丝刷擦刷，尤其要避免使用碳钢丝刷擦刷。清理以后要防止灰尘、油脂或指痕重新污染已清理过的表面。最好的办法是：焊件一经清理之后立即进行钎焊，否则，就应把清理过的焊件装入密封的塑料袋中，一直封存到钎焊前为止。

2. 钎焊方法

不锈钢可以用多种钎焊方法进行钎焊，如常见的烙铁、火焰、感应、炉中等钎焊方法。

炉中钎焊用的设备必须具有良好的温度控制（钎焊温度的偏差要求为±6℃）系统，并能快速冷却。

硬钎焊时，广泛采用的钎焊方法是保护气体钎焊。用氢气作为保护气体时，对氢气的要求视钎焊温度和母材成分而定：对于12Cr13和14Cr17Ni2等马氏体不锈钢，在1000℃下钎焊时，要求氢气的露点低于-40℃；对于不含稳定剂的18-8型铬镍不锈钢，在1150℃钎焊时，要求氢气的露点低于-25℃；但对于含活性元素钛的12Cr18Ni9Ti不锈钢，在1150℃钎焊时的氢气露点必须低于-40℃。钎焊温度越低，要求的氢气露点越低。

采用氩气保护钎焊时，由于氩气无还原作用，因此要求氩气纯度较高。采用氩气保护高频钎焊，可以取得良好的效果。氩气保护钎焊时，为了保证去除不锈钢表面的氧化膜，可以采用气体钎剂，常用的有加BF气体钎剂的氩气保护钎焊。采用含锂或硼等自钎剂钎料时，即使不锈钢表面有轻微的氧化，也能保证钎料铺展，从而提高钎焊质量。

真空钎焊不锈钢时，真空度要视钎焊温度而定。不同温度下获得的18-8型不锈钢真空钎焊接头外观检查结果见表8-7。

表8-7 不同温度下获得的18-8型不锈钢真空钎焊接头外观检查结果

钎焊温度/℃	真空度/Pa	润湿性	外表	钎焊温度/℃	真空度/Pa	润湿性	外表
1150	$1.33×10^{-2}$	很好	光亮	900	$1.33×10^{-2}$	尚好	光亮
1150	1.33	好	淡绿	900	$1.33×10^{-1}$	无	—
1150	133	无	厚氧化膜	850	$1.33×10^{-2}$	差	淡黄

用镍基钎料钎焊不锈钢时，常出现脆性化合物，使接头性能变坏。因此要求有较小的钎焊间隙，一般均在0.04mm以下，有的甚至为零间隙，这就为焊件的装配和制造带来了困难。如果提高钎焊温度或延长钎焊保温时间，则可适当增加钎焊间隙。

3. 钎焊后处理

不锈钢钎焊后的主要工序是清理残余钎剂、清理残余阻流剂和进行热处理。非硬化不锈钢焊件在还原性或惰性气氛炉中进行钎焊时，如果没有使用钎剂和没有必要清除阻流剂时，则不必清理表面。

根据所采用的钎剂和钎焊方法，残余钎剂的清理可以采用水冲洗、机械清理或化学清理等方法。如果采用研磨剂来清理钎剂或钎焊接头附近中热区域的氧化膜时，应使用砂子或其他非金属细颗粒，不能使用不锈钢以外的其他金属细颗粒，以免引起锈斑或点状腐蚀。马氏体不锈钢和沉淀硬化不锈钢制造的焊件，钎焊后需要按材料的特殊要求进行热处理。

用镍铬硼和镍铬硅钎料钎焊不锈钢时，钎焊后扩散处理常常是不可缺少的工序。扩散处理不但能增大最大钎焊间隙，而且能改善钎焊接头组织。例如，用BNi82CrSiBFe钎料钎焊的不锈钢接头经1000℃扩散处理后，钎缝虽仍有脆性相存在，但只有硼化铬相，其他脆性相均已消失，而且硼化铬相呈断续状分布，这有利于改善接头的塑性。

8.3　钎涂技术

钎涂作为一种重要的材料表面改性技术，通过梯度加热使低熔点钎料与高熔点硬质合金或陶瓷形成复合涂层。该类涂层有表面平整、施工精度高、加工工序少、结合强度高、加热温度低、热应力小等独特优点，钎涂后基体表面耐磨性高、耐蚀性和耐高温性强，在航空航天、农业机械、石油钻探、煤矿机械等领域广泛应用，受到了国内外学者的高度关注。

目前国内外学者对复合涂层的研究，可归纳为以下几个方面。

1）钎料组分优化、改性。钎料作为复合涂层的重要组分，须硬度高，常见的钎料主要是镍基钎料、铜基钎料，如镍铬硼硅钎料、镍铬磷钎料、铜锰镍钎料等。

2）高熔点硬质合金组分的优选。制备复合涂层，高熔点硬质合金是必不可少的组分，硬度高、易被润湿、脆性小、成本低，常用的合金以 WC 和 Cr_3C_2 为主。

3）复合涂层制备方法优选。将低熔点钎料、高熔点硬质合金组成的复合粉料，变为高性能的复合涂层，需要借助真空钎焊、感应钎焊、氩弧钎焊、火焰钎焊、激光钎焊等方法，诞生了真空钎涂、感应钎涂、氩弧钎涂、火焰钎涂、激光钎涂等涂层制备方法。

4）复合涂层形态创新。钎涂技术与仿生学结合，设计制备具有生物体表特殊形态的仿生复合涂层，如蜣螂、鲍鱼、鲨鱼等形貌的非光滑耐磨、耐蚀、超硬涂层。

纵观 20 多年来国内外有关钎涂技术方面的研究成果，主要集中在复合涂层制备工艺、低熔点钎料组分与硬质合金种类、含量及粒度对复合涂层组织性能调控与影响规律的研究。与钎焊方法相对应，常见的钎涂方法主要有真空钎涂（反应钎涂）、感应钎涂、激光钎涂、氩弧钎涂、火焰钎涂，其中以真空钎涂（反应钎涂）研究最多、应用最广。钎涂方法的优点及应用领域见表 8-8。

表 8-8　钎涂方法的优点及应用领域

钎涂方法	优点	应用领域
真空钎涂	均匀加热，钎焊质量好、变形小	高品质、洁净度高的精密焊件
感应钎涂	快速加热，钎焊质量好	用于薄壁焊件，钎焊效果佳
激光钎涂	外观美、效率高、连接质量高	主要钎焊精密焊件
氩弧钎涂	热输入小，氩弧热量集中，对母材无腐蚀	用于薄壁、管件、镀锌钢的表面防护
火焰钎涂	涂层致密、低孔隙率	农业机械与超硬刀具涂层领域

据不完全统计，国内外开展复合涂层的科研机构大概有 20 余家，有关钎涂方面的研究成果已超过 70 篇（包括期刊，会议、学位论文及授权发明专利）。根据钎料和硬质合金的类别不同，国内外学者将镍基、铜基、铁基、银四类钎料与 WC、Cr_3C_2、TiC、B_4C、WB、金刚石、CBN 七种硬质合金（陶瓷）有机组合，成功制备 WC/镍、Cr_3C_2/镍、B_4C/镍、TiC/铜、WC/铜、WC/铁、Cr_3C_2/铁、TiC/铁、WB/铁、WB/银、金刚石/银、CBN/银共四大类 12 种复合涂层，具有代表性的研究成果见表 8-9。

表 8-9 复合涂层具有代表性的研究成果

复合涂层	作者	研究机构
WC/镍	陆善平	中国科学院金属研究所
	高立新	上海电力大学
	C. Billel	Université des sciences et de la technologie Houari Boumediène（USTHB）
	龙伟民	郑州机械研究所
	A. Salimi	塔比阿特莫达勒斯大学
	冯可芹	四川大学
	卜凡宁	青岛科技大学
	夏春智	江苏科技大学
	晏建武	南昌工程学院
	张宝军	长安大学
Cr_3C_2/镍	王德	江西省科学院
	王文琴	南昌大学
B_4C/镍	侯立宁	天地科技股份有限公司
TiC/铜	张宏伟	吉林大学
WC/铜	任露泉	吉林大学
	齐剑钊	郑州机械研究所
	J. Bao	密苏里大学
	潘蕾	东南大学
TiC，Cr_3C_2/铁	黄继华	北京科技大学
WC/铁	周荣	昆明理工大学
WB/铁	B. Palanisamy	印度理工学院坎普尔分校
CBN/银	卢广林	吉林大学
WB/银	曹健	哈尔滨工业大学
金刚石/银	吕志勇	河北工业大学

8.3.1 复合涂层制备工艺和组织性能调控研究

复合涂层中黏结相钎料与强化相硬质合金之间是相互影响、相辅相成、相互制约的，钎料具有固结硬质合金、承受载荷的作用，而硬质合金具有强化焊件表面性能的作用。为保证复合涂层的结合强度和所需性能，常用黏结相为镍基、铜基、铁基和银钎料，构成了表 8-9 中的四大类复合涂层，下面对上述几类复合涂层的制备工艺、组织性能调控等研究进行详细介绍。

1. 硬质合金/镍基复合涂层

镍基钎料是高温合金连接中最常用的一类钎料，以金属间化合物的形式弥散分布在复合涂层中，具有良好的耐蚀性、耐高温性和抗氧化性，可用于钎涂高温环境服役的相关焊件。

粉末粒度是影响复合涂层性能的关键因素。龙伟民等人利用火焰钎涂工艺制备不同的

WC-Ni 耐磨涂层时发现，随着 WC 粒度增加，Ni 钎料与 WC 增强相的冶金反应程度减弱；WC 粒度为 $18 \sim 23 \mu m$ 时，涂层界面过渡区出现了长条状 Ni-WC 相；WC 粒度为 $250 \sim 380 \mu m$ 时，涂层耐磨性最好。适量的 YG8 明显降低了 WC/镍复合涂层的孔隙率、提高了涂层致密性，从而提高了涂层的硬度，改善涂层耐磨性。P 掺杂明显加速了 WC 颗粒与镍基体的相互扩散，使 WC 颗粒边缘脆化，导致复合涂层产生大量裂纹，降低涂层的硬度和耐磨性。

柔性金属布复合涂层技术是一种新型表面改性涂层技术。陆善平等人借助滚压工艺，混合 WC 粉、NiCrBSi 粉与有机黏结剂成功制备了柔性金属布。金属布预制在焊件表面，高温钎焊形成耐磨复合涂层，涂层自身结合强度随 WC-17Co 含量升高而增大，结合强度高达 140MPa，涂层/基体间结合强度为 360MPa。复合涂层的湿砂及水砂耐磨性优于 CoCrW 堆焊层和同配比 WC/Ni 火焰堆焊层。轩福贞等人采用真空钎焊成功制备了梯度 WC/NiCrBSi 复合涂层，随着涂层梯度斜率的增大，涂层的磨损量减少，耐磨性增强；经过 5000m 磨损后，不锈钢基体的磨损量是涂层的 $25 \sim 70$ 倍，梯度涂层显著提高了基体的耐磨性，但随着涂层梯度斜率的增大，试样抗拉强度降低。

采用 BNi-2 钎料将 WC 柔性金属布（见图 8-3）真空钎焊在焊件表面，形成致密的复合涂层。随着涂层中 WC 含量的增加，合金偏析现象逐渐减小，WC 颗粒更加封闭；质量分数为 30% 和 50% WC 涂层的断裂主要为塑性断裂，质量分数为 80% WC 涂层的断裂主要为脆性断裂，局部伴有塑性断裂，涂层与基体的最大结合强度为 302MPa。复合涂层由表面层和硬质层组成，表面层主要是 γ-Ni 和 Cr_3Ni_2Si，硬质层中主要是 γ-Ni、WC、$Cr_{23}C_6$ 和 Ni_3Si，硬质层的磨损率是表面层的 27.8%。

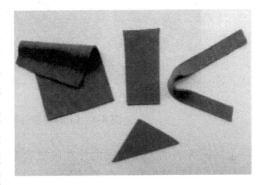

图 8-3　柔性金属布的宏观形貌图

WC 表面预制镀覆层可改善涂层的结合性能。采用化学镀法在超细 WC 颗粒表面制备厚度为 $30 \sim 50nm$ 的铜壳，与无 WC 基金属陶瓷熔覆层相比，复合涂层组织为均匀的超细晶组织；这种新型复合涂层的硬度高达 1500HV，比无铜壳涂层相比，硬度提高了 40%。Cu 包覆 WC 颗粒，可抑制 WC 晶粒异常长大，显著提高涂层抗裂纹萌生能力。冯可芹等人研究发现，随着钎焊温度升高和钎焊时间延长，WC-Co/镍层/30Cr13 接头的抗剪强度先升高后降低。在钎焊温度 1100℃、保温 10min 时，钎焊接头的抗剪强度最高为 154MPa。钎焊接头在接近中间层的 WC-Co 基体上发生断裂。

耐磨性是 WC/NiCrBSi 复合涂层一项重要的评价指标。高立新等人研究表明：WC/镍复合涂层未出现 W_2C 脆性相，该涂层耐蚀性较好，硬质相 WC 脱落少。随着钎焊时间延长，WC 复合涂层的腐蚀电流密度进一步降低，但腐蚀涂层表面沉积有不溶性氧化产物。在 60N、70 目的磨损条件下，WC 颗粒表面有破裂甚至脱落现象，而在 45N、160 目的磨损条件下，磨料对高硬度 WC 颗粒的磨损破坏作用相对较弱，基体被优先磨损，WC 颗粒逐渐突出基体表面，起到了骨架作用，保证了复合涂层整体的耐磨性。利用渗透钎焊技术在 Q235 钢表面制备 WC/NiCr 复合涂层，涂层的耐磨性随着 WC 相含量的升高而提高，WC-Co 质量分数为 50% 时，涂层的磨损机理是砂轮硬质颗粒对涂层的磨粒磨损，而 WC-Co 质量分数为

10%时，涂层耐磨性很差，表面形貌为平面状撕裂断面，所以磨损断裂主要是以塑性变形为主。

硬质合金的含量、类型对复合涂层综合性能具有显著的影响。侯立宁等人以镍合金为原材料、B_4C 粉末为增强相，研究了不同含量的 B_4C 对涂层性能的影响。发现随着 B_4C 增强相在 Ni60 合金粉中含量逐渐增加，涂层的硬度和耐磨性都呈现先升高后降低的变化趋势。B_4C 的质量分数为 2% 时，涂层的表面质量、硬度、耐磨性最好。王德等人采用真空钎涂 Cr_3C_2/MCrAlY 复合涂层，微观硬度比单晶基体提高了近 3 倍，Cr 的质量分数对复合涂层界面形貌的影响如图 8-4 所示。但 Cr_3C_2 整体分布不均匀，界面处由于固溶强化效果减弱，硬脆相析出对硬度影响不大，因此涂层硬度整体提升不够明显。

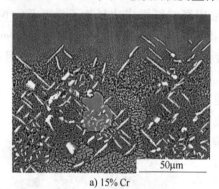
a) 15% Cr

b) 30% Cr

图 8-4　Cr 的质量分数对复合涂层界面形貌的影响

上述研究表明，虽然国内外在硬质合金/镍合金复合涂层方面开展了一系列的研究，但大多停留在试验室阶段，有关复合涂层的内在影响机理尚不清楚，且相关方法、工艺不够规范，与标准化的成果转化、工业生产还存在一定的差距。

2. 硬质合金/铜基复合涂层

铜基钎料中添加 Ni、Mn 和 Co 等元素，可使复合涂层在基体表面快速润湿、铺展，改善复合涂层的耐蚀性和耐磨性。齐剑钊等人研究了不同粒度和不同质量分数 WC 对 WC/CuZnNi 复合涂层组织结构、力学性能、结合强度及其耐磨性的影响规律，发现 WC/Cu 复合涂层（见图 8-5），可提高 Q235A 钢表面的耐磨性。WC 质量分数越高，涂层耐磨性越好，该涂层孔隙率平均值为 3.42%。

摩擦、磨损是学者考察复合涂层性能好坏的重要指标。采用高频感应加热多元铜基钎料（20~80 目，包括锰、镍、锡、硅、稀土、余量铜）和钎剂（硼酸、硼砂混合物），将 WC 硬质点钎焊在 45 钢表面，形成一个仿生非光滑耐磨复合涂层，在涂层中未发现 WC 颗粒与被强化基体直接接触的现象。利用感应钎涂工艺在 45 钢表面制备 SiC/Cu 耐磨复合涂层，SiC 表面的镍可改善铜基钎料对 SiC 的润湿性，涂层的磨损机理为显微切削和犁沟以及脆性相断裂和脱落。

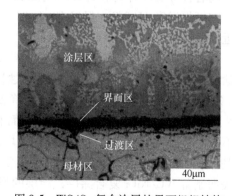

图 8-5　WC/Cu 复合涂层的界面组织结构

潘蕾等人以 Cu64MnNi 为钎料成功制备了 WC/Cu 复合涂层，涂层与 45 钢基体之间形成冶金结合，随着 WC 硬质相颗粒数目增多，涂层耐磨性提高，当 WC 颗粒质量分数为 30%、平均粒径为 150μm 时，涂层耐磨性最好，优于经热处理的 45 钢。但复合涂层内部结合强度降低，导致摩擦试验中 WC 发生脱落，涂层耐磨性变差。

高温钎焊工艺在低碳钢基体表面成功制备了 WC/Cu 耐磨复合涂层。结果表明，与常见的 WC/Co 复合涂层相比，WC/Cu 复合涂层具有较高的耐磨性，微观组织中未出现明显的气孔；在 WC/Cu 合金和复合涂层/基体界面均形成了良好的冶金结合，溶质稀释不明显；复合涂层结合强度比一般热喷涂层结合强度高。但有关硬质合金/铜基复合涂层的耦合影响机理，还没有完全阐述清楚，有待进一步研究。

3. 硬质合金/铁基复合涂层

为了降低钎涂材料的成本，提升复合涂层的稳定性，国内学者利用钛铁粉、铬铁粉、硼铁粉为主要原料制备了 WC/Fe、TiC/Fe 复合涂层。裴新军等人以钛粉、钛铁粉、铁粉、胶体石墨和 Cr_3C_2 粉为原料，借助真空钎涂在低碳钢基体上成功制备了碳化物/铁基复合涂层。与其他钎涂相比，直接采用廉价的工业钛铁粉和铬铁粉，材料成本低，同时铁合金与普通钢基体具有良好的相容性、质密性。

周荣等人研究认为：随着 WC 颗粒质量分数增加，WC/Fe 复合涂层的磨损率先减小后增大，总体比高铬铸铁低 1.38~2.93 倍，表明耐磨性显著提高。将一种含有 Mo、Fe、Cr、MoB 和 FeB 混合物的钎料粉，均匀分散在金属基体表面，形成复合硼化物结构的界面组织，如图 8-6 所示。

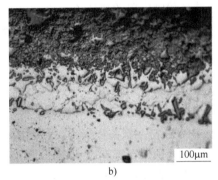

a)　　　　　　　　　　　　　　b)

图 8-6　复合硼化物结构的界面组织

上述工艺容易改变复合涂层厚度，涂层与基体之间的扩散驱动提高了界面结合强度，分散在基体中质量分数为 50% 的 Fe 有助于减少涂层磨损，可用于泵叶轮焊件、注射制模螺钉等耐磨焊件领域。但是在钎涂过程中，钢基体表面的浆状涂层具有一定的流动性，导致涂层厚度均一性较差。

4. 硬质合金/银复合涂层

银钎料是以银、铜固溶体为主的贵金属合金。该类钎料熔化温度适中、润湿性好，填缝能力优异，在钎涂领域广泛应用。

曹健等人通过活性 Ti 与 WB 颗粒的扩散反应，原位合成了 TiB 晶须和钨颗粒，在钎缝中随机分布，并分析了钎焊温度、钎料含量对接头界面组织（见图 8-7）和力学性能的影响。在钎焊温度 870℃、保温 10min 时，添加质量分数为 7.5% WB 的银铜复合钎料，微观组织致密，接头平均抗剪强度最高为 83.2MPa，比未添加 WB 的接头抗剪强度提高约 59.4%。

在银铜钎料表面溅射钛，可制备活性涂层钎料。采用真空钎焊工艺实现了金刚石膜与硬质合金的高可靠连接，发现钎焊接头组织中存在 TiC 膜，是活性钛与金刚石表面碳原子发生反应生成的连续膜。金刚石膜与钎料之间是通过 TiC 膜、活性涂层钎料的钉扎作用连接在一起的。

利用液态银铜钛锡钎料润湿 CBN 硬质合金颗粒表面，制备出仿生耐磨复合涂层，发现钎焊温度 950℃、保温 20min 时，可实现银钎料、CBN 颗粒与 45 钢的可靠连接。所制备的仿生耐磨复合涂层成型好、表面平整、颗粒分布均匀。

虽然银复合涂层性能优异，但其贵金属 Ag 含量

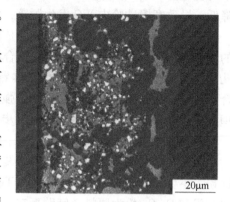

图 8-7 Ti 与 WB 颗粒扩散
反应的接头界面组织

高，使得涂层成本较高，在制备复合涂层技术经济性方面具有一定的局限性。

8.3.2 钎涂技术应用研究现状

1. 农业机械领域

旋耕机械是我国主要的耕作机具之一，可一次完成耕耙作业，广泛应用在旱地播种前整地作业，大大缩短了整地时间，提高了生产率。影响旋耕机寿命的主要因素是旋耕刀耐磨性，但旋耕刀磨损、更换每年会造成很大的损失，导致油耗增加、降低农机的工作效率，很不利于抢农时。

龙伟民等人发明了一种内、外双层耐磨旋耕刀具涂层。内层包括：质量分数为 10%～25%WC 粉、其余为 BNi82CrSiBFe 钎料。外层包括：质量分数为 5%～9%金刚石微粉、其余为 BNi82CrSiBFe 钎料。制备步骤为：预制内、外耐磨层膏体，将膏体分层预置在旋耕刀刃处，放入真空钎焊炉，在真空度 10^{-2}Pa、1050～1080℃气氛中保温 30min，随炉冷却，使耐磨层钎涂在旋耕刀表面；出炉后对刀具进行真空热处理，消除涂层内部残余应力。该方法制备的耐磨旋耕刀涂层如图 8-8 所示，解决了旋耕刀耐磨性差的难题，极大提高了农机装备关键构件的使用寿命。

碎草刀、灭茬刀、小麦粉碎刀等刀具是农业机械的重要构件，同时又是易损耗件。马伯江等人开展不同涂层厚度刀具的耕犁试验表明，涂层厚度虽然可以提高刀具的使用寿命，但并非越厚越好，只有合适的厚度才能使刀具自锐性良好。涂层厚度为 60μm 的刀具更锋利，自锐性最好。该研究为犁铧和灭茬刀在农田实际使用中磨损情况和自锐方式提供了理论依据。

徐德生等人模仿生物体表非光滑特征，研制出蜣螂体表的 WC/Cu 非光滑复合涂层，具有高耐磨性，

图 8-8 耐磨旋耕刀涂层

较硬的硬质合金支承载荷、抵抗磨损，较软的基体固结硬质合金，将磨料对复合涂层表面的划擦凿削变为滚动，有效减轻了磨料对复合涂层的磨损。仿生非光滑减黏降阻犁壁如图8-9所示，与传统的光滑犁壁相比，降阻率达到15%~18%，农机装备的使用寿命和耐磨性提高了30%~40%，为提高农业机械触土部件等易磨损件的耐磨性开辟了一条新途径。

2. 航空航天领域

航空航天领域燃气涡轮部件的工作叶片和导向叶片，作为结构复杂、成本高昂的重要构件，工作一定时间后，将出现点蚀、裂纹，严重影响航空发动机的稳定性、安全性。由于叶片工作温度高，只能使用耐热性和高温强度好的镍基、钴基等合金修复。然而大多数熔焊工艺破坏镍基、钴基合金的结构。因此钎涂技术是修复损坏的燃气涡轮部件的最佳解决方案。

应用预烧结片是修复损坏的燃气涡轮部件一个卓有成效的方法。首先将与母材成分类似的粉末和低熔

图8-9 仿生非光滑减黏降阻犁壁

点钎料粉末混合，即扩散钎焊，再与有机黏结剂混合，制成具有一定厚度的黏片或黏带。然后接着对这种黏带单轴施压获得高密度黏带。最后在可控气氛中烧结黏带形成金属片材。将金属片材加工成所需形状，再将预成形件和涡轮部件装配定位后焊在一起，然后再添加膏状钎料，利用钎焊实现基体与涂层的连接。

经过烧结、热处理的预烧结片具有较低的孔隙率，因此在钎涂过程中不发生收缩。对于简单几何形状的构件，预烧结片是一种简便、可靠的修复方案。但是对于三维复杂形状的涂敷，很难保证与基体良好配合。

3. 石油钻探领域

螺杆钻具在定向井、水平井及直井钻进提速等钻探过程中具有不可替代的作用。作为一种应用在复杂、恶劣工况环境下的井下动力钻具，螺杆钻具不仅向钻头提供充足的动力，而且要有较高的稳定性及安全性，从而可以更加高效地应用于工程实际中。

基于石油钻探设备中螺杆钻具径向轴承套表面强化的应用背景，李凯等人在产品界面取样测试，真空熔覆制备的WC/Ni60复合涂层，耐磨性比45钢提高了14倍，抗拉强度为200MPa，表面显微硬度高达950HV1。在氮气除氧、30℃、质量分数为3.5%NaCl溶液中，复合涂层自腐蚀电位为-588mV，可适用于一般耐蚀环境中。但Ni60合金粉熔化后不能充分润湿及流动性不足时，各种孔洞将在涂层中形成隐形缺陷。

许祥平等人公开了一种用WC-10Ni/BNi-2复合涂层制备钻头（包括钻尖及设于钻尖后端的刀柄，刀柄表面由内而外预制钎料涂层及金属涂层）的方法。具体步骤为：将BNi-2钎料涂层及金属涂层依次紧贴于刀柄，用钎料将钻尖与刀柄对接，置于真空钎焊炉中进行反应，获得钻头。该复合涂层制备的钻头硬度高、耐磨性和耐冲击性强，未来具有一定的应用市场。

4. 电力、热力领域

采用钎涂技术在电力、热力装备构件表面制备复合涂层，可达到耐磨、耐蚀的目的。这是由于WC钎焊层与基体结合力强、残余应力小，借助贴装工艺可在任何表面设计复合涂层，其已在欧美发达国家的发电厂热力装备、风机等核心构件表面广泛应用。La_2O_3可有效

调控复合涂层的组织性能，加入 La_2O_3 后，WC/Co 复合涂层的微观组织更加均匀、致密，氧化速度大幅降低。这说明加热 La_2O_3 有助于提高 WC 钎焊层的高温抗氧化性，拓宽复合涂层在电力、热力装备领域的应用范畴。

5. 其他领域

球阀在工业应用中具有结构简单、制造成本低的特点，既可以用于普通介质，又可以用于极端工况，如高温高压、腐蚀介质等，近年来，更多的球阀实现了智能化控制。在球阀失效形式中，密封面发生磨蚀破坏是主要形式之一。华东理工大学王庆晟针对发生磨蚀破坏的平面，真空钎焊条件下获得了 WC/Ni 复合涂层，通过试验发现，该涂层在硬度及高温耐蚀性方面有很大程度的提高。

第9章 高温合金及难熔金属的钎焊

9.1 高温合金的钎焊

1. 常用高温合金及性能

高温合金又称为热强合金、耐热合金或超合金。我国高温合金的发展是从1956年研制GH3030开始的，其发展历程与国际接轨。高温合金按基体成分可分为镍基、铁基和钴基高温合金三类；按强化方式可分为固溶强化高温合金和沉淀强化高温合金；按生产工艺可分为变形、铸造、粉末冶金和机械合金化高温合金。

1）镍基高温合金发展最快，应用也最广泛。镍基高温合金是以镍为基体（质量分数一般大于50%），在650~1000℃范围内具有较高的强度和良好的抗氧化、抗燃气腐蚀能力的高温合金。镍基高温合金按强化方式可分为固溶强化高温合金和沉淀强化高温合金。

2）铁基高温合金是在Fe-Ni-Cr合金基体上添加合金元素发展起来的。虽然它在高温抗氧化性和组织稳定性方面比同类镍基高温合金稍差，但在适当的温度范围内具有良好的综合性能，而且成本低，因此在航空发动机上被广泛用于燃烧室、涡轮盘、机匣和轴类等零部件。

3）钴基高温合金具有良好的综合性能，但由于缺乏资源，发展受到限制。

高温合金的性能主要是室温和高温下的强度和塑性以及高温工作下有很高的持久性能、蠕变强度和疲劳强度。部分高温合金的典型力学性能见表9-1。高温合金制件通常有棒材、板材、盘材、丝材、环形件和精密铸件等品种，主要应用在航空、航天、冶金、动力、汽车等工业部门。

表9-1 部分高温合金的典型力学性能

牌号	热处理工艺	试验温度 /℃	拉伸性能			持久性能	
			抗拉强度 R_m/MPa	屈服强度 $R_{p0.2}$/MPa	断后伸长率 A（%）	抗拉强度 R_m/MPa	时间 t/h
GH1015	1150℃ AC	20	636(737)	(314)	40(48)	—	—
		800	(318)	(194)	(77)	(118)	(100)
		900	176(189)	(137)	40(103)	68(55)	20(100)

（续）

牌号	热处理工艺	试验温度/℃	拉伸性能			持久性能	
			抗拉强度 R_m/MPa	屈服强度 $R_{p0.2}$/MPa	断后伸长率 A（%）	抗拉强度 R_m/MPa	时间 t/h
GH1140	1080℃ AC	20	637(637)	(255)	40(46)	—	—
		700	225(422)	(232)	40(47)	(235)	(100)
GH1131	1130~1170℃ AC	20	735(830)	—	34(43)	—	—
		900	177(215)	—	40(63)	(97)	(100)
GH2132	900~1000℃ AC+ 700~720℃ AC	20	885	—	20	—	—
		650	686	—	15	392	100
GH150	1120℃ AC	20	707(1231)	—	30(23)	—	—
		800	633(644)	—	10(28)	246(245)	30(97)
GH3030	980-1020℃ AC	20	686(730)	—	30(44)	—	—
		700	294(266)	—	30(72)	(103)	(100)
GH3039	1200℃ AC	20	735(841)	(436)	40(48)	—	—
		800	245(284)	(137)	40(76)	(78)	(100)
GH3044	1200℃ AC	20	735(785)	(314)	40(60)	—	—
		900	196(226)	(118)	30(50)	68(51)	100(100)
GH3128	交货状态	20	735(891)	—	40(54)	—	—
		950	176(198)	—	40(99)	55(42)	20(100)
GH22	交货状态	20	725(795)	304(368)	35(48)	—	—
		815	(327)	(219)	(89)	110	24
GH99	1140℃ AC	20	1128(1046)	(604)	30(50)	—	—
		900	373(478)	(361)	15(40)	118(118)	30(100)
GH141	1065℃ 16hAC+ 760℃ 16hAC	20	1176(1014)	882	12(15)	—	—
		800	735(779)	637	15(18)	(300)	(100)
GH188	1180℃ WC 或 AC	20	860(958)	380(483)	45(56)	—	—
		815	(580)	—	(66)	165(154)	23(100)
GH605	交货状态	20	890	370	35	—	—
		815	—	—	—	165	23
	1120℃ WC	20	940	—	60	—	—
		800	480	—	30	165	100

注：1. AC 为空冷，WC 为水冷。

2. 表中数据为技术条件规定的数值；括号中为试验数据。

从 20 世纪 30 年代后期起，英、德、美等国就开始研究高温合金。第二次世界大战期间，为了满足新型航空发动机的需要，高温合金的研究和使用进入了蓬勃发展时期。20 世纪 40 年代初，英国首先在 80Ni-20Cr 合金中加入少量铝和钛，研制成第一种具有较高高温强度性能的镍基合金。同一时期，美国开始用钴基合金制作发动机叶片。美国还研制出 Inconel 镍基合金，用于制作喷气发动机的燃烧室。

在先进的航空发动机中，高温合金用量占发动机总量的 60% 以上，已从常规镍基合金发展成定向凝固、单晶和氧化物弥散强化高温合金，高温性能大幅度提高。高温合金还在能源、医药、石油化工等工业部门中的高温耐蚀、耐磨等领域得到广泛应用，是国防和国民经济建设中必不可缺的一类重要材料。

在航空航天工业部门中，高温合金主要用于制造涡轮发动机的高温部件，如燃烧室的火焰筒、点火器、机匣、加热屏以及涡轮燃气导管等均采用了板材冲压焊接结构，使用了 800℃ 工作的 GH3039、GH1140 合金，900℃ 工作的 GH1015、GH1016、GH1131、GH3044 合金和时效强化的 GH99 合金，此外还少量采用了 980℃ 工作的 GH170 和 GH188 合金。涡轮部件中的涡轮盘主要采用了 GH4169 和 GH4133 合金。涡轮叶片和导向叶片大部分采用了铸造高温合金，如 K403、K417、K6C、DZ22、DZ125 等。

工业燃气轮机中的叶片广泛采用了 K413、K218、GH864 等合金。柴油机增压涡轮采用了 K218 合金。在石油化工乙烯裂解高温部件上采用了 GH180、GH600 等合金。冶金工业连扎导板、炉子套管采用了 K12、GH128、GH3044、GH3039 等高温合金。

2. 几种先进的高温合金

（1）定向凝固和单晶高温合金　晶界是合金高温时的薄弱环节。高温合金一般采用合金化方式加入一些强化晶界的元素改善晶界的性能，但更为有效的方法是采用定向凝固技术生成柱状晶，消除与主应力垂直的横向晶界或生成单晶彻底消除晶界。定向凝固和单晶高温合金实质上都是采用定向凝固技术，通过对合金凝固过程的控制，使合金具有定向的柱状晶组织或单晶组织。

定向凝固高温合金从 20 世纪 70 年代开始应用于波音 747 飞机发动机的高温部件，但单晶高温合金因性能和成本的原因发展缓慢，直到 20 世纪 70 年代中期，由于合金成分和热处理方面的突破，单晶高温合金重新崛起，并在 20 世纪 80 年代研制出一系列新型镍基单晶高温合金叶片。

定向凝固高温合金的组织特点是通过控制凝固方向使其成为平行的柱状晶组织。由于消除了横向晶界，它在纵向受力时不存在垂直于受力方向的薄弱晶界，大大提高了合金纵向的高温力学性能。几种定向凝固和单晶高温合金的化学成分见表 9-2。

表 9-2　几种定向凝固和单晶高温合金的化学成分

合金	化学成分（质量分数,%）												
	Cr	Co	Ti	Al	Mo	W	Ta	B	C	Zr	Hf	其他	Ni
DSM-M200（美）	8.4	10	1	5.5	0.6	10	3	0.015	0.15	0.05	1.4	—	余量
PWA1480（美）	10	5	1.5	5.0	—	4	12				—		余量
PWA1484（美）	5	10	—	5.6	2.0	6	9.8				0.1	RE3	余量
DZ22（中）	9	10	2	5.0	—	12	—	0.015	0.14		1.5	Nb1	余量
DD3（中）	9.5	5	2.3	5.7	4.0	5.2	—				—		余量

PWA1480 是美国第一代单晶高温合金，由于去掉了 C、B、Zr、Hf 等强化晶界的元素，调整了 Al、Ti、W、Ta 等元素的含量，使 γ′ 相的体积分数达到 60% 以上，具有很好的抗蠕变性和抗氧化性，已在飞机发动机上得到应用。20 世纪 80 年代美国又发展了第二代单晶高温合金，如 PWA1484，这类合金具有更高的蠕变强度、优良的抗氧化性和抗热疲劳性。由

于稀土元素的加入增加了 γ′ 沉淀相的尺寸稳定性，工作温度比第一代单晶高温合金的工作温度高出 28~50℃。通常工作温度每提高 25℃ 相当于提高叶片高温寿命约 3 倍。在 JD-9D 发动机上的试验结果表明，定向凝固高温合金叶片寿命为普通铸造合金叶片寿命的 2.5 倍，而单晶高温合金叶片寿命可达普通铸造合金叶片寿命的 5 倍。我国生产的 DD3 单晶高温合金的最高工作温度为 1040~1100℃，适合制造喷气发动机的涡轮叶片和导向叶片。

（2）氧化物弥散强化高温合金　　氧化物弥散强化高温合金是一种含有均匀分布的超细氧化物质点弥散强化的合金，主要分为两类：一类是在镍基合金中加入 Y_2O_3；另一类是在铁基合金中加入 Y_2O_3。这种高温合金虽也属于第二相强化，但与传统的第二相沉淀强化合金有根本的差别。这类合金中的第二相不是从基体中沉淀析出的碳化物等强化相，而是通过特殊的机械合金化方式引入合金的弥散氧化物相。由于所选的氧化物弥散强化相具有很高的热稳定性、很低的界面能、很细的颗粒度（<0.1μm）和理想的形态（不带尖角），所以在高温下不会分解，不与基体反应，不易聚集（Y_2O_3 的聚集温度>1300℃），在接近基体熔点时也不溶解。因此强化作用不像碳化物和 γ 相那样容易消失，而是可以保持很高的温度。特别是由于氧化物弥散强化相是通过机械合金化方式引入基体的，数量可控，故弥散度极好。几种氧化物弥散强化高温合金的化学成分和持久性能见表 9-3。

表 9-3　几种氧化物弥散强化高温合金的化学成分和持久性能

| 合金 | 化学成分（质量分数,%） | | | | | | | | | | | 持久性能 |
	Fe	Ni	Cr	W	Mo	Ta	Ti	Al	B	Zr	C	Y_2O_3	（1093℃）
MA753	—	余量	20				2.5	1.5	0.007	0.07	0.05	1.3	103MPa，100h
MA754	—	余量	20				0.5	0.3			0.05	0.6	103MPa，100h
MA956	余量	—	20				0.5	4.5				0.5	55MPa，1000h
MA957	余量	—	14		0.3		0.99	0.06				0.27	
MA6000	—	余量	15	4	2	2	2.5	4.6	0.01	0.15	0.05	1.1	145MPa，1000h
MA760	—	余量	20	3.5	2			6	0.01	0.15	0.05	0.95	—

20 世纪 70 年代以后，新工艺的开发成为提高高温合金性能的重要手段。定向凝固高温合金、单晶高温合金和氧化物弥散强化高温合金等相继出现并推动了高温合金的发展。这些在特殊工艺条件下制造出来的具有特殊成分、组织结构和优异高温性能的先进高温合金，对后续加工和焊接提出了更为严格的要求，特别是对焊接接头高温性能的要求，使一些常规的焊接技术无法应用。

9.1.1　高温合金的钎焊性

1. 高温钎焊中的母材特征

从冶金学的观点来看，当代高温钢和高温合金母材大致分为两类：第一类包括具有体心立方和面心立方固溶体晶体结构的不锈钢；第二类包括含有复杂多相组织的高温合金。虽然两类母材中的合金成分有很大区别，但是向镍、铁、钴基合金中添加的合金化元素都使得母材组织稳定，并且保持体心立方（α）或面心立方（γ）结构，或者在高温下具有较高的强度和良好的抗氧化性，特别是 Cr、Ti、Al 的加入是基于后者的原因。高温合金常常需要在高温、高应力条件下长时间服役，因此选择其钎焊工艺和钎料成分时，必须保证钎焊完成后高温合金能够保持复杂的组织以及优良的性能，即需要保持如下组织：镍基高温合金中的 η′ 析出强化相或钴基高温合金中的固溶强化相。特别重要的是，钎料中硼含量要尽可能低，因为铬硼化物可能会在母材晶界上析出导致合金变脆。高温合金中加入的难熔金属元素，如 W、Mo 等，均稳定地固溶于铬硼化合物中，因此其并不能阻止脆性效应。

2. 表面氧化膜的影响

高温合金均含有较多的铬，加热时表面形成稳定的 Cr_2O_3，较难去除。此外，镍基高温合金均含铝和钛，尤其是沉淀强化高温合金和铸造高温合金的铝、钛含量更高。铝和钛对氧的亲和力比铬大得多，加热时极易氧化。因此防止或减少镍基高温合金加热时的氧化以及去除其氧化膜是镍基高温合金钎焊时考虑的首要问题。钎焊镍基高温合金时不建议用钎剂去除氧化物，尤其是在高的钎焊温度下更是如此。这是因为钎剂中的硼酸或硼砂在钎焊温度下会与母材起反应，降低母材表面的熔化温度，促使钎剂覆盖处的母材产生溶蚀；并且硼砂或硼酸与母材发生反应后析出的硼可能渗入母材，造成晶界扩散，对薄壁结构焊件来说是很不利的。所以镍基高温合金一般都在保护气氛中甚至真空中钎焊。

母材表面氧化膜的形成与去除和保护气氛的纯度以及真空度密切相关。对于 Al 和 Ti 含量低的合金，如 GH3030、GH3037、GH3044、GH3128 等，在钎焊加热时，对真空度的要求基本上与不锈钢相同，即热态真空度不应低于 $10^{-2}\,Pa$。对于 Al、Ti 含量较高的合金，如 GH4033、GH4037，表面氧化膜的生成与去除不仅和真空度密切相关，还和加热温度密切相关。例如，将表面抛光过的 GH4037 合金在 $2\times10^{-3}\,Pa$ 真空中加热到 1000℃ 时，表面呈微黄色，主要被 Al_2O_3 膜覆盖，其厚度约为 10nm，即由加热前的 2.5nm 增厚到 1000℃ 真空加热后的 10nm。由于铝对氧的亲和力大于钛对氧的亲和力，所以铝抑制了钛的氧化。当 GH4037 合金加热到 1150℃ 后，表面的 Al_2O_3 膜消失。

GH4037 合金在 1000℃ 真空加热时，表面虽形成了薄氧化膜，但它并不影响钎料的润湿，其原因是氧化膜的线膨胀系数同高温合金的差别很大，因而在该温度下氧化膜会发生开裂，熔融钎料渗过这些裂纹，在母材和氧化膜之间铺展，并将氧化膜抬起，浮在钎料表面上。如果钎焊是搭接接头，这些氧化膜将留在钎缝内形成夹杂，对钎焊接头不利。所以在实际焊接中，仍应尽量避免合金表面在加热时发生氧化。对于 Al、Ti 含量更高的铸造镍基合金，尤其要保证热态的真空度不低于 $10^{-2}\sim10^{-3}\,Pa$，钎焊温度也不能太低，以保证钎料润湿。

3. 钎焊工艺与热处理制度的匹配性

无论是固溶强化，还是沉淀强化的镍基高温合金，都必须将其合金元素及其化合物充分固溶于基体内，才能取得良好的高温性能。沉淀强化合金固溶处理后还必须进行时效处理，以达到弥散强化的目的。因此钎焊参数应尽可能与合金的热处理制度相匹配，即钎焊温度尽量与固溶处理的加热温度相一致，以保证合金元素的充分溶解。

高温合金大都在淬火状态下使用，有的还要经过时效处理，以保证获得最佳性能。因此对这些合金的钎焊温度应选择尽量与它们的淬火温度一致。钎焊温度过高，会影响其性能。例如，与 GH4033 成分相接近的 Inconel 702 合金，经 1220℃ 钎焊和正常热处理后的力学性能如图 9-1 所示。由于钎焊温度比正常淬火温度高得多，钎焊后虽经过热处理，但在各种温度下合金的强度要比未经钎焊合金的强度低得多。

钎焊温度过高会造成晶粒长大，影响合金性能；钎焊温度过低不能使合金元素完全溶解，达不到固溶处理的效果，钎焊温度是钎焊高温合金最主要的参数。由于高温合金焊件使用于高温条件下，有时要承受大的应力，为适应这种使用条件，提高钎缝组织的稳定性和重熔温度，增强接头强度，往往在钎焊后进行扩散处理。对时效硬化合金来说，钎焊后还应按照规定的工艺进行时效处理。

4. 应力开裂

一些镍基高温合金,特别是沉淀强化高温合金有应力开裂的倾向。钎焊前必须充分去除加工过程中形成的应力,钎焊时应尽量减小热应力,使应力开裂的可能性降到最低。

9.1.2 高温合金的常用钎料

1. 银钎料

当焊件的工作温度不高时,可采用银钎

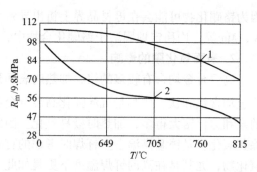

图 9-1　Inconel 702 合金力学性能与温度的关系
1—正常热处理　2—1220℃钎焊+正常热处理

料。用银钎料钎焊固溶强化镍基高温合金时,钎焊温度对母材性能不起任何影响,可以选用的钎料种类比较多,但从避免应力开裂的角度出发,以采用熔化温度较低的钎料为宜,如 BAg45CuZnCd、BAg56CuZnSn、BAg50CuZnSnNi、BAg40CuZnSnNi 等,以减小钎焊加热时形成的内应力。

用银钎料钎焊沉淀强化镍基高温合金时,所选用钎料的钎焊温度不应超过母材的时效强化温度,以免母材发生过时效而降低其性能。例如,对 GH4033、GH4037 和 GH4169 合金的钎焊温度分别不应超过 700℃、800℃ 和 720℃。也就是说,应选用熔化温度较低的钎料。另一种方法是先将合金固溶处理,再采用熔化温度稍高的钎料,如用 BAg72CuNiLi 钎料在高于合金的时效强化温度下钎焊,然后再进行时效处理,焊件就不会在时效加热过程中因钎料的熔化而发生错位。

2. 纯铜钎料

用纯铜作为钎料时,均在保护气氛和真空下钎焊,钎焊温度为 1100~1150℃。在该温度下,焊件的内应力已被消除。又因焊件是整体加热,热应力小,不会产生应力开裂现象。铜在高温合金上的流动性差,钎料应放在紧靠接头的地方。铜的抗氧化性差,工作温度不能超过 400℃。

3. 镍基和钴基钎料

镍基和钴基钎料具有良好的抗氧化性、耐蚀性和热强性,并具有较好的钎焊工艺性能,经钎焊热循环不会产生开裂,因此适用于高温合金焊件的钎焊,是应用最多的钎料。

镍基钎料是在镍基中加入 Cr、Mn、Co 形成固溶体,加入 B、Si、P、C 形成共晶元素,以控制钎料的热强性,提高钎料的高温强度,还可以提高钎料在高温合金中的润湿能力。常用镍基钎料有 BNi74CrSiB、BNi75CrSiB、BNi82CrSiB、BNi71CrSi 等。用 BNi74CrSiB 钎料钎焊 GH3030 合金的接头强度见表 9-4。

表 9-4　用 BNi74CrSiB 钎料钎焊 GH3030 合金的接头强度

	温度	600℃	700℃	800℃	850℃	900℃
抗剪强度/MPa	焊后未处理	277~296	273~283	219~223	—	—
	焊后发蓝处理①	—	313~325	126~128	111~129	—
抗拉强度/MPa	焊后发蓝处理①	—	—	254~271	191~194	144~145

① 发蓝处理是在空气中,在一定温度下,每次加热 24h,累计 100h。

钴基钎料一般为钴-铬-硼系合金,为了降低钎料的熔点和提高其高温性能,常加适量的硅和钨,如 BCo50CrNiW 等。钎料中加入不同含量的合金元素后,其性能不同,应用范围也不同。镍基钎料的适用范围见表 9-5。

表 9-5　镍基钎料的适用范围

适用范围、钎焊参数及强度	钎料牌号								
	BNi74CrSiB	BNi75CrSiB	BNi82CrSiB	BNi92SiB	BNi93SiB	BNi71CrSi	BNi89P	BNi76CrP	BNi66MnSiCu
高温下受大应力焊件	A	A	B	B	C	A	C	C	C
受大静力焊件	A	A	A	B	B	A	C	C	C
薄壁焊件	C	C	B	B	B	A	A	A	A
原子反应堆焊件	X	X	X	X	X	A	C	A	A
大的可加工的钎角	B	B	C	C	C	C	C	C	A
与液体钠或钾接触件	A	A	A	A	A	A	C	A	X
用于紧密件的接头	C	C	B	B	B	B	A	A	A
接头强度	1	1	1	2	3	1	4	2	1
与钎焊母材的溶解和扩散作用	1	1	2	2	3	4	4	5	3
流动性	3	3	2	2	3	2	1	1	1
抗氧化性	1	1	3	3	5	2	5	5	4
推荐钎焊温度/℃	1175	1175	1040	1040	1120	1190	1065	1065	1065
钎焊间隙/mm	0.05~0.125	0.05~0.10	0.025~0.125	0~0.05	0.05~0.10	0.025~0.10	0~0.075	0~0.075	0~0.05

注: 1. A—最好; B—满意; C—不满意; X—不适用。
2. 1~6 由高到低, 1 为最高, 6 为最低。

由于镍基和钴基钎料中含有较多的硼、硅或磷元素，会形成较多的硼化物、硅化物或磷化物脆性相，使钎料变形能力变差，故不能制成丝状或箔带，通常以粉末状供应，使用时需要用黏结剂调成膏状涂于焊接处。但用黏结方法放置钎料，既不方便又不易控制钎料量，目前可采用非晶态工艺制成的箔带钎料或黏带钎料。

非晶态镍基箔带钎料宽度为 20~100mm、厚度为 0.025~0.05mm，带材具有柔韧性，可冲剪成形，使用量容易控制，装配也方便。黏带镍基钎料是由粉末状镍基钎料和高分子黏结剂混合经轧制而成。黏带钎料宽度为 50~100mm、厚度为 0.1~1.0mm。黏带钎料中的黏结剂在钎焊后不留残渣，不影响钎焊质量。它可以控制钎料量和均匀地加入，能很方便地用于钎焊面积大和结构复杂的焊件。

4. 其他钎料

金基钎料适用于钎焊各类高温合金。这类合金具有优异的钎焊性、塑性、抗氧化性和耐蚀性，高温性能较好，与母材作用弱，在航空航天和电子工业得到广泛的应用。但这类钎料中含有较多的贵金属，价格昂贵。典型的金基钎料有 BAu80Cu 和 BAu82Ni。

锰基钎料可用于在 600℃ 下工作的高温合金焊件。这类钎料塑性良好，可制成各种形状，与母材作用弱，但其抗氧化性较差。锰基钎料主要采用保护气体钎焊，不适用于火焰钎焊和真空钎焊。

钯基钎料主要有银-铜-钯、银-钯-锰和镍-锰-钯等系钎料。这类钎料具有良好的钎焊性。银-铜-钯系钎料的综合性能最好，但钎焊接头的工作温度较低（不高于 427℃）。虽然镍-锰-钯系钎料的熔点较低，但接头高温性能较好，可在 800℃ 下工作。采用钯基钎料钎焊 GH4033 合金的接头强度见表 9-6。

表 9-6　采用钯基钎料钎焊 GH4033 合金的接头强度

钎料	接头强度/MPa					
	20℃	600℃	700℃	750℃	800℃	850℃
BPd20AgMn	—	154	122.5	122.5	168	76
BPd33AgMn	—	—	—	170	138	—
BNi48MnPd	338	276	237	216	154	122.5

9.1.3　高温合金的钎焊工艺

1. 接头设计

因为高温合金钎缝的强度低于母材，不能满足使用要求，一般不采用对接接头，推荐采用搭接接头，通过调整搭接长度增大接触面积，提高接头强度。此外，搭接接头的装配要求也相对比较简单，便于生产。接头的搭接长度一般为组成接头中薄件厚度的 3 倍，对于在 700℃ 以下工作的接头，其搭接长度可增大到薄件厚度的 5 倍。

钎焊间隙对钎焊质量和接头强度有影响。钎焊间隙过大时，会破坏钎料的毛细作用，钎料不能填满钎焊间隙，钎缝中存在较多硼、硅脆性共晶组织，还可能出现硼对母材晶界的渗入和溶蚀问题。高温钎焊间隙一般为 0.02~0.15mm，适宜的钎焊间隙可根据母材的物理化学性能、母材与钎料的润湿性和钎焊工艺等因素通过试验确定。

2. 焊前清理、装配

焊前应彻底清除焊件和钎料表面上的氧化膜、油污和其他外来物，并在储运、装配、定位等工序中保持清洁。清理方法可采用化学法清除氧化膜，用超声波清除污物。

焊件应精密装配，保证钎焊间隙，控制钎料量，并用适当的定位方法保持焊件和钎料的相对位置。高温合金钎焊前的状态推荐为固溶或退火状态，尤其是铝、钛含量较高的时效强化合金更应如此。

3. 焊后处理

高温合金钎焊一般采用真空钎焊，因此焊后不需要特殊处理，可采取与钢相同的方法去除阻流剂。

变形高温合金及铸态下使用的铸造高温合金焊件钎焊后一般不需要热处理，而需要在热处理状态下使用的铸造高温合金焊件一般都在热处理前进行钎焊，因此焊后应按照母材的热处理制度进行固溶时效处理。

4. 钎焊参数

为了防止母材应力开裂，必须尽量减小焊件的内应力。例如：将经冷加工的焊件在钎焊前进行去应力处理；钎焊时加热尽量均匀以及焊件在钎焊加热过程中能自由膨胀和收缩等。但是对于沉淀强化高温合金来说，在时效过程中将不可避免地形成内应力，对钎焊时的应力开裂特别敏感。最有效的措施是先将焊件固溶处理，然后在稍高于时效强化处理温度下进行钎焊，最后进行时效处理。这样既可以减少应力开裂的可能性，又不会因钎焊温度过高而发生过时效现象。

镍基高温合金绝大部分是在真空或保护气氛炉中钎焊的。使用保护气氛炉中钎焊时，对气体纯度要求很高。使用氩气或氢气作为保护气体时，对于铝、钛质量分数小于 0.5% 的高温合金，要求其露点低于 $-54℃$，但铝、钛含量增多时，合金表面在加热时仍发生氧化，必须采用以下措施。

1）添加少量钎剂，如 FB105，利用钎剂来去除氧化膜，但钎剂量一定不能多。

2）焊件表面镀镍，镍层厚度为 $25\sim38\mu m$。

3）将焊件在湿氢中预先氧化，然后用硝酸和氢氟酸混合液去除表面上铝、钛氧化物，使表面不再含铝和钛，从而达到防止钎焊加热时形成铝、钛氧化物的目的。

4）将钎料预先喷涂在待钎焊表面上。

5）附加少量气体钎剂，如三氟化硼。

目前，真空炉中钎焊已在很大程度上取代了保护气氛炉中钎焊。这是因为真空炉中钎焊能获得更好的保护效果和钎焊质量。对于铝、钛质量分数小于 4% 的高温合金，表面不必进行特殊的预处理，就能保证钎料的润湿。当合金的铝、钛质量分数超过 4% 时，表面应镀 $20\sim30\mu m$ 的镍层。镀层厚度对钎焊接头强度是有影响的。镀层太薄对合金表面不起保护作用；镀层太厚也将降低接头强度。也可将焊件放在盒内真空钎焊，盒中再放吸气剂，如锆在高温下的吸气作用促使在盒内形成一个局部高真空，防止合金表面氧化。镍基高温合金钎焊时的热态真空度应不低于 $10^{-2}Pa$。图 9-2 所示为真空炉中钎焊、氢气炉中钎焊加钎剂和氢气炉中钎焊加镀镍三种钎焊方法的比较，从图中可以看出，真空炉中钎焊的接头抗剪强度最高。

钎焊温度和保温时间是保护气氛炉中钎焊和真空炉中钎焊的主要参数。钎焊温度一般应高于钎料液相线 30~50℃，某些流动性差的钎料其钎焊温度需要比液相线温度高出 100℃。适当提高钎焊温度，可降低钎料的表面张力，改善润湿性和填充能力。但钎焊温度过高会造成钎料流失，还可能导致因为钎料与母材的过度作用而引起溶蚀、晶界渗入、形成脆性相以及母材晶粒长大等。

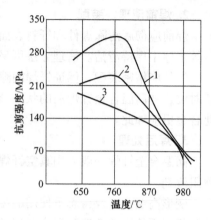

图 9-2　真空炉中钎焊、氢气炉中钎焊加钎剂和氢气炉中钎焊加镀镍三种钎焊方法的比较
1—真空　2—氢气+钎剂　3—氢气+镀镍

保温时间取决于母材特性、钎焊温度以及装炉质量等因素。保温时间过长也会出现与钎焊温度过高类似的问题。在确定高温合金钎焊参数时，还应考虑与母材的热处理制度匹配。

镍基钎料是在镍中添加较多的硼或硅元素以达到降低熔化温度的目的。在硼或硅元素降低钎料熔化温度的同时，也在钎料中形成相当多的硼化物相或硅化物相，使钎料变脆。因此钎焊高温合金时，钎焊接头的组织性能与钎焊间隙大小密切相关。

5. 接头组织与力学性能

高温合金钎焊接头组织与力学性能与母材化学成分、所用钎料、钎焊间隙、钎焊参数和焊后处理等因素有关。研究表明，采用硼或硅含量较高的镍基钎料时，会引起钎料与母材发生作用而导致溶蚀和钎料元素沿母材晶界渗入的现象，并且这两种现象均随钎焊温度升高和保温时间延长而加剧，其中钎焊温度影响较大。防止溶蚀和晶界渗入现象的措施是选用硼或硅含量较低的钎料和在保证钎焊过程正常进行的情况下，采用较低的钎焊温度和较短的保温时间。

选用适当的钎料和钎焊工艺，可获得性能较好的钎焊接头。几种高温合金钎焊接头的力学性能见表 9-7。

表 9-7　几种高温合金钎焊接头的力学性能

合金牌号	钎料牌号	钎焊条件	试验温度/℃	接头强度		备注
				抗拉强度/MPa	屈服强度/MPa	
GH1140	BNi70CrSiMoB	1200℃氩气保护炉中钎焊	20	—	570	钎料中 $w_{Nb} \leqslant 0.1\%$
			900	—	73.5	
GH3044	BNi70CrSiBMo	1080~1180℃真空炉中钎焊	20	—	234	—
			900	—	162	
			1100	—	74	
	BNi77CrSiB	1100℃氩气保护炉中钎焊	20	—	300	
			800	—	270	
			900	—	114	
GH4169	BAu82Ni	1030℃真空炉中钎焊	20	—	320	—
			538	—	220	

（续）

合金牌号	钎料牌号	钎焊条件	试验温度/℃	接头强度		备注
				抗拉强度/MPa	屈服强度/MPa	
GH4141	BNi70CrSiB	1170℃真空炉中钎焊	25	370	230	—
			648	400	255	
			870	245	150	
GH5188	BNi70CrSiB	1170℃真空炉中钎焊	20	—	308	—
			648	—	260	
			870	—	90	
K403+GH3044	BNi70CrSiB(HL-5)	1080~1180℃真空炉中钎焊	—	$\sigma^{[1]}$/MPa	$t^{[2]}$/h	钎料中 $w_C = 0.5\%$
			800	49.0	≥80	
			900	9.8	≥70	
			1000	150		
	BNi77CrBSi+40%Ni 粉	1200℃氩气保护炉中钎焊	20	310	—	
			900	220	—	
			1000	150	—	
K403	BNi77CrBSi	1130℃真空炉中钎焊	950	270	—	—

① σ 为持久拉伸应力。

② t 为相应拉伸应力下的断裂时间。

国外用贵金属钎料钎焊的高温合金接头性能如下：采用 Ag-Pd-Mn（SPM）、Ni-Mn-Pd（NMP）钎料钎焊 NiCr20Co18Ti 合金接头的应力-破坏性能见表 9-8；采用 Ni-Mn-Pd、Ag-Pd-Mn 和 Au-Ni 钎料钎焊高温合金接头的高温强度见表 9-9；采用 Ni-Mn-Pd、Ag-Pd-Mn 和 Au-Ni 钎料钎焊高温合金接头的应力-破坏性能见表 9-10；采用钯基钎料钎焊 NiCr20Co18Ti 合金接头的高温强度见表 9-11。

表 9-8　采用 Ag-Pd-Mn（SPM）、Ni-Mn-Pd（NMP）钎料钎焊 NiCr20Co18Ti 合金接头的应力-破坏性能

钎料	成分（质量分数,%）	母材	试验温度/℃	蠕变强度/MPa		
				500h	1000h	5000h
SPM1	Ag75Pd20Mn5	NiCr20Co18Ti	800	20	15	10
SPM2	Ag64Pd33Mn3	NiCr20Co18Ti	800	27	24	15
SPM2		NiCr20Co18Ti	950	24	8	3
NMP	Ni48Mn31Pd21	NiCr20Co18Ti	800	47	39	32
NMP		NiCr20Co18Ti	950	—	8	—

表 9-9 采用 Ni-Mn-Pd、Ag-Pd-Mn 和 Au-Ni 钎料钎焊高温合金接头的高温强度

母材	母材屈服强度/MPa				钎料	接头抗拉强度/MPa			
	20℃	400℃	500℃	600℃		20℃	400℃	500℃	600℃
X8NiCrAlTi7520	750	720	710	700	NMP	520	550	550	600
					SPM2	650	600	400	380
					Au-18Ni	780	700	600	500

表 9-10 采用 Ni-Mn-Pd、Ag-Pd-Mn 和 Au-Ni 钎料钎焊高温合金接头的应力-破坏性能

母材	母材				钎料	接头持久强度/MPa					
	持久强度(650℃、1000h)/MPa	屈服强度/MPa				100h			1000h		
		400℃	500℃	600℃		400℃	500℃	600℃	400℃	500℃	600℃
X10NiCrTi7020	—	300	300	260	SPM2	—	220	100	—	200	48
					NMP	—	330	220	—	320	80
					Au-18Ni	—	78	18	—	48	<10
X8NiCrAlTi7520	400	720	710	700	NMP	—	290	270	—	250	70
X8NiCoCrTi5520	480	750	740	730	NMP	—	280	170	—	240	70

表 9-11 采用钯基钎料钎焊 NiCr20Co18Ti 合金接头的高温强度

钎料	成分(质量分数,%)	NiCr20Co18Ti 合金接头的高温强度/MPa												
		撕裂强度							抗剪强度					
		20℃	200℃	400℃	500℃	600℃	700℃	800℃	20℃	200℃	400℃	500℃	600℃	700℃	800C
SPM1	Ag75Pd20Mn5	540	400	250	320	300	—	—	250	—	—	—	140	110	100
SPM2	Ag64Pd33Mn3	610	550	410	350	300	—	—	250	—	—	230	170	—	140
NMP	Ni48Mn31Pd21	—	—	—	—	—	—	—	340	—	—	280	280	260	150
PN1	Pd60Ni40	—	—	—	—	—	—	—	—	—	—	—	—	—	—

6. 高温合金的大间隙钎焊

高温合金铸件、锻件的钎焊,其间隙一般大于 0.3mm,局部可达到 0.6mm 以上,由此产生了大间隙钎焊工艺。大间隙钎焊的原理是采用金属粉或合金粉作为高熔点组分与钎料(低熔点组分)组成黏度大的黏滞物,填充并滞留在间隙中,依靠液态钎料润湿,流布于母材和合金粉之间,并相互作用而形成牢固的钎焊接头,将焊件连接起来。大间隙钎焊工艺包括接头准备、合金粉与钎料的选择及添加、钎焊和扩散处理等工艺环节。

(1)接头准备 大间隙钎焊的接头设计除产品结构要求外,应设计为有利于合金粉与钎料添加的形式,如丁字接头、小搭接长度的搭接接头。钎焊间隙因钎焊工艺的不同而不同,一般在 0.3~0.8mm 范围内。接头在焊前应该仔细清理待焊表面。

(2)合金粉与钎料的选择及添加 合金粉与钎料应根据高温合金焊件使用要求、母材特性和接头形式选择。常用合金粉有纯镍粉、80Ni-20Cr 粉、K3 合金粉、K5 合金粉、FGH95 合金粉等。选用与母材成分相同的合金粉为最好。

当焊件工作温度低、承受应力小时，选用纯镍粉；当焊件工作温度高、承受应力较大时，选用 K3、K5 或 FGH95 合金粉。钎料的选用除一般原则外，应选择固-液相温度范围较大的钎料，这种钎料流动性差，易滞留在钎焊间隙中。合金粉与钎料的粒度不宜过大或过小。粒度过小，表面积加大，合金粉与钎料的作用面积加大，易使混合料熔点变高，钎缝中形成缩孔；粒度过大，合金粉之间空隙过大，钎料填充后形成大块共晶组织。一般合金粉粒度为 0.071~0.154mm。合金粉与钎料的比例一般为 35：65~45：55。

合金粉与钎料应加入间隙中，方式有混合法和预置法两种，预置法又分为静压法和预烧结法两种。

混合法是将一定成分、一定粒度的合金粉与钎料按照一定比例混合均匀，然后放置在钎焊间隙中并捣实。混合法的优点是合金粉与钎料可以按比例加入，混合料用量也便于控制；其缺点是混合料是粉末状态，钎焊后钎缝金属收缩，造成钎缝仍未填满和钎缝中有较多的缩孔。

预置法是将一定成分和粒度的合金粉预先置入间隙中，然后施加静压使合金粉密实或进行烧结，再在钎缝口处添加钎料；当加热到钎焊温度时，钎料熔化，沿合金粉空隙流满钎缝，形成牢固接头。预置法的优点是可以消除钎缝中的大部分孔洞，防止大块脆性相的产生；其缺点是合金粉与钎料的比例不能控制，并且增加一道烧结工序。如果从保证钎焊质量出发，最好采用预置烧结法。

（3）钎焊　大间隙钎焊的主要参数包括钎焊温度和保温时间。钎焊温度不宜过低，一般应高于正常钎焊温度 10℃ 左右。钎焊温度偏低，合金粉与钎料作用较弱，钎料中的硼很少扩散，使钎缝中形成较多的硼化物脆性相。如果钎焊温度高一些，合金粉与钎料相互溶解，硼向合金粉的扩散增强，钎缝中镍的固溶体比例增加，大块镍-硼化物共晶组织消除，钎缝中仅存在不连续分布的复合化合物相，改善了钎缝组织。保温时间也应比正常钎焊的保温时间长。如果保温时间过短，钎缝中的合金粉与钎料作用不充分，易出现大块共晶组织，而且孔洞缺陷也多。如果保温时间充足，组织较均匀，缺陷也会减少。

（4）扩散处理　扩散处理是为改善钎缝组织、提高钎缝质量和重熔温度、提高钎焊接头的力学性能尤其是高温持久性能而进行的。扩散温度一般选择母材固溶处理温度或比钎焊温度稍高的温度。温度较高时，加快硼或硅元素的扩散，促使共晶组织产生转变，形成高熔点的化合物相，呈不连续分布。扩散时间一般较长，为 2~3h。根据不同合金粉、钎料和母材而选择不同时间，以达到改善组织或均匀化的目的。

9.2　钨、钼及其合金的钎焊

钨、钼、钽、铌元素属于难熔金属。它们都具有熔点高、热强度高、弹性模量高以及耐蚀性优异的特点。四种金属都是体心立方结构，但从整体性能来看可分成两类，钨、钼为一类，钽、铌为另一类。钨、钼再结晶温度较低，为 1100℃±50℃，钎焊温度超过此温度，保温时间超过 1min 就有明显的脆断现象发生。钨、钼硬度很高，机加工很困难。钽、铌与钨、钼相比在室温下有良好的塑性，加工硬化也不明显，一方面使钽、铌深度拉制较简单，另一方面还可在不经受中间退火的情况下加工成 10μm 以下的箔材，高温塑性也很好。

钨、钼、钽、铌等难熔金属由于熔点高，早期只能通过粉末冶金技术制取，随着冶金技术的发展，它们已可采用电弧熔炼、感应熔炼、电渣熔炼以及电子束轰击熔炼等多种方法制取，其性能不断提高。电弧熔炼、感应熔炼制取的金属中气体含量少，但晶粒较粗大；电渣熔炼可以减少金属中的非金属夹杂物；电子束轰击熔炼可以减少气体和易挥发性杂质。

钨、钼及其合金在航天、原子能、电子及民用工业中得到应用，作为火箭发动机喷管、高温与熔盐反应堆结构和高温炉发热体及反射屏的材料，同时也是在抗液态金属、熔融玻璃腐蚀等一系列要求工作温度较高和耐蚀的工作领域中必不可少的金属材料。由于钨、钼与氢不发生反应，所以它们是氢气高温炉发热体或反射屏的最佳用材。图 9-3 所示为微米级纯钨粉的 SEM 图像。图 9-4 所示为纯钼粉 50μm 的 SEM 图像。

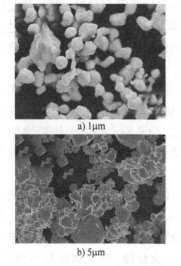

a) 1μm

b) 5μm

图 9-3　微米级纯钨粉的 SEM 图像

50μm

图 9-4　纯钼粉 50μm 的 SEM 图像

9.2.1　钨、钼及其合金的钎焊性

1. 难熔金属及其合金的物理与力学性能

钨与钼、钽与铌在周期表中分别同族，同族元素的物理和化学性质十分相似。它们都具有强烈的亲氧性，在自然界相互共生，绝大部分是以氧化物或含氧酸盐的形式存在。钨、钼、钽、铌的物理性能与力学性能见表 9-12。

表 9-12　钨、钼、钽、铌的物理性能与力学性能

项目	W	Mo	Ta	Nb	单位
在地壳中的含量	$1.0 \times 10^{-4}\%$	$2.3 \times 10^{-4}\%$	$2.1 \times 10^{-4}\%$	$2.4 \times 10^{-3}\%$	—
原子序数	74	42	73	41	—
密度	19.35	10.2	16.6	8.57	g/cm^3
晶体结构	体心立方	体心立方	体心立方	体心立方	—
晶格常数	α-W 0.3158 β-W 0.5046 （25℃）	0.3146	0.3303	0.3301	nm

（续）

项目	W	Mo	Ta	Nb	单位
原子量	183.85	95.94	180.948	92.906	—
电子构型	$5d^46s^2$	$4d^55s^1$	$5d^36s^2$	$4d^45s^1$	—
原子半径	α-W 0.141 β-W 0.137	0.1363	0.143	0.1429	nm
熔点	3410	2610	2996	2468±10	℃
沸点	5927	5560	5425±100	4927	℃
比热容（20℃）	0.138	0.276	0.142	0.271	J/(g·℃)
熔化潜热	184.1	292.0	159.0	288.7	J/g
线膨胀系数(20℃)	4.6×10^{-6}	4.9×10^{-6}	6.5×10^{-6}	7.31×10^{-6}	1/℃
传热系数	1.66（0℃）	1.54（20℃）	0.5447（20~100℃）	0.52（0℃）	W/(m·K)
电阻率	5.65（27℃）	5.2（0℃）	12.45（25℃）	12.5（0℃）	μΩ·cm
液态金属的表面张力	3200×10^{-5}（熔点）	2500×10^{-5}（熔点）	2860×10^{-5}（熔点）	2030×10^{-5}（熔点）	N/cm
弹性模量	343×10^3	345.94×10^3	186.2×10^3	122×10^3	MPa
抗拉强度	—	—	207	—	MPa
屈服强度	—	—	185	488（冷拉铌，300℃）	MPa
断后伸长率	—	—	36	—	%
颜色（纯金属）	白色（似铂）	白色	白色（似铂，稍暗）	白色（似铂）	—

　　钨、钼、钽、铌的力学性能与金属中杂质含量、加工方法及试验温度等有关，数据可参考文献。

2. 钨、钼的化学性能

（1）钨的化学性能　钨的化合价为-2~+6。在400℃以下时，钨按抛物线速度氧化，生成蓝色氧化膜；高于1100℃时，按线性速度氧化；在400~1100℃时，则介于这两种氧化速度之间。高于500℃时，氧化膜上出现裂纹。在800℃以上时，WO_3显著蒸发。超过1100℃时，WO_3的升华速度与其生成速度相当。

　　钨在空气中室温下不反应，300℃时失去光泽，500℃以上时迅速氧化。在氢中1200℃以上时开始吸收少量氢。室温下，钨与H_2SO_4、HCl、HNO_3、HF均无明显的反应，但在$HF:HNO_3=4:1$的热酸液中迅速溶解。钨能在熔融的NaOH、Na_2CO_3中迅速被腐蚀。

　　（2）钼的化学性能　钼与钨在周期表中同族，与钨的化学性质相似。在干燥的空气或氧气中，室温时不发生任何氧化作用；在含有水蒸气的气氛中，250℃以下时便会氧化，生成MoO_2和MoO形式的表面氧化膜，这种膜可以在800℃的氢气中被还原，也可以在约500℃的真空中蒸发排除。

　　室温下，钼与H_2SO_4、HCl、HF均无明显的反应，但在体积分数为25%的HNO_3和HF+HNO_3比例为1:1的溶液中迅速被腐蚀。钼也不耐HPO_3的浸蚀。

9.2.2　钨、钼及其合金的常用钎料

钨、钼及其合金熔点很高，除可作为点焊电极触点外，主要是利用它们的高温性能制作耐高温焊件。因此钨和钼极少利用软钎焊连接。当钨、钼与熔点较低的金属进行钎焊时，可在钨、钼及其合金焊件上镀镍或镍铜，再用普通的银或铜基钎料进行钎焊。

当需要利用钨、钼材料的各种特性（包括表面特性）时，则不允许进行镀膜处理，如再有对钎缝强度及钎料蒸气压的要求，钎料的使用将受到很大的限制。

由于钨、钼与银、铜在后两者的熔化温度附近（961℃和1084℃）并不生成合金，所以使用银、铜基钎料钎焊钨或钼并不理想，钎缝的强度要受到影响。钨、钼的再结晶温度为1100℃±50℃，而且晶粒长大的速度很快，钎焊温度如果超过此温度，材料明显变脆。因此在焊件工作温度允许的情况下，钎焊温度不要超过1000℃。如果工作温度在1000℃以上，则应采取快速钎焊的方法，使钨、钼材料在1000℃以上停留的时间不超过1min，从而使晶粒尚未长大时，钎焊过程就已经结束。这样，材料的力学性能可不受影响。

1. 1000℃以下钨、钼及其合金的钎焊

为了保证钨、钼及其合金制成的焊件在钎焊时不损坏、不氧化、不变形，钎焊工艺最好在保护气体（氢气、氩气等）或真空中进行。其中，在氢气炉中钎焊效果最好。根据加热方法可分为炉中钎焊、高频钎焊、电子束钎焊等。1000℃以下钨、钼及其合金钎焊常用钎料见表9-13。

表 9-13　1000℃以下钨、钼及其合金钎焊常用钎料

序号	成分（质量分数，%）	液相线/℃	固相线/℃	应用和说明
1	CuPAg(1，余量，7)	800	650	钨、钼与银、铜钎焊，不能钎焊铁、镍
2	CuP(余量，7)	800	710	钨、钼与银、铜钎焊，不能钎焊铁、镍
3	CuPAg(余量，6，5)	810	645	钨、钼与非铁金属钎焊
4	NiCuAg(0.75，28.1，余量)	795	780	钨、钼与非铁金属钎焊
5	CuP(余量，12)	877	877	钨、钼与铜、铁、可伐合金、Inconel等钎焊
6	CuP(余量，5)	924	714	钨、钼与银、铜等钎焊，不能钎焊铁、镍
7	NiCuAu(3，15.5，余量)	910	900	钨、钼与铜、可伐合金、镍、钢铁和非铁合金
8	PdCuAg(10，31.5，余量)	852	824	钨、钼与铜、可伐合金、镍、Inconel等钎焊
9	PdCuAg(20，28，余量)	898	879	
10	PdCuAg(15，20，余量)	900	850	
11	NiCuAu(3，15.5，余量)	910	900	
12	CeNiCu(12，0.25，余量)	965	850	钨、钼与铜、可伐合金等钎焊
13	NiAu(18，82)	950	950	钨、钼与铜、可伐合金、镍、Inconel等钎焊
14	PdAg(5，95)	1010	970	
15	NiAuCu(3，3.5，余量)	1030	975	

实际钎焊经验表明，铜基钎料比金基、镍基钎料好用。如果钎料中加入少量钯，则在钨、钼材料上更容易铺展，但钯含量增多会使钎焊反应区内母材出现龟裂。

2. 1000℃以上钨、钼及其合金的钎焊

在某些应用场合中，温度超过 1100℃ 时，要求钨焊件与钼焊件钎缝工作温度超过 1300℃，因此这些部位的钎焊都将超过 1000℃ 而又不能发生明显的脆化。目前只能采用高频钎焊、压力钎焊、激光钎焊等技术，而电子束钎焊难于满足上述要求。高频钎焊可根据需要采用丝状或片状钎料。压力钎焊是在母材中间加一个钎料片，钎焊时，填充金属（钎料片）熔化并润湿母材，使焊件连接起来。激光钎焊是在母材中间夹一层填充金属，控制激光能量和光斑大小，使填充金属熔化，母材不熔化。1000℃ 以上钨、钼及其合金钎焊常用钎料见表 9-14。

表 9-14　1000℃以上钨、钼及其合金钎焊常用钎料

序号	成分（质量分数,%）	液相线/℃	固相线/℃	应用和说明
1	Re(100)	3180	3180	钨
2	Ta(100)	2996	2996	钨
3	Nb(100)	2468	2468	钨、钼
4	Ru(100)	2500	2500	钨、钼
5	Ir(100)	2450	2450	钨、钼
6	SiMo(10, 90)	2150	2120	钨、钼
7	Mo_2B(94.5, 5.5)	2080	2000	钨、钼
8	IrP_1(40, 60)	1990	1950	钨、钼
9	Rh(100)	1966	1966	钨、钼
10	RhPt(40, 60)	1950	1935	钨、钼
11	RhMo(20, 80)	1900	1900	钨、钼
12	Zr(100)	1852	1852	钨、钼
13	Pt(100)	1769	1769	钨、钼
14	AuPdPt(5, 20, 余量)	1695	1645	钨、钼
15	Pd(100)	1552	1552	钨、钼
16	Ni(100)	1453	1453	钨、钼
17	PdAu(25, 75)	1410	1380	钨、钼
18	MoCo(37, 63)	1330	1330	钨、钼
19	MoNi(46.5, 53.5)	1320	1320	钨、钼、镍
20	PdNi(30, 70)	1320	1290	钨、钼、不锈钢

使用活性钎料进行钎焊时，必须注意对钎缝的保护。在高频钎焊、压力钎焊或激光钎焊时，要建立气体保护室或用喷嘴喷出保护气流，通常是用惰性气体或真空进行保护。

9.2.3　钨、钼及其合金的钎焊工艺

1. 钨、钼及其合金钎焊前准备

钨、钼及其合金焊件钎焊前必须去除表面的油污和氧化膜。可先按常规方法去油污，再用化学清洗方法除氧化膜。

2. 钨、钼及其合金化学清洗方法

经过去油的钨、钼及其合金焊件去除氧化膜的清洗液配方及条件见表 9-15。

表 9-15 经过去油的钨、钼及其合金焊件去除氧化膜的清洗液配方及条件

项目		酸洗	碱洗一	碱洗二	电解清洗
配方	去离子水	200mL	1000mL	500mL	1000mL
	硝酸	500mL	—	—	—
	硫酸	300mL	—	—	—
	铁氰化钾	—	300g	—	200~400g
	氢氧化钠	—	50g	—	—
	过氧化钠	—	—	100mL	—
	氢氧化铵	—	—	100mL	—
温度		室温	90~100℃	70~80℃	室温
时间		3~5s	煮沸为止	1min	2~5min
附注		—	②③	②③	①②③

① 用于清洗钨杆和钨棒。

② 碱洗后，大量流水冲洗；然后在铬酸溶液（铬酸溶液配方：去离子水 1000mL；三氧化铬 120g，氯化钠 8g）中浸 3~30s，大量流水冲洗；再浸入体积分数为 2%~5% 的氨水溶液中和，然后用大量自来水冲洗，最后用电热干燥箱烘干。

③ 钨、钼焊件烘干时，烘箱温度最好不超过 80℃。

3. 钨、钼及其合金钎焊

钨是最难熔的金属，熔点为 3410℃，在结构中它能在高达 2700℃ 的高温下可靠地工作。钨在常温下具有很高的强度（490~882MPa）和硬度（320~415HBW），同时具有很大的脆性，只有在加热超过 500℃ 以上时才能转变为塑性。钨经过再结晶后，强度和塑性都降低，因此应尽可能在低于它的再结晶温度下来钎焊。在钨与别的材料进行钎焊连接时，彼此间热膨胀系数的重大差异往往给工作造成困难。钨的钎焊在所有惰性气体和还原性气体中都能顺利进行，但最好是在真空环境中，此时能保证得到较致密的钎缝。钨可以采用炉中钎焊、电阻钎焊和感应钎焊等方法。

钼的熔点为 2622℃，用它可以制造在 2000℃ 下工作的焊件，但钼加热到 400℃ 时开始氧化，在 600℃ 以上时迅速形成 MoO_2，因此不使用专门涂层保护，在大气中不能在高温下工作。钼钎焊的基本困难是它对氧具有很大的亲和力以及在高温下有晶粒长大的倾向。由于上述原因，钼钎焊应在较高的真空条件下或氩气保护下进行，并采用快速加热。

以 WCu 合金（钨合金）和 TZM 合金（钼合金）为例，不同钎焊温度下钨、钼异质钎焊接头的抗剪强度如图 9-5 所示。随着钎焊温度的升高，接头的抗剪强度先增大后减小，抗剪强度由 1075℃ 的 68.125MPa 增加到 1150℃ 的 115.042MPa，随后又降低到 80.896MPa。

通过微观组织系统分析，可以深入了解钨、钼合金在钎焊过程中的演变规律，有助于评估、预测接头的性能。利用扫描电子显微镜观察接头界面的组织形貌，并配合 EDS 能谱仪沿垂直于钎缝的方向对钎缝进行线扫描，分析元素在钎缝中的扩散行为，研究钎缝中的冶金反应及相组成。

钎焊温度与钎料和母材的熔点相关。一般来说，钎焊温度要高于钎料液相线 50~100℃，同时钎焊温度也不能超过钎焊母材的熔点。提高钎焊温度可以减小液态钎料的表面张力，从而改善钎料对母材的润湿性以及填缝能力，保证钎料和母材之间的充分作用。但是当钎焊温度过高时，钎料和母材之间会发生过度作用，钎缝中的金属间化合物会由于反应过度而加速增长。图 9-6 所示为 1100℃钨钼合金的钎缝微观组织及面扫描图。从钎缝微观组织中可以看出钎焊温度为

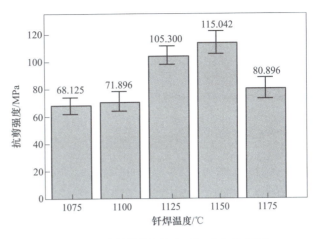

图 9-5　不同钎焊温度下 WCu 合金和 TZM 合金接头的抗剪强度

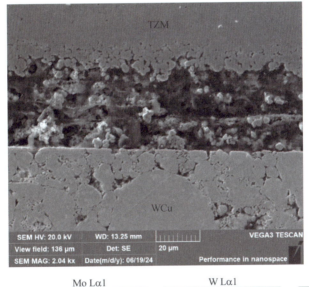

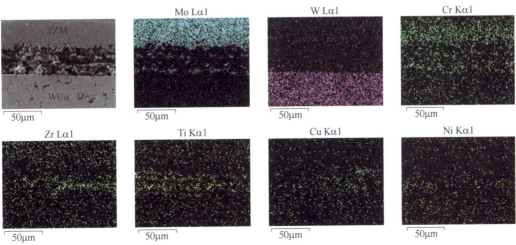

图 9-6　1100℃钨钼合金的钎缝微观组织及面扫描图

1100℃时，WCu 合金一侧较为整齐。由钎缝面扫描图分析可知，极少量 W 元素向钎缝处扩散。TZM 合金一侧可以看出，Mo 元素向钎缝处扩散较为明显，并形成固溶体或者与其他元素形成化合物。TZM 合金基体一侧形成较细小的条纹状空隙。Cr 元素向 TZM 合金处扩散与 Mo 元素形成化合物。Ti、Ni、Zr 元素主要集中在中间层，并向母材两端扩散，可促进两个区域的连接。

图 9-7 所示为 1175℃钨钼合金的钎缝微观组织及面扫描和线扫描图。当温度升至

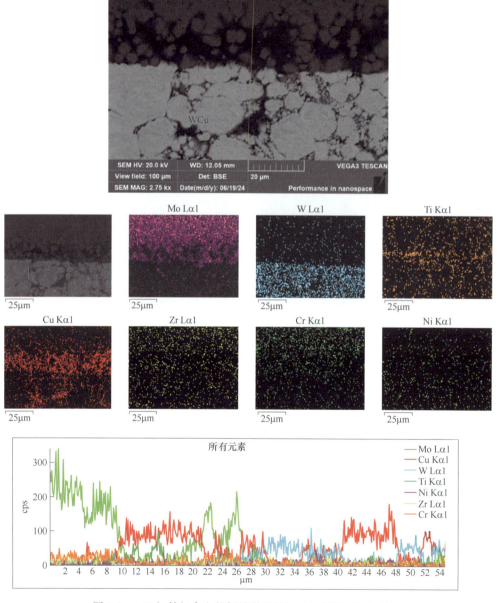

图 9-7　1175℃钨钼合金的钎缝微观组织及面扫描和线扫描图

1175℃时，Mo 元素的扩散更加明显，有更多的 Mo 元素溶于钎缝。在 1100℃下，Ti、Ni、Zr 元素主要集中在中间层，在 1175℃下，Ti、Ni、Zr 元素的分布更广泛，显示了更高温度对这三种元素扩散的促进作用。由钎缝面扫描图分析可知，Cu 元素主要集中于钎缝处，并向 WCu 合金一侧扩散；由线扫描图分析可知，钎缝中的 Cu 元素进入 WCu 合金中，与 WCu 合金中的 Cu 元素相结合形成固溶体。图 9-7 中 WCu 合金一侧黑色相代表 Cu 固溶体。在 1100℃和 1175℃的面扫描图中，Cr 元素始终在 TZM 合金一侧有较高浓度。1175℃显著促进了元素的扩散，特别是 Mo、W、Cu、Zr 和 Ni 元素。

为进一步分析接头的断裂机理，对强度最高的 1125℃和 1150℃下接头剪切断口形貌进行了扫描电镜观察。断裂路径为：裂纹从钎缝中的 Ni-Ti-Cu 三元化合物开始，然后在接头中间扩展到母材 TZM 合金一侧，钎缝中的 Ni-Ti-Cu 三元化合物为主要断裂源。

图 9-8 所示为 1125℃钨钼合金钎焊接头 TZM 合金一侧的剪切断口形貌。图 9-8 中可以看

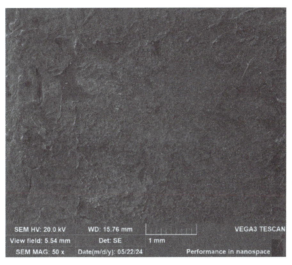

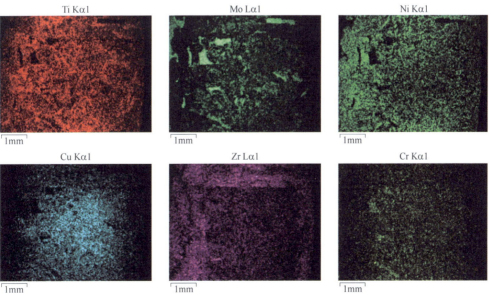

图 9-8　1125℃钨钼合金钎焊接头 TZM 合金一侧的剪切断口形貌

出断口存在裸露的 Mo 元素，说明接头主要在钎缝处断裂。接头断裂时，钎缝撕裂并带走一定量的 Mo 元素。从面扫描的元素分布情况可知，断裂处元素主要为 Ni、Ti、Cu，说明这三种元素组成的化合物为主要断裂源。Zr 元素和 Cr 元素浓度较为不明显，说明 Zr 元素和 Cr 元素向接头两侧扩散较为均匀。

    1150℃钨钼合金钎焊接头的断口形貌如图 9-9 所示。相比于 1125℃的断口形貌，Mo 元素的裸露面积更大，说明温度升高使 TZM 合金一侧与钎料的冶金反应更加剧烈。断裂位置逐渐向 TZM 合金方向移动。Zr 元素和 Cr 元素浓度更加不明显，说明温度升高使 Zr 元素和 Cr 元素向接头两侧扩散得更加均匀。

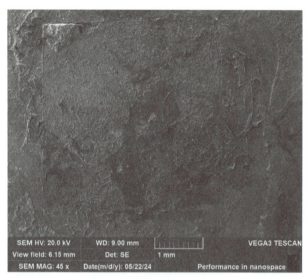

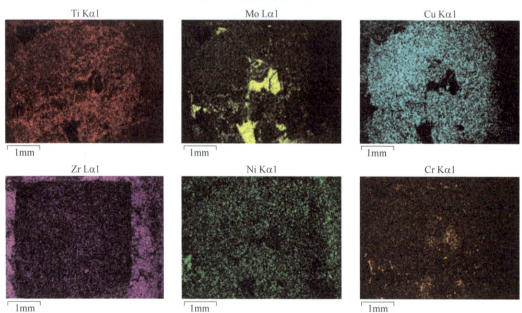

图 9-9　1150℃钨钼合金钎焊接头的断口形貌

图 9-10 所示为 1175℃钨钼合金钎焊接头 WCu 合金一侧的断口形貌。从面扫描的元素分布可知，断裂处元素主要为 Ni、Ti、Cu，说明这三种元素组成的化合物为主要断裂源。

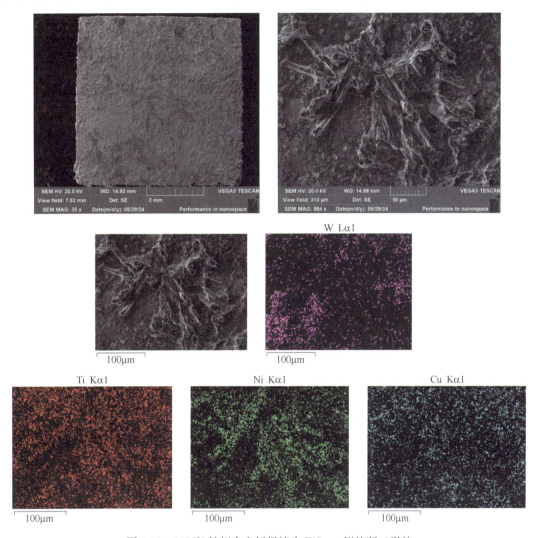

图 9-10   1175℃钨钼合金钎焊接头 WCu 一侧的断口形貌

4. 钨、钼及其合金钎焊接头的应用

真空电子器件的阳极有一部分是由钨、钼、钽制成的，它们多数是与无氧铜或不锈钢、可伐材料钎焊，钎焊方法大多经局部电镀后用银钎料进行钎焊。

钨丝工作温度高，有稳定的热发射性能，蒸发率低，可以获得高的光效应，因此很多真空长丝灯、充气螺旋丝灯等都是由钨合金丝制成的。钨与外引线是用压力钎焊方法连接的，工作温度在 2000℃以上。

探伤用的大功率 X 射线管的阴极和阳极都由钨材制成。

钨在航空工业中用作燃料喷管的衬里（钨与镍钎焊采用镍铬硅硼钎料）、机翼前缘和散热片的材料。

钼由于加工性能比钨优越，因此应用更为广泛。真空电子器件中，在 1000℃以下应用钼的钎焊属于常规技术。钼制慢波线与钼天线的连接用铂或镍做钎料。其他常规钎焊时，也用铜、锗或钯、银做钎料。钼也经常与玻璃或陶瓷进行封接。

钨、钼及其合金钎焊连接件在航空工业（喷管、机翼前缘、辐射屏蔽）、核工业（换热器、支承格栅）以及化学、玻璃和热喷涂工业中都有广泛应用。

9.3 钽、铌及其合金的钎焊

钽、铌在化工、电子等工业部门得到了广泛应用。图 9-11 所示为钽粉 $50\mu m$ 的 SEM 图像。铌在难熔金属中具有出色的综合性能，熔点较高（2468℃），密度较低（$8.57g/cm^3$），在 1093~1427℃ 范围比强度最高，温度低于 -200℃ 时仍有良好的塑性和加工性，它是航空优先选用的热防护材料和结构材料。铌合金由于超导转变温度高以及其他出色的综合性能，作为超导材料也被广泛应用。

9.3.1 钽、铌及其合金的钎焊性

1. 钽的化学性能

图 9-11 钽粉 $50\mu m$ 的 SEM 图像

钽与水蒸气在室温下无反应，但在 700℃ 时迅速被氧化。钽在 600℃ 以下就因吸收氮而脆化；1100℃ 时在纯氮中形成间隙相 TaN，并在 2000℃ 时可在真空中释放氮。钽在低于 700℃ 时便能吸收氢而脆化；1300℃ 时所吸收的氢在真空中会全部释放。

室温下钽在 H_2SO_4、HCl、HNO_3、H_3PO_4 中无明显反应，但能与稀的或浓的 HF 作用，也能在 HF、HNO_3 的混合酸中溶解。钽在熔融的 KOH 或 NaOH 中被强烈腐蚀。

表面经高真空加热到 1500℃ 后的金属钽，在大气中室温下不会发生氧化；但升高温度时，表面颜色逐渐昏暗，开始氧化。500℃ 经短时间加热后会产生灰黑色氧化膜。延长保温时间，氧化膜变成白色，即形成 Ta_2O_5。氧化初期局限于金属表面，随着温度升高，表面氧化物融入金属基体中，继续升高温度可使基体金属氧化。钽在不同温度下的氧化颜色见表 9-16。

表 9-16 钽在不同温度下的氧化颜色

温度/℃	260	280~300	325	350	390~435	480
颜色	无变化	轻微变化	出现干涉色	蓝色	暗黑干涉色	白色

2. 铌的化学性能

铌与氮在 400℃ 时形成脆性氮化物；400~1000℃ 时为 Nb_2N 和 NbN 的混合物；更高温度时主要形成 NbN。氮在铌中的极限浓度仅为 4.8%（摩尔分数）。

铌与氢在 250℃ 时开始作用；360℃ 时，氢在铌中的浓度很快增加；560℃ 时，铌的氢化物分解而使氢在铌中的浓度减小；560~900℃ 时，氢在铌中又生成新的化合物，使氢在铌中的浓度又增加。铌与氢在 300~350℃ 时反应的化合物在 342℃、真空状态下可分解；700℃ 时的反应物可在 700℃、真空度为 $10^{-4}Pa$ 的条件下部分分解；但 900℃ 时的反应物在 900℃、

真空度为 $10^{-4}Pa$ 的条件下不能分解。

铌在室温下与 HCl、H_2SO_4、H_3PO_4、HNO_3 不反应，但加热则开始腐蚀。铌在 HF 及 HF、HNO_3 的混合酸中能迅速溶解；铌也不耐苛性碱溶液的浸蚀。

铌在 200℃ 以下与氧不起反应。随着温度升高，氧化膜厚度增加，但氧化速度很慢。高于 400℃ 时，氧化膜破坏，反应曲线呈线性。800℃ 时，铌可燃烧。氧在铌中的溶解度最大不超过 4.76%（摩尔分数）。在 2000℃、$133×10^{-3}Pa$ 真空条件下，铌的含氧量可降到 0.002%，铌在大气中的颜色与温度的关系见表 9-17。

表 9-17　铌在大气中的颜色与温度的关系

温度/℃	180	215	230	260	280	300	325	350	390
颜色	微淡黄	浅黄白	黄色	亮黄淡紫点	紫红、蓝、黄	蓝	蓝绿	暗蓝绿	白色

9.3.2　钽、铌及其合金的常用钎料

选择钎料时应注意，含金量在 10%~90% 的钎料容易形成时效硬化化合物，使钎料（钎焊接头）变脆。银钎料虽能钎焊钽和铌，但也有使基体金属变脆的倾向。最常用的钎料为镍基钎料（如镍-铬-硅合金），其次为铜锡、金镍、金铜及铜钛等钎料。压力钎焊时，常用的钎料为镍、钛、铂、钯等纯金属。

9.3.3　钽、铌及其合金的钎焊工艺

1. 钽、铌及其合金钎焊前准备

钽、铌及其合金焊件钎焊前，必须去除表面的油污和氧化膜。可先按常规方法去油污，再用化学清洗方法除氧化膜。

2. 钽、铌及其合金的化学清洗方法

经过去油的钽、铌及其合金焊件去除氧化膜的酸洗液配方见表 9-18。

表 9-18　经过去油的钽、铌及其合金焊件去除氧化膜的酸洗液配方

项目		酸洗一	酸洗二
配方	氢氟酸	20mL	50mL
	硝酸	20mL	50mL
	硫酸	50mL	—
温度		室温	室温
时间		3~5s	30~5s

酸洗后还需进行如下处理。

1）用大量自来水冲洗 5~10min。

2）浸入体积分数为 2%~5% 的氨水溶液进行中和。

3）大量自来水冲洗。

4）去离子水浸洗两次。

5）用无水乙醇浸泡脱水。

6）用电热干燥箱 80~100℃ 烘干。

3. 钽、铌及其合金的钎焊

钽、铌及其合金的物理化学性质很接近，因此钎焊条件基本一致。由于钽、铌易与氧、氮、氢结合并生成脆性化合物，因此它们的钎焊必须在真空或高纯度的惰性气体保护下进行。钎焊方法有炉中钎焊、高频钎焊、压力钎焊、电子束钎焊等。

钽的熔点为2996℃，铌的熔点是2468℃。它们具有相似的性能。在空气中加热时，从200℃开始它们发生强烈氧化。同时在加热中，钽和铌都大量的吸收氧、氮和氢等气体，形成饱和气体层，导致金属变硬、变脆。因此最好是在低于高真空环境下来钎焊它们。虽然惰性气体保护钎焊也是可以的，但是必须严格清除即使只有些微活性的气体杂质，如 CO、NH_3、N_2 和 CO_2。

钎焊钽和铌时，最好预先镀以镍、铜或钯，并进行均匀化退火，然后用普通钎料在真空中或以电阻钎焊方法进行钎焊。例如，镍基钎料（镍铬硅硼和镍铬硅钎料），金的质量分数不超过40%的铜金钎料、金镍钎料、金钛钎料，铜锡钎料均可使用。银钎料虽然可以用来钎焊钽和铌，但最好不采用，因为它有使母材变脆的倾向。上述钎料钎焊的接头只适合在低于1000℃的温度下工作。如果钎焊在高温下工作的接头，就要采用能与它们形成无限固溶体的纯钛、钒、锆（对于钽，还可以使用铌）以及以这些金属为基的钎料才能满足要求。钎焊后在大多数情况下还要进行扩散处理，以提高接头的再熔化温度、强度及耐热性。

4. 钽、铌及其合金钎焊接头的应用

由于常用的铁基、钴基和镍基高温合金都不能满足1100～2500℃下的强度要求，因此发展了以难熔金属为基的高温合金。其中，含钨的钽或铌合金最引人注目。铌合金与其他难熔金属合金相比，有较高的比强度（强度/密度）、优良的加工性能和钎焊性；而且，铌合金还有超导性能。钽铌合金可以方便地制成厚度为 $10\mu m$ 左右的箔和管，具有良好的高温强度、较低的热导率、较好的吸气性能和钎焊性。铌质量分数为3%的钽合金常用作金属—陶瓷微波三、四极管的阴极支持筒，还可用作压力钎焊钨、钼时的钎料。纯钽可用作大功率发射管直热式阴极、阳极、栅极及磁控管的阴极热屏。铌可用来与高铝陶瓷封接，推荐钎料为BZr75NbBe，封接温度为1050℃；在钠灯中常用来与透明氧化铝瓷封接。高纯铌还用作铯束管的铯离化器。超导合金铌钛可用作回旋管的超导磁场。目前，铌在核工业中的应用正在向更深入广泛的领域发展。

第 10 章　异种材料的钎焊

随着科学技术的迅速发展以及国民生产要求的不断提高，新材料与异种结构不断得到应用。异种金属连接结构是由两种不同的金属材料通过一定工艺条件连接到一起形成一个完整的、具有一定使用性能的结构，它具有两种金属材料优良性能综合的优势，因而在航空航天、空间技术、核工业、微电子、汽车、石油化工等领域得到了广泛应用。

异种金属在物理、化学及力学性能方面都存在巨大的差异，对连接方法要求比较苛刻。异种金属连接时容易出现如下问题：①冶金不相容性，在界面形成脆性化合物相；②热物理性能不匹配，产生残余应力；③力学性能差异巨大导致连接界面力学失配，产生严重的应力奇异行为。上述问题的存在造成了异种金属连接困难，而且还影响接头组织、性能和力学行为，对接头的断裂性能和可靠性造成不良影响，甚至严重影响整个结构的完整性。钎焊是最适合异种金属连接的方法，由于母材在钎焊过程中并不发生熔化，因此大大降低了异种金属之间形成金属间化合物的可能性，有效提高了异种金属连接接头的综合性能。

近年来，应用较广泛的异种金属组合包括铝及铝合金与铜、铝及铝合金与钢或不锈钢、铝及铝合金与钛合金、铜与不锈钢、钛及钛合金与不锈钢或铜等。

10.1　铝及铝合金与其他材料的钎焊

10.1.1　铝及铝合金与不锈钢的钎焊

铝及铝合金与不锈钢的连接结构因具有铝合金的比重小、导电性好和耐蚀性强以及不锈钢的高强度等两种材料的综合优点而广泛应用于航空航天、汽车、船舶、石油化工和原子能等领域。

铝及铝合金与不锈钢之间的钎焊连接难点有：两者熔点相差大；铝及铝合金表面的氧化膜及不锈钢表面的氧化铬层阻碍铝及铝合金与不锈钢的连接；铝及铝合金与不锈钢之间在钎焊时会形成 Fe-Al 脆性化合物相。两者线膨胀系数的差异导致钎焊冷却后接头形成较大的残余应力，在矫形时常常会导致开裂。

铝及铝合金与不锈钢的硬钎焊最常用的钎料是铝基钎料。例如：Al-Si、Al-Si-Mg 以及在 Al-Si 基础上添加其他降熔元素（如 Cu、Zn 等）的钎料；还可采用 Zn-Al 钎料，如 Zn-2Al、Zn-4Al、Zn-15Al 等。铝及铝合金与不锈钢的软钎焊一般采用锡基钎料和低熔点的锌基钎料。

配合上述钎料使用的钎剂有 $KAlF_4$-K_3AlF_6 钎剂、$ZnCl_2$-NH_4Cl 钎剂等。

铝及铝合金与不锈钢的钎焊可采用火焰钎焊、炉中钎焊、真空钎焊及高频感应钎焊等方法。铝及铝合金与不锈钢使用铝基钎料进行硬钎焊时，要注意防止不锈钢在加热过程中的表面氧化，因为铝基钎料不能保护不锈钢。为此可采用保护气体钎焊，利用保护气体保护不锈钢，同时使用铝钎剂去除氧化膜。

实际生产中通常采用两种方法进行铝及铝合金与不锈钢的钎焊。一种方法是使用 Al-Si 共晶钎料施加 Nocolok 钎剂，通过高频感应快速加热及钎焊过程中加压的方法实现铝及铝合金与不锈钢的钎焊连接。这种方法工艺简单、生产率高，而且采用高频感应加热，加热时间非常短，金属间化合物不易产生，因而能够获得力学性能和密封性能都非常好的接头。

钎焊铝及铝合金与不锈钢的另一种方法是利用接触反应原理，实现铝及铝合金与不锈钢的无钎料钎焊，也就是利用 Al 与 Si 形成共晶反应的原理，在不锈钢和铝复合板之间不添加 Al-Si 钎料，而是放置由硅粉、钎剂和黏结剂配好的钎料膏，在高频感应压力钎焊机上加热，钎料膏中的 Si 与母材中的 Al 发生共晶反应产生液相共晶体，冷却凝固后形成钎缝。这种方法可以获得性能优良的钎焊接头，尤其适用于铝及铝合金与不锈钢的大面积钎焊连接。

10.1.2　铝及铝合金与铜的钎焊

铝及铝合金与铜是除了钢铁之外国民生产中最常用的材料，并且铝及铝合金与铜的连接结构在国防、电子以及其他国民生产生活中的应用也非常广泛。

铝与铜的组织成分、物理化学性能方面存在明显的差异，在两者钎焊过程中存在着两个主要的问题。

一个是脆性金属间化合物的问题，固态下铝与铜主要以化合物形式存在，铝与铜能形成多种金属间化合物，主要有 Cu_2Al、Cu_3Al_2、$CuAl$、$CuAl_2$，Cu_2Al 相是一种极脆的金属间化合物，在钎焊界面上一旦形成，将严重弱化铝铜钎焊接头的性能。

脆性金属间化合物的形成与钎焊材料、钎焊工艺以及母材的表面状态有关。例如：采用铝基钎料钎焊铝及铝合金与铜，钎焊温度一般在 600℃ 左右，熔化的铝基钎料与铜发生化学反应，此时容易产生脆性的铝铜金属间化合物；而采用锡基钎料钎焊则避免了脆性铝铜金属间化合物的产生。

钎焊工艺对脆性金属间化合物的影响主要包括钎焊温度和钎焊时间。钎焊温度降低，钎焊时间缩短，脆性金属间化合物形成的可能性就大大降低。例如，采用高频感应钎焊工艺，钎焊时间缩短就不容易产生脆性金属间化合物。

另一个就是残余应力的问题。铝与铜在物理性能方面差异巨大（见表 10-1），如熔点相差 423℃，线膨胀系数相差 40% 以上，热导率相差 70% 以上，弹性模量也相差 70% 以上。钎焊过程是一个快速加热、快速冷却的过程，由于线膨胀系数差异巨大，导致在升温过程中铝与铜的热变形不同，铝的变形要远远大于铜的变形。钎焊完成后在降温过程中，铝的收缩变形明显大于铜，在钎焊接头界面区域产生了严重的残余应力，残余应力的产生将威胁到钎焊接头的质量和性能。

表 10-1 铝与铜物理性能的差异

材料	熔点/℃	密度/(g/cm³)	热导率/[W/(m·K)]	线膨胀系数/(10⁻⁶/K)	弹性模量/GPa
Al	660	2.7	206.9	24	61.74
1070A	660	2.7	217.7	23.8	61.70
1060	658	2.7	146.6	24	61.68
纯铜	1083	8.92	359.2	16.6	107.78
T1	1083	8.92	359.2	16.6	108.30
T2	1083	8.9	385.2	16.4	108.50

影响残余应力的内因是铝与铜的热物理性能和力学性能的差异，而外因则主要是钎焊温度和焊件的结构设计。钎焊温度越高，残余应力则越大；钎焊温度越低，残余应力则越小。因此在能够获得良好钎焊接头性能的前提下，降低钎焊温度是减小残余应力的有效措施。但是一般来说，相同钎料情况下，钎焊温度降低必然影响钎料的润湿性，使得铝及铝合金与铜不能良好地连接，因此需要通过优化焊件的结构设计来降低铝与铜由于性能差异而产生的残余应力和奇异应力。例如，对于铝管和铜管插接结构的钎焊，接头设计一定要将铜管插入到铝管中，可以有效地消除由于铝与铜性能差异而产生的残余应力和奇异应力。

铝及铝合金与铜的钎焊根据结构性能的使用要求，可以选择软钎料和硬钎料两大类。其中软钎料主要是以锡、锌为主的合金；硬钎料主要是铝基钎料，部分适用于铝及铝合金与铜钎焊的钎料化学成分见表 10-2。

表 10-2 部分适用于铝及铝合金与铜钎焊的钎料化学成分

钎料类别	化学成分（质量分数,%）							熔化温度/℃
	Zn	Cd	Sn	Cu	Si	Al	Mg	
Zn-Sn 钎料	20	—	80	—	—	—	—	270~290
	10	—	90	—	—	—	—	270~290
	50	21	29	—	—	—	—	335
	58	—	40	2	—	—	—	200~350
Zn-Al 钎料	95	—	—	—	—	5	—	382
	94	1	—	—	—	5	—	325
	92	—	—	3.2	—	4.8	—	380
Al-Si 钎料	—	—	—	—	12	88	—	577
	—	—	—	—	11.5	88	0.5	—

由于铝及铝合金与铜母材表面存在明显的氧化膜，钎焊时必须采用去除氧化膜的措施，如采用钎剂或者在真空或氩气保护状态下钎焊，应根据钎料及焊件的要求适当选择。钎焊铝及铝合金与铜时，多采用感应钎焊和火焰钎焊，焊后外观质量、钎料的填缝能力均很好。火焰钎焊一般使用在小的焊件、小批量生产和铝合金的钎焊，通过涂刷、浸渍或喷涂的方式在焊件和钎料上添加钎剂。感应钎焊时，要根据铝与铜的热膨胀系数和电特性的差异，在钎料放置方式、钎焊间隙以及加热方式等几个方面注意钎焊工艺的设计。

10.1.3 铝及铝合金与钛的钎焊

钛及钛合金具有重量轻、强度高、耐热性好和耐蚀性好等优点，在各个工业领域的应用很多，尤其是在航空航天、核工业等领域，在这些领域中，钛构件的应用经常出现与铝及铝合金的连接。常用于铝及铝合金与钛连接的铝合金包括纯铝、防锈铝等；所有的钛及钛合金都可以用于铝及铝合金与钛的连接，常用的钛合金包括 TA2、TA7、TC4 等。

铝与钛都属于化学活性非常强的金属，并且在物理、化学和力学性能上差异巨大，铝与钛物理性能的差异见表 10-3。因此在钎焊过程中会存在氧化、脆性化合物生成和残余应力的问题，尤其是钛高温活性极强，对氧的亲和力很大，具有强烈的氧化倾向，钎焊时必须防止钛的氧化；此外还具有强烈的吸气倾向，在加热过程中会吸收氢和氮，温度越高，吸气越猛烈，造成塑性、韧性急剧下降。铝与钛的氧化性严重影响它们之间的钎焊连接，因此钎焊时必须采用真空保护或氩气保护。

表 10-3 铝与钛物理性能的差异

材料	熔点/℃	密度/(g/cm³)	热导率/[W/(m·K)]	线膨胀系数/(10⁻⁶/K)
Al	660	2.7	206.7	24
1070A	660	2.7	217.7	23.8
Ti	1677	4.5	13.8	8.2
TA2	1677	4.5	13.8	8.2
TC4	1677	4.5	13.8	8.2

由于铝与钛的熔点差异悬殊，钎焊铝及铝合金与钛时，一般采用铝基钎料，如 Al-Si 钎料、Al-Si-Mg 钎料，在真空或氩气保护状态下钎焊。钛合金表面未做任何处理与铝合金直接钎焊时，钎料与钛合金连接界面容易形成 Al-Ti 金属间化合物，影响连接效果。在真空状态下钎焊铝及铝合金与钛时，一般要在钛合金表面进行镀镍处理，镀镍后的钛合金不但能够杜绝 Al-Ti 金属间化合物的产生，提高接头性能，而且还可以大大提高钎料在钛合金上的润湿性。也可以在氩气保护状态下使用 Al-Si 钎料配合氟铝酸钾等铝钎剂直接钎焊铝及铝合金与钛。

钎焊工艺一般采用真空钎焊、高频感应钎焊。采用 Al-Si-Cu-Ge 低熔点钎料，通过在钎料中加入稀土元素，在 530℃ 下实现了 TC4 钛合金与 6061 铝合金的炉内真空钎焊。稀土元素的加入降低了钎料的固相线和液相线温度、降低了界面反应能、促进了两侧母材与液态钎料的冶金反应。在钎料/钛合金的界面处形成了宽度为 3~6μm 的三元金属间化合物，对比未加入稀土元素的钎料，铝/钛接头抗拉强度从 20MPa 提升到 51MPa，添加 Al-Si-Cu-Ge 钎料的铝/钛钎焊接头的截面形貌如图 10-1 所示。

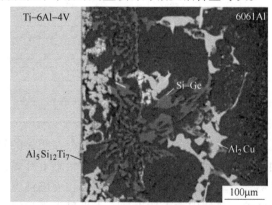

图 10-1 添加 Al-Si-Cu-Ge 钎料的铝/钛钎
焊接头的截面形貌

10.2　钛及钛合金与其他材料的钎焊

10.2.1　钛及钛合金与不锈钢的钎焊

钛及钛合金与不锈钢因其优良的性能在航空航天、核工业、船舶、电子、石油化工等领域有着广泛的应用。在许多场合，需要将钛及钛合金与不锈钢连接到一起，作为一个整体应用，如航天推进系统中的钛合金与不锈钢导管结构、核能管道中钛合金与不锈钢管路结构等。钛及钛合金与不锈钢的连接结构具有两种材料综合性能优势，因而具有广阔的应用前景。

钛及钛合金与不锈钢的组织成分、物理化学性能方面存在明显的差异，因此它们的钎焊存在如下问题。

1. 氧化问题

钛及钛合金高温活性极强，对氧的亲和力很大，具有强烈的氧化倾向，钎焊时必须防止钛的氧化。此外，还具有强烈的吸气倾向，在加热过程中会吸收氢和氮，温度越高，吸气越猛烈，造成塑性、韧性急剧下降。因此在钎焊钛及钛合金与不锈钢时需要保护，如采用真空、还原性气体以及钎剂等，一般常采用真空或氩气保护。

2. 脆性金属间化合物问题

钛及钛合金和不锈钢的物理化学性质差异较大，存在明显的冶金不相容性。铁在钛中的溶解度极低，当铁的质量分数达到 0.1% 时，就会形成金属间化合物 TiFe，高温下或含铁量更高时还会形成 $TiFe_2$，这都会使塑性严重下降，并且钛和不锈钢中的铁、铬、镍形成更加复杂的金属间化合物，将严重弱化钛及钛合金与不锈钢钎焊接头的性能。

3. 残余应力问题

钛及钛合金与不锈钢的熔点、热导率、线膨胀系数以及弹性模量都存在明显的差异，在钎焊接头界面区域将产生严重的残余应力，并且在钎焊界面端部还将产生奇异应力。这些情况的产生都将威胁钎焊接头的质量和性能要求。降低残余应力和奇异应力的措施是合理的钎焊结构设计，如对于钛合金管和不锈钢导管插接结构的钎焊，接头设计一定要将钛合金管插入到不锈钢导管中，可有效地降低残余应力的影响。

根据钛及钛合金与不锈钢材料性能的特点以及其钎焊特性，钛及钛合金与不锈钢的钎焊一般要采用真空保护或惰性气体保护，其中以真空保护的效果最佳。真空钎焊加热时间长，钎料和钛合金或不锈钢之间可能形成金属间化合物；而真空感应钎焊则由于加热时间短，能够消除产生金属间化合物的可能性，从而提高接头的性能。

常用于钛及钛合金与不锈钢真空钎焊的钎料主要有金基钎料、银钎料、钛基钎料、铜基钎料、镍基钎料和铝基钎料等。金基钎料价格比较昂贵，使用范围受到一定的限制；铝基钎料可能造成因钎焊界面出现金属间化合物而接头脆化现象、耐蚀性差等问题；银、钛基和铜基等三类钎料应用较多。无论应用何种钎料必须注意：在钎焊 TC4 合金与不锈钢时，钎焊温度不能超过 TC4 的相变点温度；另外钎料必须同时良好地润湿钛及钛合金与不锈钢。

10.2.2　钛及钛合金与铜的钎焊

在真空器件制造时，经常会遇到钛及钛合金与铜的钎焊问题。通常采用银钎料进行钎焊，用 BAg72Cu、BAg25CuZn、BAg68CuSn 钎料在 827℃/5min 的条件下真空钎焊 TC2 与铬青铜 QCr0.8，搭接接头的抗剪强度为 196~264MPa。钎焊时要严格控制钎焊温度和加热速度。当加热速度低于 27℃/min 时，钎焊接头抗剪强度较低。另外，为了获得最大的接头强度，钎焊温度必须在 825~830℃ 之间。TC2 与工业纯铜（以及不锈钢和镍基合金）的钎焊，可以先在钛表面镀一层铜，然后再用 BAg68CuSn 钎料钎焊，钎焊条件为 760~816℃/15~20min。增加钎焊温度和保温时间，反应层厚度增加，接头强度降低。在理想情况下，搭接接头的平均抗剪强度约为 138MPa。

采用 BAg72Cu 钎料在 800℃/60s 条件下红外线钎焊工业纯钛和无氧铜，可获得较高的钎焊接头性能，抗剪强度为 209.7MPa。由于钛与铜会产生低熔点共晶体，因此可以用接触反应钎焊的方法进行焊接。但钛与纯铜之间形成的接头强度很低，仅为 20~30MPa。只有 TC2 与铬青铜 QCr0.8 之间能获得牢固的接头。在 750℃/15min/15MPa 条件下，TC2 与铬青铜 QCr0.8 的接触面之间会产生液相，这显然是铬青铜 QCr0.8 中的合金元素使接触部位的熔点降低。这种接头的强度甚至高达 300MPa，但是断裂方式为脆性断裂，它发生在液相与 TC2 的接触面上。

10.2.3　钛及钛合金与陶瓷的钎焊

钛及钛合金与陶瓷的钎焊多采用 Ag-Cu-Ti 钎料，Ag-Cu-Ti 钎料对钛合金和陶瓷材料润湿性良好，可与这两种母材形成良好的冶金结合。

采用 0.1mm 厚的 BAg64CuTi（数字代表元素的质量分数,%）箔状钎料可实现工业纯钛与 Macor 玻璃陶瓷（质量分数为 SiO_2 余量，Al_2O_3 16%，MgO 17%，K_2O 10%，B_2O_3 7%）的钎焊。钎焊在真空炉中进行，通过在试样上加重物施加 2.56×10^{-2} MPa 的接触压力，不同条件钎焊 Ti-Macor 接头的抗剪强度见表 10-4，850℃/10min 条件钎焊接头的抗剪强度（68MPa）最高，达 Macor 玻璃陶瓷抗剪强度（80MPa）的 85%。

表 10-4　不同条件钎焊 Ti-Macor 接头的抗剪强度

钎焊条件/(℃/10min)	850	850	890	850	930	930
抗剪强度	68MPa	62MPa	62MPa	65MPa	60MPa	59MPa

由于包括钛及钛合金在内的金属材料与陶瓷的热膨胀系数相差较大，在钛及钛合金与陶瓷材料进行钎焊时接头内会产生较大的热应力，导致接头强度低甚至失效。为此有学者提出在钎缝中添加低热膨胀系数的增强相，以减缓由于钛及钛合金与陶瓷热膨胀系数失配引起的热应力，并提高钎焊接头的高温性能。例如，在钎焊 TC4 钛合金与 SiC 陶瓷时，在 Ag67.6Cu26.4Ti6（质量分数）的钎料合金粉末中加入相当于 15%~30%（体积分数）TiC 的（Ti+C）粉末（Ti 与 C 的摩尔比为 1:1），经 920℃/30min 真空钎焊（加重物施加 2.2×10^{-3} MPa 的微压），Ti 和 C 原位合成 TiC，形成以 TiC 颗粒强化、连接良好的 TC4/SiC 复合接头。形成的 TiC 分布于 Ag 相和 Cu-Ti 相中，TiC 的形成明显降低了接头的热应力。以 Ag67.6Cu26.4Ti6（质量分数）的纯金属粉末混合物作为钎料，并在混合钎料粉末中加入 30%~50%（体积分数）的 W 粉，真空钎焊 TC4 与 SiC（加重物施加 217Pa 的微压）。W 颗粒均匀分布在钎缝的 Ag 相中，未与 Ag-Cu-Ti 基体发生冶金反应。在较低钎焊温度和较短保温时间（890℃/10min）的条件下，形成组织结构均匀、连接良好的复合接头。W 的加入降

低了接头的热应力，而较高钎焊温度和较长保温时间（920℃/30min）的条件则容易在近缝区陶瓷中产生裂纹。

10.3 石墨与其他材料的钎焊

石墨与金刚石都是碳的同素异形体，钎焊性相似，石墨由于结构原因甚至比金刚石的钎焊性更差，其钎焊难点主要在于：

1）石墨对大多数钎料的润湿性很差或根本不润湿。石墨主要含有共价键，表现出非常稳定的电子配位，很难被金属键的金属钎料润湿。

2）石墨的线膨胀系数低于大多数金属材料，尤其是石墨的抗拉强度很低，使它极易在钎焊热应力作用下产生裂纹或断裂。

3）石墨本身存在一定数量的空隙，容易吸取熔化的中间层使钎料难以铺展，从而弱化和降低接头性能。

4）在空气中400℃左右氧化，钎焊时须在真空或惰性气体保护下进行。

石墨与金属钎焊的方法可分为两大类，一类是表面金属化后进行钎焊，另一类是表面不处理直接进行钎焊。不论哪种方法，焊件装配前，应先对焊件进行预处理，用酒精或丙酮将石墨和金属材料表面的污染物擦拭干净。表面金属化钎焊时，应先在石墨表面电镀一层 Ni、Cu 或用等离子喷镀一层 Ti、Zr 等，然后采用铜基钎料或银钎料进行钎焊。采用活性钎料直接钎焊是目前应用最多的方法，石墨直接钎焊用钎料见表 10-5，可将钎料夹置在钎焊接头中间或靠近一头。当与热膨胀系数大的金属钎焊时，可利用一定厚度的 Mo 或 Ti 做中间缓冲层，该过渡层在钎焊加热时可发生塑性变形，吸收热应力，避免石墨开裂。

表 10-5 石墨直接钎焊用钎料

钎料	钎焊温度/℃	接头材料及应用领域
BTi50Ni50	960~1010	石墨-石墨、石墨-钛，电解槽接线端子
BTi72Ni28	1000~1030	
BTi93Ni7	1560	石墨-石墨、石墨-BeO，航天部门
BTi52Cr48	1420	石墨-石墨、石墨-钛
BAg72Cu28Ti	950	石墨-石墨、核反应堆
BCu80Ti10Sn10	1150	石墨-钢
BTi55Cu40Si5	950~1020	石墨-石墨、石墨-钛，耐蚀焊件
BTi45.5-Cu48.5-Al6	960~1040	石墨-石墨、石墨-钛，耐蚀焊件
BTi54Cr25V21	1550~1650	石墨-难熔金属
BTi47.5Zr47.5Ta5	1600~2100	石墨-石墨
BTi47.5Zr47.5Nb5	1600~1700	石墨-石墨、石墨-钼
BTi43Zr42Ge15	1300~1600	石墨-石墨
BNi(36-40)Ti(5-10)Fe(50-59)	1300~1400	石墨-钼、石墨-碳化硅，发热体

纯钛虽然也可以用于钎焊石墨，但由于它与石墨反应强烈，在接头中生成很厚的碳化物，而且它的线膨胀系数较高，易在石墨中引起裂纹，因而很少采用。钛中加入少量 Cr、

Ni 可以降低熔点。钛基三元合金则以 Ti、Zr 为主，加入 Ta、Nb、Ge、Be 等元素构成。Ti-Zr 合金具有较低的线膨胀系数，可以降低钎焊应力，并提高接头耐热冲击能力。

Ag-Cu-Ti 系三元合金是以 Ag-Cu 共晶体为主，并加入活性元素 Ti 所构成，其钎焊温度较低，适合在中、低温条件下工作。

以 Ti-Cu 为主的三元合金，如 Cu80Ti10Sn10、Ti55Cu40Si5、Ti45.5Cu48.5A16 等适用于石墨与钢的钎焊，这类钎料有较好的耐蚀性，适用于电解槽电极等的钎焊。

石墨直接钎焊用钎料的钎焊温度较高，在高温下，石墨极易氧化，因此石墨直接钎焊均需在真空或保护气氛中进行。

10.3.1　石墨与钼、钨的钎焊

钼是难熔金属，石墨与钼的焊件大都在高温下工作。钼的线膨胀系数与石墨相近，因而也常用作石墨与高膨胀合金接头中的过渡材料。钼在高温下易产生再结晶，降低其塑性和强度，其钎焊温度应尽可能低于其再结晶温度。纯钼的再结晶温度为 1177℃，而钼合金的再结晶温度较高。例如：Mo-13Nb 为 1204℃；Mo-0.5Ti 为 1343℃；Mo-0.5Ti-0.07Zr 为 1482℃。在高于再结晶温度钎焊时，应尽可能缩短保温时间。

石墨与钼的钎焊用 BNi35PdCr 钎料。这种钎料有良好的抗熔盐腐蚀性和抗辐射稳定性，但其流动性较差。因此钎焊时，将它以薄片形式预置于钎焊间隙中。钎焊在真空中进行，钎焊温度为 1260℃，保温时间为 10min。石墨与钼的另一种钎焊方式是在石墨表面用 CVD 法沉积一层钼或钨，厚度为 2.5~7.5m，然后用纯铜钎料钎焊，如图 10-2 所示。然而由于 Hastelloy N 合金的线膨胀系数比钼高，上述接头中，钼与 Hastelloy N 之间也会产生较大的热应力。Hammond 发展了用线膨胀系数梯度变化构件来代替单一钼过渡件的方法。此梯度构件由七

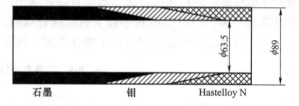

图 10-2　利用钼为过渡件的石墨与
Hastelloy N 钎焊的接头

件或三件不同成分的 W-Ni-Fe 粉末冶金件组成，以得到线膨胀系数的梯度变化。采用纯铜钎料钎焊时，在石墨表面先进行金属化处理。

钨是熔点最高的金属，石墨与钨的焊件可以在极高温度下工作。Pattee 介绍了一种用于火箭喷嘴结构的石墨-钨焊件，其钎焊过程是先将石墨表面加工到表面粗糙度值为 5.08μm 或更低，然后涂上一层 Re 粉末冲洗涂层及 Ta、W 和 ZrH 的混合膏状涂料。在 65℃ 下烘干后，将它放在氢气中加热到 3038℃，使石墨表面生成一层 60TaC-30WC-10ZrC 碳化物层。钎料为 13V79W，其以原始粉末状按比例混合，并加入一定载体成为膏状涂在钨钎焊表面。待烘干后，将上述处理过的石墨件与它组合、压紧，在氩气保护下加热到 2315~2427℃ 进行钎焊。

上述焊件经受了在 10s 内加热到 2440℃ 高温，并在 15s 内冷却到低于红热温度的热冲击试验，没有发生破坏。室温时接头抗拉强度为 3.36MPa；2204℃ 时接头抗拉强度为 1.3MPa。

对于一般工作条件下的石墨-钨焊件，也可以选用相应的活性钎料如 BTi54CrV、BTi34ZrV、BTi47.5ZrTa 以及 Ag-Cu-Ti 钎料等进行真空钎焊。

10.3.2　石墨与陶瓷的钎焊

在电真空技术和某些航天构件中，会遇到石墨与陶瓷的封接和钎焊问题。由于石墨与陶瓷的钎焊性质比较相似，适用于钎焊陶瓷材料的活性钎料大都也适用于钎焊石墨。例如，Ag-Cu-Ti 钎料钎焊石墨与 95%氧化铝陶瓷的试验采用一定比例混合的钛粉、铜粉和银粉配成的钎料。在 $10^{-4} \sim 10^{-2}$ Pa 真空炉中钎焊时，接头经氦气质谱仪检漏，漏气速度小于 10^{-6} Pa/(L·s)。

早期用于航天技术中的一种框架构件是石墨与 BeO 陶瓷材料钎焊应用的实例。该构件为了避免热解石墨与 BeO 线膨胀系数差异而产生的钎焊应力，采用了加 Ta 垫片和减小钎焊面积的特殊接头设计，并采用 BTi93Ni、BTi93Cr、BTi53Cr 三种钎料，在氩气保护和真空条件下钎焊，均取得了满意结果。

10.3.3　石墨与铜的钎焊

在原子能、电气等行业中，因为铜及铜合金良好的导热性和导电性，往往将石墨与铜（或铜合金）连接起来使用，图 10-3 所示为汽车油泵电动机中应用的新型耐磨换向器，这种换向器上部为高强石墨，下部由纯铜冲压而成。

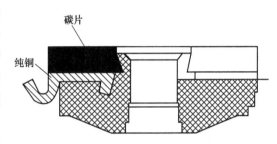

图 10-3　汽车油泵电动机中应用的新型耐磨换向器

根据石墨的钎焊性特点，石墨与铜的钎焊通常采用两种方法：一步法和二步法。一步法即石墨与铜的真空钎焊，二步法即石墨经过金属化处理后与铜进行钎焊。经过表面金属化处理后的石墨与铜进行钎焊通常可以采用铜基、银和锡基钎料在空气中进行钎焊。铜基和银钎料通常用于焊件高温性能要求较高的情况，而锡基钎料一般用于焊件使用温度较低的条件下。由于铜基和银钎料的熔点较高，铜的硬度降低显著，所以在对铜的性能有严格要求且使用温度较低的场合一般使用锡基钎料。

石墨与铜的一步法钎焊最常用的是活性钎料。Ag-Cu-Ti 活性钎料是一步法中最重要的钎料。朱艳等人做了 Ag-Cu-Ti 活性钎料真空钎焊石墨与铜的研究，分析接头的显微组织（见图 10-4）和接头强度。高强度结合界面组织结构是由活性元素 Ti 向石墨扩散并与之反应而形成的 TiC(1 区)/Ag-Cu 共晶组织（2 区）/Cu 固溶体（3 区）/Cu。钎焊石墨与铜时，接头

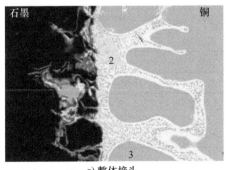

a) 整体接头

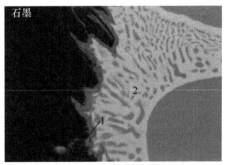

b) 石墨一侧界面

图 10-4　Ag-Cu-Ti 活性钎料真空钎焊石墨与铜接头的显微组织

最大强度为 17MPa，剪切断裂主要发生在近石墨与钎缝金属界面的石墨中。

10.3.4 石墨与不锈钢的钎焊

一种热交换器的高温旋转密封件由具有抗氧化性的高密度石墨与 AISI430（10Cr17）不锈钢钎焊而成，选用了三种镍基钎料进行钎焊，它们是 BNi70CrSi、BNi70CrSiTi 和 BNi65CrSiTi。钎焊温度为 1125~1175℃。钎焊结果表明，这三种钎料含有活性元素，均可以润湿石墨与不锈钢，接头的抗剪强度高于石墨的强度。为了解决石墨与不锈钢线膨胀系数差别较大而引起石墨开裂的问题，采用了在不锈钢基板上开槽以减少钎焊应力的接头形式。石墨与不锈钢高温钎焊用钎料见表 10-6。

表 10-6 石墨与不锈钢高温钎焊用钎料

连接材料	钎料成分（质量分数,%）	钎料熔点/℃	应用实例
石墨+不锈钢	Ni70Cr18Si8Ti4	1125~1175	原子能工业
石墨+不锈钢	Ni65Cr18Ti9Si8	1125~1175	电子器件

10.3.5 石墨与钛的钎焊

由于石墨具有良好的耐蚀性，工业中电解槽结构中的石墨电极板和其他金属件都是由石墨与钛用钎焊连接而成的。这种电解槽的工作温度虽低，但必须具有耐蚀性，尤其需要具有耐碱性。电解槽石墨电极板结构示意图如图 10-5 所示。

石墨与钛钎焊连接的关键在于准确地选择合适的钎料。实际上钛本身和含 Ti、Zr 钎料都具有活性，因此含 Ti、Zr 等活性元素的钎料是首选。当然对润湿性较好的高温钎料也可以选用，适用于石墨与钛钎焊的钎料成分见表 10-7。

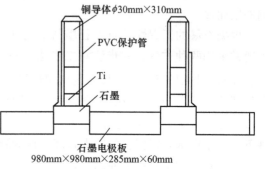

图 10-5 电解槽石墨电极板结构示意图

表 10-7 适用于石墨与钛钎焊的钎料成分

连接材料	钎料成分（质量分数,%）	钎焊气氛	钎焊温度/℃	应用实例
石墨+钛	Ti(40~70)Cu(30~60)Si	氩气	950~1000	电解槽
石墨+钛	Au35Ni35Mo30	真空	1300	发热体
石墨+钛	Ti49Cu49Be2	真空	1900	反应堆
石墨+钛	Ti71.5Ni28.5	真空	955~1200	核工业

10.4 陶瓷与金属的钎焊

陶瓷是一种通过将天然或合成化合物制成一定形状再进行高温烧结而制成的无机非金属材料。陶瓷家族包括氧化物、氮化物、碳化物陶瓷和陶瓷基复合材料等。目前，工程陶瓷因其优良的热稳定性、耐蚀性和耐磨性，已经被发展为高性能结构材料而得到广泛应用。然而工程陶瓷较差的塑性和耐冲击性限制了其未来的应用。将陶瓷和韧性较高的材料（如金属）焊接在一起制备高性能结构件，是一种拓宽陶瓷应用范围的方式。然而陶瓷中很强的离子/共价键导致其具有低的热导率和弱的抗热震性，这意味着加热陶瓷时很容易形成裂纹。而且很多陶瓷是绝缘体，或者具有很低的电导率。因此传统的焊接方法不适用于陶瓷的焊接。钎焊被认为是焊接陶瓷最有效的方法之一。

陶瓷具有稳定的离子/共价键以及其他特殊的物理和化学性能，在钎焊过程中与钎料不相容。一方面，钎料不能润湿陶瓷，陶瓷和熔化钎料之间很难实现原子间的冶金结合；另一方面，陶瓷和钎料的热膨胀系数不同，导致钎缝中存在较大的应力梯度，使得钎焊接头中存在应力集中和残余应力，从而降低了接头的力学性能。提高钎料的润湿性是解决陶瓷钎焊问题的一种有效方法。陶瓷钎焊的机理就是润湿，它分为两类，即不反应润湿和反应润湿。不反应润湿的主要驱动力是范德瓦尔斯力和分散力。在这种情况下，熔化的钎料可以很快在陶瓷表面铺展开来。钎料在陶瓷表面的润湿性与陶瓷晶粒取向和钎料中的合金元素种类有关。在反应润湿中，润湿能力取决于钎焊时间、钎料中的合金元素和反应温度。通常来说，提高反应温度、延长钎焊时间和在钎料中添加合金元素都可以改善润湿性。随着附着力的增大，润湿角减小，表面润湿能力随之增加。

提升陶瓷表面润湿性的方法主要有两种：间接钎焊和反应钎焊。

间接钎焊过程包括两个步骤：陶瓷表面金属化和陶瓷钎焊。在陶瓷表面形成金属薄膜后，便可以用常规钎焊方法实现连接。在反应钎焊过程中，用一些活性合金元素对钎料进行改性。在陶瓷和活性合金元素之间发生化学反应形成稳定的梯度反应层，通过该反应层来实现待焊金属母材与陶瓷的连接。解决陶瓷和钎料或陶瓷和金属基体间物理性能不匹配问题的方式有两种。

一种是在陶瓷和钎料之间放置中间层，中间层有以下类型：柔性中间层、刚性缓冲层、软/硬双层中间层。中间层有助于缓解接头组织在冷却过程中形成的残余应力。残余应力可通过中间层的弹性变形或塑性变形得到释放。然而由于柔性中间层的热膨胀系数较高，与陶瓷表面不匹配，接头中容易产生残余应力。刚性中间层通常有高的弹性系数和低的热膨胀系数，与陶瓷更为接近，故接头的残余应力相对较小。软/硬双层中间层的作用方式为软的中间层与陶瓷表面连接，硬的中间层与金属表面连接，减小了接头的残余应力，从而使接头的力学性能得到显著提升。

另一种是将高弹性模量和低热膨胀系数的陶瓷颗粒、硬金属颗粒和纤维添加到钎料中形成复合钎料。这样陶瓷和钎料之间便具有接近的物理性能（高的弹性模量和低的热膨胀系数），同时复合钎料中添加的成分可使接头强韧化，从而降低了接头的残余应力，并改善了焊接质量。

10.4.1　氧化物陶瓷的钎焊

氧化物陶瓷包括 Al_2O_3、SiO_2、ZrO_2 和 BeO 陶瓷，被广泛应用于工业生产。氧化物陶瓷是典型的可以与具有高热膨胀系数、高耐蚀性和高导电性的金属，如 Al、Cu、Ni、Au、Ti 及其合金以及不锈钢等连接的陶瓷材料。

图 10-6 所示为 Al_2O_3 陶瓷与 5A05 铝合金的钎焊过程，5A05 铝合金的成分组成（质量

分数）为：$0.5\%Si$、$0.5\%Fe$、$0.1\%Cu$、$0.3\%\sim0.6\%Mn$、$4.8\%\sim5.5\%Mg$、$0.2\%Zn$ 和 $92.6\%\sim93.6\%Al$。将活性金属粉放置于 Al_2O_3 表面，然后置于真空炉中加热后，会在 Al_2O_3 表面形成活性金属化层，包括界面反应层和金属化外层。最终，金属化外层被用作中间层扩散钎焊 Al_2O_3 和 5A05 铝合金。下面对这一过程进行详细讨论。

将 $TiH_2+AgCu+B$ 的混合合金粉末涂在 Al_2O_3 陶瓷表面，如图 10-6a 所示。由于混合合金粉末中包含活性较高的 Ti，可以与 Al_2O_3 发生反应从而实现连接，如图 10-6b 所示。在陶瓷一侧将形成一个成分为 $Al_2O_3/Ti_3Cu_3O/Ag$ 固溶体+Cu 固溶体+TiB+Ti-Cu 的连续致密反应层，如图 10-6c 所示。这个反应层可用作 Al_2O_3 和 5A05 扩散钎焊的中间层，如图 10-6d 所示。图 10-7 所示为 Al_2O_3/5A05 接头中成分组成 $Al_2O_3/Ti_3Cu_3O/Al_3Ti/\alpha\text{-}Al+\theta\text{-}Al_2Cu+\varepsilon\text{-}Ag_2Al+TiB$/5A05，钎料成分、活性金属化反应温度和时间对界面微观组织的形成有很大影响，从而导致了不同的接头性能。如果 Ti_3Cu_3O 层太薄或者不连续，则很难形成致密的钎焊界面。同理，如果 Ti_3Cu_3O 层太厚，界面中则会出现较多缺陷，从而削弱接头性能。

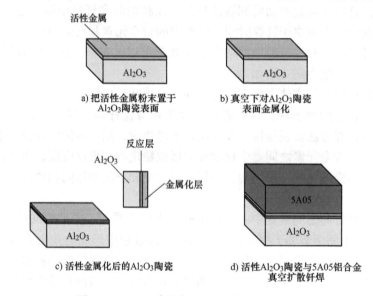

a) 把活性金属粉末置于 Al_2O_3 陶瓷表面

b) 真空下对 Al_2O_3 陶瓷表面金属化

c) 活性金属化后的 Al_2O_3 陶瓷

d) 活性 Al_2O_3 陶瓷与 5A05 铝合金真空扩散钎焊

图 10-6　Al_2O_3 陶瓷与 5A05 铝合金的钎焊过程

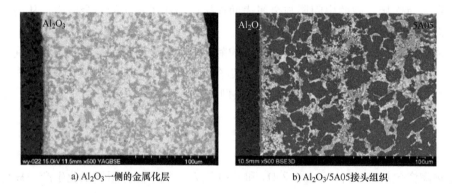

a) Al_2O_3 一侧的金属化层

b) Al_2O_3/5A05 接头组织

图 10-7　Al_2O_3/5A05 接头界面微观组织

活性金属化层中原位生成的 TiB 具有低的热膨胀系数和高的弹性模量，可降低接头的残余应力，提高接头的气密性和强度。在扩散钎焊过程中，应严格控制 5A05 合金的溶解量。如果溶解量过小，则不能有效去除铝合金表面的氧化物薄膜，会阻碍钎焊过程；如果溶解量过大，则会导致接头被过度腐蚀。

Al_2O_3/Al_2O_3 和 $Al_2O_3/Ti-6Al-4V$ 合金可用 Ag-Cu-Ti + B 复合钎料直接钎焊。Al_2O_3/Al_2O_3 接头和 $Al_2O_3/Ti-6Al-4V$ 接头的微观组织分别如图 10-8 和图 10-9 所示。图 10-8b 和图 10-9b 所示为图 10-8a 和图 10-9a 所示 A 区域的放大图像。可通过添加 Ti 元素来提高钎料对 Al_2O_3 表面的润湿能力。钎焊过程中原位生成的 TiB 晶须具有较低的热膨胀系数，与陶瓷较为接近，可减小接头的残余应力，从而提高接头的抗剪强度。图 10-8 和图 10-9 表明，接头界面处呈现良好的结合，没有发现裂纹。从图 10-8b 和图 10-9b 中可以看到，TiB 晶须随机分布于钎焊接头中，对接头具有弥散强化作用。

a) Al_2O_3/Al_2O_3接头　　　　　　　b) A区域放大图

图 10-8　Al_2O_3/Al_2O_3 接头的微观组织

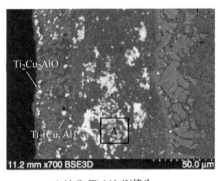
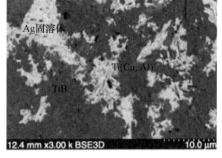

a) $Al_2O_3/Ti-6Al-4V$接头　　　　　　b) A区域放大图

图 10-9　$Al_2O_3/Ti-6Al-4V$ 接头的微观组织

SiO_2 玻璃-陶瓷是一种多孔材料。它具有高的耐热性，好的耐冲击性，可调节的热膨胀性，高的耐蚀性、热稳定性和超高温黏度等优越性能。在航天工业中，将其与 Ti-6Al-4V 合金焊接应用于发动机舱的生产。AgCu/Ni 化合物是焊接 SiO_2 玻璃-陶瓷与 Ti-6Al-4V 合金常用的钎料之一。图 10-10 所示为典型的 $SiO_2/Ti-6Al-4V$ 钎焊接头的微观结构。图 10-10a 所示为 $SiO_2/AgCu/Ni$ 与 Ti-6Al-4V 合金接头的微观组织，图 10-10b 所示为钎料和 SiO_2 之间的界面组织以及 SiO_2 的电子衍射图像。接头成分包括：

1）Ti-6Al-4V 合金。

2）针尖状的 α-Ti/Ti 固溶体+Ti$_2$(Cu，Ni)+Ti$_2$(Ni，Cu) 过共晶组织。

3）Ti 固溶体+Ti$_2$(Cu，Ni)+Ti$_2$(Ni，Cu) 过共晶组织。

4）Ti$_2$(Ni，Cu)+Ti$_2$(Cu，Ni) 化合物。

5）Ti 固溶体+Ti$_2$(Cu，Ni)+Ti$_2$(Ni，Cu) 过共晶组织。

6）Ti$_4$O$_7$+TiSi$_2$。

7）SiO$_2$。

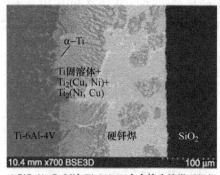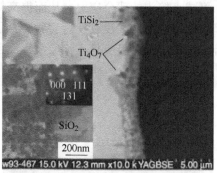

a）SiO$_2$/AgCu/Ni与Ti-6Al-4V合金接头的微观组织   b）钎料和SiO$_2$之间的界面组织以及
SiO$_2$的电子衍射图像

图 10-10 典型的 SiO$_2$/Ti-6Al-4V 钎焊接头的微观组织

在 970℃下保温 10min 的钎焊接头抗剪强度达到了 110MPa。裂纹在 SiO$_2$ 母材中产生。

Ti 在 Ti-6Al-4V 合金的钎焊过程中有着重要的作用。Ti 可以与中间层金属反应形成液相共晶成分，这种共晶成分对 SiO$_2$ 表面的润湿性良好，可在陶瓷表面迅速铺展开来，并且与陶瓷反应形成具有一定厚度的反应层，从而实现陶瓷和钎料之间可靠的冶金结合。

由于 Ni 在 Ti 中的扩散系数远大于 Ti 在 Ni 中的扩散系数，所以液相共晶成分主要是由 Ti-6Al-4V 形成的。熔化 Ti-6Al-4V 合金的厚度可以通过 Ti 在液态钎料中的浓度计算出来，即

$$\begin{cases} 0.9SX\rho_{\text{Ti-6Al-4V}} = 48C_s V[1 - \exp(-KSt/V) + 48C_A V] \\ K(T) = 6.936 \times 10^{-7} T - 0.0006299 \\ C_A(T) = 1.988 \times 10^{-4} T - 0.1377083 \end{cases} \quad (10-1)$$

式中 S——Ti-6Al-4V 合金和液态钎料的接触面积；

     X——熔化 Ti-6Al-4V 合金的厚度；

$\rho_{\text{Ti-6Al-4V}}$——Ti-6Al-4V 合金的密度；

     C_s——Ti 元素在液态钎料中的饱和溶解度；

     V——液态钎料的体积；

     K——溶解速率常数；

     t——保温时间；

     T——钎焊温度；

$C_A(T)$——达到钎焊温度刚开始保温时，Ti 元素在液态钎料中的浓度。

ZrO$_2$ 陶瓷化合物是由 ZrO$_2$ 与其他金属（包括 Au、Ni、Pt 和 Ti 等）制得的化合物，在

电子产品中得到了广泛应用。银和铜基钎料中由于包含很多活性元素，如 Ag-Cu-Ti、Cu-Sn-Ti、Cu-Ga-Ti、Cu-Sn-Pb-Ti 等钎料，而被广泛应用于真空钎焊中。ZrO_2/可锻铸铁以 Cu-Ga-Ti 为钎料在 1150℃下钎焊并保温 10min 和以 Cu-Sn-Pb-Ti 为钎料在 950℃下钎焊，得到的接头抗剪强度分别是 277MPa±7MPa 和 156MPa±5MPa。

10.4.2　氮化物陶瓷的钎焊

氮化物陶瓷的性能十分优异，如高强度、超高硬度、高耐热震性、高耐磨性、高耐蚀性及自润滑性。在广泛应用的陶瓷材料中，Si_3N_4、BN、AlN 等被认为是最先进的高温工程陶瓷。由于 Si_3N_4 在工业生产中的广泛使用，使得 Si_3N_4 陶瓷与 Fe、Ni、Co、Cu、W、Mo、Ta、Nb、Cr、V、Ti 及其合金，不锈钢以及 TiAl 合金的连接成为研究热点。众所周知，Si_3N_4 陶瓷具有典型的共价键结构，Si-N 之间的连接键非常牢固。因此钎料对 Si_3N_4 陶瓷表面的润湿性很差。为了获得可靠的 Si_3N_4 陶瓷接头，首先必须解决润湿的问题。目前，针对含 Ti 钎料在 Si_3N_4 陶瓷表面的润湿性问题，已经开展了很多研究。

Nomura 等人研究了 Ag-Cu-Ti/Si_3N_4 润湿界面的微观组织，如图 10-11 所示。Luz和 Ribeiro 用坐滴法对比了不同成分的 Ti-Cu合金在 Si_3N_4 陶瓷表面的润湿行为。结果表明，Ti 在钎料中的含量是影响钎料在 Si_3N_4

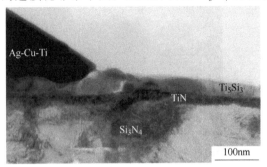

图 10-11　Ag-Cu-Ti/Si_3N_4 润湿界面的微观组织

陶瓷表面润湿性的关键因素。影响润湿性的界面化学反应有：

$$Si_3N_4 + 4Ti \longrightarrow 4TiN + 3Si$$
$$\Delta G = -139kJ/mol(1100K) \tag{10-2}$$
$$Si_3N_4 + 5Ti \longrightarrow Ti_5Si_3 + 2N_2$$
$$\Delta G = -42kJ/mol(1100K) \tag{10-3}$$

与其他金属相比，Si_3N_4 陶瓷的线膨胀系数较低，约为 $(2\sim3)\times10^{-6}$/℃。这意味着需要采取一些措施来缓解接头中的残余应力。一种有效的方法是采用柔性金属作为中间层来缓解热膨胀系数不匹配的问题，如采用 Cu、Al、Ag 或多层金属作为中间层。另一种方法是将具有低热膨胀系数的材料添加到钎料中去，成分优化后的复合钎料有利于释放接头中的残余应力。

图 10-12 所示为 Si_3N_4/Cu 界面的微观组织和线扫描结果。界面实现了良好的连接，Cu箔作为中间层具有显著的缓冲作用。Si_3N_4/Cu 界面由两种化合物组成：TiN 和 Ti_5Si_3。对接头部位进行四点弯曲试验，结果表明接头的最大抗弯强度接近 160MPa。Ti 箔、Nb 箔和 Ni箔等其他纯金属箔也可被用作钎焊 Si_3N_4 陶瓷的中间层。

Ag-Cu-Ti+Mo 复合钎料被用来钎焊 Si_3N_4 陶瓷和 42CrMo 钢，钎焊温度为 900℃，保温10min。Mo 具有很低的热膨胀系数，约为 5.1×10^{-6}/℃。它可以降低钎料的热膨胀系数，改善 Si_3N_4 和 42CrMo 钢的钎焊性。有研究表明，Mo 含量对接头微观组织和抗弯强度有显著影响，如图 10-13 和图 10-14 所示。Si_3N_4 一侧的连续反应层由 TiN 和 Ti_5Si_3 组成，反应层的厚度随 Mo 含量的增加而减小。

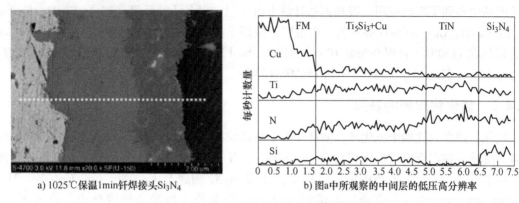

a) 1025℃保温1min钎焊接头Si₃N₄   b) 图a中所观察的中间层的低压高分辨率

图 10-12 Si_3N_4/Cu 界面的微观组织和线扫描结果

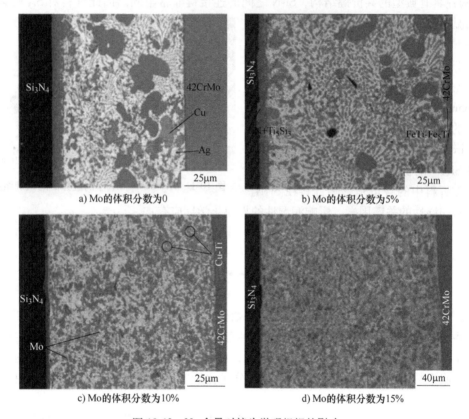

图 10-13 Mo 含量对接头微观组织的影响

  当 Mo 的体积分数接近 10% 时，接头的抗弯强度达到了最大值，为 587.3MPa，是 Mo 的体积分数为 0 时的 4 倍。Ag-Cu-Ti+SiC$_p$、Cu-Pd-Ti、Au-Ni-V、Au-Ni-Pd-V 和 Cu-Zn-Ti 也可以被用于钎焊 Si_3N_4。

  AlN 是一种无毒的陶瓷，它与 BeO 陶瓷具有相似的热导率，因此被当作 BeO 陶瓷的替代材料，可用在微电子和微波真空管上。活性钎料可以直接钎焊 AlN 陶瓷（不需要对陶瓷进行金属化处理）。图 10-15 所示为用 Ag-Cu-Zr 钎料钎焊（1100℃/60min）AlN/Cu 所得接头的微观组织。另外，可以通过钎焊实现 AlN 陶瓷与 FeNi 合金和 Pt 的连接。

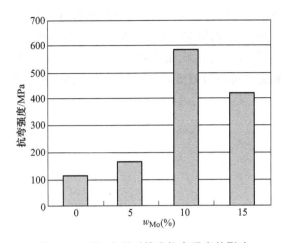

图 10-14　Mo 含量对接头抗弯强度的影响

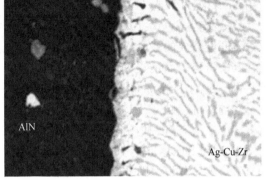

图 10-15　用 Ag-Cu-Zr 钎料钎焊（1100℃/60min）AlN/Cu 所得接头的微观组织

目前，陶瓷金属化被广泛应用于陶瓷的钎焊。然而传统的金属化过程在 AlN 陶瓷表面很难实施。为了提高钎料在 AlN 陶瓷表面的润湿性，可在钎料中添加活性元素，如 Ti、Zr和 Hf。目前为止，最常见的金属化方法包括 Ti-Ag-Cu 法、活性 Mo-Mn 法和化学镀层法。Norton 等人用 TiH_2 和 ZrH_2 来金属化 AlN 陶瓷表面，然后用 BAg56CuZn 钎料实现连接。

用上述方法不能消除因金属层和 AlN 陶瓷表面物理性能不匹配而导致的接头残余应力。Shirzadi 在钎焊 AlN 陶瓷与金属时用泡沫金属作为中间层，如图 10-16 所示。泡沫金属能有效地吸收接头中的残余应力。

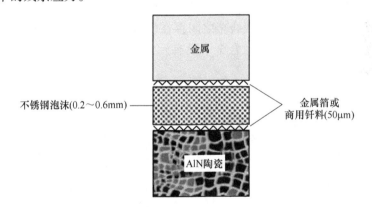

图 10-16　用泡沫金属作为中间层钎焊 AlN 陶瓷与金属

10.4.3　碳化物陶瓷的钎焊

SiC 陶瓷是一种具有金刚石晶格结构的共价化合物，其晶体结构包括立方晶系、六方晶系和菱方晶系。α-SiC 和 β-SiC 是最常见的晶系。这些晶格结构使得 SiC 陶瓷有很高的熔点、硬度和优良的化学惰性。因此 SiC 陶瓷被广泛应用于石油、化工、汽车、航空、航天、机械和微电子等行业。SiC 陶瓷钎焊选用的钎料主要有 Cu-Ti、Ni-Ti 和 Ag-Cu-Ti 钎料，新的钎料和钎焊方法也在不断探索中。

SiC 陶瓷和可伐合金的连接选用了一种以 Ni-Si 为钎料、Mo 为中间层的复合钎焊技术。首先用瞬间液相（Transient Liquid Phase，TLP）连接技术将 Mo 箔焊接在可伐合金一侧，然后用 Ni-Si 作为钎料与 SiC 陶瓷实现钎焊。因为 Mo 的热膨胀系数（$0 \sim 100^{\circ}\text{C}$ 时为 $5 \times 10^{-6}/^{\circ}\text{C}$）与 SiC（$0 \sim 100^{\circ}\text{C}$ 时为 $3 \times 10^{-6}/^{\circ}\text{C}$）相近，可以有效缓解在钎焊过程中由于热膨胀系数不匹配造成的残余应力。液态 Ni-Si 钎料在 SiC 陶瓷表面铺展润湿，在 400s 内达到平衡，此时的润湿角是 23°。在 1300°C 下，当纯 Ni 接触 SiC 陶瓷表面时，一些 Si 将被溶解在液态 Ni 中，并且 C 将被沉淀析出。当 Si 和 SiC 之间达到化学平衡时，Si 的溶解将停止。根据图 10-17 所示的 1800K 下的 Ni-Si-C 三元相图可知，当 $x_{\text{Si}} = 40\%$ 时，Si 在 Ni 中达到饱和，不会继续与 SiC 陶瓷表面反应。当 Si 的摩尔分数超过 40% 时，将会阻止 SiC 和 Ni 之间的反应，生成的脆性相 C 将减少。添加一层 Mo 可以提高含 C 液相的稳定性，这是因为 Mo 原子扩散到液相中，富集在 SiC 陶瓷表面，降低了 Si 的化学活性，进而降低了 C 的溶解度。图

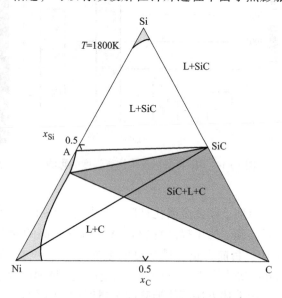

图 10-17　1800K 下的 Ni-Si-C 三元相图

10-18a 所示为采用 TLP 方法钎焊 Mo/可伐合金接头的微观组织，在接头界面上形成了薄液相层，其主要成分为 29%Fe、9%Co、14%Ni 和 48%Mo（摩尔分数）。

图 10-18b 所示为在 Mo 层和可伐合金之间存在较宽的扩散区，Mo 原子通过较长的扩散通道扩散到可伐合金中。然而在可伐合金中没有元素扩散到 Mo 层。在较长的保温时间下，界面处形成了大量的共晶组织。

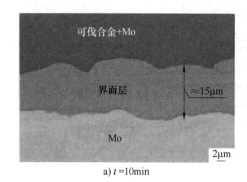

a) $t = 10\text{min}$

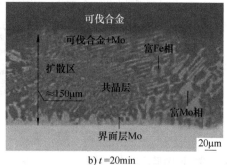

b) $t = 20\text{min}$

图 10-18　采用 TLP 方法在不同保温时间下钎焊 Mo/可伐合金接头的微观组织

陶瓷前驱体聚合物（聚甲基硅倍半氧烷-MK）也能加入钎料中钎焊 SiC 陶瓷。通过干法球磨 1h，将前驱体与 Al 粉混合，然后将混合物与异丙醇进一步混合，形成糊状粉末钎料。在钎焊开始之前，在 SiC 陶瓷表面预涂糊状粉末钎料。钎焊过程中 Si 原子与有机材料发生反应，生成的玻璃状 Si-O-C 抑制了 Al 与 SiC 之间的反应，这意味着用 MK 钎料钎焊的接头

界面有一层很薄的反应层，而新形成的玻璃状 Si-O-C 将抑制液态 Al 的流动，从而将引起接头微孔的出现。添加太多的 MK 会导致微孔过多，从而导致接头强度降低。

Si 原子扩散到钎料中的同时，Al 原子也扩散到 SiC 中来取代 Si 原子。用体积分数为 20% 的 MK 钎料在 1200℃ 下钎焊，保温 30min，接头的最大抗弯强度为 206MPa。延长钎焊时间，形成脆性相 Al_4C_3 的可能性将增加。

Ni 基合金、Fe 基合金和 Pt 基合金等高熔点合金与 SiC 陶瓷会发生很剧烈的反应，形成一系列块状碳化物。人们已经研究出了一些过渡金属（如 Co、Pd、Pt）硅化物高熔点钎料体系，在这些合金中，Si 的存在可以有效抑制合金和 SiC 陶瓷之间的反应，从而提高钎料的润湿性和钎缝的高温抗氧化性。然而由于这些硅化物熔点高（高于 1300℃），其并不适用于钎焊。因此低熔点合金，如 $MnSi_2$-Si 共晶合金（1150℃）和 $PrSi_2$-Si 共晶合金（1212℃），被用来代替高熔点化合物以降低钎焊温度。

SiC 的形成可以表示为

$$Si(l) + C(s) \longrightarrow SiC(s) \tag{10-4}$$

其热力学平衡可以表示为

$$\Delta_f G^0_{SiC} = \overrightarrow{\Delta G^{XS}_{Si}} + RT\ln x_{Si} \tag{10-5}$$

式中　$\Delta_f G^0_{SiC}$——形成 SiC 的标准摩尔生成吉布斯自由能；

　　　$\overrightarrow{\Delta G^{XS}_{Si}}$——Pr-Si 合金中 Si 的部分过剩吉布斯自由能；

　　　x_{Si}——Si 在 $PrSi_2$-Si 共晶合金中的摩尔分数；

　　　R——气体常数；

　　　T——熔化温度（K）。

式（10-4）中的吉布斯自由能在 1250℃ 下为 -56.389J/mol。

Pr-Si 合金中 Si 的部分过剩吉布斯自由能可以用一个通用公式近似地估算出来，即

$$\overrightarrow{\Delta G^{XS}_{Si}} = \lambda(1 - x_{Si})^2 \tag{10-6}$$

式（10-6）中包括能量交换函数（λ），λ 可以通过液相 Pr-Si、Si 和 $PrSi_2$ 在 1212℃ 时的三相热力学平衡得出，即

$$2Si(s) + Pr(l) \longrightarrow PrSi_2(s) \tag{10-7}$$

平衡反应条件为

$$\lambda = \Delta G^0_4 - RT\ln x_{Pr}/(1 - x_{pr})^2 \tag{10-8}$$

式中　ΔG^0_4——$PrSi_2$ 过剩吉布斯自由能；

　　　x_{Pr}——Pr 在 $PrSi_2$-Si 共晶合金中的摩尔分数。

在式（10-8）中，当 $x_{pr} = 0.17$ 时，反应式（10-7）的标准吉布斯自由能可以从标准 $PrSi_2$ 形成焓（-184.5kJ/mol）中估算出来。在吉布斯自由能的计算中，熵的有效值不足 10%，可以忽略。用这种方法估算的 λ 大约是 -225kJ/mol。同时，用形成焓以及 $PrSi_2$ 和 PrSi 的熔点计算得到的 λ 分别是 -222kJ/mol 和 -260kJ/mol。用不同方法计算得到的三个 λ 值基本一致。计算得到的 x_{Si} 为 0.53~0.57，比 Si 在 Pr-Si 合金中的含量低很多。这表明 SiC 陶瓷在钎焊过程中不与 Pr-Si 合金发生反应。在 1250℃ 下钎焊时，Pr-Si 合金在 SiC 陶瓷表面的润湿性良好，Pr-Si 钎料和 SiC 陶瓷表面形成了致密的连接。Pr-Si 合金主要由 Si 晶体和 Si-$PrSi_2$ 共晶组成，在界面中没有发现反应层，这与上面的热力学分析一致。液滴在 SiC 陶瓷

表面铺展仅用了 200s，比其他钎料快上千倍（假设钎料不与基体发生反应）。SiC 陶瓷表面通常存在厚度约为几纳米的氧化物薄层。

铺展过程由氧化物薄层的还原反应来控制。气态 SiO 主要是通过 Si 和 SiO_2 之间的反应生成的，其反应式为

$$Si + SiO_2 \longrightarrow 2SiO \tag{10-9}$$

在高真空条件下，气态 SiO 蒸发得很快，从而实现了快速铺展。

10.4.4 C/SiC 陶瓷基复合材料的钎焊

C/SiC 陶瓷基复合材料兼具碳纤维和 SiC 化合物的优点，具有一些独特的性能，如低密度、高力学性能、高硬度、高热稳定性、高耐蚀性、高抗冲刷性和高硬度。C/SiC 陶瓷基复合材料已经被用在航天、军工和其他工业领域中，然而这种材料的焊接仍然存在一些问题。

1）由于碳纤维和基体复合方法不同，C/SiC 陶瓷基复合材料的种类丰富且各向异性，因此很难确定 C/SiC 的基本性能。

2）C/SiC 陶瓷基复合材料的弹性模量和热膨胀系数比金属高，容易导致钎焊后的接头中产生残余应力；在 C/SiC 陶瓷基复合材料中，因碳纤维和 SiC 基体的热膨胀系数不匹配所引起的内应力也不容忽视。

3）由于 C/SiC 陶瓷基复合材料的化学结构与金属不同，C/SiC 陶瓷基复合材料和金属之间的化学兼容性较差。

C/SiC 陶瓷基复合材料主要的焊接方法包括钎焊和扩散焊。TiZrNiCu 箔和 Ni 箔可用作钎料钎焊 C/SiC 陶瓷基复合材料和 Ti-6Al-4V 合金。图 10-19a 所示为 900℃下钎焊保温 10min 的接头微观组织。它由三个反应层组成：第一层为靠近接头的 C/SiC 陶瓷基复合材料一侧的不连续的灰黑色色反应层；第二层位于接头中间部位，大量黑色相分布于灰色相基体上；第三层由黑色条纹相和一些块状白色相组成。接头微观组织包括：C/SiC 化合物/Ti_5Si_3 + TiC+ZrC/Ti_2Cu+TiCu+CuZr/[Ti 固溶体+（Ti_2Cu+TiCu+CuZr）]/Ti-6Al-4V。

如图 10-19b 所示，在高达 960℃的钎焊温度下，不同元素间的反应将更加剧烈，接头微观组织与图 10-19a 所示大致相同，TiZr-NiCu 层（Ⅱ区）被黑色条纹骨状 Ti 固溶体所代替。Ti、Cu、TiCu 和 CuZr 化合物通过 α-Ti 晶界被渗透到 Ti-6Al-4V 合金中，β-Ti 和 Ti Cu/α-Ti 共晶合金在温度高于 790℃时形成。在更高的钎焊温度下，β-Ti 组织的生长速度比 α-Ti 快得多。900℃下保温 10min 得到的钎焊接头微观组织为 C/SiC 化合物/TiC/[（TiCu+Ti_2Cu+CuZr）+Ti 固溶体]/Ti 固溶体/Ti-6Al-4V。

Ag-Cu-Ti 钎料也可用于 C/SiC 陶瓷基复合材料和 Ti-6Al-4V 合金的钎焊。在 900℃下保温 5min 可以获得最高的接头强度。接头界面处形成了金属化合物，如图 10-20 所示。在钎焊过程中，Ti 原子可以扩散到 SiC 中形成 Ti_3SiC_2+TiC/Ti_2Cu+Ti_5Si_3，如图 10-20b 所示。接头中 Ti-6Al-4V 合金一侧生成的组织为 Ti_3Cu_4/TiCu/Ti_2Cu/Ti_2Cu+Ti，如图 10-20c 所示。C/SiC 化合物/Ag-Cu-Ti/Ti-6Al-4V 合金接头的界面演化可以使用如下反应式阐释。

Ti 原子和 SiC 反应生成 TiC 和 Si，即

$$SiC + Ti \longrightarrow TiC + Si \tag{10-10}$$

在 SiC 基体界面上形成了 TiC，并向液相内部生长。然后 Ti 和 Si 与 TiC 反应生成 Ti_3SiC_2，即

$$Ti + Si + 2TiC \longrightarrow Ti_3SiC_2 \tag{10-11}$$

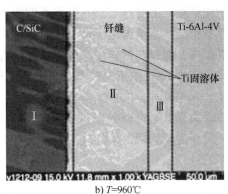

| a) $T=900℃$ | b) $T=960℃$ |

图 10-19 用 TiZrNiCu 钎料在不同温度下钎焊 C/SiC 陶瓷基复合材料与 Ti-6Al-4V 合金的接头微观组织

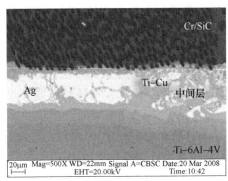

a) 接头总体形貌

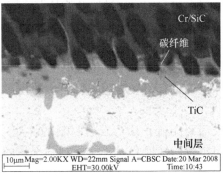

b) C/SiC 侧反应界面

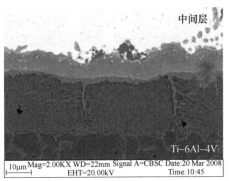

c) Ti-6Al-4V 侧反应界面

图 10-20 用 Ag-Cu-Ti 钎料钎焊 C/SiC 陶瓷基复合材料与 Ti-6Al-4V 合金的接头微观组织

A—$TiSiC_2$ B—Ti_5Si_3 C—Ti_2Cu D—Ti_2Cu+Ti E—Ti_2Cu F—$TiCu$ G—Ti_3Cu_4

这些 Ti_3SiC_2 覆盖在 SiC 基体表面,形成一个反应层。除了与 Ti 和 TiC 发生反应,反应生成的 Si 原子在浓度梯度的驱动下将进一步与 Ti 发生反应,即

$$3Si + 5Ti \longrightarrow Ti_5Si_3 \tag{10-12}$$

在接头的 Ti-6Al-4V 合金一侧,Ti 从 Ti-6Al-4V 合金中持续扩散至液相合金中,并与 Cu 发生反应。因为 Ag-Cu 共晶合金中的 Cu 逐渐耗尽,在接头中生成富 Ag 相。XRD(X 射线衍

射）分析表明，中间层和 Ti-6Al-4V 合金的界面中有 Ti_3Cu_4、$TiCu$、Ti_2Cu 和 Ti_2Cu+Ti 生成。

由于化学性能上的差异和热膨胀系数的不匹配，陶瓷或陶瓷基复合材料和金属的焊接是一个巨大的挑战。本节讨论了氧化物、氮化物、碳化物陶瓷和陶瓷基复合材料的钎焊。在常规真空钎焊中，通过在钎料中添加强化相或者放置中间层来缓解由于热膨胀系数不匹配导致的接头残余应力。强化相的含量和分布以及钎料和中间层之间的反应在很大程度上决定了接头的性能。其他钎焊方法，如陶瓷前驱体聚合物钎焊或者有机反应钎焊，通过形成化学性能和陶瓷或者陶瓷基复合材料相似的共价化合物来获得稳定的接头。然而这些方法由于成本较高、工艺较为复杂，限制了其应用。通过本节的内容，希望能够促进陶瓷和陶瓷基复合材料钎焊技术的进步，从而加快陶瓷和陶瓷基复合材料工程化的进度。

10.5　C/C 复合材料与金属的钎焊

C/C 复合材料的应用已经开始从航空航天领域向高速列车等新领域发展。这些领域主要应用了 C/C 复合材料的一些优良性能，包括耐高温性、密度小、弹性模量极高和比强度大等。然而 C/C 复合材料不易与金属或陶瓷进行连接，因为常规的电弧焊会熔化和破坏 C/C 复合材料的结构，从而导致其某些重要性能下降，通常采用机械连接的方法。钎焊被认为是唯一有希望连接 C/C 复合材料与金属的技术。本节将介绍 C/C 复合材料与金属钎焊技术的发展现状。

前文简要介绍了 C/C 复合材料的性能，同时也分析了钎焊过程中出现的现象。目前，还没有可推荐的钎焊 C/C 复合材料与金属的商用钎料合金，对钎料的要求以及钎焊过程中需要考虑的因素还在讨论中。

1. C/C 复合材料钎焊用钎料

钎焊 C/C 复合材料与金属的钎料并不是唯一的。C/C 复合材料中包含碳纤维和石墨基体，其性能接近于石墨，因此从某种意义上说，钎焊石墨的钎料也可以用于钎焊 C/C 复合材料。大部分钎料含有 Ti 元素，将其作为形成碳化物的活性元素。Ag-Cu-Ti 钎料最适合钎焊 C/C 复合材料与 Ti。Ag-Cu-Ti 合金化需要大概质量分数为 4% 的 Ti，因为 Cu 和 Ti 形成金属间化合物时，需要消耗一定量的 Ti。

对于 C/C 复合材料与难熔 Ni 基合金的钎焊，Ni 基钎料被认为是一种合理的选择。然而对于 C/C 复合材料与 Ni-Cr-Mo 合金的钎焊，采用 Ni 基钎料无法实现连接，这可能是由于两种材料的热膨胀系数不匹配导致的。Ni-Cr-Mo 合金的热膨胀系数与 C/C 复合材料不同，其范围一般为 $11\sim16\mu m/(m\cdot K)$，而叠层结构的 C/C 复合材料的热膨胀系数为 $0\sim1\mu m/(m\cdot K)$。除了热膨胀系数不匹配以外，增加 Cr 含量可以提高其在 C/C 复合材料上的润湿性和钎焊性。Ag-Cu-Ti 钎料可以钎焊 C/C 复合材料与难熔 Ni 基合金。但是由于钎焊界面存在 Ag-Cu 共晶层，接头使用温度不能超过 800℃。

可以采用 Ni 基钎料钎焊 C/C 复合材料与不锈钢。BNi76CrP 钎料能够实现 C/C 复合材料与 316 不锈钢的钎焊，但接头的韧性不好，微观组织分析表明，C/C 复合材料的界面处 Cr 元素贫化，在钎缝中心形成了富 Ni 层，从而导致接头变脆。

Ag-Cu 基或 Ni 基钎料可以钎焊 C/C 复合材料与 Cu 合金。Cu 合金的热膨胀系数是 $16.5\mu m/(m\cdot K)$，尽管和 C/C 复合材料的热膨胀系数相差较大，但是 Cu 合金具有相对较低的弹性模量，为 110~128GPa，而 Ni-Cr-Mo 合金的弹性模量是 190~210GPa，和 Ni-Cr-Mo 合金相比，由于 Cu 合金具有弹性变形能力，可以缓解在钎焊过程中产生的残余应力。

含 Ti、Cr 或 Si 元素的活性钎料可以直接钎焊 C/C 复合材料，适量添加这些元素可以增加钎料在 C/C 复合材料上的润湿性，有利于形成可靠的接头。然而 C/C 复合材料与金属的热膨胀系数不匹配仍然是一个主要的障碍，将在后续章节中叙述降低接头残余应力的技术。

2. C/C 复合材料的钎焊参数

C/C 复合材料和石墨的钎焊工艺几乎一样，然而 C/C 复合材料的复合结构导致其在钎焊时会与石墨有一些不同。

C/C 复合材料的多孔结构意味着其很容易吸收水和气体，钎焊前必须对其进行烘干处理，典型的烘干条件是在 150~200℃ 保温超过 1h，最好的干燥条件是在真空或惰性气体保护下进行。如果不烘干，而是直接将潮湿的 C/C 复合材料加热到超过 800℃ 时，水将在其表面分解并形成 CH_4、CO 和 CO_2，这些反应将导致 C/C 复合材料性能恶化。除了需要真空或惰性气体保护外，钎焊 C/C 复合材料与金属时也需要降低氧分压，以此尽可能减少 C/C 复合材料、金属和钎料的氧化。

钎焊温度一般依据钎料熔点来选择，并非越高越好，一个原因是热膨胀系数不匹配，另一个原因是液态钎料容易渗入 C/C 复合材料。活性钎料对石墨的润湿性好，很容易流入 C/C 复合材料的孔洞中，因此钎焊时间不宜过长。

3. 改善钎料对 C/C 复合材料润湿性的表面改性技术

C/C 复合材料不容易被润湿，可以看作是多孔材料，但可以通过使用含有碳化物形成元素的活性钎料来解决润湿难题。液态钎料一旦润湿 C/C 复合材料，便会渗入其内部孔洞中。表面改性技术能够解决钎料润湿和渗入的问题。

在制造国际热核试验反应堆的偏滤器时，通过对 C/C 复合材料表面进行铬改性，以使其可以与 CuCrZr 合金进行钎焊。在 C/C 复合材料表面，通过涂浆方式沉积高纯度铬。在 1300℃ 高温下，对 C/C 复合材料进行 1h 的热处理，促使 CrC 化合物形成。如图 10-21 所示，CrC 层沿着 C/C 复合材料的表面形成，封闭了其表面的孔洞。CrC 层提高了液态钎料的润湿性，同时也阻止了液态钎料向 C/C 复合材料母材中渗入。

传统的 Mo-Mn 法是 C/C 复合材料表面金属化的常用方法，因为 Mo 和 Mn 容易形成碳化物。一般的 Mo-Mn 法用的是 Mo、MoO_3、Mn 和 MnO 的

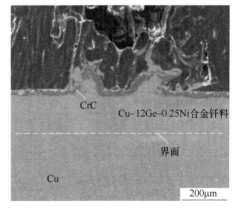

图 10-21　用 Cu-12Ge-0.25Ni 合金钎焊 C/C 复合材料与 CuCrZr 合金的接头微观组织

浆料混合物。为了减少氧化物含量，在潮湿环境中将陶瓷基体上的浆料加热到 1500℃。然而对于 C/C 复合材料而言，潮湿的环境会使 C/C 分解，因此不应该在浆料中加入这些氧化物。另外，应该在惰性气氛中进行烧结。这种处理方法也同样被应用在镍层烧结工艺中。镍层烧结后，表面改性的 C/C 复合材料基体可以进行钎焊。通过 Mo-Mn 法获得的金属化表面可以被绝大多数不含活性元素的普通钎料润湿。

另一种防止活性钎料渗入 C/C 复合材料基体中的方法是在钎焊界面插入金属薄片。例

如，钎焊 C/C 复合材料与纯 Ti 时，可插入一个 $200\mu m$ 厚的纯铜薄片，对应的接头强度与不插入薄片的接头强度相当，且数据稳定性更好。

4. 添加中间层方法

C/C 复合材料的热膨胀系数比绝大部分金属低（见表 10-8）。残余热应力 σ 的近似计算公式为

$$\sigma = \frac{(\alpha_1 - \alpha_2)E_1E_2}{(E_1 + E_2)\Delta T} \tag{10-13}$$

式中　α_1 和 α_2——两种母材的热膨胀系数；

E_1 和 E_2——两种母材的弹性模量；

ΔT——钎焊温度和室温的温度差。

当 2D 的 C/C 复合材料的层压面（$\alpha_1 = 0m/(m \cdot K)$，$E_1 = 110GPa$）与纯 Ti（$\alpha_2 = 8.6\mu m/(m \cdot K)$，$E_2 = 105GPa$）钎焊的温度达到 850℃ 时，C/C 复合材料中的残余压应力近似达到 381MPa。当压应力超过 C/C 复合材料的抗压强度（150MPa）时，基体将发生断裂。相比较而言，当钎焊 2D 的 C/C 复合材料横截面（$\alpha_1 = 8m/(m \cdot K)$，$E_1 = 5GPa$）与纯 Ti 时，残余压应力变成了 2.3MPa。这个例子仅是一个近似计算结果，不能完全说明残余应力的产生受热膨胀系数差异和钎焊温度的支配。可以利用有限元分析方法对残余应力进行精确计算。

表 10-8　不同材料的热膨胀系数

基体	热膨胀系数/[$\mu m/(m \cdot K)$]	弹性模量/GPa
C/C 复合材料	0~1（层压面 xy） 1~12（横截面 z）	50~300 3~100
Cu	16.5	110~128
CuCrZr	15.7	128
Nb	7.3	105
W	4.5	411
Ti（等级-7）	8.6	105
Ti-6Al-4V（等级-5，退火）	8.6	113
SUS316	16	196
SUS304	17.3	193~200

中间层对 C/C 复合材料与金属钎焊接头性能的影响见表 10-9。有人钎焊 C/C 复合材料与 Cu-Cr 合金、Cu-W 合金时，以高导电性无氧铜片作为中间层，测定了不同厚度铜片对应钎焊接头的抗剪强度，结果表明，2mm 厚的铜片能够有效提高钎焊接头的抗剪强度。有人对 C/C 复合材料与 316 不锈钢也进行了相似的钎焊试验，以铌板和钨板作为中间层，2mm 厚的金属片可以有效提高钎焊接头的抗剪强度。中间层不但可以有效减小接头的残余应力，而且可以提高其疲劳强度。国际热核试验反应堆偏滤器所用的 C/C 复合材料中间有 CuCrZr 冷却管穿过，其制造过程一般分为三步：首先将纯 Cu 浇注在表面经过 Cr 改性的 C/C 复合材料的孔洞里；然后使用 Cu-12Ge-0.25Ni 合金钎料对 CuCrZr 冷却管与纯铜进行钎焊；最后，将 C/C 复合材料/Cu 块与 Cu/CuCrZr 管钎焊在一起，纯 Cu 中间层共计 2~3mm 厚，双

中间层的 C/C 复合材料与 CuCrZr 钎焊接头的微观组织如图 10-22 所示。Cu 中间层可有效提高接头在国际热核实验反应堆工作环境下的疲劳强度。

表 10-9　中间层对 C/C 复合材料与金属钎焊接头性能的影响

基体	中间层	钎料	备注
Cu-1Cr	Cu(0~4mm)	Ag-Cu-Ti	2mm 时，τ_{max}：14~18MPa
30Cu-70W 烧结体	Cu(0~4mm)	Ag-Cu-Ti	2mm 时，τ_{max}：12~18MPa
SUS316	Nb(0~5mm)	BNi76CrP	2mm 时，τ_{max}：18.5MPa
SUS316	W(0~5mm)	BNi76CrP	2mm 时，τ_{max}：13.2MPa

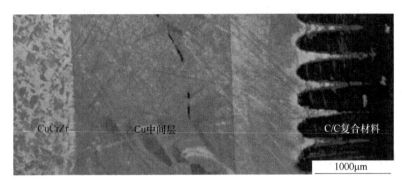

图 10-22　双中间层的 C/C 复合材料与 CuCrZr 钎焊接头的微观组织
注：照片清晰地显示出含有 Cu 中间层的接头质量良好。

C/C 复合材料与金属的钎焊主要受三方面的限制：钎料在 C/C 复合材料上的润湿性、液态钎料向 C/C 复合材料中渗入以及 C/C 复合材料与金属热膨胀系数不匹配。钎料在 C/C 复合材料上的润湿问题可以通过使用活性钎料来解决，钎料中含有碳化物形成元素，如 Ti 或 Cr 等，它们可在 C/C 复合材料表面形成反应层，从而改善了钎料的润湿性。液态钎料向 C/C 复合材料中渗入是由于 C/C 复合材料本身的多孔性所致，目前的试验表明应该避免深度渗入，因为钎料渗入会成为裂纹源。C/C 复合材料与金属热膨胀系数不匹配的问题可以通过在 C/C 复合材料中编织纤维来解决，或者通过改变纤维的取向来缓解。另外，在钎焊界面引入中间层会大幅降低接头中的残余应力。

虽然上述问题可以通过现有的钎料和工艺来解决，但是发展 C/C 复合材料钎焊专用钎料才是更好的解决方法。此外，在解决材料连接问题时，不同的工作条件需要不同的钎焊方法与其配合。绝大多数 C/C 复合材料的应用目前仅限于航空航天和高端科学领域，随着金属连接技术的发展，将推广应用于更广泛的领域。

10.6　高熵合金的异质钎焊

高熵合金作为一种固溶体合金，无法区分溶质和溶剂组元，一般由五种或五种以上金属或非金属元素以等摩尔比或近等摩尔比经熔炼或其他方法制备而成。由于没有一种元素的质量分数超过 50% 而作为主要元素，因此高熵合金的特性由各组元集体决定。高熵合金由于多组元混合而产生多种效应。

（1）高熵效应　对于高熵合金，由于组元数较多，会使合金系统具有更高的混合熵，尤其在高温下，混合熵一般占主导地位，系统的混合熵大于形成金属间化合物的熵变，会抑制中间相化合物的形成，促使元素简单混合形成固溶体。

（2）晶格畸变效应　高熵合金中由于元素种类较多，且原子尺寸大小不一，会造成严重的晶格畸变，从而给高熵合金带来优于传统合金的机械、物理和化学性能。

（3）迟滞扩散效应　高熵合金各种元素之间的原子尺寸相差较大，特别是当合金的混合熵很高时，合金组元之间的协同扩散就会变得困难，而且晶格的严重变形也会阻碍原子的运动，使扩散在高熵合金中难以进行。

（4）鸡尾酒效应　此效应由 Ranganathan 首次提出并应用于金属领域，是指因组合协调而产生意想不到的效果。对高熵合金来说，各组元均可影响合金的整体性能。可在制备高熵合金时，通过选取各种特定性能的元素，来得到具有不同特性的高熵合金，这也是目前高熵合金的主要配制方法。

相比于传统合金，高熵合金具有更优异的力学性能、抗高温氧化性、耐蚀性、耐磨性、磁学性能和抗辐射性能等。

高熵合金异质钎焊的接头性能存在着一定程度的下降，并受到合金本身性能、接头结构和钎焊工艺等因素的限制。高熵合金作为填充材料时，可以通过成分调控以及高熵合金具备的高熵效应和迟滞扩散效应抑制母材的过度溶解，生成固溶体相而非金属间化合物相，进而提升接头性能。

Sokkalingam 等人对 Al0.1CoCrFeNi 高熵合金/304 不锈钢进行异种材料电子束钎焊研究，获得了纯净无缺陷的接头。在低热输入条件下，不锈钢一侧的热影响区宽度被限制在 $20\mu m$ 左右。钎缝金属遵循的凝固模式是由于电子束钎焊的快冷以及较低的 Cr/Ni 比而获得了过饱和的全奥氏体柱状枝晶结构，并呈现出外延生长特征。异种材料接头的屈服强度和极限抗拉强度分别为 310MPa±0MPa 和 560MPa±5MPa，高于 Al0.1CoCrFeNi 合金母材。对这两种材料进行电弧钎焊同样获得了很好的接头结构，在靠近 Al0.1CoCrFeNi 合金一侧的钎缝中存在外延的等轴枝状晶，而 304 不锈钢一侧为粗大的柱状晶粒。接头的强度高于高熵合金，可以满足室温条件下的结构应用。Oliveira 等人利用激光钎焊对轧制 CoCrFeMnNi 高熵合金和 316 不锈钢进行连接，发现钎缝区由一种新的单相面心立方固溶体构成，该固溶体由两种母材以及316 不锈钢中的 C 熔化后混合形成，并产生固溶强化作用。接头强度约为 450MPa，断裂在钎缝区，是因为该区域内形成了较大的等轴晶粒。在 FeCoNiCrMn/TC4 激光钎焊接头中添加 Cu 中间层，可以使接头强度提升 140MPa，这是因为生成的富 Cu 相可以破坏脆性金属间化合物，增加了接头塑性。

Du 等人研究了不同温度下难熔高熵合金 Al5(TiZrHfNb)95 和 Ti_2AlNb 扩散钎焊接头的微观组织（见图 10-23）和性能。典型接头组织为 Ti_2AlNb/固溶体/Al_3Zr_5/固溶体/Al5(TiZrHfNb)95，Al_3Zr_5 脆性相笔直地分布在界面处，其形成原因是在扩散钎焊温度下具有最低的吉布斯自由能，会造成应力集中并萌生裂纹，从而降低接头强度。随着钎焊温度的增加，脆性相含量减少，由脆性断裂转换为韧性断裂。在 AlCoCrFeNi/BNi-2/FGH98 钎焊结构中，在高熵合金一侧生成富 Ni 高熵混合相，在高温合金一侧则形成富 Cr 的硼化物 Cr_5B_3。随着钎焊温度的提升，接头强度先上升后下降。这是因为在较低温度下，钎缝内存在空洞和硼化物，提高温度后 Ni 固溶体相增多，有利于提高接头强度。当温度为 1090℃ 和 1110℃

时，在高熵合金一侧出现 Cr_5B_3，弱化了接头强度。在 1070℃/10min 条件下，获得最大抗剪强度为 454MPa，发生韧性断裂。

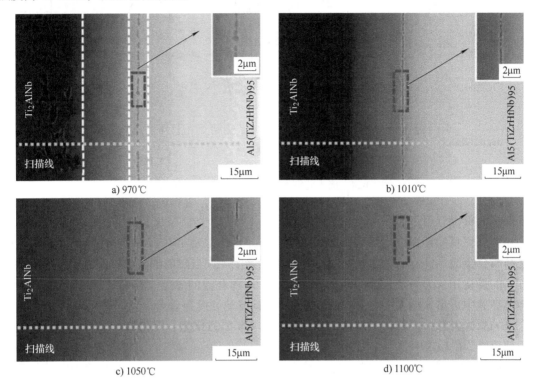

图 10-23　不同温度下难熔高熵合金 Al5(TiZrHfNb)95 和 Ti_2AlNb 扩散钎焊接头的微观组织

a) 970℃　　b) 1010℃　　c) 1050℃　　d) 1100℃

Nene 等人对亚稳态相变 Fe39Mn20Co20Cr15Si5Al1 高熵合金（Al-HEA）和 Al-7050 合金进行了搅拌摩擦对接钎焊。在焊核中存在明显的机械混合特征，剪切掉的高熵合金颗粒分散在铝合金中，金属间化合物的产生受到抑制，获得了近似清洁的界面。同时焊接接头的抗拉强度为 400MPa，断后伸长率约为 10%，在腐蚀测试后的焊接界面处没有明显的点蚀痕迹，说明与高熵合金的异种连接接头是获得高强度铝合金轻质应用的一种有效途径。通过搅拌摩擦钎焊对 CoCrFeMnNi 和 304 钢进行连接，获得了无缺陷的接头，同时因为原子的迟滞扩散效应阻止晶粒长大使得高熵合金一侧的热机械影响区的晶粒更细小。熔合区由单相面心立方固溶体组成，具有较高的硬度。在 TRIP（相变诱发塑性）和 TWIP（孪晶诱发塑性）机制的作用下，接头的低温拉伸性能优于室温，如图 10-24 所示。

高熵合金母材的状态对激光钎缝的组织和性能具有重要影响。对于铸态高熵合金，母材由粗大的铸造组织组成，在激光钎焊过程很高的能量密度和很快的冷却速度作用下，钎缝组织会得到明显的细化，使得钎缝性能优于母材或与母材相当。但是轧制状态的高熵合金母材由细小的等轴晶组成，激光钎焊后钎缝由树枝晶组成，组织较为粗大，使得其室温强度低于母材，断裂发生在钎缝处。除了晶粒粗化以外，钎缝中存在的 CrMn 氧化物夹杂也会造成钎缝强度下降。随着焊后热处理温度升高，钎缝与母材之间的力学性能差异减小，主要是由于焊后热处理降低了 CrMn 氧化物夹杂的尺寸和体积分数。两种状态下的钎缝在低温（77K）下的抗拉强度均优于室温，主要是低温下形成了变形孪晶和高密度位错，因此高熵合金的激

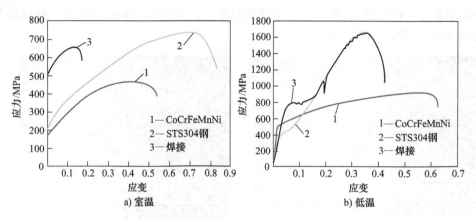

图 10-24　接头的室温拉伸性能和低温拉伸性能

光钎焊接头可以应用于低温工业。

　　在常规材料的钎焊中，接头一般会产生"软化"，常常是在钎焊结构强度较弱的区域。但是高熵合金激光钎焊的熔化和快速冷却过程相当于一次自然的同步热处理，使得钎缝中析出细小的强化相，为高熵合金的原位强化提供了一种有益的思路。在 CoCrFeNiMn 高熵合金的激光钎缝中析出的纳米尺度 B2 相颗粒，使得钎缝的硬度显著升高。同时，CoCrFeNiMn 高熵合金的激光钎缝中还析出了碳化物和超细的富 Mn-C 强化相，对位错和晶界起到了钉扎作用，使得钎缝的强度升高。

　　CoCrFeNiMn 高熵合金的激光钎缝中析出的纳米尺度 B2 相颗粒和碳化物如图 10-25 所示。

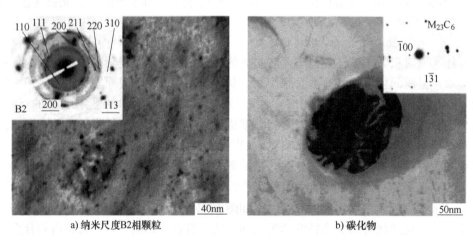

图 10-25　CoCrFeNiMn 高熵合金的激光钎缝中析出的纳米尺度 B2 相颗粒和碳化物

第 11 章　钎焊缺陷及检验

在钎焊生产过程中，由于钎焊材料、工艺和环境等多种复杂因素的综合作用，接头常常会产生一些缺陷。钎焊接头中缺陷的存在直接影响着产品的钎焊质量和使用可靠性。本章简要讨论一些常见的钎焊缺陷、产生原因和检验方法。

11.1　钎焊缺陷种类及其特点

钎焊缺陷是指钎焊过程中在接头处产生的金属不连续、不致密或连接不良的现象。钎焊缺陷的种类、形态及分布情况根据钎焊方法和工艺条件的不同而有很大差别，其分类方法多种多样，按缺陷性质、缺陷发生部位等可分为外观缺陷、内部缺陷、界面缺陷、隐形缺陷四大类。

（1）外观缺陷　填缝不良、钎料溢流、钎缝圆根不饱满、表面不光滑。填缝不良缺陷主要有凹陷、未钎上、未钎透、焊瘤等。

（2）内部缺陷　部分间隙未填满、夹渣、气孔、空穴、疏松、未熔化、隐形卵等。

（3）界面缺陷　未钎透（不可视）、母材溶蚀、钎缝溶蚀、母材自裂、钎缝开裂、界面腐蚀等。溶蚀分为溶蚀（坑）、溶穿（洞）、咬边。

（4）隐形缺陷　脆性相、残余应力与变形、钎剂残留。

11.2　常见钎焊缺陷的产生原因及防止措施

11.2.1　外观缺陷

钎缝外观缺陷是指存在于钎缝和母材表面的缺陷。这些缺陷影响钎缝的外观质量，同时对钎焊接头的性能也有很大影响，应严格控制。

1. 填缝不良

凹陷、未钎上、未钎透、焊瘤等均属于填缝不良。图 11-1 所示为钎焊良好的接头，钎缝表面良好，钎角大小合适，过渡圆滑。图 11-2 所示为典型的未钎透外观缺陷。图 11-3 所示为四种典型外观缺陷，钎缝不够美观，钎焊接头综合性能下降，其产生原因为：

1）接头设计不合理。

2）装配不当，钎焊间隙过大或过小，装配时母材歪斜。

3）钎焊前表面准备不当。

4）钎剂选择不当，如熔点不合适、活性差等。

5）钎料选用不当，如钎料润湿性差、钎料量不足或钎料放置不当。

6）钎焊温度不当或分布不均。

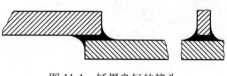

图 11-1　钎焊良好的接头

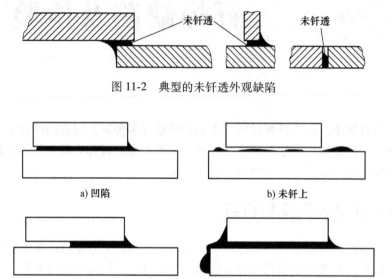

图 11-2　典型的未钎透外观缺陷

a) 凹陷

b) 未钎上

c) 未钎透

d) 焊瘤

图 11-3　四种典型外观缺陷

为防止未钎透缺陷的产生，要求操作者在钎焊时遵循以下几点要求。

1）焊件的钎焊间隙不能过大也不能过小，要采用合适的钎焊间隙。套接时，其管路不能倾斜，倾斜的管路会造成钎焊间隙一边过大，另一边过小。

2）钎焊前，要对焊件进行处理，如果钎焊前表面准备不充分，也会造成未钎透缺陷。

3）注意钎剂的活性，当钎剂活性不良时，应查看钎剂是否过期或失效。如果钎剂没有过期或失效，应重新选择其他型号或其他工厂生产的钎剂；如果钎剂已过期或失效，则应更换合格的钎剂。

4）在钎焊加热过程中，要均匀加热，钎焊温度不能过高，也不能过低。操作者在实际生产过程中，要不断提高操作水平，提高自身素质。

2. 钎料溢流

产生钎料溢流的原因：钎焊温度过高或保温时间过长；钎料放置不当，未起到毛细作用；钎焊间隙过大；钎料与母材发生化学反应；钎料填充过量；阻钎剂量少或质量差。

3. 钎缝圆根不饱满

产生钎缝圆根不饱满的原因：钎剂的活性或毛细填缝能力差；钎料毛细填缝能力差或钎料量不足；钎焊加热不均匀。

4. 表面不光滑

产生表面不光滑的原因：钎剂用量不足或选择不当；钎焊工艺选择不当；钎焊温度过高或时间过长；钎料金属晶粒过大；钎料过热。

11.2.2　内部缺陷

钎缝的内部缺陷主要是指钎缝的不致密性缺陷，如钎缝中的气孔、夹渣和未熔化等。这些缺陷基本存在于钎缝内部，经机械加工后会暴露在钎缝表面。这类缺陷在实际钎焊中经常出现，其产生一般有以下原因：钎焊前焊件表面清洗不干净；钎焊间隙不合适；钎剂选择不当；钎剂量不当；钎料与钎剂的熔化温度不匹配；钎焊温度选择不当；加热不均匀；在钎焊过程中母材或钎料中析出气体等，详情见表 11-1。

表 11-1　钎缝的内部缺陷及其产生原因

缺陷形式	产生原因
部分间隙未填满	焊件表面清理不彻底；钎焊工艺（主要是温度）不当；装配时焊件歪斜；钎焊间隙过大或过小；钎料选择不合适，如活性差或熔点不当
气孔	钎焊前焊件表面清洗不当；钎剂选择不当；母材或钎料中析出气体
夹渣	钎剂选择不合适（黏度或密度过大）；钎焊间隙选择不合适；钎料与钎剂的熔化温度不匹配；加热不均匀；钎剂使用量过多或过少
空穴	母材钎焊前未进行除气；钎焊前焊件局部清洗不干净；钎料的润湿性或流动性差；钎料熔化温度偏低；钎焊间隙不均匀
疏松	钎料选择不当或质量欠佳；钎料中合金元素离析挥发
未熔化	钎焊温度不当；钎剂选择不当，钎料与钎剂不匹配
隐形卵	钎焊温度不当；加热不均匀；钎焊工艺选择不当

钎焊内部缺陷的产生与钎焊过程中钎剂及钎料的熔化和填缝过程有很大的关系。图 11-4 所示为用锡铅钎料钎焊纯铜的填缝动态过程摄影。平行板间隙钎焊时，液态钎剂或钎料填缝速度是不均匀的，沿焊件宽度方向填缝速度相差可达几倍到几十倍，不仅在前进方向会有流速不均匀现象，有时还受钎料沿焊件侧向流动的影响。液态钎剂或钎料在填缝时不是均匀、整齐地流入间隙，而是以不同的速度、不规则的路线流入间隙，这是产生不致密性缺陷的根本原因之一。

图 11-4　用锡铅钎料钎焊纯铜的填缝动态过程摄影

在一般钎焊过程中，要完全消除钎焊的内部缺陷是很困难的，但应采取措施，尽量减少其产生的可能。降低钎焊内部缺陷的主要措施如下。

1）适当增大钎焊间隙，可使因钎焊面高低不平而造成的间隙差值比较小，因而毛细作用力比较均匀，有利于钎料比较均匀地填缝，可以减少由于小包围现象而形成的缺陷。一般情况钎焊间隙的最佳值在 $0.01 \sim 0.2$ mm 之间，具体数值视母材种类而定。

2）采用不等间隙，即不平行间隙，其夹角以3°~6°为宜，如图11-5所示。这是因为在不等间隙中熔化的钎料能自行控制流动路线和调整填缝前沿，使夹气、夹渣有定向运动的能力，可以自动地由大间隙端向外排除。当完全采用不等间隙时，对保证焊件的装配精度不利，因此在只要求钎缝经局

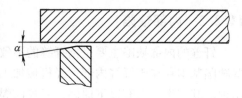

图 11-5 不等间隙的夹角

部加工后能保持加工面的致密性时，可以采用部分不等间隙，以便获得一定宽度的致密带，而在钎缝其他部分仍可采用平行小间隙，以保证焊件的装配精度。

不等间隙能提高钎缝致密性的主要原因是不等间隙有利于减少小包围现象。这是由于在不等间隙内，小间隙端的毛细作用强，因此液体有首先填满小间隙的能力。无论从小间隙端添加钎料（见图11-6a），还是从侧端或大间隙端填缝（见图11-6b、c），钎料总是先填满小间隙，逐渐再向大间隙发展。这样就大幅度减小了小包围的倾向，较易获得致密的钎缝。基于同样原因，不等间隙也有利于减少小包围现象。但这种方法在实际生产中不容易控制。不等间隙对间隙内已形成的气孔或夹渣也有一定的排除的可能性，因为被包围的气体或夹渣都有向大间隙端移动的倾向。

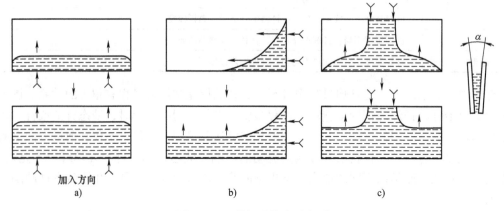

加入方向
a)   b)   c)

图 11-6 不等间隙接头示意图

采用不等间隙可以提高钎缝的致密性，但是由于影响钎缝致密性的因素很多，因此并不能解决全部问题，在这方面还有待于进一步研究，以确保钎焊质量。

11.2.3 界面缺陷

界面缺陷是指发生在钎焊界面处的缺陷。

1. 未钎透（不可视）

产生未钎透（不可视）的原因：钎料选择不当或量不足；钎焊前母材清洗不干净或重新污染；钎料放置不利于填充间隙；钎焊间隙过大而没有加大间隙填料，毛细作用失效；接头过长，钎料的填隙能力不足。

2. 溶蚀

溶蚀缺陷一般发生在钎料安置处，是钎焊过程中母材向钎料过渡溶解所造成的，出现在焊件表面，严重时会出现溶穿现象，图11-7所示为溶蚀与溶穿现象。溶蚀缺陷的存在将降

低钎焊接头性能。对薄板结构或表面质量要求很高的焊件，不允许出现溶蚀缺陷。

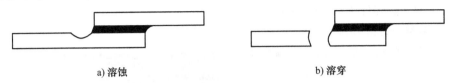

a) 溶蚀　　　　　　　　　　　　　b) 溶穿

图 11-7　溶蚀与溶穿现象

溶蚀机理：钎焊时，一般都伴随母材被液态钎料溶解的过程。母材被钎料适当地溶解，可使钎料成分合金化，有利于提高接头强度。但是母材的过度溶解会使液态钎料的熔点和黏度提高、流动性变坏，往往导致不能填满钎焊间隙，同时也可能使母材的熔点降低。当母材的熔点降低到低于钎焊温度时，母材表面就会出现溶蚀缺陷，即添加钎料处或钎角处的母材因过度溶解而产生凹陷，严重时甚至出现溶穿。母材向液态钎料中的过度溶解是溶蚀缺陷产生的主要原因。

图 11-8 所示为法兰局部溶蚀。图 11-9 所示为钎焊接头典型的溶蚀现象。

图 11-8　法兰局部溶蚀

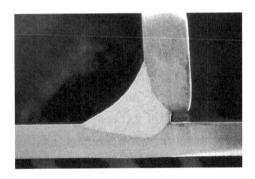

图 11-9　钎焊接头典型的溶蚀现象

溶蚀首先取决于母材与钎料相互作用的能力。当母材确定后，则主要是钎料的选择问题。其次，当母材和钎料确定后，钎焊参数（钎焊温度、保温时间和加热速度等）、钎料用量等对溶蚀也有较大的影响。正确地选择钎料是避免产生溶蚀现象的主要因素。选择钎料时应遵循这样的原则：钎焊时，不应因母材向钎料的溶解而使钎料的熔点进一步下降，否则母材就可能发生过量的溶解。如果采用因母材向钎料的溶解而使钎料熔点下降的钎料，溶蚀倾向就较大；反之，溶蚀倾向就小。

钎焊温度对溶蚀的影响是很明显的。钎焊温度越高，母材可以溶解到液相钎料中的数量越多。钎焊温度升高，溶解速度增大，促使母材更快溶解。为了防止溶蚀，钎焊温度不可过高。保温时间过长，母材与钎料相互作用加剧，也容易产生溶蚀，但保温时间对溶蚀的影响没有钎焊温度那样显著。另外，为了防止溶蚀的产生，还必须严格控制钎料用量，这对薄件钎焊尤为重要。

由以上分析可知，产生溶蚀缺陷的原因有：钎焊温度过高，保温时间过长；母材与钎料之间反应剧烈；钎料用量偏多。

因此在操作过程中，为防止溶蚀缺陷的出现，应做好以下几点。

1）了解母材的性能、特点等常识。

2）正确地选择钎料。

3）正确地加热焊件进行钎焊操作。

3. 母材自裂与钎缝开裂

许多高强度材料，如不锈钢、铜镍合金、镍基合金等，钎焊时与熔化的钎料接触的地方容易产生自裂现象。经研究发现，这种自裂现象常出现在焊件受到锤击或有划痕的地方以及存在冷作硬化的焊件上。同时，当焊件被刚性固定或者钎焊加热不均匀时，容易产生自裂。图 11-10 所示为金属/陶瓷异种材料热膨胀系数不同导致的母材自裂。钎焊过程中的自裂是在应力作用下，在被液态钎料润湿过的地方发生的。

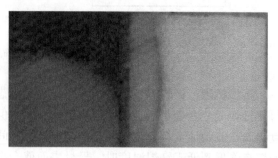

图 11-10　金属/陶瓷异种材料热膨胀系数
不同导致的母材自裂

试验结果表明，液态钎料与金属接触时都有使金属强度和塑性下降的倾向。例如，液态黄铜 H62，可使 20 钢强度下降 19%，使 45 钢的强度下降 25%，使 30CrMnSi 钢的强度下降 25%，使 07Cr19Ni11Ti 钢的强度下降 35%。又如 BAg25CuZn 和 BAg45CuZn 银钎料与 07Cr19Ni11Ti 不锈钢接触时，使其强度下降 10%；另外，将直径 10mm、壁厚 1mm 的 07Cr19Ni11Ti 不锈钢管加热到 960℃时，不镀钎料层的管子弯曲到 90° 后出现裂纹，而镀黄铜钎料的管子只弯曲到 70° 就出现裂纹，镀银钎料的管子弯曲到 26° 就出现裂纹。

从以上试验结果可见，在液态钎料与金属接触时金属强度和塑性下降的情况下，如果又有较大的拉应力作用，当应力值超过它的强度极限时，就会产生自裂。由于晶界的强度低，所以裂纹都是沿着晶界分布的，液态黄铜就沿着开裂的晶界渗入。

母材自裂的原因可以概括为：

1）母材过烧或过热。

2）钎料向母材晶界扩散，形成脆性相。

3）加热不均匀或由于刚性夹持焊件而引起过大的内应力。

4）母材本身有内应力而引起应力腐蚀。

5）异种母材的热膨胀系数相差过大。

6）冷却速度过快。

钎缝开裂原因可以归为：

1）钎缝脆性过大。

2）异种母材的热膨胀系数不同，冷却过程中形成的内应力过大。

3）同种母材钎焊加热不均匀造成冷却过程中收缩不一致。

4）钎料凝固时，母材相互错动。

5）钎料结晶温度范围过大。

为防止母材自裂和钎缝开裂，可采取如下措施。

1）在接头设计选材时要考虑材料之间热膨胀系数的匹配性，另外在设计选材上尽可能采用退火材料代替淬火材料。

2）焊前进行去应力处理，对于有冷作硬化倾向的焊件预先进行退火。

3）减小接头的刚性，使接头加热和冷却时能自由膨胀和收缩。

4）降低加热速度，尽量减少产生热应力的可能性，或采用均匀加热的钎焊方法，如炉中钎焊等，这不仅可以减少热应力，而且冷作硬化造成的内应力也可以在加热过程中消除。

5）在满足钎焊接头性能的前提下尽量选择低熔点的钎料，如用银钎料代替黄铜钎料。因为钎焊温度较低，所以产生的热应力较小，并且银钎料对不锈钢的强度和塑性降低的影响比黄铜钎料小。

6）焊后去应力退火。

4. 界面腐蚀

产生界面腐蚀的原因：环境潮湿，腐蚀或绝缘不良；钎料脆性大。

11.2.4 隐形缺陷

钎焊的隐形缺陷包括脆性相、残余应力与变形、钎剂残留三种形式，其产生原因见表11-2。

表 11-2 钎焊的隐形缺陷及其产生原因

缺陷形式	产生原因
脆性相	钎焊间隙太大；钎料选择不当；钎焊保温时间不够；过热产生晶粒粗大
残余应力与变形	夹具设计或选材不当；加热、冷却过快；钎焊加热不均匀
钎剂残留	钎剂用量过多；夹具设计不当；接头设计不合理

1. 脆性相

钎焊热循环会使钎缝及近缝区发生一系列微观组织变化，形成金属间化合物，进而改变接头部位的韧性，多数情况下对其低温服役安全性造成不利影响。脆性相的形成常常是引起钎焊接头开裂和脆性破坏的主要原因。一般来说，晶粒粗大会导致组织脆性，晶粒越粗则韧脆转变温度越高。为形成良好的钎焊接头，需要抑制脆性相的形成。

研究表明，钎焊时热输入对许多钎缝区的脆性有重要影响。过大的热输入会造成晶粒粗大和脆化，使韧脆转变温度提高；过小的热输入会造成淬硬组织并易产生裂纹，也会降低材料的韧性。因此合理选择热输入对于保证接头综合质量十分重要。

此外，选择与母材相容性较好的钎料，调整钎焊参数，在钎缝位置尽量不生成或少生成脆性金属间化合物是最主要的预防措施。

预防钎焊脆性相形成的措施可归纳如下。

1）选择与母材相容性好的钎料。

2）适度降低钎焊温度和焊后保温温度，可以防止钎焊过程发生氧化现象，同时也在一定程度上避免了脆性相生成。

3）增加焊后的冷却速度并优化焊后时效工艺，提升析出强化效果。

2. 残余应力与变形

钎焊接头的形成包括使钎料熔化的钎焊热循环过程。熔化钎料在母材表面发生界面反应，凝固后将焊件连接起来。在钎焊过程中，焊件在加热时伸长，而在冷却过程中收缩。如果没有实现连接，则在热循环结束后，材料在钎焊温度和室温下都不会产生应力，如图11-11 所示。

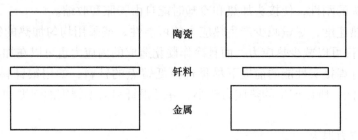

图 11-11　不同材料的自由收缩

邻近材料的变化，包括热膨胀系数（Coefficient of Thermal Expansion，CTE）不匹配、连接件的相变以及不同的材料弹塑性，使得残余应力的产生不可避免。通常，CTE 低的材料受压应力，而 CTE 高的材料受拉应力，不同 CTE 材料组成接头的变形情况（室温下）如图 11-12 所示。

尤其是对于陶瓷材料与金属钎焊接头，必须考虑其中产生的残余应力。这是由于两种材料的热膨胀系数差异太大以及陶瓷材料的塑性小到可以忽略并具有高弹性

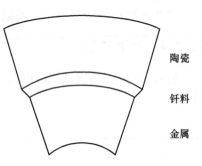

图 11-12　不同 CTE 材料组成接头的变形情况（室温下）

模量，如图 11-13 所示。这些因素导致残余应力无法通过塑性变形而释放。较高的热应力导致接头承受外部载荷的抗力下降，甚至在钎焊后的冷却过程中就发生了永久性失效。

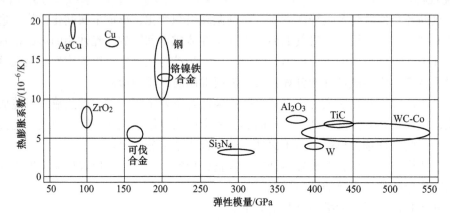

图 11-13　不同材料的热物理性能

一般钎焊结构制造所用材料的厚度相对于长和宽都很小，在板厚小于 20mm 的薄板和中厚板制造的钎焊结构中，厚度方向上的钎焊应力很小，残余应力基本上是双轴的，即为平面应力状态。只有在大型结构厚截面焊缝中，在厚度方向上才有较大的残余应力。图 11-14 所示为金属/氧化铝陶瓷异质钎焊接头残余应力分布图。通常，将沿钎缝方向上的残余应力称为纵向应力，以 σ_x 表示；将垂直于钎缝方向上的残余应力称为横向应力，以 σ_y 表示；对厚度方向上的残余应力以 σ_z 表示。

当熔化钎料将两种不同材料连接到一起时，每种材料的 CTE 差异是非常重要的。例如，

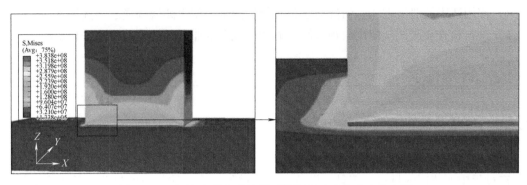

图 11-14　金属/氧化铝陶瓷异质钎焊接头残余应力分布图

硬质合金、陶瓷、金刚石、钢等的 CTE 明显不同。钎焊后被连接材料冷却时，各种材料的收缩量不同，导致在接头中产生应变，应变程度与材料的种类和冷却曲线有关。图 11-15 所示为采用 Cu50Ti50（摩尔分数,%）钎料直接钎焊（真空、1000℃、5min）Si_3N_4 与金属或者与氧化物陶瓷（Al_2O_3、ZrO_2 和 MgO）的接头抗剪强度和热膨胀系数错配度之间的关系。尽管数据分散程度大，但可以看到随着错配度增大，接头强度降低。使用铝基钎料时也观察到了类似的趋势。钎焊后产生的热压力有时会超过材料的弹性应力，这样就会出现裂纹。在接头设计中，必须考虑这个因素的影响。

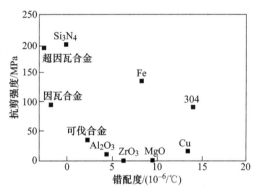

图 11-15　CTE 错配度对 Si_3N_4/金属和 Si_3N_4/氧化物陶瓷钎焊接头抗剪强度的影响

（使用 Cu50Ti50 钎料在真空中直接钎焊，1000℃/5min）

研究表明，为降低残余应力与变形，有以下几点措施。

1）选择合适的材料。例如，陶瓷金属异质连接中选择高 CTE 陶瓷和低 CTE 金属。

2）降低刚度。

3）在接头区域应用中间层。使用中间层的目的是通过它来增加接头区域的韧性，或者通过使用低 CTE 中间层使应力最高处从母材转移到中间层。

4）钎料的强化。采用低 CTE 的颗粒或纤维材料来增强常用钎料，以降低钎料的 CTE。

5）钎焊后对接头进行热处理，以释放金属材料的应力。这经常用于生产线上。在钎焊接头中，钎焊热循环也会使应力降低。

3. 钎剂残留

钎剂残留是指在钎焊过程中，钎剂没有完全清除而残留在钎焊接头上的现象。钎剂残留会降低钎焊接头的强度、导致腐蚀等。因此预防钎剂残留是非常重要的。

为预防钎剂残留，有以下几点措施。

1）选择合适的钎剂。

2）控制钎剂的使用量。避免使用过多的钎剂，以减少残留物的数量。

3）控制钎焊温度和保温时间。充分熔化钎剂并使其流动，从而减少残留物的形成。

4）使用适当的清洗方法。清洗方法包括使用溶剂、超声波清洗或水冲洗等。

5）进行检查和测试。使用目视检测、显微镜观察等非破坏性测试方法进行检测。

11.3　钎焊检验

11.3.1　钎焊检验的意义和作用

钎焊检验是专门研究保证钎焊产品质量的学科。检验内容包括从图样设计到产品制出整个生产过程中所使用的材料、工具、设备、工艺过程和成品质量等的检验。其中力学性能、化学分析、金相检验等属于破坏性检验；采用不损伤产品来发现缺陷的检测方法称为无损检测。

钎焊检验是保证产品质量优良、防止废品出厂的重要措施。在产品的加工过程中，每道工序都要进行质量检验。它是及时消除该工序所产生缺陷的重要手段，并防止了缺陷重复出现。这样做比在产品加工完成后再消除缺陷更节省时间、材料和劳动力，从而降低了成本。

在新产品试制或制定新的钎焊工艺过程中，通过钎焊检验可以发现新工艺和新产品在试制中存在的质量问题，并找出原因，消除缺陷，使新工艺得到应用，新产品质量得到保证。

产品在使用过程中定期进行钎焊检验，可以发现使用过程中产生的但未导致破坏的缺陷并及时消除，防止事故的发生，从而延长产品的使用寿命。

钎焊检验不但可以提高材料的使用能力和设备的使用能力，而且还可以促使钎焊技术广泛应用。

随着近年来国防武器装备、航空航天等技术的迅猛发展，钎焊技术应用越来越广泛，对产品钎焊质量的检验要求不断提高，增加了许多检验项目，检验标准也相应提高，要求检验工作者采取更有效的探伤方法，更准确地探测缺陷的大小、性质及位置。

11.3.2　检验过程与内容

钎焊检验应贯穿于钎焊全过程，从焊件开始投产就应严格根据有关设计图样、技术条件、质量检验标准、合同书等文件按工序进行检验，一般分为焊前检验、钎焊过程检验和焊后成品检验三个阶段。其中焊前和钎焊过程中的检验是预防性检验，焊后成品检验则是最后的质量检验，是防止不合格品装机的重要环节。

1. 焊前检验

焊前检验的主要内容如下。

1）技术文件。技术文件包括图样、技术条件、工艺文件、有关标准等，现场适用的技术文件应是现行的有效版本。

2）材料。材料主要包括母材、钎料、钎剂等，均应符合图样和有关文件的规定并有质量合格证明（包括生产厂商和复验）。

3）表面清理情况。焊件待焊处及钎料等表面均应按技术条件、标准等规定进行清洗，表面不得有污物、锈斑、划伤、裂纹等。清洗后应妥善保管，防止重新污染。应在规定时间内进行钎焊。

4）装配质量。焊件装配尺寸和装配间隙，点焊定位位置、尺寸、质量等均应符合图样、技术条件、有关标准的规定，并应在工艺规程中注明。

5）钎焊设备检查。钎焊设备、工艺装备、仪器、仪表、工具等均应有合格证，保证其精度。钎焊炉的技术指标应符合热处理加热炉的有关标准和技术条件的规定。真空钎焊炉应始终保持所要求的足够的真空度。

6）操作人员资格及钎焊现场环境检查。

2. 钎焊过程检验

从钎焊开始到钎焊结束形成钎缝或接头的整个过程称为钎焊过程。钎焊过程检验的主要内容包括钎焊参数检验、设备工装检验、焊件和钎料的焊前表面准备情况检验、焊件结构装配质量检验、焊工资格和作业检验、工艺纪律检验等。

3. 焊后成品检验

焊后成品的质量检验是钎焊检验的最后步骤。首先对所有钎缝进行目视检测，检测焊件的钎缝尺寸、钎角、外形及表面缺陷，然后进行内部钎焊质量检验，包括内部缺陷情况、钎缝冶金质量、力学性能及其他特殊功能检验等。检验内容和检验方法应根据产品图样、技术条件、有关质量标准和工艺文件的规定进行。

11.3.3　成品检验方法

对钎焊后的焊件必须进行检验，以判定钎焊接头的质量是否符合规定的要求。钎焊接头的检验方法可分为无损（非破坏）检测和破坏性检验两类。日常生产中多采用无损检测方法。破坏性检验方法只用于重要结构钎焊接头的抽查检验。在抽查检验中，按规定比例从每批产品中抽出很少一部分，按照技术条件要求进行试验，加载直至产品破坏。

1. 无损检测

（1）目视检测　这是一种简便且应用较广的方法。它是用肉眼或低倍放大镜来检测接头质量。例如，钎缝外形是否良好，有无钎料未填满的地方，钎缝表面有无裂纹、缩孔，母材上有无麻点等。所有接头外观较明显的缺陷，用目视检测方法是可以发现的。对于深孔、不通孔等不能直接目视的钎缝，可用反光镜进行检测；对于弯曲或遮挡部位的钎缝，可用内窥镜进行检测，如图 11-16 所示。

（2）渗透检测　渗透检测包括着色法和荧光法。这两种方法的原理是在接头表面涂刷带有红色染料或荧光染料的渗透剂，它们能渗入表面缺陷中。用清洗液将表面上的渗透剂清洗干净后，再喷上显示剂，使缺陷内残留的渗透剂渗出，显示出缺陷的痕迹。着色法所显示的缺陷在一般光线下能看到红色痕迹。荧光法所显示的缺陷痕迹在紫外线照射下产生明显的黄绿色荧光。这两种方法主要用来检测用目视检测不容易发现的微小裂纹、气孔、疏松等缺陷。着色法的灵敏度比荧光法更高些，且更适用于大件。如果检测后要对缺陷进行修补，最好不要采用这类方法，因为渗入缺陷中的渗透剂难以完全清除。

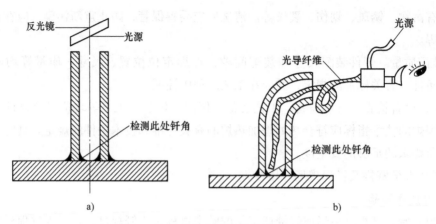

a)   b)

图 11-16   反光镜与内窥镜检测外观缺陷

（3）射线检测   这是采用 X 射线或 γ 射线照射接头检测内部缺陷的方法，可用来判定接头内部的气孔、夹渣、未钎透等缺陷。图 11-17 所示为用 X 射线检测钎焊缺陷。它广泛用于钎焊接头的内部质量检验。

X 射线检测可分为 X 射线照相法、X 射线电离法、X 射线荧光屏观察法等，在生产中用得最多的是 X 射线照相法。X 射线照相法是利用钎缝、接合部位和缺陷部位对 X 射线的吸收、减弱能力不同，使胶片感光程度不同的原理，来判别钎缝内部有无缺陷以及缺陷的大小、形状等。X 射线电离法、X 射线荧光屏观察法等可对焊件进行连续检测，且易于自动化，但它们的检测灵敏度差，焊件复杂时检测准确度低。

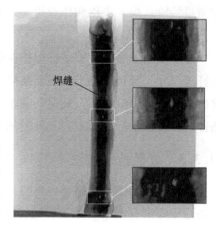

图 11-17   用 X 射线检测钎焊缺陷

因设备灵敏度不够，X 射线检测难以发现厚度 0.05mm 以下的面型缺陷，不适合厚件钎缝检测，也不适合多层钎缝检测，使其应用受到一定限制。

（4）超声检测   超声检测是利用超声波在金属材料中的传播、反射和衰减的物理特性来发现缺陷的。当超声波从接头表面通入内部，遇到缺陷及底部时将分别发生反射，通过分析荧光屏监测反射回来的脉冲波形，可以判断缺陷的位置、性质和大小。超声检测具有灵敏度高、操作方便、检测速度快、成本低、对人体无害等优点，其局限是受接头形式和焊件形状的影响，多用于规则的平面钎缝，对于复杂的不等厚度曲面难以检测，多层钎缝内部缺陷无法检测，对界面及不同组织敏感，对缺陷进行定性和定量判定尚存在困难，不能精确判定缺陷，检测前需制作标块，检测结果受检测人员的经验和技术熟练程度影响较大。

（5）液晶探伤   液晶探伤是基于热传导原理和液晶的特性来显示焊件内部缺陷的。当物体外部加热时，其内部或表面如果有缺陷，由于缺陷与焊件的密度、比热和热传导等性能不同，引起热传播的不均匀而反映到焊件的表面，造成表面温度分布不均匀，作用到被测表面的液晶膜。利用液晶的光学特性,把这种温度的不均匀分布转换为可见的彩色图像,从而显示焊件上的缺陷。它适用于检测大面积结构的近表面缺陷,特别适用于检测金属或非金属的蜂窝结构板的质量。例如,钎焊的飞机螺旋桨叶片在出炉后几秒内趁其温度还高时就施行液晶探伤,会取得很好的结果。

液晶探伤的方法有涂布法和贴膜法两种。涂布法是先将焊件清理干净,在探测表面均匀地涂上一层薄薄的底色以利于衬托液晶的彩色图像。当底色变干以后,便将用石油醚稀释的液晶均匀涂上,当石油醚挥发以后,将焊件加热至该液晶的工作温度以上,然后缓慢冷却。这时要注意观察,当冷却至工作温度时,便可根据液晶颜色的不同来判断缺陷的性质、大小和位置。贴膜法与涂布法相似,不同的是液晶不是涂上,而是事先制成液晶膜贴上去。此法的好处是焊件检验后,还可将液晶膜撕下重复利用。这种探伤方法不需要专门的设备和仪器,对比清楚、便于观察、灵敏度高、灵活方便,大至航空部件、小至集成元件,都可用其进行探伤。

(6) 密封性检验 容器结构上钎焊接头密封性检验的常用方法有水压试验、气压试验和煤油渗透试验。其中水压试验用于高压容器的检验,气压试验用于低压容器的检验,煤油渗透试验用于不受压容器的检验。

水压试验时,往容器内充水并进行密封,然后用水泵将容器内的水压提高到试验压力,保持一定时间后,检查接头有无渗水或开裂的情况。

气压试验时,往容器内通入一定压力的压缩空气并进行密封。试验压力较低时,可在接头外部涂肥皂液,观察是否有气泡产生;试验压力较高时,可将容器沉入水槽中,观察是否有气泡冒出。

上述试验采用的水压和气压大小以及保持时间应按产品技术条件确定。

煤油渗透试验时先在接头的一面涂上白垩粉,再在接头另一面涂刷煤油,保持一定时间后,检查是否有煤油渗出而润湿白垩粉。

2. 破坏性检验

破坏性检验用于钎焊接头的抽查检验,常用来评定钎焊接头的力学性能,检验所选的钎焊方法、接头形式及钎料等是否满足产品设计要求。破坏性检验只用于重要结构钎焊接头的抽查检验。破坏性检验方法有力学性能试验(包括拉伸试验、剪切试验、撕裂试验、弯曲试验、冲击试验、硬度试验、疲劳试验等)、剖切检验、金相检验、化学分析和腐蚀试验、工况模拟试验等。

(1) 力学性能试验 在钎焊质量控制中,力学性能试验主要是用来测定钎料和钎焊接头在各种条件下的强度、塑性和韧性数据。根据这些数值来确定钎料和钎焊接头是否满足设计和使用要求。同时,也可根据这些数据判断所选的钎焊工艺是否正确。

拉伸试验和剪切试验通常用于测定接头的强度。这种试验更多地用于实验室测定钎料的基本强度和判断接头设计的适用性,也可用于检验接头和母材的相对强度。拉伸试验和剪切试验用于测定低于或高于室温使用条件下的强度也很有效。GB/T 11363—2008《钎焊接头强度试验方法》规定了钎焊接头的常规拉伸与剪切试验方法。它适用于金属材料的钎焊接头强度的测定。拉伸试验用试板、试棒及钎焊后经机械加工的试样尺寸如图 11-18 所示。剪切试验用试板尺寸及钎焊后的试样如图 11-19 所示。根据试验需要可任意选择其中的试样形式。

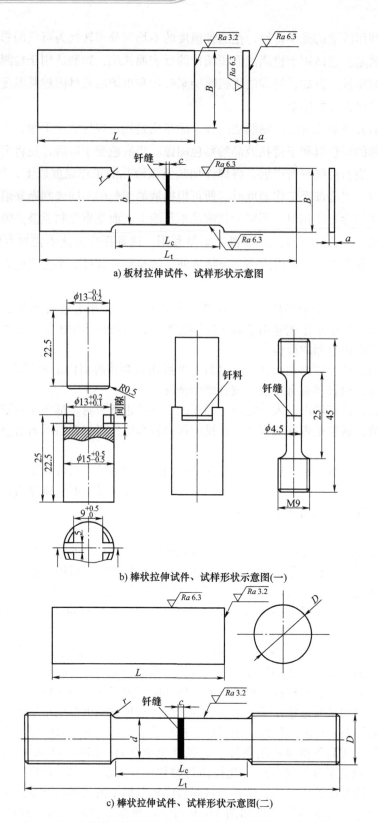

a) 板材拉伸试件、试样形状示意图

b) 棒状拉伸试件、试样形状示意图(一)

c) 棒状拉伸试件、试样形状示意图(二)

图 11-18　拉伸试验用试板、试棒及钎焊后经机械加工的试样尺寸

试验材料加工时，板状试件应平整，拉伸试板、试棒的钎焊端面应与拉伸方向成直角，加工后试件的毛刺、飞边应彻底清除。钎焊前，待钎焊面及其周围应用适当的方法清理，去除油污及氧化物等杂质。

装配时，为避免钎焊时试件偏移，应采用适当的夹具或点焊定位。钎焊间隙 C 根据母材与钎料的性质可在 $0.02 \sim 0.3mm$ 范围选择或根据实际构件需要确定。装配时要保证钎焊间隙均匀一致；需进行对比试验时，应选用相同的钎焊间隙，并记录实际钎焊间隙值。

剪切试样的搭接长度 F 由母材、钎料的性质及试验目的来确定。

撕裂试验的试样如图 11-20 所示，常用于评定钎焊搭接接头的质量。试验时，将一个焊件刚性固定，而把另一个焊件从接头处撕开。这种试验可用于评定钎焊的一般质量，检查接头中是否存在未钎透、气孔或夹渣等缺陷。这些缺陷的容许数量、大小和分布取决于接头的使用条件。

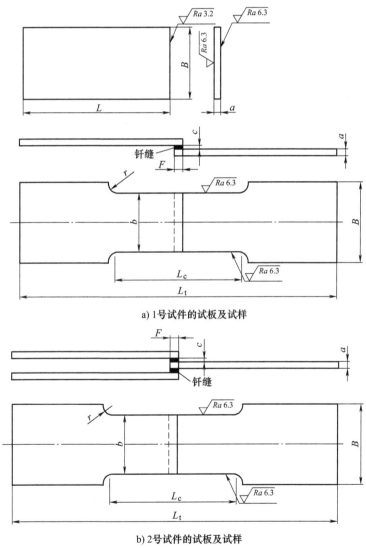

a) 1号试件的试板及试样

b) 2号试件的试板及试样

图 11-19　剪切试验用试板尺寸及钎焊后的试样

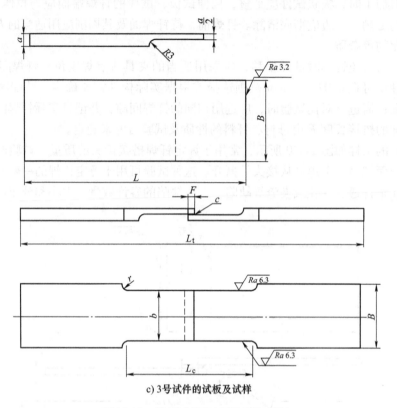

c) 3号试件的试板及试样

图 11-19 剪切试板及钎焊试样（续）

　　疲劳试验仅用于有限的范围，而且多数情况下是对钎焊接头和母材一起试验。一般来说，疲劳试验需要很长的时间才能完成，因此很少用于质量控制。

　　冲击试验和疲劳试验类似，通常用于实验室研究。通常的标准试样不太适合钎焊接头。为了取得在低于或高于室温条件下的准确结果，可能需要制备特殊形式的接头。

　　扭曲试验有时用于钎焊接头的质量控制，特别是在螺栓、螺钉或管状构件与大截面构件进行钎焊的情况下。

　　弯曲试验可用于测定钎焊接头总的塑性，它用弯曲角来表示。试样弯曲程度的具体要求按产品的技术条件制定。经弯曲后的试样在接头处如果没有裂纹或断口，则认为合格。试样制备及其试验方法如图 11-21~图 11-23 所示。

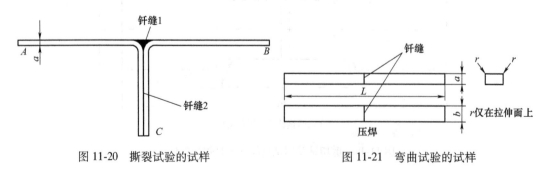

图 11-20 撕裂试验的试样　　　　　　　图 11-21 弯曲试验的试样

硬度试验可以测定钎焊接头对弹性和塑性变形的抗力及材料破坏时的抗力。这种试验的测量点很小，可在接头的每一区域内进行测定，从而可以协助精确地判断整个结构或产品的性能。

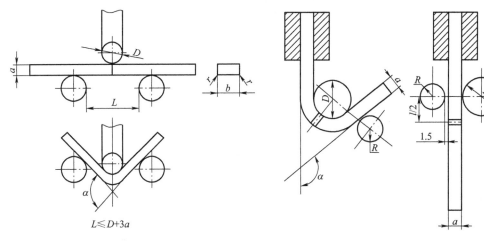

图 11-22　圆形压头弯曲试验　　　　　　图 11-23　轧辊弯曲试验

a—试样厚度　b—试样宽度　L—试样长度　　　　l—辊筒距离　R—辊筒半径

r—圆角半径　α—弯曲角度　D—辊筒直径

（2）金相检验　钎焊接头的金相分析包括扩散区、钎缝界面区与钎缝中心区以及母材的显微组织分析。通过对钎焊接头金相组织的了解，可以判定所选择的钎焊工艺是否正确，钎焊参数对质量的影响，钎料的类别、热处理等各种因素对接头性能的影响，并且可查明接头中的缺陷情况和确定它们产生的原因。

粗晶分析是在钎焊接头的断口和磨片上进行的。做力学性能和工艺试验后的断口可用来观察、分析，根据断口可以判断金属是塑性破坏还是韧性破坏，并可查明有无缺陷；而接头磨片的粗晶分析可以查明接头各区的界限、结合状态以及是否有未钎透、气孔、裂纹和疏松等缺陷。做粗晶分析的试样可以从焊件或产品内截取，也可以不取样，直接在受检验的接头上钻孔并对孔内的金属进行观察。这种钻孔粗晶分析一般是用来检验接头的钎透程度和钎缝的致密性，同时也可检验出其中的气孔、裂纹和未钎透等缺陷。

显微分析可以确定钎焊接头各部分的组织特性、晶粒大小、显微缺陷和组织缺陷等。根据显微分析的结果判断所用钎料、钎焊工艺、钎焊参数和焊后热处理方法等是否正确，并可据此提出改进方法。钎焊接头金相试样磨片的制备过程与一般焊接接头金相组织显微分析磨片的制备过程相同，即要进行观察面的粗加工、磨光、抛光、腐蚀和显微镜下观察等步骤。磨片经侵蚀液侵蚀后，在显微镜下可观察到钎缝界面区的微小缺陷以及钎缝中心区、扩散区与母材金属的组织结构。钎焊接头的金相试样磨片一般在钎缝的横截面制取，也可根据需要沿钎缝纵轴方向制取。

钎焊接头金相试样磨片的常用侵蚀液成分见表 11-3。由于母材与钎料成分上的差异，侵蚀液应分别选择，才能清晰地将钎焊金属（母材）和钎缝（钎料）的组织分别显示出来。

表 11-3　钎焊接头金相试样磨片的常用侵蚀液成分

母材	钎料	侵蚀步骤及侵蚀液成分
低碳钢	纯铜和黄铜钎料	母材：4%硝酸酒精溶液显示钢的组织 钎缝：浓氨水溶液显示钎料的组织；稀硝酸水溶液显示钎料的组织
低碳钢	锡铅钎料	母材：4%硝酸酒精溶液显示钢的组织 钎缝：1%HNO_3、1%CH_3COOH、98%甘油显示钎料过渡层的组织
纯铜和黄铜	银钎料	母材：过氧化氢水溶液（重腐蚀）；稀硝酸与硫酸水溶液（轻微腐蚀） 钎缝：10%过硫酸铵水溶液；100mL蒸馏水+2g三氯化铁
纯铜和黄铜	锡铅钎料	在 H_3PO_4（密度 1.54g/mL）中电解侵蚀，电流密度达 0.5A/mm²，显示钎缝金属、钎料过渡层组织 10%过硫酸铵水溶液显示钎料过渡层的组织

注：表中百分数均为体积分数。

采用 BAg45CuZu（HL303）钎料钎焊纯铜（T2）时，钎焊接头侵蚀液可分别选择：钎缝，5%~10%过硫酸铵水溶液；母材，5%~10%硫酸与硝酸水溶液。

腐蚀时应先腐蚀钎缝，后腐蚀母材，并注意每次蘸取少量侵蚀液轻轻侵（腐）蚀，切忌过量以免造成侵（腐）蚀过大。

（3）工况模拟试验　在钎焊生产中，对于有些产品仅仅做钎缝或接头的质量检验是不够的，特别是那些在特殊条件下或恶劣工况下使用的产品，还应根据实际使用情况进行相应的工况模拟试验，用以考核这方面的性能是否达到设计要求的指标，作为验收的依据。

（4）压力容器钎焊接头强度试验　用于储存液体或气体的压力容器，除进行密封性试验外，还必须对产品整体进行钎焊接头强度试验，用以检验钎焊接头强度是否符合产品设计要求。这种试验一般分为破坏性强度试验和超载试验两类。

进行破坏性强度试验时，试验施加载荷的性质（压力、弯曲、扭转等）和工作载荷的性质相同，试验载荷要加至产品破坏为止。用破坏载荷和正常工作载荷的比值来说明产品的强度情况，比值达到或超过规定的数值时为合格。这种试验在大量生产而质量尚未稳定的情况下，抽取百分之一或千分之一来进行；在试制新产品或改变产品的加工工艺规范时也应如此。超载试验是对产品所施加的载荷超过工作载荷一定程度，如超过 25%、50%，来观察接头是否出现裂纹、变形，以此来判断其强度是否合格。

压力容器整体强度试验的加载方式有水压和气压两种。气压试验比水压试验更为灵敏和迅速，且试验后不用做排水处理，但是气压试验的危害性比水压试验大，必须遵守安全规程。

（5）抗氧化、耐蚀试验　对于工作在氧化或者腐蚀介质中的焊件，除了选择钎料时充分考虑耐蚀性外，对接头的抗氧化、耐蚀性还要做进一步试验和考察。例如，对于锂反应器，从理论上分析，镍基钎料对母材的腐蚀十分剧烈，但是实际选用镍基钎料钎焊后，钎缝耐蚀性得到充分的肯定。

（6）电性能试验　对于电子器件，应当对其钎焊接头进行电性能试验，以考核其导电性能和绝缘性能等。

11.4　钎焊工艺卡

钎焊工艺卡（见表11-4）是一种记录和规范钎焊过程的文件，用于指导和管理钎焊工作。它包含了钎焊过程中的各项参数、要求和操作步骤，以确保钎焊工艺的可重复性和一致性。通过钎焊工艺卡可以明确钎焊过程中的各项要求和操作步骤，确保钎焊工艺的规范化和标准化。它也可以作为质量控制和过程控制的依据，以便对钎焊过程进行监控和改进。

表 11-4　钎焊工艺卡

单位名称：	
钎焊工艺评定报告编号：	预钎焊工艺指导书编号：
钎焊方法：	机械化程度（手工、半自动、自动）

简图（母材组合、搭接形式、搭接尺寸）

焊前：	母材：
焊前清理：	母材1标准：
装夹定位：	母材1牌号：
钎料填充：	母材1直径：
	母材2标准：
焊后：	母材2牌号：
焊后清理：	母材2直径：
拆卸取样：	搭接方式：
钎剂：	钎料：
钎剂种类：	钎料种类：
钎剂标准：	钎料标准：
钎剂型号：	钎料型号：
钎剂牌号：	钎料牌号：
钎剂规格：	钎料规格：
其他：	其他：
工艺参数：	钎焊质量：
钎焊温度：	拉伸性能：
保温时间：	金相检验：
真空度：	宏观检验：
缓冷时间：	断口形貌：
其他：	其他：

第 12 章　钎焊应用实例

12.1　钎焊在航空工业中的应用

航空发动机是钎焊技术应用最广泛的领域之一。航空发动机推力大、燃油温度高，使用的结构材料多为不锈钢、钛合金、铝合金、钛含量较高的高温合金，特别是高温合金，它们的熔焊性能一般很差，因此主要依靠真空或气体保护钎焊进行连接。例如，发动机导流叶片、高压涡轮导向叶片、转子叶片、整流器、扩压器、燃烧室燃油喷嘴、燃烧室头部转接段、发动机下舱、机舱加热器、燃烧室内外衬套、高压涡轮轴承座和换热用蜂窝结构等都是采用真空钎焊方法制造的。

12.1.1　航空发动机涡轮导向叶片的钎焊

某型航空发动机涡轮导向叶片由定向凝固合金 DZ125 精密铸造而成，内部设有复杂的冷却通道，由于铸造技术的局限性，铸造后会在叶尖及叶根处留下工艺通道，这些通道需采用钎焊技术进行封堵。在叶尖处，两个盖板分别插入叶片顶部内壁腔面小凸台的下部，与叶片基体钎焊到一起。在叶根处，两个堵头通过叶片榫头底部两个矩形孔送入内腔，与基体钎焊到一起堵住两个榫头处的工艺孔。该叶片为气膜冷却结构，真空钎焊前在叶身打多个直径约为 0.3mm 的冷却小孔，在叶片排气边开矩形排气缝。航空发动机涡轮导向叶片如图 12-1 所示。

图 12-1　航空发动机涡轮导向叶片

由于航空发动机涡轮导向叶片工作时在高温环境下高速旋转，对高温强度和可靠性要求较高，因此获得高的高温强度是钎焊航空发动机涡轮导向叶片的关键，要求接头在 1000℃ 工作时应具有与基体匹配的高温性能。同时由于钎焊处开敞性差，钎料的装配具有一定难度，小直径的冷却孔距钎焊部位很近，钎料的毛细作用易堵塞小孔，需采取防止堵孔的工艺措施。选取 Co-Cr-Ni-W 钎料，采用真空炉中钎焊工艺，通过长时间保温扩散降低降熔元素的比例，从而获得较高的接头高温性能，具体工艺过程如下。

（1）打磨修配　对叶片内腔安装盖板处使用专用工具打磨，去除氧化膜。盖板应打磨至合适尺寸。

（2）清洗　将打磨修配后的叶片及盖板使用专用清洗程序进行清洗。

（3）装堵头　用专用工具将堵头从叶片榫头两边的两个矩形孔处深入叶片内腔工艺孔处，按照事先确定的比例将高温合金粉末和钎料混合均匀，调成膏状，注射适量到工艺孔处。注射后应将叶片榫头朝上放置，待钎料干燥后，刮去残留在矩形孔处及其他非钎焊区域的钎料。

（4）X 射线检测　对叶片进行 X 射线检测，以检查堵头装配情况，确定叶身内是否有多余钎料。

（5）装配盖板　将清洗干净的盖板插入叶片内腔凸台内，调整合适后采用储能点焊定位，防止盖板移动。

（6）涂注钎料　将高温合金粉末调成膏状涂注到接缝处，干燥后使用专用工具刮去多余高温合金粉末。然后将膏状钎料涂注到接缝处，干燥后整修刮去多余钎料。

（7）涂阻流剂　将白色阻流剂涂抹在叶片上，以保证气膜孔不被钎料堵塞。

（8）装炉　将叶片榫头朝上放在料框内的陶瓷上，以保证堵头不会移位，装入钎焊炉内。

（9）钎焊　在 300～500℃ 范围内保温或缓升，以使黏结剂充分挥发，保持真空度在 $2×10^{-2}Pa$ 以上，在 1000℃ 保温 10～30min，升温至 1220～1230℃ 保温 4h，降温、随炉冷却。200℃ 以下出炉，采用压缩空气吹去阻流剂，检查钎焊质量和堵孔情况。

12.1.2　铝合金平板裂缝阵列天线的钎焊

某型平板裂缝阵列天线为七层结构，材料为防锈铝，结构如图 12-2 所示，由裂缝阵列、波导阵列、隔板、馈电网络等构成，直径小于 200mm。各焊件采用高速数控铣精密加工而成，焊件两面加工有复杂的槽格，结构厚度为 0.5～2.0mm 不等，焊件典型精度为 0.01mm

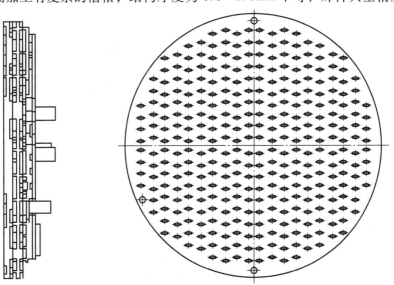

图 12-2　铝合金平板裂缝阵列天线结构示意图

量级。要求各层之间钎焊连接，所有接触面均钎焊上，工作波导钎缝钎着率基本达到100%，无可见变形，辐射面平面度为 0.1mm，钎角半径小于 0.2mm。

由于平板裂缝阵列天线尺寸精度及钎着率要求很高，需钎焊的钎缝有 100 多条，加上铝合金钎焊工艺性差、易变形等特点，钎焊难度较大。钎焊工艺的关键是如何保证良好的钎着率，将变形控制到最小的程度。国外裂缝阵列天线钎焊普遍采用盐浴钎焊工艺，工艺过程复杂、污染、耗能，而此天线采用真空钎焊工艺。

钎料选取真空钎焊工艺性较好的 Al-Si-Mg 钎料，以 0.1mm 厚的箔带形式使用。钎料预先加工成条状或与钎焊面相一致的形状。焊件及钎料在钎焊前进行化学清洗，按照铝合金常规清洗工艺经过除油、碱洗和酸洗钝化，最后丙酮清洗、晾干。采用储能点焊机进行钎料的装配和定位，确认无漏装钎料后进行平板裂缝阵列天线的整体装配并装入专用工装内，放入铝用真空钎焊炉内进行钎焊。以 10℃/min 的加热速度升温至 600℃，保温，待钎料熔化后停止加热，随炉冷却至 100℃ 以下取出焊件。升温及保温过程中保持真空度不低于 $2×10^{-2}$Pa。

为保证必要的钎着率和尺寸精度，钎焊工装设计非常重要，本实例钎焊时采用了结构精巧的弹性工装，可保证钎料所占据的钎焊间隙在钎料熔化后有效地闭合，压紧机构可跟随补偿钎料熔化后结构的塌下量，保持一定力度的压紧力，这样还可以对平板裂缝阵列天线焊件原有的平面度予以有效矫正，同时控制压力的大小，以免因压力过大而变形。

12.1.3 不锈钢列管式换热器芯体的钎焊

列管式换热器为发动机润滑油冷却的重要部件，如图 12-3 所示，其芯体为几百根直径为 2mm、壁厚为 0.2mm 的 07Cr19Ni11Ti 不锈钢管，与上下端板及中间持板经钎焊而成。

选择 BNi82CrSiB 钎料作为钎焊列管式换热器芯体的钎料，采用真空炉中钎焊工艺。不锈钢管及端板等焊件钎焊前用去油剂超声波清洗干净，清水冲洗后于 100℃ 烘干。将不锈钢管、端板、持板按要求装配起来，将钎料均匀添加在不锈钢管与端板接头附近，按重量控制钎料用量，用黏结剂将钎料固定。装配完一端后，用专用陶瓷垫块垫起再装另一端。装配完毕后连同垫块一起入炉。钎焊加热速度为 8~10℃/min，在黏结剂挥发温

图 12-3 列管式换热器

度（400~550℃）保温，真空度回升后继续升温，至 950℃ 保温 20~30min，至 1050~1070℃ 保温 5~10min，停止加热，随炉冷却。200℃ 以下取出焊件，目视检查钎缝成形并进行气密性试验。

12.1.4 导管接头的安装式感应钎焊

某不锈钢导管系统采用感应钎焊，按连接工艺分为固定式和安装式感应钎焊两种，其中安装式感应钎焊技术是在装配现场完成导管接头的钎焊。

安装式感应钎焊时，接头形式基本为简单的导管对接。安装式感应钎焊的核心技术是采

用了两半对开保护夹具和柔性感应圈技术。两半对开保护夹具采用铜合金制造，夹具内充入氩气，在被钎焊处形成良好的氩气环境，以利于钎焊过程的进行。两半对开保护夹具本身通水冷却。采用可缠绕和拆卸的柔性感应圈，缠绕在两半对开保护夹具外面与同轴电缆相连接，柔性感应圈内可通水冷却。钎焊时高频功率通过同轴电缆远距离输送至柔性感应圈，加热两半对开保护夹具内的导管和钎料实现钎焊。焊后柔性感应圈和两半对开保护夹具可以方便地拆下。

12.1.5　不锈钢金属软管的高频感应钎焊

不锈钢金属软管由管接头、波纹管、钢丝网和套环等组成，材料均为 07Cr19Ni11Ti 不锈钢。过去曾采用氧乙炔火焰钎焊，高温火焰直接与钢丝接触，造成冷作硬化状态的钢丝严重退火，导致软管耐压能力严重降低。改用高频感应钎焊后的金属软管，不仅钎缝均匀光洁，过渡圆滑，同时也提高了软管的耐压能力。钎焊的不锈钢软管共有 4 个规格，直径分别为 8mm、12mm、18mm、32mm。

金属软管钎焊所用的设备为 260 型高频加热装置。钎料选用直径为 2~3mm 的 Ag-Cu-Zn 钎料丝，熔化温度范围为 660~720℃。钎剂型号为 FB102。

钎焊前所有焊件在室温的酸洗液中酸洗 5~15min。不锈钢酸洗液配方为：80~100g/L 硫酸，60~90g/L 硝酸，40~50g/L 氟酸，1~1.5g/L 磺化煤。加热前在钎料和待钎焊处涂上一层糊状钎剂，调整感应圈与套环之间的间隙及上下距离，先在离钎料上方 4~6mm 的管接头处加热，当温度达到 600℃左右时，为使套环、钢丝网和波纹管待焊处有一定的温度，转动钎焊夹具手把，使软管上升让钎料丝、套环和钢丝网等焊件加热，直到钎料熔化并形成良好的钎缝。直径为 32mm 不锈钢金属软管接头的高频感应钎焊加热条件为：屏压 7kV、屏流 0.5A、栅流 0.1A、钎焊加热时间 1~1.5min。

12.2　钎焊在航天工业中的应用

12.2.1　钎焊在液体火箭发动机制造中的应用

液体火箭发动机是大型运载火箭、载人飞船和航天飞机的"心脏"。钎焊主要用于液体火箭发动机推力室以及导管、涡轮泵、蒸发器、冷凝器等部件，对制造液体火箭发动机有着至关重要的作用。

大型液体火箭发动机推力室主要由头部喷注器、燃烧室和喷管三部分组成。目前世界上大型液体火箭发动机推力室按其燃烧室压力可分为中压（3~7MPa）和高压（7~21MPa）两种。前者一般采用波纹板夹层结构或管束式结构推力室，采用钎焊方法制造；后者美国通常采用铣槽式电铸镍结构燃烧室，喷管采用钎焊的管束式结构。俄罗斯的铣槽式燃烧室都是采用扩散钎焊方法制造的。

喷注器组合件主要由几百个精密装配的喷嘴和上、下隔板等零件组成，如图 12-4 所示，其靠近燃气处要经受 3000℃的高温，工作条件十分苛刻，材料一般为不锈钢或耐热合金。由于喷注器结构复杂，因此采用先抽真空再充填流动还原性气体的炉中钎焊，钎料为锰基钎料。锰基钎料钎焊温度为 1180℃±10℃、保温时间为 20~30min。

波纹板夹层结构推力室实际上是燃烧室与喷管的组合件。波纹板夹层结构如图 12-5 所示，其主要由内、外壁和波纹板三部分构成。材料为 07Cr19Ni11Ti 不锈钢，钎料为锰基合金，熔化温度为 1035~1080℃，厚度为 0.12mm。钎焊前，所有焊件表面均酸洗镀镍，镀层厚度为 8~12μm。采用高温真空（波纹板夹层中抽真空）钎焊工艺，钎焊温度为 1180℃±10℃，保温时间为 30min，钎焊时波纹板夹层中的真空度不低于

图 12-4　喷注器组合件

6.65Pa。波纹板夹层结构推力室结构简单、加工方便，苏联所有中压推力室的液体火箭发动机均采用这种钎焊结构，并在 SS-6A、SS-9F 等系列运载火箭上获得应用。

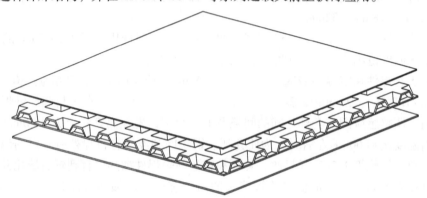

图 12-5　波纹板夹层结构

管束式结构推力室如图 12-6 所示。它具有较轻的重量和较高的传热效率。推力室由几百根变截面管、承载外壳、加强箍等在气体保护的加热炉中钎焊而成。一次钎缝可达几百条、长近千米，其制造工艺较波纹板夹层结构复杂得多。

当燃烧室压力在 7MPa 以上时，为增加结构刚度和改善热效率，一般都采用铣槽式燃烧室，即在燃烧室内壁的表面用数控铣加工出冷却槽道。在美、法、日等国，内壁材料通常为

图 12-6　管束式结构推力室

Cu-Ag-Zr 合金，外壁为电铸镍夹套，用 Inconel 718 合金外壳承受燃烧室的压力，喷管采用钎焊的管束式结构。例如，美国航天飞机主发动机喷管是采用 1086 根（总长为 3292m）A-286 铁基高温合金锥形管与加强箍、Inconel 718 外壳、支管基体等钎焊而成的。

液体火箭发动机燃气涡轮泵的涡轮转子几乎都用钎焊方法将铸造叶片与锻造圆盘连接。钎焊的转子不但可以获得精确尺寸，而且可以将性能相差大的材料成功连接。例如，长征三号运载火箭发动机二级涡轮盘如图 12-7 所示，材料为 GH4169 镍基高温合金，要求在每 5 片

叶片端头钎焊一条 07Cr19Ni11Ti 不锈钢带条作为卫带，钎料采用直径为 0.7mm 的 Au-18Ni 丝材。钎焊前，涡轮盘和叶冠表面应镀镍，镍层厚度为 8～12μm。钎焊加热时不破坏或减弱镍基高温合金 GH4169 时效后的组织和性能，特别是叶片根部。每个涡轮盘 180 片叶片与叶冠连接采用了高频感应连续钎焊工艺。用定位焊将 1mm 厚的 07Cr19Ni11Ti 不锈钢叶冠预先固定在 5 片叶片的顶端，再在叶冠内侧的叶片顶端钩挂钎料丝，然后将涡轮盘的 3～4 片叶片放入特制的感应加热器中。钎料受到热传导和热辐射的作用熔化、漫流，靠毛细作用填充钎焊间隙，冷却后叶片与叶冠被牢固地连接。整个钎焊过程在流动氩气的保护气氛中进行。

图 12-7　长征三号运载火箭
发动机二级涡轮盘

　　在液体火箭发动机系统中，异种材料（铝与不锈钢、钛与不锈钢）的钎焊连接是经常会遇到的。长征三号运载火箭三子级输送液氢或液氧的导管材料为 6A02 铝合金和 07Cr19Ni9Ti 不锈钢，其钎焊接头必须经受 21MPa 液压及高低温交变、振动、疲劳等载荷的联合作用，且无介质渗漏。采用 BAl88Si 共晶钎料，熔化温度为 577℃。使用特制的钎剂，其熔点约为 550℃。为防止产生 Al-Fe 脆性相，需对不锈钢表面镀锌，厚度为 20～30μm。钎焊在井式电炉中进行，6A02 铝合金与 07Cr19Ni11Ti 不锈钢接头室温抗剪强度达 247MPa，−253℃时接头抗剪强度不低于 157MPa。X 射线检测，钎缝钎着率大于 90%，在 30MPa 气压下试验不渗漏。此接头已成功用于长征三号运载火箭三子级的液氢、液氧导管接头。

12.2.2　钎焊在卫星制造中的应用

　　卫星用波导微波器件是一种具有高精度、低粗糙度值、形状复杂、钎缝精细的部件，以往大多用铜合金或铝合金制造，目前主要采用火焰钎焊或盐溶钎焊。现在已有相当数量的铜合金波导被铝合金波导取代，且越来越多的波导采用真空钎焊代替火焰钎焊或盐浴钎焊。波导所用材料由 3A21 铝合金向 6063 铝合金发展。钎料主要有 BAl86SiMg 和 BAl91SiMg 等箔材或丝材。采用 BAl91SiMg 钎料钎焊 3A21 铝合金波导，钎焊温度为 610℃±5℃，钎焊时真空度不低于 $6×10^{-3}$ Pa。为降低炉中含氧量，常放置适量的镁块。用 3A21 铝合金制造的波导已用于东方红二号通信卫星。用 Al-Si-Mg 钎料钎焊的 3A21 铝合金波导如图 12-8 所示。

图 12-8　用 Al-Si-Mg 钎料钎焊的
3A21 铝合金波导

　　卫星姿控系统有许多用于输送无水肼等液体推进剂和高压气体的钛导管，其 60% 需在卫星安装条件下进行连接，即在安装好机械、电气和电子组件之后进行导管与导管之间的密封连接。由于连接空间十分狭小，稍不注意就会损伤周围的电气和电子组件。此外，连接时不允许有火星飞溅、高温辐射和铁屑等沾污总装部件。采用高频感应钎焊不仅可以降低导管的装配要求（与熔焊比），提高接头的可靠性，还可以实现导管接头的多次拆卸。

12.2.3 钎焊在宇宙飞船制造中的应用

钎焊在宇宙飞船制造中也获得了广泛的应用。在美国有"钎焊使阿波罗上天"之说。在阿波罗载人登月计划中，从土星运载火箭发动机推力室到各种舱内管道系统都大量采用了钎焊工艺。

用作土星 V 运载火箭助推器的 F-1 发动机，推力为 680t。它的推力室由 178 根主管与356 根次管经钎焊而成。主管和次管均为变截面管，材料为 Inconel 718 合金。装配前，表面镀镍，镍层厚度为 20~30μm。在氩气保护炉中钎焊。钎焊前先将一根 0.6mm 壁厚的主管与两根 0.45mm 壁厚的次管连接成排管，再采用自动感应钎焊，钎料为 BAu43PdNiCr，熔点为1177℃，用体积分数为 95% 的氩气和 5% 的氢气混合进行气体保护。随后将焊好的排管再与表面已镀镍的 Inconel 718 合金加强箍、外壳、支管基体等组合装配为推力室进行炉中钎焊，钎料为 BAg75PbMn，钎焊温度为 1149℃，采用氩气保护。钎焊后对钎缝进行目视检测、液压试验和 X 射线检测。有缺陷的钎缝用 BAu82Ni 钎料在 1010℃ 进行炉中补焊或用 BAu82Ni焊丝进行手工补焊。

J-2 发动机用于土星 V 运载火箭的第二、第三级，使用液氢、液氧推进剂，其推力室为0.3mm 壁厚的 347 型不锈钢薄壁管，外壳和加强箍等为 Inconel 718 合金。钎焊前，Inconel 718合金表面镀镍。将装配好的管束式结构推力室在干燥氢气保护的钎焊炉中钎焊，钎料为90Ag-10Pd 合金，钎焊温度为 1093~1125℃，保温时间为 30min。对上述钎缝进行 X 射线检测，然后进行第二次钎焊，同时喷管延伸段朝上，采用 BAu82Ni 丝状钎料，钎焊温度为971~982℃。钎焊完成的推力室应对每道钎缝进行目视检测和 X 射线检测，未焊透处应添加BAu82Ni 钎料再次进行补焊。

金属蜂窝夹层结构具有强度和刚度高、重量轻、隔热、消声、抗疲劳性能好、外形气动力小以及良好的承载能力等优点，在 B-58 战略轰炸机中大面积使用了 17-7PH 不锈钢蜂窝夹层结构壁板，B-70 洲际轰炸机中也使用了几千平方米的 PH15-7Mo 不锈钢蜂窝夹层结构壁板。在"阿波罗"宇宙飞船上，许多部位也使用了蜂窝夹层结构壁板。例如："阿波罗"宇宙飞船指挥舱外壳采用 PH14-8Mo 不锈钢蜂窝夹层结构壁板作为锥裙和底部隔热壁板，此蜂窝夹层结构壁板直径为 3.9m，壁板厚度由锥端处的 50.8mm 渐变为 12.7mm，钎焊时用电热陶瓷模具加热；"阿波罗"宇宙飞船服务舱通信装置中有四个微波反射器，直径为 800mm，截面中心厚度为 13mm，而四周边缘仅为 6mm，采用 Rene 41 高温合金作为蜂窝材料，钎料选用 BAu82Ni，进行炉中钎焊，每个反射器质量仅为 1.8kg。

12.2.4 钎焊在航天飞机制造中的应用

航天飞机主发动机为高温高压补燃发动机，主发动机大多数焊件采用氢气保护炉中钎焊，使用贵金属钎料连接各种高温合金。

主发动机的喷管为管束式钎焊结构。1086 根 A-286 高温合金锥形管，每根长 3.05m，装配成钟形喷管，并与 Inconel 718 外壳和结构环钎焊成一体，重 423kg。所用钎料为BAu70PdNi 和 BAu82Ni 等，锥形管与喷管外壳组装需使用 7kg 钎料，此外管子之间的连接还需要更多的钎料，管端插入歧管钻孔处还有 2160 个钎焊接头，钎缝总长度超过 4277m。

金基钎料的钎缝虽然耐应力腐蚀性能和高温强度与薄壁喷管基体一致，但金含量高，密度大，例如 BAu82Ni 钎料的密度达 17.16g/cm³，为此研制了两种多元合金钎料：35Au-10Mn-10Pd-14Ni-31Cu 和 50Au-25Ni-25Pd，来代替金基钎料，前者密度仅为 10.64g/cm³，用其钎焊 A-286 合金，钎缝室温抗剪强度可达 351～527MPa。预燃室的 Inconel 625 合金组件采用 BAu70PdNi 钎料进行氢气保护炉中钎焊。紊流器和喷注器隔板内、外管材料均为 NARIoy-A 铜合金（$w_{Ag}=3\%$、$w_{Zr}=0.15\%$），采用金镀层作为界面材料进行扩散钎焊。

12.2.5　钎焊在空间站制造中的应用

目前，钎焊在空间站制造中主要用于管道系统的连接。例如，美国"天空实验室"加工车间的水管、冷却系统、盛航天员粪便系统及姿控系统的导管接头均采用感应钎焊。

在"天空实验室"上，美国采用放热反应钎焊连接 φ19mm 的薄壁不锈钢导管接头，所用钎料为 BAg72CuLi。固体放热混合物（热源）的主要成分为：$w_{Al}=24.8\%$、$w_B=5\%$、$w_{TiO_2}=55\%$ 和 $w_{V_2O_5}=15\%$。将固体放热混合物包覆在导管焊件外部，其外部再包覆由氧化铝纤维组成的隔热层。在固体放热混合物中安放一个普通电阻，与电源相连，只要给此电阻微弱的电脉冲，就开始化学反应，释放出约 2.72kJ 热量，实现导管焊件的加热和钎焊，反应时间约为 90s。苏联也在失重和真空情况下采用放热反应钎焊连接薄壁不锈钢导管接头，所用钎料为锰基钎料。两个试验均证明，空间钎焊的不锈钢导管接头质量比在地面上钎焊的要好，充填的钎焊间隙可超过 2mm，可用于空间站等长寿命航天飞行器用导管等部件的装配钎焊和修复。随着轻量化、高强度、不放气的铝钛等金属基复合材料在空间站的应用日益增多，钎焊工艺的作用将变得更加至关重要。

12.3　钎焊在电子工业中的应用

钎焊在电子工业中的应用十分广泛。软钎焊主要应用于各种不同电子元器件的引线与印制电路板（Printed Circuit Board，PCB）焊盘的连接，制造不同类型的集成电路器件，如集成电路、芯片载体、多芯片组件和封装件。硬钎焊广泛应用于电真空器件、雷达的波导器件和天线的制造。其中电真空器件钎焊除应用于金属与金属的连接外，还应用于大量的金属与陶瓷、金属与玻璃等金属与非金属的连接。超高频器件的腔体、金属陶瓷发射管的栅极、大功率发射器、同轴磁控管、大功率速调管的输出窗、连续波磁控管高频输出窗、高压真空电容器外壳，真空开关外壳、灯塔形超高频四极管芯柱、磁控管阳极座等都是采用硬钎焊的电真空器件。下面介绍部分典型钎焊产品。

12.3.1　CGA 封装件的软钎焊

陶瓷栅格阵列（Ceramic Grid Array，CGA）封装件采用柱状引脚替代陶瓷球栅阵列（CBGA）封装件的球形引脚，具有良好的抗潮湿性、较长的寿命和可靠性。1144 型 CGA 封装件属于细间距类，引脚数量为 1144 个，引脚间距为 1mm，引脚直径为 0.54mm，该 CGA 封装件外形尺寸为 35mm ×35mm。钎料选用 63Sn-37Pb 共晶合金，球形颗粒的直径为 10～25μm，黏度为 200～300Pa·s，钎料印刷后，必须用 10～20 倍的显微镜进行全部检查。钎料回流曲线的工艺窗口较宽，整个回流过程约为 7min，升温区域和保温区域分别为

2min。最高温度约为 220℃，钎料熔化时间约为 55s。采用四个热电偶对 PCB 不同点进行监测，获得回流曲线的数据。CGA 封装件焊后先进行目视检测，对引脚与 PCB 焊盘的对位准确度以及钎料在焊柱与焊盘处的钎焊情况进行目视检测。对内部引脚粘连情况使用 X 射线检测。

12.3.2 电真空器件的钎焊

某超高频器件的腔体由两个谐振腔组成，每个腔体均由数个腔体焊件钎焊而成，结构复杂，钎缝较多且有气密要求。全部焊件钎焊都在氢气保护炉中进行。在选用同种钎料进行二次钎焊时，必须严格控制钎焊温度。为确保钎焊质量，第二次钎焊时，通常在前一次的钎缝部位加以适当的热屏蔽。

大功率发射管是一个结构十分复杂的电真空器件。它由发射管栅极、发射管阴极支持杆、发射管阴极外引出环、发射管引出线套管、发射管阳极端底、发射管灯丝引出线、发射管排气管和发射管排气管帽等组成。母材有无氧铜、钼、黄铜、玻封合金、瓷封合金和热解石墨等。所用钎料有 BAg72Cu、BAg72Cu+Ti 粉、BAg50Cu 等，其中 BAg72Cu 钎料应用最多。所用钎焊方法有真空钎焊、炉中钎焊和火焰钎焊等，其中以氢气保护炉中钎焊为主。接头均有好的气密性及符合技术要求的强度等力学性能。

12.3.3 高精度平板裂缝天线的钎焊

高精度平板裂缝天线如图 12-9 所示，结构十分复杂，由 210 个零件组装后一次钎焊而成，钎缝总长度为 116m，精度要求非常高，在直径为 4700mm 的平面范围内，平面度经校正后不允许超过 0.3mm，钎焊后辐射孔几何尺寸精度与辐射孔相对位置精度小于 ±0.03 ~ ±0.05mm，要求钎焊合格率大于 99%。基体金属为 3A21 铝合金，钎料为 Al-Si-Sr-La 钎料。钎焊间隙为 0.05 ~ 0.1mm。

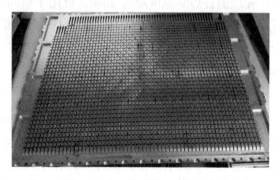

图 12-9　高精度平板裂缝天线

采用盐浴钎焊工艺，钎焊温度为 610 ~ 615℃。钎焊过程中采用了精密电子控温，温度变化范围控制在 2℃ 之内，测温精度为 0.2℃。焊后产品能满足航空电子设备的精度要求。

12.4 钎焊在能源领域中的应用

12.4.1 控制棒用星形架的钎焊

控制棒用的星形架材料为 06Cr18Ni11Ti 不锈钢，如图 12-10 所示。由于钎焊接头要求有高的强度、塑性、抗冲击和抗疲劳性能，并保证有较好的耐蚀性和耐辐照能力（即钎料中不含中子吸收截面大或辐照后活化的元素），因此选用了 Ni-Cr-Si-Ge 粉末钎料，熔化温度为 1070 ~ 1080℃。钎焊间隙用 0.02mm 厚的镍箔保证。星形架在真空钎焊炉中钎焊，钎焊温度为 1090℃ ±5℃，保温时间为 15min，热态真空度不低于 4×10^{-2} Pa。钎焊后，星形架在

1050℃保温 5h，以便在钎缝中得到完全固溶体的组织。用上述条件钎焊的接头，其室温抗剪强度大于 460MPa，350℃时抗剪强度大于 264.6MPa，接头冲击韧度大于 150J/cm²，在 26N/mm² 的交变载荷（$R=0.1$）作用下，循环 1.5×10⁶ 次均不会启裂。

12.4.2　定位格架的钎焊

定位格架是反应堆燃料组件的重要部件，如图 12-11 所示，其钎焊质量直接影响燃料组件的安全性。定位格架结构十分复杂、精度要求高，只准补焊一次。定位格架所用的材料为 GH4169 镍基合金，钎料为 90~150μm 的 Ni-Cr-Ge-Si-P 粉末钎料。以粉末状光学树脂胶为钎料黏结剂。钎料的熔化温度为 980~1017℃。定位格架在特制的胎具上组装后，用脉冲激光点焊和电容储能点焊方法定位，以保证去掉胎具后的定位格架尺寸精度。定位格架的钎焊温度为 1050~1060℃，与 GH4169 镍基合金的固溶热处理温度相适应，保温时间为 20~30min，热态真空度为 5×10⁻³Pa。钎焊后的定位格架满足设计要求。

图 12-10　控制棒用的星形架

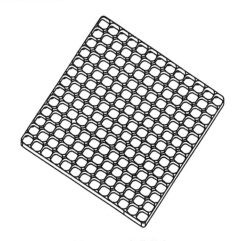

图 12-11　定位格架

12.4.3　自给能中子探测器的钎焊

自给能中子探测器用于反应堆堆芯中子通量的测量。它尺寸小、结构简单，和热偶电缆连接，可同时测量温度和中子通量。发射体和引出电缆芯线之间用储能点焊连接，封头和电缆外壳之间用真空钎焊连接。封头为直径 2.5mm ×0.2mm 的 07Cr19Ni11Ti 不锈钢管。外面还有直径 2mm × 0.2mm、长 3mm 的 07Cr19Ni11Ti 不锈钢环。封头、不锈钢环和电缆外壳用镍基粉末钎料真空钎焊。钎料为 Ni-Cr-Ge-Si-P 钎料，钎焊温度为 1050~1060℃，在钎焊过程中，真空度不低于 4 ×10⁻²Pa。由于封头钢管壁很薄，保温时间应严格控制，时间不宜太长，以免造成溶蚀和短路，时间太短不能形成光滑圆角，最佳保温时间为 2min。出炉后，用低倍放大镜检查钎缝是否存在缺陷。若有未钎透或针孔等缺陷，应进行补焊。

12.4.4　超导线圈盒壳体与冷却管的钎焊

超导线圈盒壳体与冷却管是磁约束受控热核聚变托卡马克装置的关键部件，材料均为超低碳奥氏体不锈钢 316LN。壳体最大直径为 3.6m，壳体钢板厚度为 20~70mm，其钎焊质量要求极高。由于整个焊件在-269℃ 的超低温状态下工作，钎料不仅钎焊性能要求高，还必须有好的低温性能，为此选用 S-Sn95PbAgSb 钎料，其成分为：Ag = 1.1% ~ 1.6%、Pb = 29.1% ~ 29.6%、Sb = 2.1% ~ 2.6%（质量分数）、Sn 余量。为了保证良好的导热性能，要求必须有高的钎着率，先用强腐蚀性的 $ZnCl_2$ 混合溶液钎剂（组成为：$ZnCl_2$ 1360g、NH_4Cl 140g、HCl 85mL、H_2O 4L）对 316LN 不锈钢均匀钎涂一层钎料，然后将钎剂残液彻底清理干净，钎焊时采用松香、酒精作为钎剂，这样既能获得良好的钎焊质量，又能避免腐蚀性钎剂残液的腐蚀。

为了获得合适的温度，采用远红外加热、感应加热和氧乙炔火焰加热相结合的加热方法。远红外加热主要用于钎焊前的预热，使焊件的温度均匀。感应加热迅速、均匀、可控制，能有效防止钎焊过程的氧化。氧乙炔火焰加热具有灵活的特点，可以用于无法放置感应圈处的钎焊。钎焊温度过高可能导致不锈钢本身磁导率的变化，因此选择的钎焊温度为 210 ~ 230℃。采用上述钎焊工艺，钎着率可保证在 85% 以上，钎焊质量良好，满足了产品技术要求。

12.4.5　太阳能收集器的钎焊

将铜排管用软钎料钎焊到厚度为 0.6mm 的太阳能收集器的冷轧钢吸热壁板上，后者为 V 形波纹板。钎料为 S-Sn3Pb，在烘箱内进行加热。钎料呈丝状，将其压紧在钢排管和冷轧钢吸热壁板之间，每一个吸热壁板需要 0.9kg 钎料。

12.5　钎焊在汽车工业中的应用

随着钎焊技术的发展，特别是气体保护连续钎焊炉和多室半连续真空钎焊炉的广泛应用，使得用钎焊方法大批量、低成本地生产结构复杂的汽车部件成为可能，目前钎焊已成为汽车工业不可缺少的连接技术。例如，用 Nocolok 钎焊炉已能大批量生产汽车各种铝质的蒸发器、冷凝器、油冷器等。液态氨分解连续钎焊炉已广泛应用于汽车不锈钢部件的钎焊，如燃油分配器、机油冷却器、散热器等。高纯氮与少量氢的气体保护钎焊也已大量用于碳钢部件钎焊，如变速器齿轮、电泵泵架等。真空炉中钎焊主要用于铝质换热器、不锈钢净化器等部件钎焊。汽车分电器主轴采用高频钎焊。火焰钎焊主要用于汽车换热器管路连接，如 U 形弯头、汇集总管、接管与接头体、接管与膨胀阀等部位的连接，客车门、铝合金窗框也开始采用火焰钎焊制造。

12.5.1　铝质蒸发器和冷凝器的钎焊

汽车铝质蒸发器和冷凝器种类繁多、结构复杂，如图 12-12 所示，通常在连续钎焊炉中进行钎焊，较大型的在间歇式箱式钎焊炉中钎焊。焊件材料为铝复合板（即在 3A21 铝合金表面包覆 5% ~ 10% 板厚的钎料层）。铝复合板牌号为 6351 和 4A03，包覆层（钎料）分别为 Al-(11 ~ 12.5)Si 和 Al-(6.8 ~ 8.2)Si，熔化温度分别为 577 ~ 582℃ 和 577 ~ 612℃。将装配好的蒸发器或冷凝器浸入由 $KAIF_4$ 和 K_3AIF 共晶物粉末组成的钎剂水溶液中（水的质量分数为 5% ~ 10%），取出后在 100℃ 左右的烘箱中烘干。将涂有钎剂的蒸发器或冷凝器送入连续式钎焊炉，炉中通入 99.9995% 高纯氮气，使炉中氧气的体积分数小于 0.01%，露点低于-40℃。连续式钎焊炉由干燥炉、加热炉、冷却室、充气冷却室构成。干燥炉和氮气加热器采用温度调节计进行自动控温，并在炉温过高或过低时发出警报，钎焊温度为 595℃，8m 长的炉膛分为四段控制加热，炉温分别为 600℃、610℃、625℃、620℃，每段上下各有一支热电偶，下部四支热电偶接温度调节计，对设定温度进行自动调节，每段温度与设定温度偏差为 1~2℃。产品以 268mm/min 的速度向前移动，使产品在钎焊温度区持续 1min 以上。

a) 蒸发器　　　　　　　　　　　　　　　　b) 冷凝器

图 12-12　汽车铝质蒸发器和冷凝器

12.5.2　燃油分配器的钎焊

燃油分配器是汽车发动机的重要部件，如图 12-13 所示，其材料为 07Cr19Ni11Ti 不锈钢，在高纯度分解氨保护的连续钎焊炉中钎焊。钎料为纯铜丝，钎焊温度为 1110±5℃，时间为 5min。

12.5.3　净化器金属载体的钎焊

汽车净化器金属载体由 10Cr17 不锈钢外壳与 Fe-20Cr-5Al 耐热不锈钢波纹带经真空钎焊而成，如图 12-14 所示。10Cr17 铁素体不锈钢圆筒壁厚为 1.5mm。Fe-20Cr-5Al 波纹带厚度为 0.05~0.1mm。钎料为 MBF-50 非晶合金，其成分为 Ni-19Cr-1.5B-7.25Si（质量分数）。熔化温度为 1052~1144℃，钎焊温度为 1170℃±5℃，保温时间为 10min。

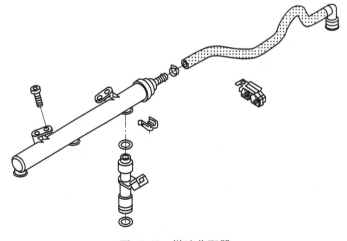

图 12-13　燃油分配器

图 12-14　汽车净化器金属载体

12.6 钎焊在家电工业中的应用

家电工业是一个新兴产业，钎焊对它的发展有着至关重要的作用。电冰箱压缩机、空调蒸发器与冷凝器、燃气热水器以及计算机、彩电、手机和音响等的印制电路板都离不开硬钎焊或软钎焊。

12.6.1 电冰箱压缩机的钎焊

电冰箱压缩机外壳是由上、下壳体组成的。壳体上的排气管、工艺管与吸气管（三管）根据压缩机的结构不同而分布在不同的位置。三管的材质为 TP1 铜管和邦迪管（镀铜钢管），壳体为 ST14 低碳钢。管与壳体的接头形式为插接。所焊钎缝外观要求光滑、无裂纹、无缩孔和无未钎透，即壳体内、外表面沿管子周围能看到均匀钎缝。壳体与三管的连接过去都为手工火焰钎焊，现在大多采用自动火焰钎焊。例如，12 工位转盘式专用钎焊机采用 6 套加热机构同时对三根管子进行预热和钎焊加热。6 套加热机构安装在转盘外围固定不动的台面上。为保证加热均匀，加热机构上装有两把射吸式焊炬和摆动机构。焊炬的位置即加热点以及加热火焰的状态均可任意调节。$\phi 1.2 \sim \phi 1.4\text{mm}$ 的盘状钎料丝采用气动送进方式。铜管用钎料为 BR-38，其成分为 38Ag-19Cu-16Zn-27Cd（质量分数），熔化温度为 $625 \sim 650\text{℃}$；邦迪管用钎料为 BAg35CuZn，熔化温度为 $675 \sim 750\text{℃}$。由于镉有毒，有些企业采用无镉钎料，如 BAg34CuZnSn（液相线温度为 730℃）和 BCu91PAg 钎料（熔化温度为 $643 \sim 788\text{℃}$）。钎剂为空调、电冰箱压缩机专用钎剂，熔点为 $550 \sim 790\text{℃}$，有些厂家使用 QJ102 钎剂或由硼酸三甲脂（硼砂、硼酸）等组成的钎剂。燃气采用丙烷或液化石油气。火焰调成中性焰，并用外焰加热，以防止压缩机壳体、铜管及钎料的氧化。自动钎焊机除需人工装卸焊件、插管和涂钎剂外，其余过程均为自动化。使用上述材料和参数已钎焊了几十万个产品，所焊三管的钎缝质量达到了产品技术要求，一次合格率 98% 以上。

12.6.2 印制电路板的钎焊

计算机、彩电、手机、收录机和收音机等家电产品都装有印制电路板。计算机的印制电路板有几万个焊点，最简单的收音机也有几十个焊点。印制电路板与电子元器件的钎焊通常采用自动化程度很高的软钎焊，如波峰钎焊、再流钎焊，只有在焊点很少的情况才用烙铁钎焊。印制电路板如图 12-15 所示，其与电子元器件焊点的软钎焊质量

图 12-15　印制电路板

往往直接影响这些家电产品的质量，严重地影响到它们的使用性能。

12.7　钎焊在机械工业中的应用

钎焊是一种精密连接技术，一次可实现多个焊件的连接，生产率高、加热温度低，焊件变形小，特别适合异种材料（如铜与不锈钢、金属与陶瓷等）的连接，目前已成为代铸、代锻、减轻工件质量、降低成本的重要工艺，在机械工业中获得了广泛应用，如压缩机叶片、燃气轮机的动力涡环组件、鼓风机叶片、液压离合器壳体、变速器齿轮、刀具、内燃机排气阀与端部盖片、金属软管、硬质合金与不锈钢制阀体等都采用钎焊。

12.7.1　动力涡环组件的钎焊

某舰用燃气轮机上的动力涡环组件，材料为钛合金 TC4，要求钎缝强度高并能耐腐蚀。将叶轮盖与叶轮体钎焊在一起，选用 BAg95AlMn 钎料、真空炉中钎焊。钎焊参数：钎焊温度为 930℃、保温时间为 6min；冷态真空度为 5×10^{-3} Pa，热态真空度 $8 \times 10^{-3} \sim 1 \times 10^{-2}$ Pa。先随炉冷却到 800℃ 以下，充填高纯氩气，起动风扇快速冷却到 65℃ 以下出炉。钎缝光洁、致密，涡环整体几何尺寸符合技术要求。

12.7.2　硬质合金滚齿刀的钎焊

真空炉中钎焊的硬质合金滚齿刀（见图 12-16）在加工硬齿面齿轮时可用刮削加工代替磨齿工艺，其结构是在齿轮刀体的负前角处钎焊一块硬质合金，刀体材料为 40Cr，硬质合金为 YT0.5，钎料选用厚度为 0.2mm 的片状铜基钎料。按齿形将钎料剪好，夹置于刀体与刀片之间。用夹具把刀片固定在刀体上，夹具与焊件接触部位涂阻流剂，装入真空炉中。冷态抽真空到 5×10^{-2} Pa 时，以 450℃/h 的速度加热到 1000℃，给炉中充填高纯氩气，炉内压力为 2 ~ 3Pa，稳定 30 ~ 40min，使刀体内外温度均匀，再以 250℃/h 的速度加热到 1120℃ ±5℃，保温 15min ±2min，断电随炉内压力（2 ~ 3Pa）冷却到 900℃ 以下，再次充填高纯氩气，使炉内压力上

图 12-16　硬质合金滚齿刀

升到 4×10^4 Pa、冷却到 400℃ 以下，起动风扇搅拌氩气，冷却到 65℃ 以下出炉。目前已能批量钎焊 M4、M6、M9、M10、M10.5、M12、M16、M25 等数十种硬质合金刀片以及中模数硬质合金滚齿刀。

12.7.3　压缩机叶轮的钎焊

压缩机叶轮材料为 20Cr13，如图 12-17 所示，选用 BN-1 镍基钎料，直径为 4450mm、流道宽度为 10mm、最大转速为 13340r/min，钎焊间隙控制在 0.2mm 以下。在尺寸为 41200mm×1400mm 的高温真空炉中钎焊。当炉内真空度达到 6×10^{-3} Pa 时，开始加热，约 1h 加热到 1100℃ 进行钎焊，保温 30min。

图 12-17　压缩机叶轮

为提高钎焊接头性能,焊后需进行调质处理。压缩机叶轮多条钎缝一次焊成,钎缝连续均匀、光滑,钎角圆滑过渡、不需修磨,能满足技术要求。

12.8 钎焊在轻工业中的应用

钎焊在轻工业中的应用也很多,如自行车、不锈钢复底锅、不锈钢保温瓶、不锈钢保温杯、眼镜架、手表表壳、铜管乐器、工业缝纫机双针、套筒扳手、灯泡等都采用钎焊。

12.8.1 自行车的钎焊

自行车部件,如车架、前叉和车把,都是钎焊连接的。自行车钢管材料为 Q355 钢。早期采用盐浴浸渍钎焊,钎料为 H62 黄铜合金,熔盐为 NaCl。由于钎焊温度高、盐蒸气污染环境严重、条件很差、焊后清洗工作繁重、能耗大,现在已改为自动火焰钎焊或高频感应钎焊,其中前者应用更为广泛。

自动火焰钎焊所用的多火焰焊炬可分为环形焊炬(用于车架)和叉形焊炬(用于前叉),每个焊炬上根据加热部位所需热量的大小配备 4~16 个焊嘴。钎焊时所用的氧气工作压力为 0.2~0.3MPa,液化石油气工作压力为 0.03~0.06MPa,压缩空气工作压力为 0.5MPa,可通过调压阀调节到合适的压力。由送丝机构自动添加钎料丝。在钎焊前,待钎焊部位都必须去油除锈,钎焊时涂糊状钎剂。自行车车架由前接头、中接头、后接头、平叉、立叉、上管、下管和接片等组成,在自行车车架专用氧石油液化气多头火焰自动钎焊机上使用中性焰分八次钎焊完成。前叉由前叉肩、前叉立管、前叉腿和前叉接片等组成,采用片状钎料预置在待焊处,在专用前叉氧石油液化气火焰自动钎焊机上分两次钎焊完成。

12.8.2 不锈钢复底锅的钎焊

用不锈钢炊具烧煮食物,由于不锈钢热导率小,火力稍大时,底部食物容易被烧焦。在不锈钢锅底上钎焊一层铝或铜板,可改变热导率,使锅内食物受热均匀,其所用材料为 06Cr19Ni10 不锈钢,厚度为 0.6~1.2mm。覆铝底材质为 1050A 纯铝,厚度为 3~6mm。钎料为 Al-Si 合金粉,颗粒度为 38~180μm。钎剂为氟氯化物、氟化钾的混合物,粉末为 75μm 以下,越细、越均匀,效果越好。钎焊可采用专用的钎焊不锈钢复底锅设备或普通的 60kW 高频感应钎焊装置进行,用 10%酒精将钎剂调成糊状,用毛刷将糊状钎剂涂敷在锅底和铝板上,然后将钎料粉末均匀地铺撒在糊状钎剂上。使用钎剂量和钎料量按 0.8~1.0g/dm² 和 1.2~1.5g/dm² 锅底面积分别铺撒。钎焊时按下操作按钮,高频感应压头便压在锅底上,同时进行感应加热和加压,加热保温时间为 15~30s,压力为 50~60MPa。按下停止按钮,完成钎焊过程。钎角应外观均匀、凹度清晰可见。锅内不锈钢锅底呈现橘黄色。一台双工位的专用感应加热钎焊机每小时可钎焊 120 个直径为 125~280mm 的锅底。在该设备上还可钎焊压力复底锅。

12.8.3 不锈钢保温杯的钎焊

按生产方式不同,不锈钢保温杯可简单地分为有尾真空杯和无尾真空杯两种。

有尾真空杯是用真空排气方式获得的,在真空排气台上插上真空杯(真空杯底部焊着排气铜管），抽到小于 $2×10^{-3}Pa$ 真空度后，用液压钳压扁铜管，再用电烙铁软钎焊密封管口。无尾真空杯是在真空钎焊炉中，通过真空炉中钎焊制造的。钎焊在三室真空钎焊炉中进行，钎料为镍基粉末钎料或非晶箔带钎料，目前用得较多的是 BNi97CrSiB 非晶箔带钎料。装配前，将非晶箔带冲压成环状钎料片，当炉内真空度达到 $6×10^{-4}Pa$ 时，开始进行加热，当炉温达到钎料熔化温度（970～1000℃）时，钎料熔化，使堵盖下沉并焊死真空杯底部的抽气口，当炉温达到 1050℃ 时，保温 5min，将真空杯送入冷却室。当杯温降至 800℃ 左右时，充填高纯氮气速冷至 100℃ 以下，取出真空杯。每炉可生产 600 个，24h 可生产 8000 个以上，生产率比有尾真空杯高很多，并大幅提高了真空杯质量，使真空杯的使用寿命由 8 年提高至 12 年。目前国内各种保温杯、保温瓶和保温提锅已有 50 多个系列、上百个品种。

12.9　钎焊在石油、煤炭工业中的应用

12.9.1　钎焊在石油工业中的应用

钎焊在石油工业中的应用主要是钎焊各种硬质合金和聚晶金刚石钻头，如硬质合金刮刀式钻头、聚晶金刚石与硬质合金复合体钻头以及聚晶金刚石复合片（Polycrystalline Diamond Compact，PDC）钻头等。其中，PDC 钻头是一种新颖的钻井钻头。

PDC 钻头如图 12-18 所示，与普通的金刚石钻头及牙轮钻头相比，其具有钻速快、寿命长、成本低等特点。PDC 钻头上大约装有几十个聚晶金刚石切削齿柱。聚晶金刚石复合片是人造金刚石细粒加黏结剂在高温高压下与硬质合金胎体聚合而成的。聚晶金刚石部分与硬质合金胎体部分具有不同的热膨胀系数、热导率、耐热性和石墨化倾向。如果钎焊时热输入过高，就会导致聚晶金刚石与硬质合金胎体开裂或分层，同时会降低金刚石的耐磨性及抗冲压能力。钎焊 PDC 钻头的方法主要有火焰钎焊、感应钎焊、真空炉中钎焊和真空扩散钎焊等。火焰钎焊和感应钎焊采用 BAg40CuZnCdNi（HL312）银钎料，其熔化温度为 595～605℃，接头抗剪强度一般都低于 250MPa。选用

图 12-18　PDC 钻头

YG15 硬质合金与厚度为 1.0mm 的聚晶金刚石进行真空炉中钎焊，钎料为 Ag-Cu-Ti 钎料箔，夹在两者中间，用夹具施加一定压力。钎焊参数：热态真空度不低于 $5×10^{-2}Pa$，钎焊温度为 930℃±10℃，保温时间为 5min±1min。钎角完整均匀，抗剪强度大于 150MPa。采用 B40AgCuZnSnMn 钎料（熔化温度 659～670℃）真空炉中钎焊复合片与硬质合金，钎焊温度为 695℃，接头抗剪强度可达到 220～259MPa。

12.9.2　钎焊在煤炭工业中的应用

钎焊在煤炭工业中的应用目前还不广泛，其主要应用是钎焊采煤工具用的钎头和截煤齿。钎头通常由硬质合金钎刃和钎头体两部分组成，如图 12-19 所示。钎刃材料为具有高韧性的硬质合金如 YG15、YG11C、YG20、YG8C、YG8 等。钎头体则用 45 钢、40Cr 和 18CrMnNiMoA 等高强度钢制造。

对于钎头的钎焊要求：有较高的钎缝强度及抗疲劳冲击韧度；钎焊过程中应避免硬质合

金产生裂纹；有较高的生产率。对于中、小型钎头，大多采用高频感应钎焊。钎料选用 105（BCu58ZnMn）或 801 钎料，后者是在 105 钎料中加入 3%~5% 的 Co，熔点为 890℃左右，该钎料韧性和强度均有所提高。钎焊温度一般控制在 900℃以下，焊后放入 280℃的炉中缓冷，并进行 6h 的去应力退火。对于大型钎头，采用盐浴浸渍钎焊较多。国外的一种大型十字形钎头，其外径为 152.4~228.6mm，钎头重量为 45~135kg。钎头体材料用空冷或油冷淬火硬化的工具钢。钎料选用 BAg51CuCdNiZn 银钎料。钎焊前钎头体、硬质合金应彻底清洗

图 12-19　钎头

并涂敷钎剂。为防止钎剂和钎料流失，应将组装好的钎头顶端向上。先将钎头预热到约 530℃，再将钎头浸入熔盐中加热到奥氏体转变温度。钎头浸入熔盐池时，将尾部向下，其顶部距离熔盐液面一定距离，以防止熔盐进入钎焊部位。钎焊部位的加热主要依靠钎头体的热传导实现，这样可避免硬质合金片承受过高的热冲击而产生裂纹，同时使钎焊部位的温度保持在 687~815℃的范围，避免钎料中镉的挥发。盐浴温度为 870~900℃，实际设定的温度值偏差为±5℃，熔盐为中性的氯化盐（50%NaCl、50%KCl）。钎头钎焊结束后，采用空冷还是油冷取决于钎头体所用的钢种。钎头采用盐浴浸渍钎焊可保证钎头迅速均匀加热、避免氧化，并可将钎焊与热处理合并在一起进行。

采煤机上的截煤齿是机械化采煤作业的主要工具，年消耗量很大。我国生产的采煤机截煤齿有各种形状、尺寸，如图 12-20 所示。通常截煤齿由齿体和硬质合金刀头两部分组成，用钎焊将它们连接在一起。齿体材料为 30CrMnSi 高强度钢。硬质合金刀头材料主要有

图 12-20　截煤齿

YG4C、YG8、YG8C、YG11C 和 YG13C 等硬质合金。钎焊时，将圆柱状硬质合金刀头插入齿体端部加工好的齿孔中。一般采用感应钎焊和电阻钎焊两种方法。选用的钎料为 105 或 801 钎料，钎剂为 30% 硼砂与 70% 硼酸（质量分数）的混合粉末，用水调成糊状使用。感应钎焊时钎焊间隙为 0.08~0.16mm；电阻钎焊时钎焊间隙为 0.15~0.25mm。钎焊参数：钎焊温度为 910~960℃，加热速度为 24℃/s，加热时间 40s 左右。用 105 钎料感应钎焊后风冷至 250℃回火，接头抗剪强度为 248~277MPa。目前截煤齿在生产过程中有 10%~20% 的硬质合金刀头先期脱落。引起截煤齿失效的主要因素是钎焊接头抗剪强度不足。采用含钴的 801 钎料能够提高接头抗剪强度，有助于减少硬质合金刀头的先期脱落。

12.10　钎焊在电机、电器和仪器仪表工业中的应用

12.10.1　钎焊在电机制造中的应用

钎焊在电机制造中有着十分重要的作用，特别是大型发电机转子，如图 12-21 所示，几

乎离不开钎焊。例如，12.5 万 kW 和 30 万 kW 双水内冷发电机转子线圈空心铜线与不锈钢引水管的连接。

转子线圈接头采用电阻钎焊；600MW 汽轮发电机定子引线水管接头采用中频感应钎焊；全氢冷却 30 万 kW 汽轮发电机静导叶片环采用炉中钎焊；水冷发电机磁极线圈铜排采用火焰钎焊。此外，还有直接牵引电动机换向器和电枢导线的钎焊；交流电梯电动机、矿用电动机和潜水电动机的转子端环与导条的钎焊；航空电动机汇流条的钎焊；汽轮发电机线圈的感应钎焊；电动机短路

图 12-21　大型发电机转子

环的感应钎焊；超导电动机转子绕组中多股铌钛超导复合扁线的软钎焊。

潜水电动机转子端环与导条的材质均为纯铜，采用 100kW、8000Hz 变频机组，钎料为 380~830μm Cu-P 系特制颗粒钎料。单匝感应圈由异形铜管制成，铜管壁厚为 1.5~2mm。感应圈与端环之间单面间隙为 3~5mm。根据确定的钎焊工艺和所焊转子的规定尺寸已研制出自动钎焊专机，成功地完成了 4in(1in ≈ 25.4mm)、6in、8in、10in、12in 转子端环与导条的钎焊。完成一个转子端环与导条钎焊的时间约为 10min，而火焰钎焊需要 38~55min。采用中频感应加热可使转子端环与导条钎焊部位整体加热、受热均匀且不变形，钎着率可达 100%。常见几种规格的转子钎焊参数见表 12-1。

表 12-1　常见几种规格的转子钎焊参数

转子规格/in	电压/V	电流/A	cos φ	加热时间/s	变压器匝比	电容量/μF
4	300	80	0.9	25~30	15 : 1	15.1
8	500	90	0.95	35	15 : 1	16.56
10	600	100	0.92	30	15 : 1	16.56
12	600	150	0.79	46	15 : 1	16.56

12. 10. 2　钎焊在电器制造中的应用

钎焊在电器上的应用有高、低压电器开关，接触器触头，超低温集成稳压器和变压器铜导线的钎焊等。

接触器触头体的材料为 C11000，触片的材料分别为 Ag-Ni30、Ag-C3 和 Ag-C5。钎料为 BAg50CuZn(HL304) 和 BAg15CuP，钎剂为 QJ102。采用氧乙炔火焰钎焊。焊件钎焊间隙控制在 0.5mm 内，用中性火焰加热，钎焊温度为 670~750℃。在专用夹具上夹紧。用片状 BAg50CuZn 钎料和 QJ102 钎剂对 Ag-Ni30 银触片进行火焰钎焊，钎缝外观都较为满意。对 Ag-C3，和 Ag-C5 银触片焊前进行镀银处理，采用 BAg15CuP 钎料、QJ102 钎剂进行火焰钎焊，钎缝边缘填缝饱满、工艺性能很好。

塑壳空气断路器动触头材料为 Ag-Ni30，触座底板材料为 Cu。传统的生产工艺采用丝状 BAg76ZnSn 钎料及 QJ102 钎剂，火焰钎焊工作条件差、劳动强度大。采用电阻钎焊代替火焰钎焊，设备为 DN2-100 型点焊机，其额定功率为 100kVA，二次空载电压为 3.65~7.30V，

上下电极均为石墨。选用 BAg65ZnSn 钎料，熔化温度为 680~760℃。钎料厚度为 0.15mm。QJ102 钎剂以水溶液形式添加在钎焊面及钎料处。电阻钎焊采用弱参数。钎料铺展均匀、钎缝饱满、钎角光滑，无表面缺陷，钎焊接头破坏性试验结果表明，钎缝钎着率在 85%以上。

高压油开关触头的触片材料为银钨合金（60%~70%Ag、30%~40%W）。它由粉末冶金制成。触头材料为纯铜。采用氧乙炔火焰钎焊，钎剂为 70%四氟硼酸钾与 30%硼砂（质量分数）的混合粉末，钎料为 BAg50CuZn（HL304）银钎料丝，熔化温度为 690~775℃。用中性火焰均匀加热银钨合金触片与纯铜导杆上端面，当钎料熔化后，可轻轻转动一下银钨合金触片，添继续加热片刻，添加少许钎料至钎角饱满为止，冷却后，在 70~80℃温水中清洗。

12.10.3　钎焊在仪器仪表制造中的应用

钎焊在仪器仪表上的应用也非常普遍，例如压力传感器、卤素 G-M 计数管、压力表、温控器、三轴电缆传感器、电阻器、心脏起搏器、惯性仪表（母材为 1J56）、石油仪器用陶瓷探针等都采用了钎焊连接。

压力传感器壳体由钛合金壳体、环和蓝宝石薄膜三部分组成，如图 12-22 所示。壳体材料为 TC4 钛合金，其相变温度为 955~982℃。采用真空钎焊，钎料为 50Cu-50Ni 的非晶箔材，厚度为 0.02mm，将钎料剪成需要的形状，并把它放在壳体与蓝宝石薄膜之间，利用钎料与钛合金的接触反应而形成低熔点的 Ti-Cu-Ni 合金钎缝。钎焊时，将装配好的压力传感器壳体置于真空炉中钛合金工艺盒内。当炉内的真空度达到 8×10^{-3}Pa 时，以 10~20℃/min 的加热速度加热到钎焊温度 950℃，保温 10min，

图 12-22　压力传感器

随炉冷却到 800℃。为减小热应力，以 4℃/min 冷却到 400℃，之后随炉冷却至室温。

工业上使用的压力表，其接头与弹簧管之间的连接通常采用锡铅钎料烙铁钎焊，工作条件差、产品质量不稳定。采用电阻钎焊，电极必须经常维修，生产率受到很大影响。采用高频感应钎焊，在自行设计的专用六工位转盘式高频自动钎焊机上进行。六工位自动转换形成一个连续的生产过程。选用 S-Sn82PbSb 钎料，熔化温度为 183~235℃；钎剂为焊锡膏。按照产品设定的规范加热，每班可生产 1000 件压力表，产品质量稳定可靠。

12.11　钎焊在船舶工业中的应用

用钎焊连接的船用产品很多，如中速柴油机冷却器、燃气轮机回热器、汽轮机冷凝器封头、铜散热器等。

12.11.1　中速柴油机冷却器的钎焊

中速柴油机冷却器结构复杂，如图 12-23 所示，管板厚度为 0.5mm，在两管板之间有散热片，管板之间和散热片之间的连接都采用 T1 纯铜作为钎料，在推杆式氢气炉中钎焊。冷

却器的材料为 MH-19 铜镍合金。钎焊间隙控制在 0.025～0.050mm。氢气炉中钎焊时应严格按照操作规程进行。炉中预热区和高温钎焊区温度分别为 800℃ 和 1100℃。预热区和高温钎焊区长度均为 650mm，在预热温度和钎焊温度上保温至少 5min。钎焊结束后，焊件被推入冷却区，400℃ 以下时停氢气、通氮气，将氢气赶出炉子。焊件钎缝在 1.2MPa 液压、0.8MPa 气压下不渗漏。

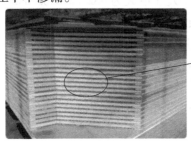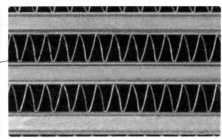

图 12-23　中速柴油机冷却器

12.11.2　燃气轮机回热器的钎焊

燃气轮机回热器是一种提高热效率的节能装置，广泛应用于舰船、火车等运输工具。典型燃气轮机回热器的尺寸为 820mm×750mm×430mm，两种不同的翅片各 47 层，共 94 层。翅片和封条为马氏体不锈钢隔板为 12Cr13 不锈钢。高温高压燃气的温度为 234～600℃，有时超负荷到 650℃，压力为 0.24MPa。钎料为非晶态镍基钎料，其成分为（质量分数）：B = 1.5%～2%、Cu = 5%～6%、Mn = 19%～21%、Si = 5%～6%，熔化温度为 930～960℃。真空钎焊参数：钎焊温度 1020℃±10℃，保温 15min，热态真空度不低于 3×10^{-2} Pa。在加热过程中，到 900℃ 时应保温 20min。

12.12　钎焊在机车车辆中的应用

12.12.1　内燃机车换热器的钎焊

采用钎焊连接的内燃机车换热器有燃油预热器、机油换热器和传动油换热器。它们是由端盖、壳体、芯子（冷却管、前后管板）组成的。在换热器中冷却管内腔和冷却管外腔构成水、油两种介质进行换热的空间。为保证水腔（冷却管）和油腔间的气密性，芯子的管板和冷却管用钎焊方法连接。

图 12-24　换热器

换热器（见图 12-24）的冷却管和管板的钎焊工艺原采用 Ag 质量分数为 15% 的 BCu80AgP（HL204）钎料，现改用 BCu86SnP（Q122）中温钎料，其熔化温度为 620～660℃，比 BCu80AgP 钎料稍低。钎剂采用 QJ102。冷却管和管板的间隙为 0.05～0.15mm。采用氧乙炔火焰钎焊。燃油预热器（长 408mm，冷却管 295 根）焊后经 1.2MPa 水压试验，延时 40min，无泄漏，钎焊质量良好。机油和传动油换热器改进钎焊接头的几何状态后，钎焊产品经 1.2MPa 液压试验未发现泄漏，已批量生产。

12.12.2 制冷空调设备中的换热器的钎焊

铁路制冷空调设备在列车运行状态下工作，长期处于振动、冲击、污染状态，工作环境恶劣。铁路客车空调和冷藏制冷设备的换热器体积较大（最大为 482mm × 680mm × 1500mm），管路流程长，弯头数量多、排列密集，结构较复杂。采用氧乙炔火焰钎焊，钎料为 w_{Ag} = 15% 的 BCu80AgP 钎料，其熔化温度为 640~815℃，不用钎剂，而是在燃气中加入气体助焊剂。助焊剂是一种高挥发性液态化合物，既无腐蚀性又不含氟，钎焊时能均匀地输送到钎焊区，形成一层保护膜，阻止表面氧化，从而提高钎焊质量。钎焊产品经 3.0MPa 液压试验均无泄漏现象。对产品进行破坏性试验，钎料均匀铺满搭接处，无组织疏松、气孔等缺陷。

12.13 钎焊在建筑领域的应用

12.13.1 自来水管和气管接头的钎焊

在房屋建筑中，有许多铜制或钢制的水、气管道，大多是采用钎焊连接的。例如：采用铜磷共晶合金粉末制成的膏状钎料对铜水管进行火焰钎焊；对钢制的水、气管道采用铜锰共晶合金膏状钎料和铁基钎料进行氧乙炔火焰钎焊。钎焊时，导管一端扩孔成漏斗形，使连接的另一根管道端头可以自由插入。

12.13.2 金刚石绳锯和薄壁空心钻的钎焊

金刚石绳锯（见图 12-25）采用镍铬硅合金钎料，在 1050~1100℃、氩气保护下高频感应钎焊或真空炉中钎焊。前者加热时间短，减少了高温对金刚石的热损；后者加热速度慢，焊件不易变形，内应力小。由于钎料中含有强碳化物形成元素，使金刚石与工具胎体（钢）实现冶金结合，能强力把持住金刚石。钎焊金

图 12-25　金刚石绳锯

刚石绳锯的锋利度是烧结绳锯的 2~3 倍，是电镀绳锯的 4 倍；金刚石绳锯的下切速度比传统的金刚石串珠快约两倍，而其使用功率只有后者的 1/3，生产成本相应减少 50%~60%。金刚石绳锯在锯切钢筋混凝土、铸铁管、大理石等建筑工程施工中得到了广泛应用。

薄壁空心钻（见图 12-26）主要用于高层建筑地基打桩前的钻孔、房屋内设备安装打孔以及玻璃等建筑材料的打孔。这种薄壁空心钻的金刚石与 35CrMo 合金钢钻头体是采用钎焊连接的。

图 12-26　薄壁空心钻

参 考 文 献

[1] 张启运，庄鸿寿. 钎焊手册 [M]. 3版. 北京：机械工业出版社，2018.

[2] 萨古利奇·杜森. 先进钎焊技术与应用 [M]. 李红，叶雷，译. 北京：机械工业出版社，2019.

[3] 王星星，何鹏，李帅，等. 高通量方法在钎焊领域的应用现状 [J]. 焊接学报，2021，42（1）：1-7.

[4] 王星星，武胜金，李帅，等. 功能性钎涂技术的研究进展与应用现状 [J]. 中国有色金属学报，2021，31（1）：72-83.

[5] 朱艳. 钎焊 [M]. 2版. 哈尔滨：哈尔滨工业大学出版社，2018.

[6] 张学军. 航空钎焊技术 [M]. 北京：航空工业出版社，2008.

[7] 郭青蔚，王桂生，郭庚辰. 常用有色金属二元合金相图集 [M]. 北京：化学工业出版社，2010.

[8] 赵越，张永约，吕瑛波. 钎焊技术及应用 [M]. 北京：化学工业出版社，2004.

[9] 任耀文. 真空钎焊工艺 [M]. 北京：机械工业出版社，1993.

[10] 中国焊接协会. 焊接标准汇编 [M]. 北京：中国标准出版社，1997.

[11] 杨磊，揭晓华，郭黎. 锡基无铅钎料的性能研究与新进展 [J]. 电子元件与材料，2010，29（8）：62-65.

[12] 胡志田，徐道荣. 无铅软钎料的研究现状与展望 [J]. 电子工艺技术，2005，26（3）：125-128，133.

[13] 龙伟民，张青科，马佳，等. 浅谈硬钎料的应用现状与发展方向 [J]. 焊接，2013（1）：18-21.

[14] 王星星，彭进，崔大田，等. 银基钎料在制造业中的研究进展 [J]. 材料导报，2018，32（9）：1477-1485.

[15] 戎万，操齐高，郑晶，等. 高温钎料焊膏研究进展 [J]. 贵金属，2020，41（z1）：43-47.

[16] 杨帆，杨国良，董博文. 铜磷钎料性能研究进展 [J]. 电焊机，2021，51（6）：13-17，26.

[17] 吴正刚，李熙，李忠涛. 高熵合金应用于异种金属焊接的研究现状及发展趋势 [J]. 材料导报，2021，35（17）：17031-17036.

[18] 董博文，龙伟民，钟素娟，等. 药芯钎料的研究进展 [J]. 机械工程材料，2019，43（10）：1-5，65.

[19] 龙伟民，李胜男，都东，等. 钎焊材料形态演变及发展趋势 [J]. 稀有金属材料与工程，2019，48（12）：3781-3790.

[20] 方洪渊，冯吉才. 材料连接过程中的界面行为 [M]. 哈尔滨：哈尔滨工业大学出版社，2005.

[21] 薛松柏，顾文华. 钎焊技术问答 [M]. 北京：机械工业出版社，2007.

[22] 张启运，刘淑祺，郭海，等. 熔盐钎剂对铝氧化膜作用过程的研究 [J]. 金属学报，1985，21（1）：129-152.

[23] 王娟，李亚江. 钎焊与扩散焊 [M]. 北京：化学工业出版社，2016.

[24] 张启运，陈荣，高苏. NOCOLOK 铝钎剂研究的进展与延伸 [J]. 焊接，1998（11）：15-18.

[25] 钱海东，高海燕，王俊，等. 铝用钎剂研究现状及展望 [J]. 材料导报，2007，21（12）：76-78.

[26] 卫国强，何艳兵. 有机硼气体钎剂钎焊性能研究 [J]. 焊接技术，2005，34（6）：56-57.

[27] LU Y, WANG J, ZHENG K H. Interfacial microstructure and properties of Al_2O_3/K-52 austenitic stainless-steel-brazed joints based on the Ni-45Ti filler alloy [J]. Journal of Manufacturing Processes, 2021, 68: 1303-1313.

[28] CHO Y H, KHAN M S, MIDAWI A R H, et al. Effect of gap clearance on the mechanical properties of weld-brazed lap joints [J]. Manufacturing Letters, 2023, 35: 20-23.

[29] ALINAGHIAN H, FARZADI A, MARASHI P, et al. Wide gap brazing using Ni-B-Si and Ni-B-Si-Cr-Fe filler metals：Microstructure and high-temperature mechanical properties [J]. Journal of Materials Research and Technology, 2023, 23：2329-2342.

[30] JIANG N, SONG X, BIAN H, et al. Interfacial microstructure evolution and mechanical properties of Al_2O_3/ Al_2O_3 joints brazed with Ti-Ni-Nb filler metal [J]. Journal of Materials Research and Technology, 2023, 24：3901-3912.

[31] JÖCKEL A, BAUMGARTNER J, TILLMANN W, et al. Influence of brazing process and gap size on the fatigue strength of shear and peel specimen [J]. Welding in the World, 2022, 66 (10)：1941-1955.

[32] 谢吉林, 汪洪伟, 陈玉华, 等. Al/Mg 搅拌摩擦点焊-钎焊接头的微观组织与拉伸剪切性能研究 [J]. 航空制造技术, 2023, 66 (11)：59-65.

[33] 马淑梅, 熊斌. 钎缝间隙对截齿钎焊接头抗剪强度的影响 [J]. 热加工工艺, 2014, 43 (9)：188-190.

[34] 单腾, 王思捷, 殷凤仕, 等. 激光清洗的典型应用及对基体表面完整性影响的研究进展 [J]. 材料导报, 2021, 35 (11)：11164-11172.

[35] 胡杰仁, 程耀永. 真空钎焊炉的安全管理及事故预防措施探讨 [J]. 设备管理与维修, 2020 (11)：6-8.

[36] 朱国栋, 王守仁, 成巍, 等. 激光清洗在金属表面处理中的应用研究进展 [J]. 山东科学, 2019, 32 (4)：38-45.

[37] LI S, DU D, ZHANG L, et al. Vacuum brazing of C/C composite and TiAl intermetallic alloy using BNi-2 brazing filler metal [J/OL]. Materials, 2021, 14 (8)：[2024-7-25]. https：//www.mdpi.com/1996-1944/14/8/1844. 10.3390/ma14081844.

[38] YANG J L, XUE S B, XUE P, et al. Development of novel CsF-RbF-AlF$_3$ flux for brazing aluminum to stainless steel with Zn-Al filler metal [J]. Materials & Design, 2014, 64：110-115.

[39] 曹文胜, 李振宇, 曹谦. 手工火焰钎焊技术在机房空调维修中的应用 [J]. 设备管理与维修, 2021 (23)：136-139.

[40] ZHOU K, ZHANG T. Induction brazing of 304 stainless steel with a metalloid-free Ni-Zr-Ti-Al-Sn amorphous foil [J]. Materials Transactions, 2017, 58 (4)：663-667.

[41] 邓有忠. 低熔点 Al 基钎料及其盐浴钎焊研究 [D]. 兰州：兰州理工大学, 2012.

[42] 王玲, 刘晓剑, 王强, 等. 空调主板波峰焊工艺部分析因实验设计 [J]. 电子元件与材料, 2014, 33 (5)：75-79.

[43] 赵霞, 耿浩天, 吴一. 空气炉中铝-预镀层球墨铸铁钎焊工艺的实验研究 [J]. 黑龙江科技大学学报, 2021, 31 (1)：28-31.

[44] 王少刚, 刘红霞. SiC$_p$/101Al 复合材料的氩气保护炉中钎焊 [J]. 兵器材料科学与工程, 2009, 32 (2)：25-28.

[45] ZAHRI N A M, YUSOF F, MIYASHITA Y, et al. Brazing of porous copper foam/copper with amorphous Cu-9.7Sn-5.7Ni-7.0P (wt%) filler metal：interfacial microstructure and diffusion behavior [J]. Welding in the World, 2020, 64 (1)：209-217.

[46] KOKABI D, KAFLOU A. Phase transformation study during diffusion brazing of γ-TiAl intermetallic using amorphous Ni-based filler metals [J]. Materials Science and Technology, 2020, 36 (15)：1639-1647.

[47] 宋晓国, 张特, 冯养巨, 等. TiZrNiCu 非晶钎料钎焊 TiB$_w$/TC4 复合材料和 Ti60 合金 [J]. 中国有色金属学报（英文版）, 2017, 27 (10)：2193-2201.

[48] 焦坤, 赵磊, 杜行. 6063 铝合金裂缝阵列天线的真空钎焊工艺 [J]. 航空精密制造技术, 2023, 59 (2)：45-48.

［49］ 栾江峰. 不锈钢过滤毡氩热风再流钎焊工艺方法研究［J］. 石油化工高等学校学报，2010，23（4）：80-84.

［50］ YU J, WANG B, ZHANG H T, et al. Resistance brazing of C/C composites-metallized SnAgCu-Ti powder to T2 copper using AgCuTi filler metal［J/OL］. Materials Characterization, 2022, 193：［2024-8-13］. https：//www. sciencedirect. com/science/article/abs/pii/S1044580322005228. 10. 1016/j. matchar. 2022. 112240.

［51］ 李翠，董晓利，武晓军，等. 高温钎焊和电阻钎焊纯铝接头的微观组织及性能对比［J］. 电焊机，2022，52（3）：72-77.

［52］ LIU X S, LI Z W, XU Z W, et al. Effect of ultrasonic power on the microstructure and mechanical properties of TC4 alloy ultrasonically brazed joint using Zn filler［J］. The International Journal of Advanced Manufacturing Technology, 2022, 119（7/8）：4677-4691.

［53］ 潘攀，包海涛，姜叶斌. 钛合金与CVDNb电子束熔钎焊研究［J］. 热加工工艺，2020，49（9）：32-35.

［54］ 刘勇，李刚卿，王生希，等. 不锈钢薄板搭接激光软钎焊接头组织与性能［J］. 焊接学报，2023，44（4）：45-49.

［55］ SONG C H, DENG Z T, CHEN J Q, et al. Study on the influence of oxygen content evolution on the mechanical properties of tantalum powder fabricated by laser powder bed fusion［J/OL］. Materials Characterization, 2023, 205：［2024-8-13］. https：//www. sciencedirect. com/science/article/abs/pii/S1044580323005946. 10. 1016/j. matchar. 2023. 113235.

［56］ ZHANG L, LU G, NING J, et al. Influence of beam offset on dissimilar laser welding of molybdenum to titanium［J］. Materials, 2018, 11（10）：1852.

［57］ HU Z P, LIU Y, CHEN S H, et al. Achieving high-performance pure tungsten by additive manufacturing：Processing, microstructural evolution and mechanical properties［J/OL］. International Journal of Refractory Metals and Hard Materials, 2023, 113：1-8.［2024-8-13］. https：//www. sciencedirect. com/science/article/abs/pii/S0263436823001117. 10. 1016/j. ijrmhm. 2023. 106211.

［58］ 航空制造工程手册总编委会. 航空制造工程手册：焊接［M］. 北京：航空工业出版社，1996.

［59］ 王星星，李阳，崔大田，等. 非晶钎料国内外研究进展及应用［J］. 中国有色金属学报，2023，33（8）：2635-2646.